应用型本科计算机系列规划教材

# SQL Server 2014 数据库设计开发及应用

曾建华　梁雪平　主　编

郗大海　曹　钧　副主编

電子工業出版社

Publishing House of Electronics Industry

北京・BEIJING

## 内 容 简 介

本书根据项目开发的需要，详细介绍了 SQL Server 2014 相关常用和实用的技术。

本书共 15 章，包括项目需求介绍；在基于需求分析的基础上进行数据库、表、主外键及其他约束和索引的设计；编写 SQL 语句维护数据和统计查询；视图、存储过程、游标、触发器的设计及开发；事务、安全及日常维护操作。除了 SQL Server 的核心基础知识外，本书在数据分布式存储、使用即席查询分页技术代替传统的分页查询、全文检索、多种事务隔离模式、架构安全、透明数据加密、列级数据加密、链接服务器等方面均做了详细介绍和可操作的演练。为加强读者对数据库的理解，本书还简单地指导读者如何使用 Visual Studio 2015 开发基于 SQL Server 数据库的 Web、Windows 应用程序。

在学习 SQL Server 的基础上，还系统地介绍了 MySQL+WorkBench 的安装和使用，让读者能在最短时间内熟悉 MySQL 的环境。本书提供了使用 Visual Studio 2015 基于本书示例数据库开发的全套购物网站教学系统源代码。各章配有相应实训，并提供了参考答案。

本书可作为各类高等、高职高专院校和各类培训学校计算机及其相关专业的教材，同时可作为数据库初学者的入门教材，也适合使用 SQL Server 进行应用开发的人员学习参考。



**图书在版编目（CIP）数据**

SQL Server 2014 数据库设计开发及应用 / 曾建华，梁雪平主编. —北京：电子工业出版社，2016.9
（应用型本科计算机系列规划教材）

ISBN 978-7-121-29681-9

Ⅰ. ①S… Ⅱ. ①曾… ②梁… Ⅲ. ①关系数据库系统—高等学校—教材 Ⅳ. ①TP311.138

中国版本图书馆 CIP 数据核字（2016）第 188792 号

策划编辑：徐建军（xujj@phei.com.cn）
责任编辑：郝黎明
印　　刷：三河市兴达印务有限公司
装　　订：三河市兴达印务有限公司
出版发行：电子工业出版社
　　　　　北京市海淀区万寿路 173 信箱　邮编　100036
开　　本：787×1 092　1/16　印张：17.25　字数：441.6 千字
版　　次：2016 年 9 月第 1 版
印　　次：2016 年 9 月第 1 次印刷
印　　数：3 000 册　　定价：38.00 元

凡所购买电子工业出版社图书有缺损问题，请向购买书店调换。若书店售缺，请与本社发行部联系，联系及邮购电话：（010）88254888，88258888。

质量投诉请发邮件至 zlts@phei.com.cn，盗版侵权举报请发邮件至 dbqq@phei.com.cn。

本书咨询联系方式：（010）88254570。

# 前　　言

SQL Server 2014 是 Microsoft 公司推出的 SQL Server 数据库管理系统，该版本继承了以前版本的优点，同时又增加了许多更先进的功能。具有使用方便、可伸缩性好和相关软件集成程度高等优点。

## 本书特色

本书通过一个网上购物系统数据库前后贯穿，以实战演练的形式详细讲解如何基于需求分析设计数据库。

本书主要有如下特色：

1．为什么包括数据库设计？

比如你要开发一个软件，如购物网站、ERP 软件、财务软件等，这些软件基本上都和数据库有关。要开发这些软件的首要任务就是了解客户需求，然后进行数据库设计。数据库设计是软件整体架构设计的前提，如果数据库设计不当，会导致后期返工、工作量剧增。

2．为什么包括数据库开发？

这里的数据库开发指根据需求编写 SQL 语句、设计和编写视图、存储过程等。这样可使前端开发人员无须了解数据库详情，起到协调分工合作的目的。

3．为什么包括数据库应用？

初学数据库的读者往往对数据库在整个软件项目开发中的作用缺少感性认识。本书通过一个网上购物系统介绍了数据库在系统中的作用。一方面可提升读者的兴趣，更重要的是，可让读者知道学了数据库后到底用来干什么。

4．为什么以演练方式进行讲解？

相信很多读者都有编写程序时因为一些小问题折腾大半天的情况，不仅如此，有的本来对编程感兴趣的读者甚至丧失了这方面的兴趣。本书所有演练均按步骤测试成功，希望读者能保持兴致，并通过这样的方式加深对数据库实质的理解。编者的目的是以简单易学的方式讲解相关内容，而不是将一些深奥的东西故弄玄虚。

## 本书内容安排

第 1 章　SQL Server 2014 简介，初步认识数据库、SQL Server；理解数据库在实际项目中的作用；初步认识 SQL Server 管理工具 SQL Server Management Studio。

第 2 章　网上购物系统及其数据库简介，了解网上购物系统的各项功能；初步认识网上购物系统配套的数据库 eShop。

第 3 章　创建数据库，熟练掌握如何创建数据库、如何创建由多个数据文件、日志文件并包含多个文件组的数据库。

理解文件组在数据库扩充、分布数据、快速查询方面起到的强大作用。

第 4 章　创建表、数据维护，熟练掌握如何创建表；能根据实际需求设计表并选择合适的数据类型。

学会创建表时将表分配到指定的文件组。理解分区函数、分区方案、分区表的意义和作用并能熟练运用 INSERT、UPDATE、DELETE 录入、修改、删除数据。

第 5 章 表设计：主键、默认值、CHECK，理解主键、默认值、CHECK 的作用；能根据实际需求设置主键、默认值、CHECK；理解数据要满足表的定义及各种约束限制。

第 6 章 表设计：外键、触发器，理解外键的作用，初步体会如何设计数据库的主外键关系；掌握创建外键的相关操作和命令。

理解触发器的作用，知其利弊慎用触发器；掌握创建触发器的相关操作和命令。

第 7 章 索引和全文检索，理解索引的作用，能根据实际情形设计合适的索引，掌握创建索引的相关操作和命令。理解为什么需要全文检索、学会创建和使用全文检索。

第 8 章 SELECT 查询、统计，熟练掌握 SELECT 语句进行查询、统计；熟练掌握条件查询、多表查询、聚合函数；理解即席查询分页的意义。

第 9 章 SQL 编程、函数，学习 IF、WHILE 等语句，熟练掌握 SQL 编程。理解函数的作用、熟练使用常用系统函数、学会如何创建和使用自定义函数。

第 10 章 视图，熟练掌握如何创建和使用视图，在实际开发中能根据需要设计视图。

第 11 章 存储过程，熟练掌握如何创建和使用存储过程；理解和熟练使用存储过程中的参数；在实际开发中能根据需要设计存储过程。

第 12 章 Transact-SQL 游标，理解游标的作用、熟练掌握如何创建和使用游标、在实际开发中能根据需要在存储过程中使用游标。

第 13 章 事务，理解事务的作用、熟练掌握如何使用事务；理解事务回滚、提交的意思，在实际开发中能根据需要在必要的地方使用事务，理解各种事务隔离级别。

第 14 章 架构与安全，理解架构的意义。熟练掌握如何创建和使用架构。理解常用的安全机制。能熟练创建登录名、用户名及设置密码、权限。

第 15 章 数据库系统开发常用操作，熟练掌握导入导出数据；理解和使用透明数据加密；理解和使用列级数据加密；理解链接服务器的作用、熟练使用链接服务器、理解和使用同义词。

附录 A SQL Server 2014 安装。附录 B Windows 上 MySQL+WorkBench 安装及使用。介绍了 MySQL+WorkBench 的安装和入门使用，希望读者在掌握 SQL Server 后能顺带快速地学习 MySQL。附录 C 数据库应用开发演练，使用 Visual Studio 开发基于 SQL Server 数据库的 Windows 应用程序、Web 应用程序，方便你理解数据库在软件开发中的作用。附录 D eShop 数据库脚本汇总。

本书提供了使用 Visual Studio 开发的全套购物网站教学系统源代码，每章配有实训及参考答案。

本书所要求的开发环境：

1．SQL Server 2014。

2．Visual Studio 2015（拓展章节使用，可根据教学需求自行选择）。

## 本书作者

本书由深圳职业技术学院的曾建华组织编写。由深圳职业技术学院的曾建华、梁雪平担任主编，由辽宁省交通高等专科学校的郗大海和翰竺科技（北京）有限公司的曹钧担任副主编，曾建华负责本书各章的结构及内容的编写和项目开发，各章节的代码均调试并通过，梁雪平进行了测试验证。在本书的编写过程中，得到了徐人凤老师的指导和支持。此外，范新灿、李斌、肖正兴、杨丽娟、李云程、王梅、杨淑萍、裴沛、袁梅冷、梁雪平和庄亚俊等，参与了本书的部分章节内容的编写和校对工作。在此一并表示感谢。

为了方便教师教学，本书配有电子教学课件及程序源代码，请有此需要的教师登录华信教育资源网（www.hxedu.com.cn）免费注册后进行下载，如有问题可在网站留言板留言或与电子工业出版社联系（E-mail：hxedu@phei.com.cn），也可以与作者联系（E-mail：237021692@qq.com）。

本书是编者总结多年教学、项目开发基础上编写而成，编者在探索教材建设方面做了许多努力，也对书稿进行了多次审校，但由于编写时间及水平有限，难免存在一些疏漏和不足。希望同行专家和读者能给予批评指正。

编　者

# 目　　录

# 第 1 章　SQL Server 2014 简介

【学习目标】

- 初步认识数据库、SQL Server
- 理解数据库在实际项目中的作用
- 初步认识 SQL Server 管理工具 SQL Server Management Studio

## 1.1　SQL Server 2014 入门

### 1.1.1　数据库用来做什么

我们常见的网站，购物类型如京东、当当，论坛类型如猫扑、天涯，交友网站如世纪佳缘、珍爱网等都需要使用到数据库。可以说，几乎所有项目都和数据库相关。

使用数据库干什么呢？比如存储个人资料、各类商品信息、订单情况、发表过的言论等等。有了这些基本信息后，就可以在此基础上进行统计查询、数据分析等。所以数据库具有广泛的应用性。

数据库主要用于存储数据并提供高性能的统计查询，具体开发网站、手机 App 等各种应用还需其他开发工具，所以我们通常称后台数据库。

本书使用的数据库为微软的 SQL Server 2014。

本书不涉及前端开发，但会介绍一个开发好的购物网站系统方便你理解学习 SQL Server。

本书所要求的开发环境：能安装 SQL Server 2014 即可，书中应用开发使用了 Visual Studio 2015，这部分内容你可根据自身的学习情况暂时忽略或跳过。

编者操作及截图的环境为 Win10+ SQL Server 2014+ Visual Studio 2015。

### 1.1.2　SQL Server 是什么

数据库有很多，如 SQL Server、Oracle、MySQL、MongoDB 等。

SQL Server 是一个关系数据库管理系统。它最初是由 Microsoft、Sybase 和 Ashton-Tate 三家公司共同开发的。在 Windows NT 推出后，Microsoft 与 Sybase 在 SQL Server 的开发上就分道扬镳了，Microsoft 将 SQL Server 移植到 Windows NT 系统上，专注于开发推广 SQL Server 的 Windows 操作系统上的版本。Sybase 则较专注于 SQL Server 在 UNIX 操作系统上的应用。

SQL Server 2014 是 Microsoft 公司推出的最新的 SQL Server 数据库管理系统，该版本继承了以前版本的优点，同时又增加了许多更先进的功能。具有使用方便、可伸缩性好、和相关软件集成程度高等优点。

在本书的附录中也将讲解 MySQL 的安装及基本使用，其实数据库都是相同的，学会一种数据库后再学其他数据库会很快。

# 1.2 SQL Server Management Studio

## 1.2.1 SQL Server Management Studio 简介

SQL Server Management Studio 是一个集成环境，用于访问、配置、管理和开发 SQL Server 的所有组件。SQL Server Management Studio 组合了大量图形工具和丰富的脚本编辑器，使各种技术水平的开发人员和管理员都能访问 SQL Server。

## 1.2.2 SQL Server Management Studio 操作入门

**【演练 1.1】**认识 SQL Sever 2014 Management Studio

（1）如图 1-1 所示，右击“SQL Sever 2014 Management Studio”（你的 SQL Sever 2014 Management Studio 可能在桌面、开始菜单或其他位置），选择“以管理员身份运行”。

**【注意】**建议初学者选择“以管理员身份运行”，否则你在演练本书部分操作时可能会出错。

图 1-1　启动 SQL Sever 2014 Management Studio

（2）打开如图 1-2 所示的对话框。

- 服务器类型选择“数据库引擎”。
- 服务器名称输入“.”。本书使用的服务器名称为本机的默认实例，读者应该使用自己的服务器名称：

如本机实例名称为 a，则输入“.\a”；

如“192.168.1.103”机器下的默认实例 a，则输入“192.168.1.103”；

如“192.168.1.103”机器下的实例名称为 a，则输入“192.168.1.103\a”。

这取决于你安装 SQL Server 的环境，如果你是初学者的话，建议和编者保持一致的数据库环境。

- 身份验证（A）一栏中选择“Windows 身份验证”，单击“连接”按钮。

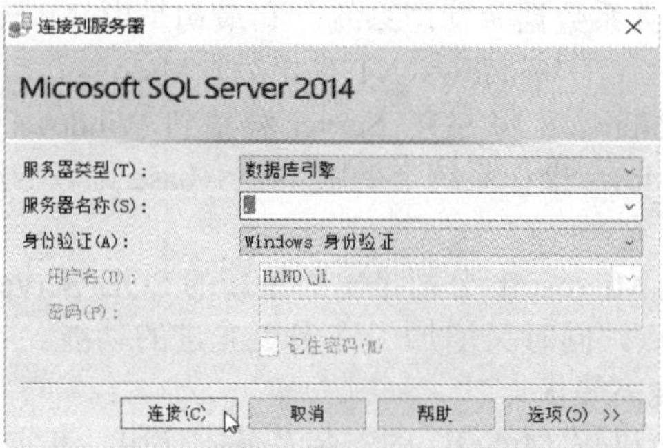

图 1-2　连接到服务器

（3）出现如图 1-3 所示的对话框，我们使用最多的界面之一就是左边的“对象资源管理器。

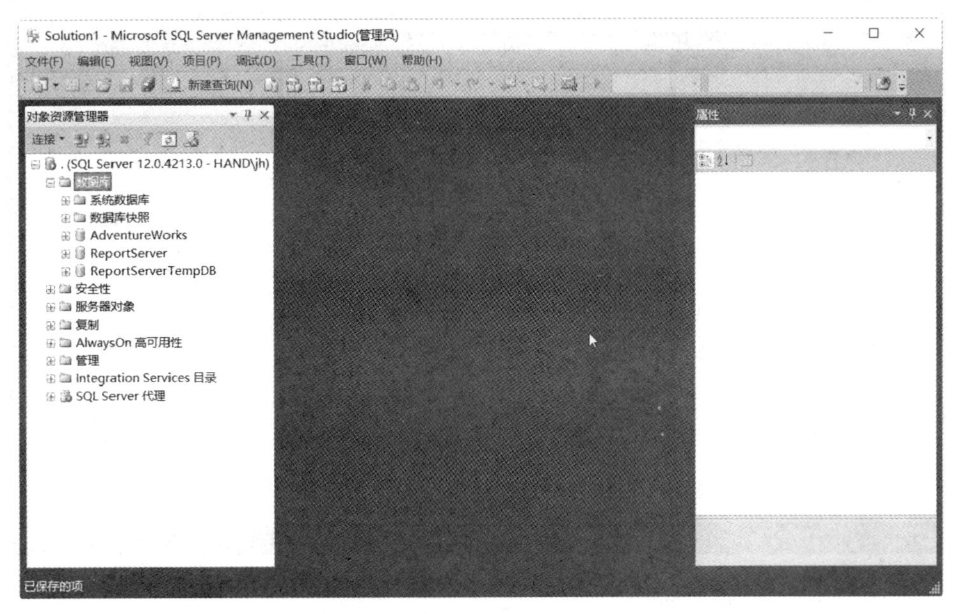


图 1-3　SQL Sever 2014 Management Studio 界面

（4）如图 1-4 所示，右击任一数据库，如“ReportServer”，单击“新建查询”。

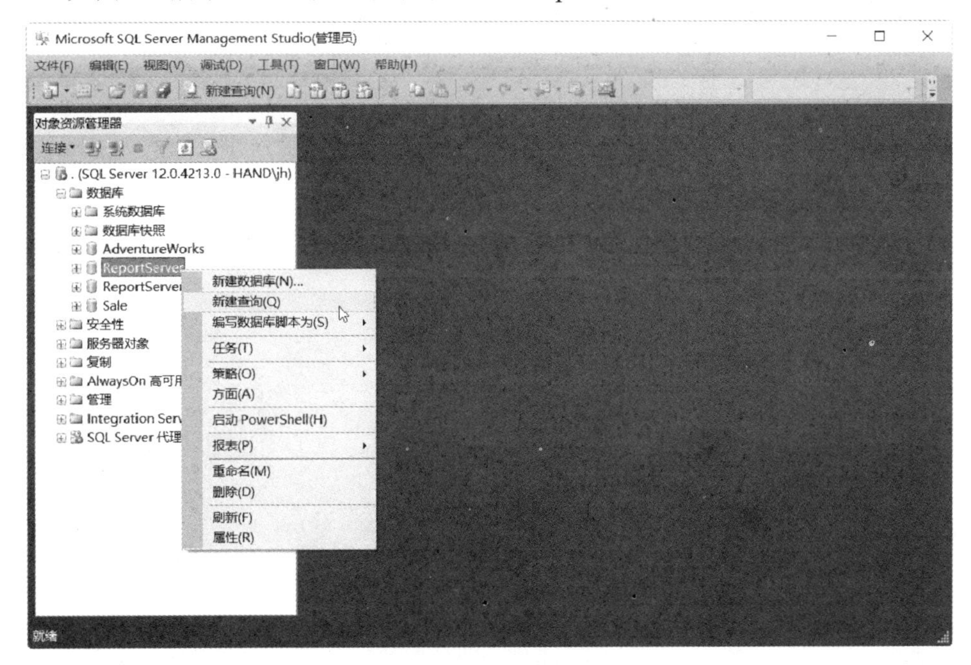


图 1-4　新建查询

（5）如图 1-5 所示，中间空白部分为“查询窗口”，也是我们使用最多的界面之一。以后我们说“查询窗口”指的就是这里了。

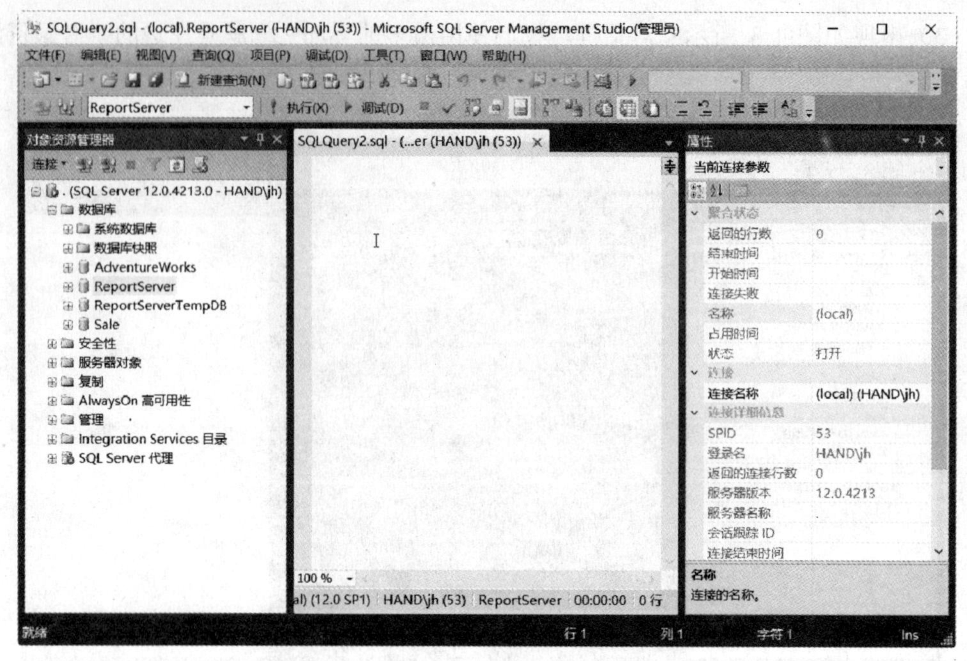
SQLQuery2.sql - (local).ReportServer (HAND\jh (53)) - Microsoft SQL Server Management Studio(管理员)
文件(F) 编辑(E) 视图(V) 查询(Q) 项目(P) 调试(D) 工具(T) 窗口(W) 帮助(H)
新建查询(N)
ReportServer
执行(X)
调试(D)
对象资源管理器
连接
. (SQL Server 12.0.4213.0 - HAND\jh)
数据库
系统数据库
数据库快照
AdventureWorks
ReportServer
ReportServerTempDB
Sale
安全性
服务器对象
复制
AlwaysOn 高可用性
管理
Integration Services 目录
SQL Server 代理
SQLQuery2.sql - (...er (HAND\jh (53))
100 %
al) (12.0 SP1) HAND\jh (53) ReportServer 00:00:00 0 行
属性
当前连接参数
聚合状态
返回的行数 0
结束时间
开始时间
连接失败
名称 (local)
占用时间
状态 打开
连接
连接名称 (local) (HAND\jh)
连接详细信息
SPID 53
登录名 HAND\jh
返回的连接行数 0
服务器版本 12.0.4213
服务器名称
会话跟踪 ID
连接结束时间
名称
连接的名称。
就绪
行 1
列 1
字符 1
Ins

图 1-5 查询窗口

# 第 2 章　网上购物系统及其数据库简介

【学习目标】

- 了解网上购物系统的各项功能
- 初步认识网上购物系统配套的数据库 eShop

## 2.1　网上购物系统介绍

### 2.1.1　网上购物系统功能介绍

网上购物系统功能包括：浏览商品、挑选商品到购物车、下订单、用户注册、登录网站等最常用、实用的功能。

### 2.1.2　为什么通过网上购物系统学习 SQL Server

网上购物系统具备很好的代表性。

相信您一定有过网上购物或浏览购物网站的体验，有了感性的认识将有助于您更轻松地理解系统的开发、理解该系统所使用的数据库。

不管什么项目，主要功能其实都很类似。如：数据库设计、数据的维护（录入、修改、删除）、统计查询等。编者也将围绕这几个部分来展开讲解。

## 2.2　运行网上购物系统

### 2.2.1　准备网上购物系统所需数据库

本书配套资源说明：本书配套资源文件夹下对应有每一章的子目录，如第 01 章，第 02 章，每一章目录下有该章从开始学习的起点数据库，对应文件名为“eShop.mdf”和“eShop.ldf”，还有该章对应的 SQL 代码，对应文件名为“演练代码.txt”。还可能有该章对应的其他项目文件。

【演练 2.1】附加网上购物系统数据库 eShop，这也是贯穿本书进行学习的演练数据库。

后续大部分章节的学习都会用到该操作附加数据库，请熟悉该操作。

（1）以管理员身份启动 SQL Server Management Studio（以后简称 SSMS）。

（2）如图 2-1 所示，在“对象资源管理器”中右击“数据库”，在弹出的快捷菜单中选择“附加”。

（3）如图 2-2 所示，单击“添加”按钮，选择数据库文件位置。

（4）如图 2-3 所示，定位好 eShop 数据库文件（编者这里是“D:\配套资源\第 02 章”

下的“eShop.mdf”），单击“确定”按钮。

图 2-1 附加数据库

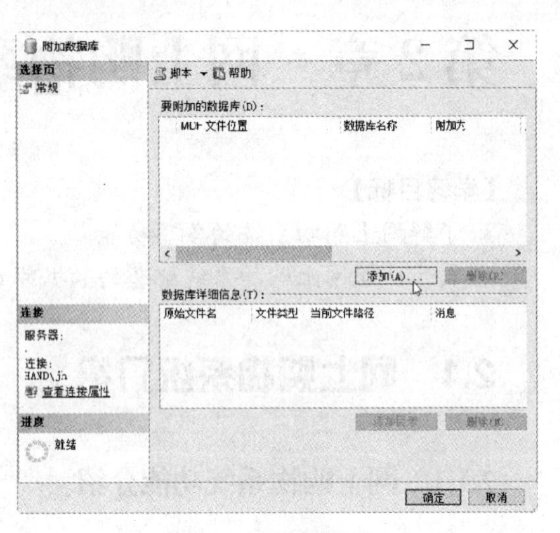


图 2-2 附加数据库

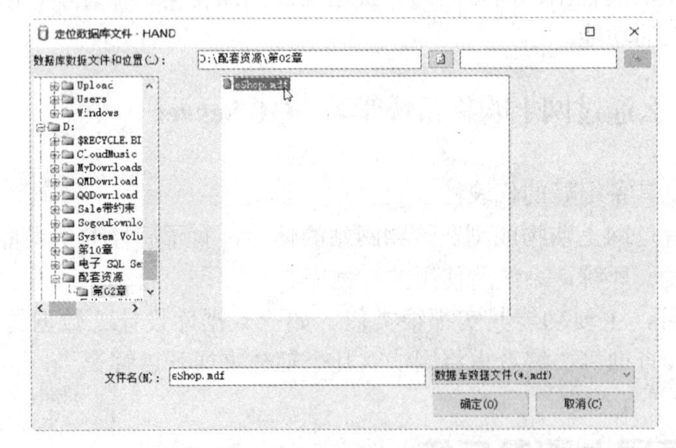


图 2-3 定位数据库文件

（5）如图 2-4 所示，再次单击“确定”按钮，完成附加数据库操作。

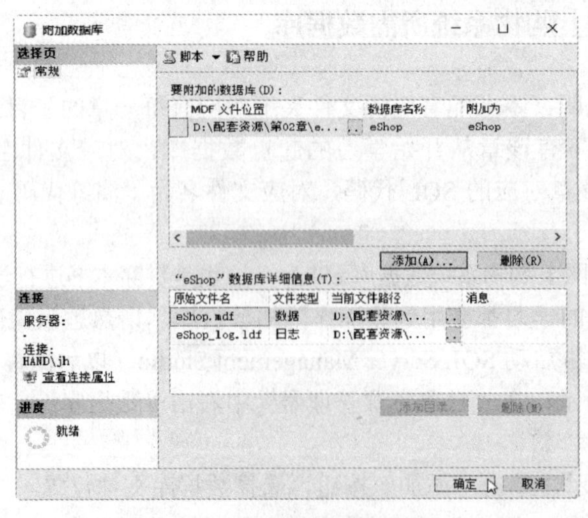


图 2-4 附加数据库

（6）如图 2-5 所示，附加操作成功后在对象资源管理器中可看到 eShop 数据库。

图 2-5　成功附加数据库

（7）如图 2-6 所示，如果附加操作成功后却没有看到“eShop”数据库，则右击“对象资源管理器”，在打开的快捷菜单中单击“刷新”。

图 2-6　刷新附加数据库

（8）附加数据库时如果出现如图 2-7 所示错误信息，检查一下是否以管理员身份启动 SSMS。然后重新开始附加操作。

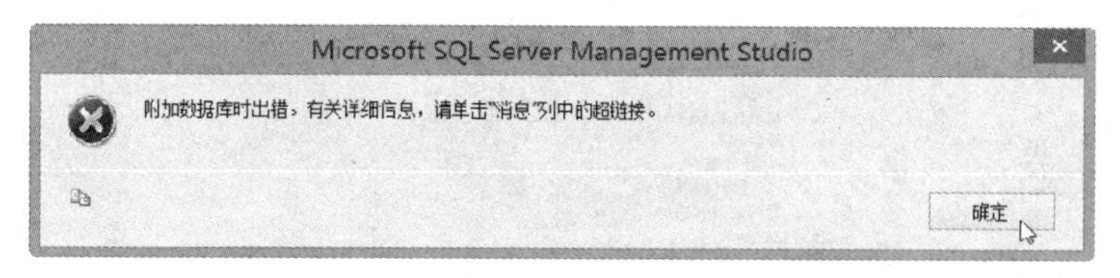


图 2-7　附加数据库出粗

（9）数据库环境准备完毕。

### 2.2.2　运行网上购物系统

如果你没有安装 Visual Studio 2015，也可跳过本节和 Visual Studio 2015 相关内容进行 SQL Server 的学习。这是为辅助 SQL Server 的学习而设置的。

**【演练 2.2】**在 Visual Studio 2015 中打开并运行网上购物系统

（1）启动 Visual Studio 2015。

（2）如图 2-8 所示，在 Visual Studio 主菜单中单击“文件”→“打开”→“网站”。

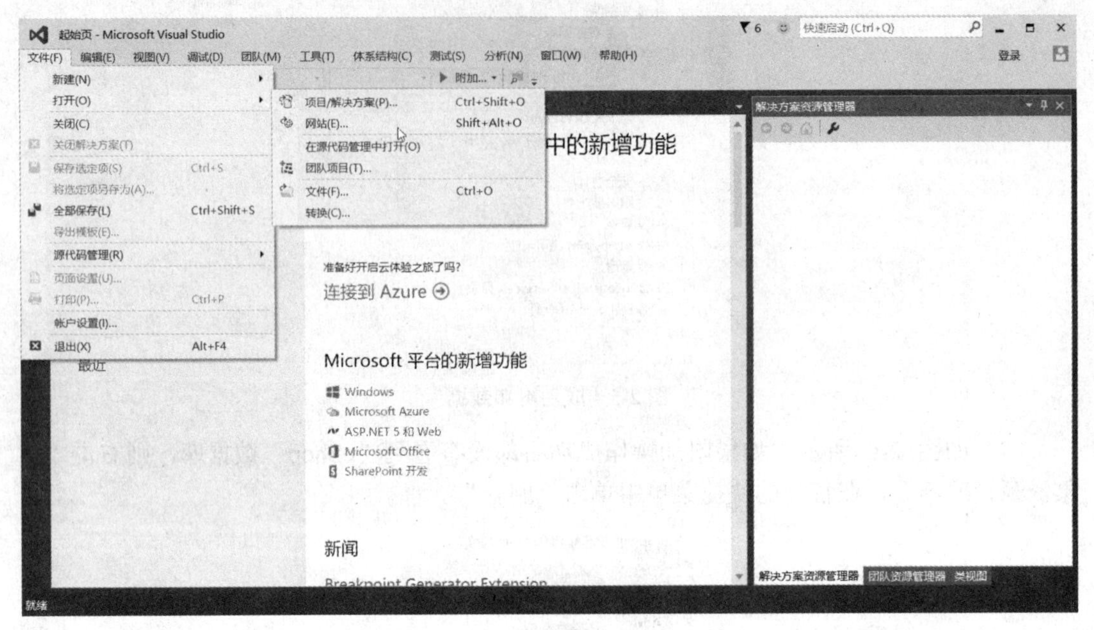


图 2-8 打开网站

（3）如图 2-9 所示，定位到本书配套资源，编者这里是“D:\配套资源\第 02 章\网上购物系统”文件夹（注意：是文件夹，不是该文件夹下面的文件），单击“打开”按钮。

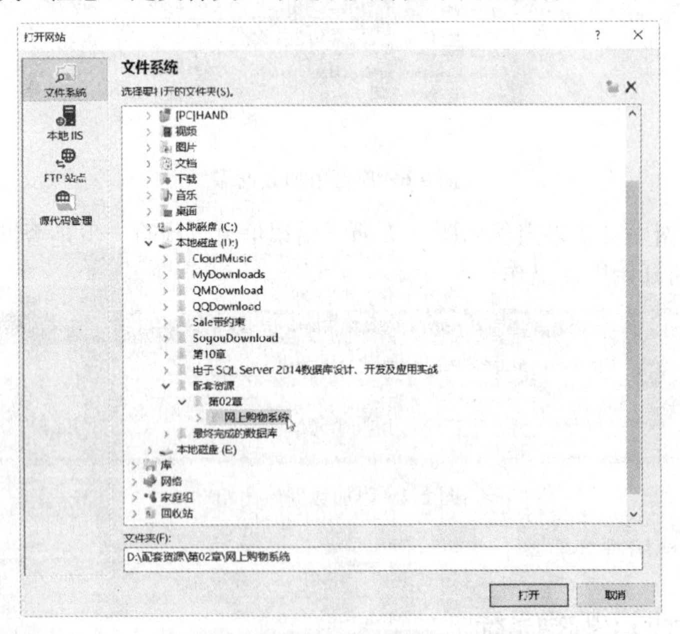


图 2-9 定位到 eShop 网站文件夹

（4）如图 2-10 所示，在“解决方案资源管理器”（如果您找不到，可在 Visual Studio 主菜单中单击“视图”，再单击“解决方案资源管理器”）中右击“Products.aspx”，在打开的快捷菜单中单击“设为起始页”。

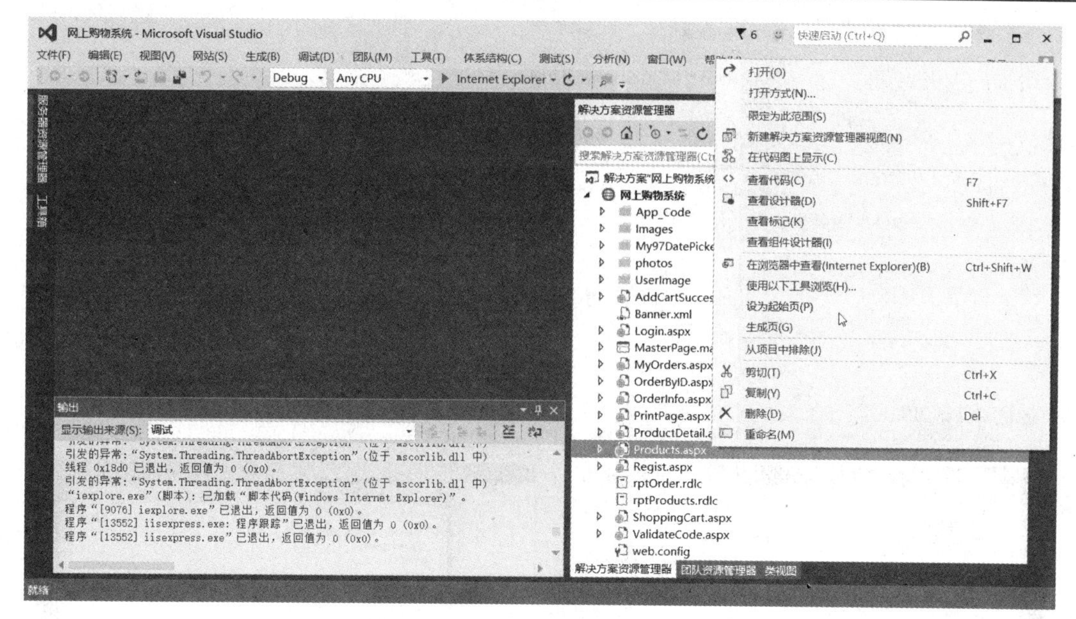


图 2-10　设置起始页

（5）如图 2-11 所示，在“解决方案资源管理器”中双击“web.config”，注意图中左侧矩形框中的内容：Data Source=.。

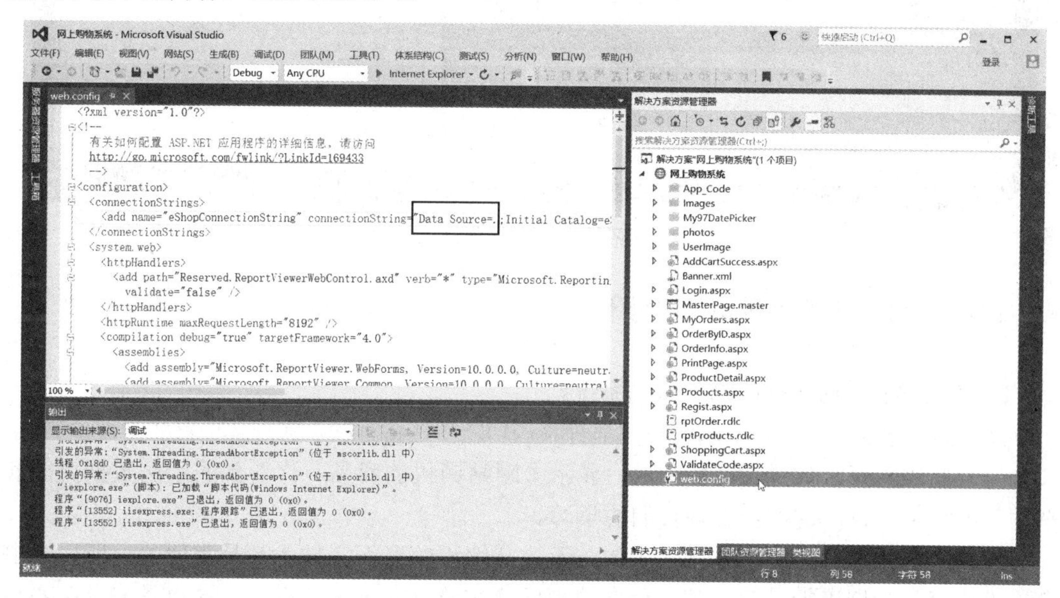


图 2-11　打开 web.config 文件

（6）如图 2-12 所示，记得启动 SSMS 时的界面吗，服务器名称处的“.”就是和“Data Source=.”中的“.”对应的。

如果你的环境不一样，比如你的服务器名称是“.\SQLExpress”，则将 web.config 文件中那条语句修改为“Data Source=.\SQLExpress”。

（7）如图 2-13 所示，在 Visual Studio 菜单中单击“▶ Internet Explorer ▾”在 IE 下运行项目。

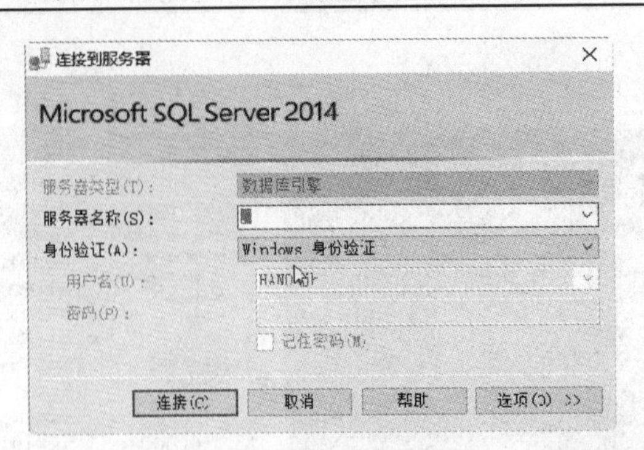


图 2-12 连接到服务器

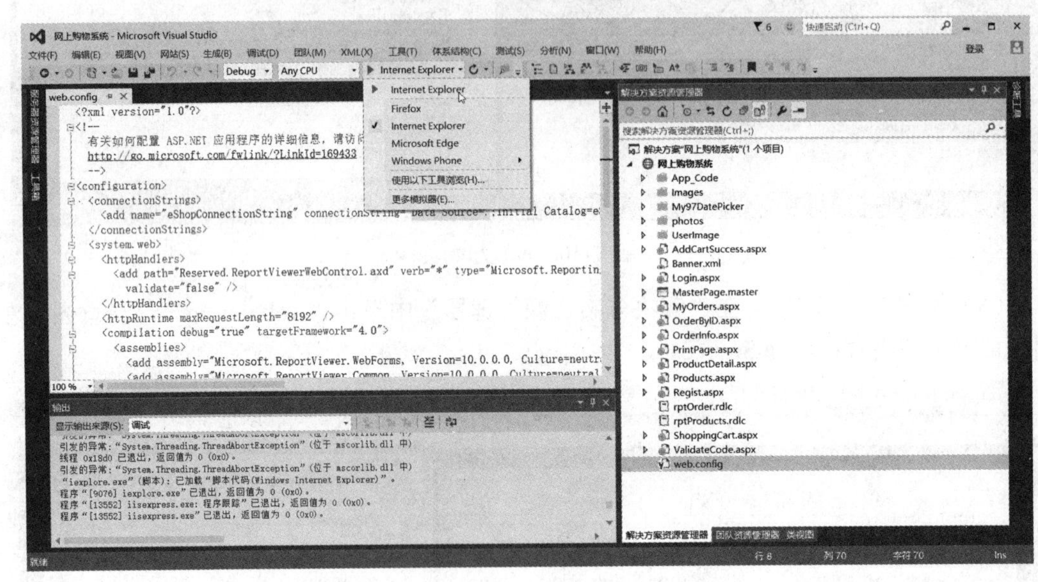


图 2-13 运行项目

## 2.2.3 网上购物系统功能介绍

**【演练 2.3】**认识运行的网上购物系统。

从界面上来认识一下网上购物系统都有哪些功能。这将有助于您理解项目和学习本书。

（1）商城首页。如图 2-14 所示，显示了网站销售的商品。你看到的示例数据可能和图中并不完全一致，这不会影响我们的学习。

网站销售的商品种类是非常之多的，不过从编程角度而言技术都是类似的，所以本书仅以手机商品为例进行讲解。某种程度的简化其实更有助于你的学习，这也是编者精心设计的。

（2）选择某品牌后可筛选出该品牌的商品。如图 2-15 所示，比如当单击了“诺基亚”（图中鼠标的位置）之后，显示的都是诺基亚品牌的商品。

（3）如图 2-16 所示，在页面的左上方有一个小广告条，示例项目设置了可能是新华网，也可能是当当网的网站链接。

图 2-14　商城首页

图 2-15　诺基亚品牌的商品

图 2-16　小广告条

（4）单击广告条，将链接到如图 2-17 所示的网站。

（5）在商城主页，如图 2-18 所示，注意鼠标的位置，请多次单击“刷新”按钮。

注意小广告条处的变化，可以观察到小广告条可能出现新华网，也可能出现当当网，但新华网出现的概率较高。

图 2-17　链接到合作网站

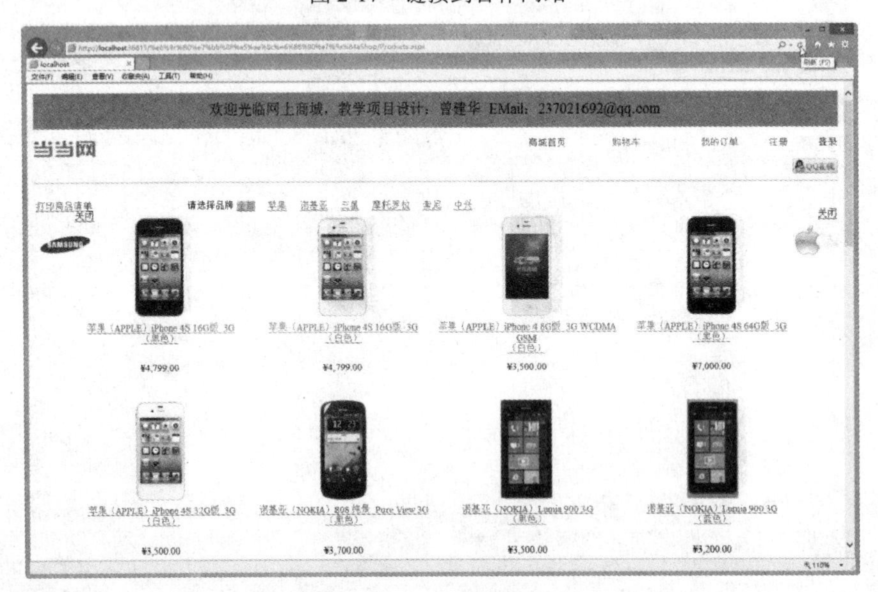


图 2-18　广告出现概率测试

（6）如图 2-19 所示，注意观察页面左右两侧的浮动广告条，当滚动浏览器的滚动条时，浮动广告会跟随移动而始终在用户的视野范围内。

关闭

图 2-19　浮动广告

（7）如图 2-20 所示。单击某浮动广告，如单击“SAMSUNG”，将链接到三星网站。

（8）单击浮动广告右上方的“关闭”，将关闭浮动广告条。关闭浮动广告后的页面如图 2-21 所示。

（9）QQ 客服功能，请先启动好您的 QQ。单击页面右上方的“QQ在线”。

（10）出现如图 2-22 所示对话框。单击“允许”按钮。

（11）出现如图 2-23 所示的 QQ 临时会话框。

图 2-20　三星网站

图 2-21　关闭了浮动广告的页面

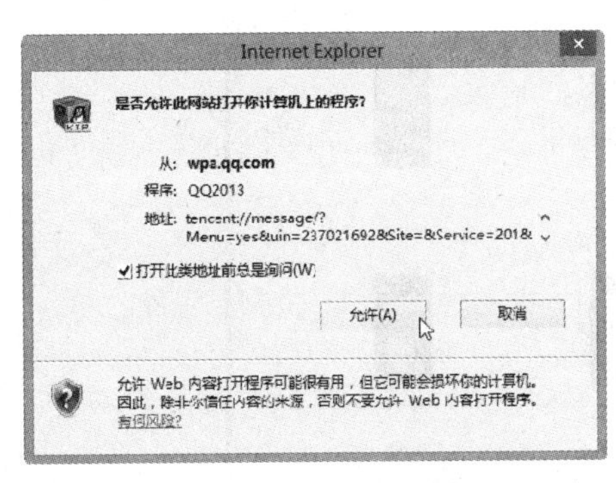


图 2-22　IE 对话框

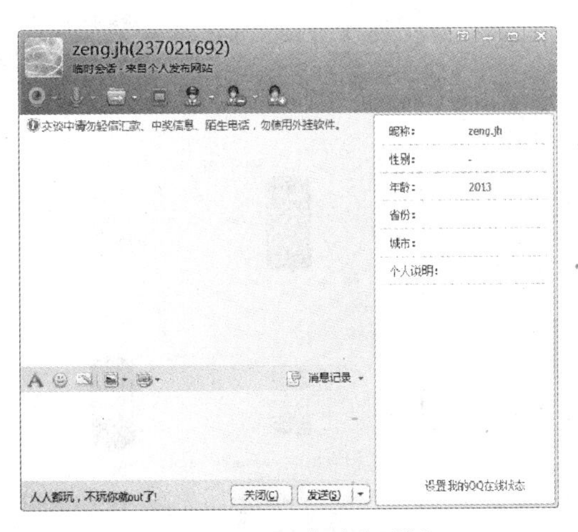


图 2-23　QQ 临时会话框

（12）在商城首页，单击左上方的“打印商品清单”，出现如图 2-24 所示的打印预览页面。页面上方的工具条提供了翻页及缩放等功能。

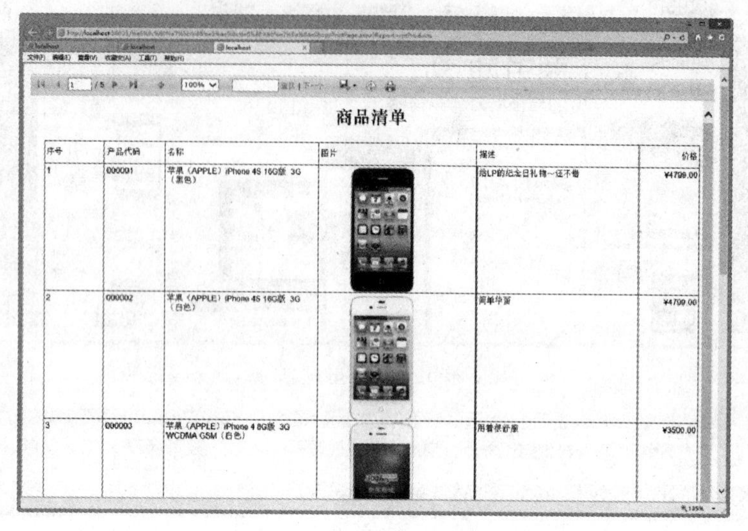


图 2-24　打印预览页面

（13）当您想要输出时，可单击页面上方工具条的“![]”，出现如图 2-25 所示的下拉框。你可选择输出类型。

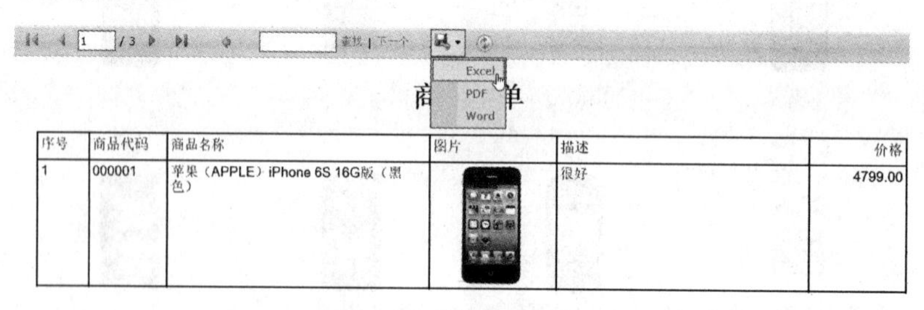


图 2-25　输出到文件

（14）查看商品详情。在商城首页，如图 2-26 所示，单击某商品。

图 2-26　挑选商品

（15）如图 2-27 所示，链接到该商品的详细信息页面。如果喜欢该商品，单击“加入购物车”。

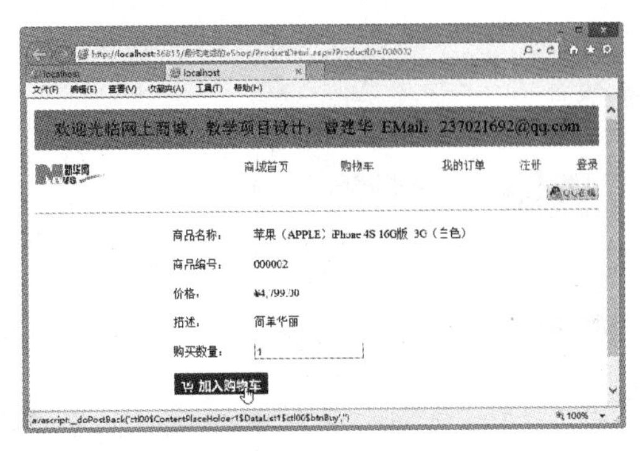


图 2-27　加入购物车

（16）如图 2-28 所示，成功加入购物车后，可单击“继续购物”回到商城首页继续挑选商品，也可单击“去购物车并结算”进入相应页面。

请读者参照编者执行的操作步骤：

- 单击“继续购物”，再挑选一件商品到购物车中。
- 再单击“去购物车并结算”。

（17）如图 2-29 所示，进入到购物车页面。

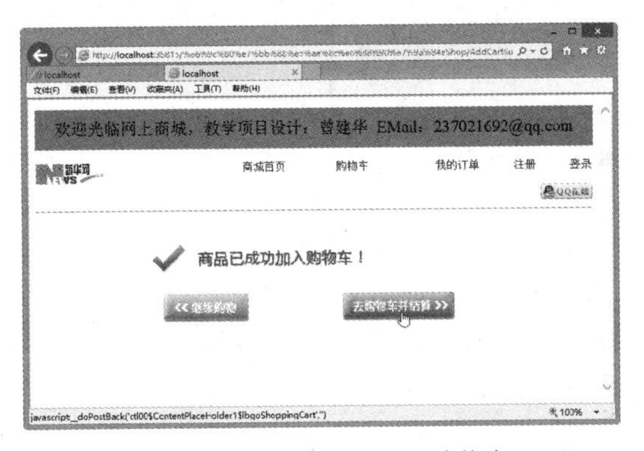


图 2-28　商品已成功加入购物车

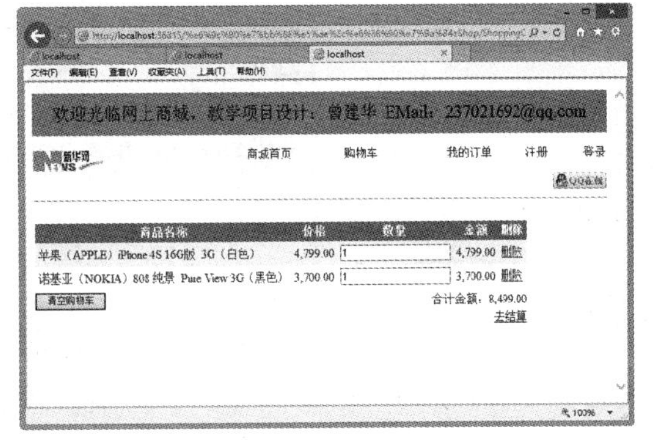


图 2-29　购物车

（18）如图 2-30 所示，可修改数量，如在第 2 行数量处输入“2”，则相应的金额及合计金额都即刻更新。

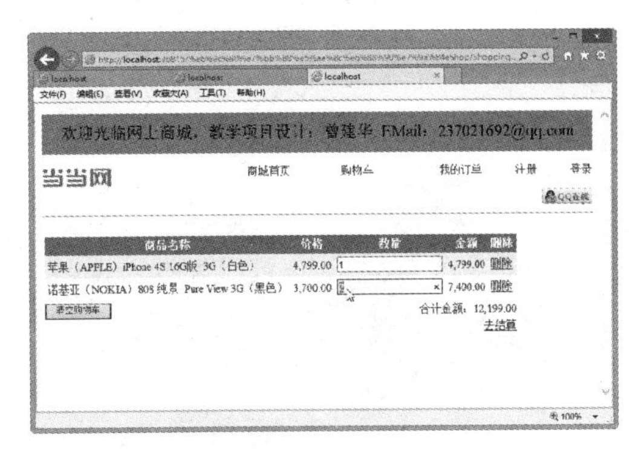


图 2-30　更改数量

（19）如图 2-31 所示，单击“删除”删除购物车中的商品。

（20）如图 2-32 所示，单击“确定”按钮，删除购物车中的商品。删除后，则相应的总金额也将即刻更新。

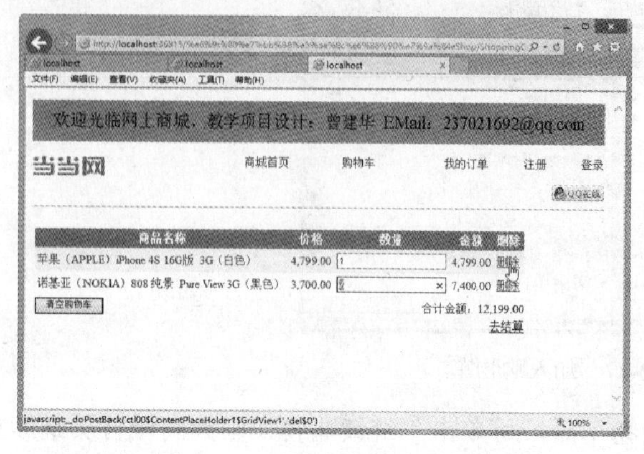


图 2-31 删除购物车中某商品

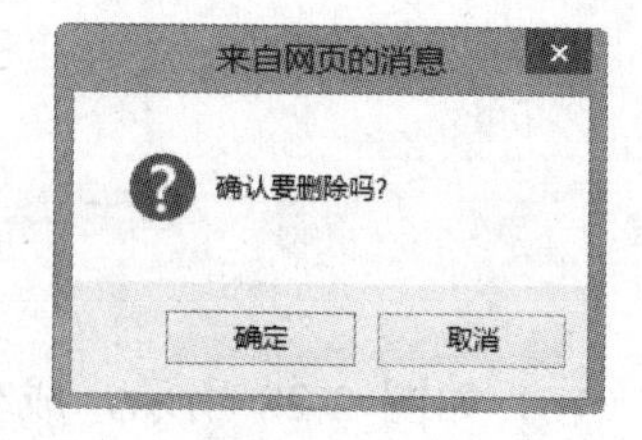


图 2-32 确定删除购物车中商品

也可单击“清空购物车”清除购物车中的所有商品，编者这里就不测试了。

（21）确认购物车中的商品后，如图 2-33 所示，单击“去结算”。

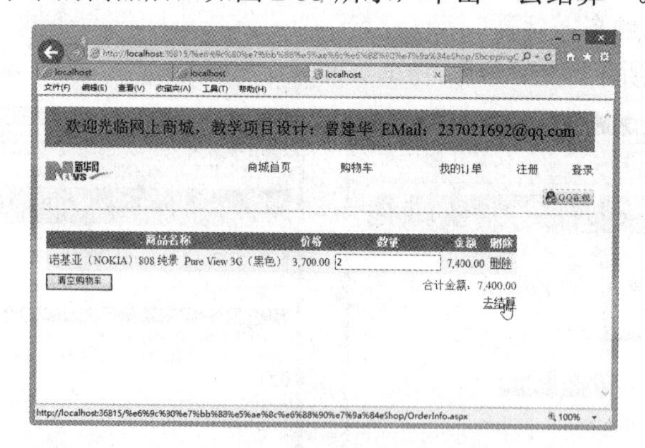


图 2-33 单击“去结算”

（22）系统将检测用户是否已登录系统。如果用户未登录，将出现如图 2-34 所示的登录页面。

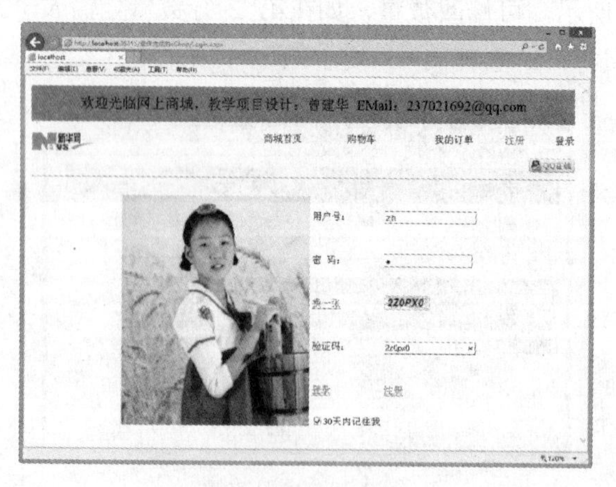


图 2-34 登录页面

（23）如果已注册，输入正确的用户、密码、验证码。

可输入系统预置账号：

- 用户号：zjh
- 密码：1

如果未注册，可单击“注册”，出现如图 2-35 所示的注册页面。

编者这里不注册，输入正确的用户、密码、验证码后，单击“登录”按钮。

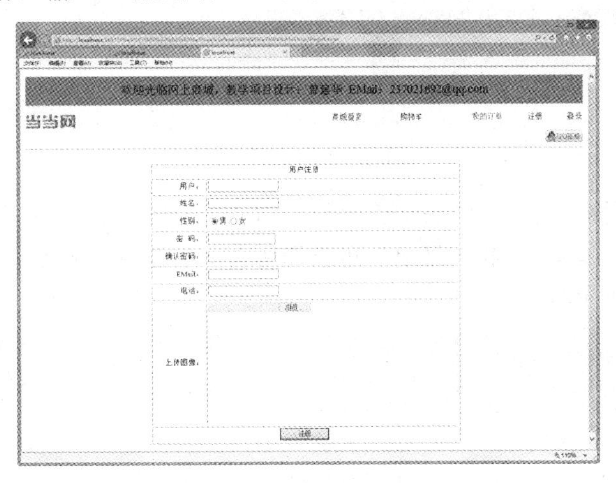


图 2-35　注册页面

（24）如图 2-36 所示，登录后，注意左侧广告条下方，当登录系统后显示为“您好，曾建华，欢迎光临本网站”，之前未登录系统时没有欢迎信息。

登录后，系统将引导到登录前的页面。我们这里是单击“去结算”时的页面。

如果登录用户以往有过购物资料，则联系电话、送货地址、收货人信息默认为用户最近一次购物时填写的信息。

如果是第一次购物，联系电话、送货地址、收货人信息将为空。用户可在此基础上输入新的联系电话、送货地址、收货人信息或保持不变。单击“确认联系方式和产品清单提交订单”按钮。

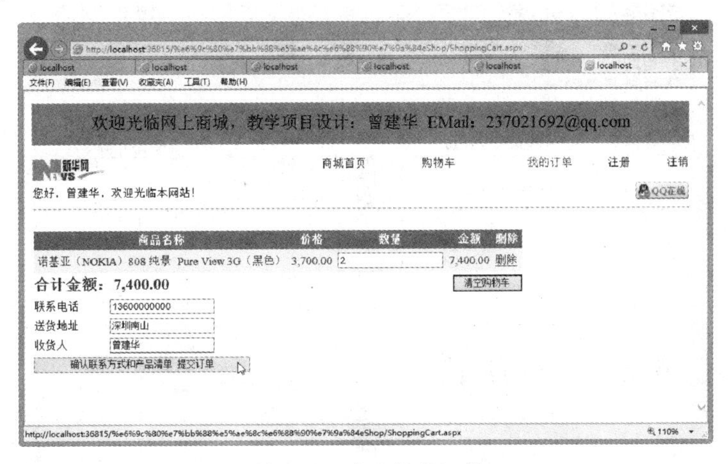


图 2-36　确认提交订单

（25）出现如图 2-37 所示的订单页面。

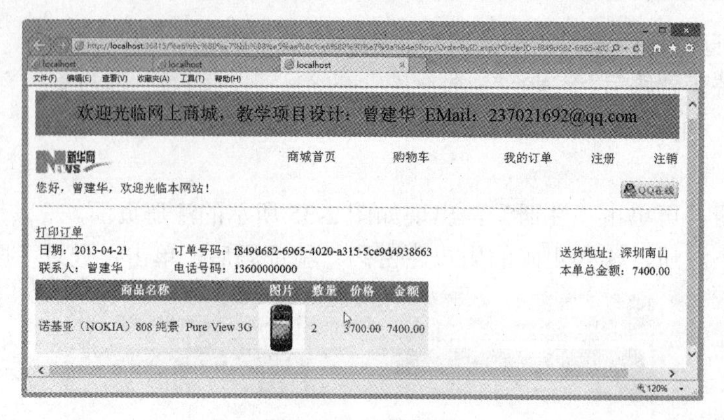


图 2-37　订单页面

（26）在订单页面，可单击“打印订单”，则出现如图 2-38 所示的打印界面。

（27）在导航条上单击“我的订单”可查询所有历史订单，如图 2-39 所示，该页面包含指定时间段的每一笔订单。

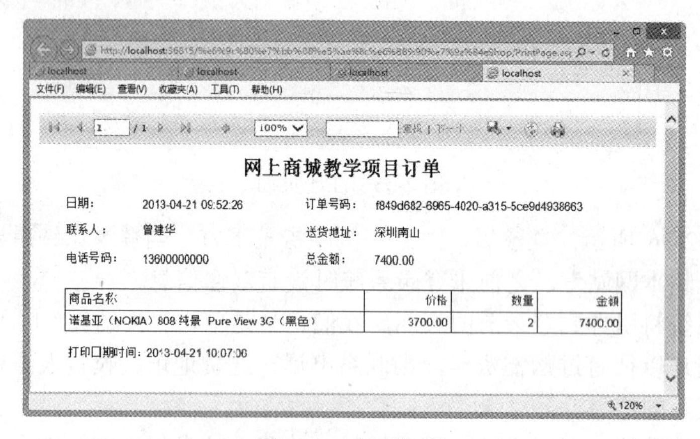


图 2-38　打印订单

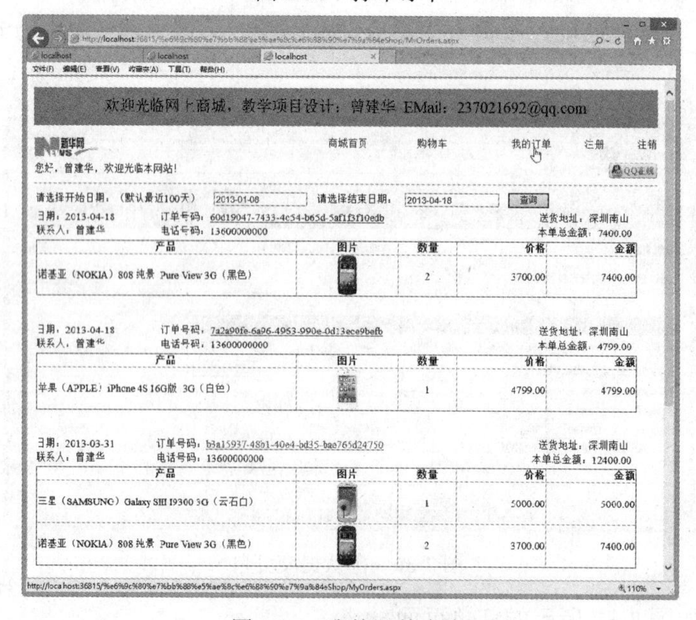


图 1-37　我的订单查询

（28）单击某一“订单号码”后，如图 2-40 所示，可看该订单的详情。

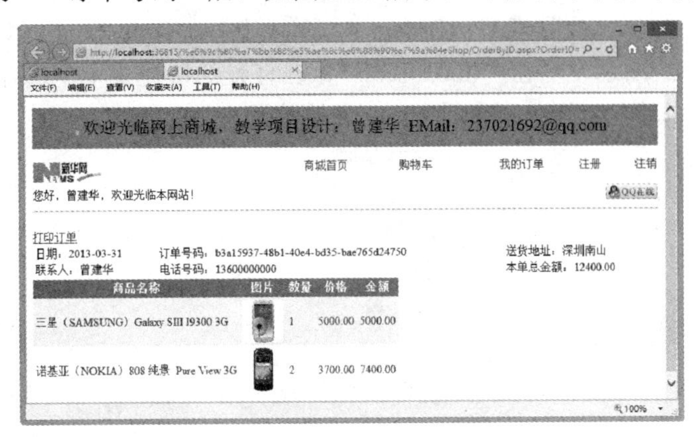

图 2-40　查看选定订单的详情

项目的每一个功能我们都浏览了一遍，相信您也对本项目有了一定的了解。那我们来逐个实现该项目的数据库吧。

> **【推荐】** 若想学习网上购物系统的详细开发流程，可参阅下面的教材，这是本书的完美配套书。
>
> 《Visual Studio 2010（C#）Web 数据库项目开发》
>
> 主编：曾建华
>
> 出版社：电子工业出版社

## 2.3　网上购物系统使用的数据库 eShop

### 2.3.1　初步认识网上购物系统使用的数据库 eShop

**【演练 2.4】** 在 SSMS 中初步认识 eShop 数据库，并熟悉 SSMS 环境。

（1）启动 SSMS。如图 2-41 所示，在“对象资源管理器”中展开“数据库”→“eShop”→“表”。

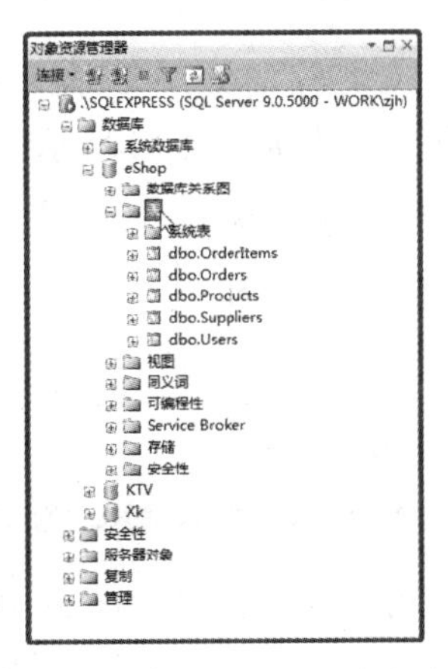

图 2-41　eShop 数据库中的表

本书项目中使用的 eShop 数据库中包含 5 个表，分别是：Users（用户表）、Suppliers（供应商表）、Products（商品表）、Orders（订单主表）、OrderItems（订单明细表）。

（2）如图 2-42 所示，右击“dbo.Users”，在打开的快捷菜单中选择“编辑所有行”（也可能显示为编辑前 XX 行）可查看 Users 表的数据。

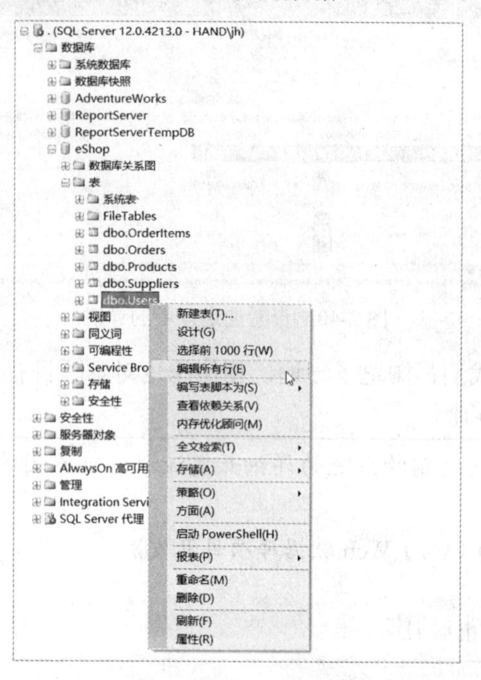


图 2-42　编辑所有行

（3）Users（用户表）包含列：UserID（用户 ID）、UserName（用户名称）、Sex（性别）、Pwd（密码），Email（邮件地址）、Tel（电话）、UserImage（用户图像文件）示例数据如图 2-43 所示。

| | UserID | UserName | Sex | Pwd | EMail | Tel | UserImage |
|---|---|---|---|---|---|---|---|
| ▶ | test | 测试用户 | 女 | 123 | test@qq.com | 13300000000 | NULL |
| | zjh | 曾建华 | 男 | 1 | 237021692@qq.com | 13600000000 | NULL |
| * | NULL | NULL | NULL | NULL | NULL | NULL | NULL |

图 2-43　Users 表中的数据

（4）类似地查看 Suppliers（供应商表）包含列：SupplierID（供应商 ID）、SupplierName（供应商名称），示例数据如图 2-44 所示。

| SupplierID | SupplierName |
|---|---|
| 01 | 苹果 |
| 02 | 微软 |
| 03 | 三星 |
| 04 | 摩托罗拉 |
| 05 | 索尼 |
| 06 | 中兴 |

图 2-44　Suppliers 表中的数据

（5）Products（商品表）包含列：ProductID（商品 ID）、SupplierID（商品的供应商 ID）、ProductName（商品名称）、Color（颜色）、ProductImage（商品对应的图片文

件，含相对路径）、Price（价格）、Description（商品描述）、Onhand（库存数量），示例数据如图 2-45 所示。

| ProductID | SupplierID | ProductN... | Color | Productl... | Price | Description | Onhand |
|---|---|---|---|---|---|---|---|
| 000001 | 01 | 苹果（APP... | 黑色 | photos/苹... | 4799.00 | 很好 | 100 |
| 000002 | 01 | 苹果（APP... | 白色 | photos/苹... | 4799.00 | 很好 | 200 |
| 000003 | 01 | 苹果（APP... | 白色 | photos/苹... | 3500.00 | 很好 | 300 |
| 000004 | 01 | 苹果（APP... | 黑色 | photos/苹... | 7000.00 | 很好 | 100 |
| 000005 | 01 | 苹果（APP... | 白色 | photos/苹... | 3500.00 | 很好 | 100 |
| 000006 | 02 | Lumia 640 | 黑色 | photos/Lu... | 900.00 | 很好 | 140 |
| 000007 | 02 | Lumia 640 ... | 钛灰色 | photos/Lu... | 1300.00 | 不错 | 200 |
| 000008 | 02 | Lumia 650 | 红色 | photos/Lu... | 1200.00 | 不错 | 300 |
| 000009 | 02 | Lumia 950 | 云石白 | photos/Lu... | 4000.00 | 不错 | 300 |
| 000010 | 02 | Lumia 950... | 白色 | photos/Lu... | 5000.00 | 不错 | 300 |
| 000011 | 03 | 三星（SA... | 钛灰色 | photos/三... | 12000.00 | 不错 | 100 |
| 000012 | 03 | 三星（SA... | 云石白 | photos/三... | 5000.00 | good | 100 |
| 000013 | 03 | 三星（SA... | 青玉蓝 | photos/三... | 4600.00 | good | 100 |
| 000014 | 03 | 三星（SA... | 红色 | photos/三... | 4300.00 | good | 100 |
| 000015 | 03 | 三星（SA... | 黑色 | photos/三... | 3700.00 | good | 100 |
| 000016 | 04 | 摩托罗拉（... | 黑色 | photos/摩... | 2800.00 | good | 100 |
| 000017 | 04 | 摩托罗拉（... | 云石白 | photos/摩... | 1300.00 | nice | 100 |
| 000018 | 04 | 摩托罗拉（... | 黑色 | photos/摩... | 2300.00 | nice | 100 |
| 000019 | 04 | 摩托罗拉（... | 白色 | photos/摩... | 2000.00 | nice | 100 |
| 000020 | 04 | 摩托罗拉（... | 钛灰色 | photos/摩... | 1800.00 | nice | 100 |
| 000021 | 05 | 索尼（SON... | 白色 | photos/索... | 4300.00 | nice | 100 |
| 000022 | 05 | 索尼（SON... | 白色 | photos/索... | 3500.00 | very good | 100 |

图 2-45　Products 表中的数据

（6）Orders（订单主表）包含列：OrderID（订单号）、UserID（订单用户 ID）、Consignee（订单联系人）、Tel（订单联系电话）、Address（送货地址）、OrderDate（订单提交时间），示例数据如图 2-46 所示。

| OrderID | UserID | Consignee | Tel | Address | OrderDate |
|---|---|---|---|---|---|
| c-b3fdac919dc4 | zjh | 曾建华 | 13600000000 | 深圳南山 | 2012-12-02 14:54:24.000 |
| b3a15937-48b1-40e4-bd35-bae765d24750 | zjh | 曾建华 | 13600000000 | 深圳南山 | 2013-03-31 11:17:11.240 |
| cc5961bb-83b1-407d-a521-d316045a217c | zjh | 曾建华 | 13600000000 | 深圳南山 | 2013-03-21 09:43:31.980 |
| d025d90b-6560-4f39-ae88-87f1b13cb061 | zjh | 曾建华 | 13600000000 | 深圳南山 | 2013-03-25 21:33:40.763 |
| NULL | NULL | NULL | NULL | NULL | NULL |

图 2-46　Orders 表中的数据

（7）OrderItems（订单明细表）包含列：OrderItemID（订单明细 ID）、OrderID（订单明细表对应订单主表的订单号）、ProductID（订单的商品 ID）、Amount（数量），Price（价格），示例数据如图 2-47 所示。

| OrderItemID | OrderID | ProductID | Amount | Price |
|---|---|---|---|---|
| 0E5F8646-24E9-421C-8CA5-D05636F23969 | cc5961bb-83b1-407d-a521-d316045a217c | 000001 | 1 | 4799.00 |
| 10A61504-2E91-4449-ACB2-15ACF8498918 | b3a15937-48b1-40e4-bd35-bae765d24750 | 000012 | 1 | 5000.00 |
| 6D8662AB-02EC-499C-9A1A-AF1611A6E485 | 87aaa3af-3161-4953-90dc-b3fdac919dc4 | 000008 | 1 | 3200.00 |
| AF52CA55-B60D-4AEF-9284-C04257B78386 | d025d90b-6560-4f39-ae88-87f1b13cb061 | 000017 | 1 | 1300.00 |
| D15FCEDF-8B66-4EE5-987C-B43FC0B6F3DB | 87aaa3af-3161-4953-90dc-b3fdac919dc4 | 000010 | 1 | 2000.00 |
| D63D54F7-162D-4E69-A4D3-11CBD3780FEC | b3a15937-48b1-40e4-bd35-bae765d24750 | 000006 | 2 | 3700.00 |
| NULL | NULL | NULL | NULL | NULL |

图 2-47　OrderItems 表中的数据

### 2.3.2　数据库中表之间的关系

**【演练 2.5】**通过数据库关系图初步认识数据库中表之间的关系。

（1）如图 2-48 所示，在“对象资源管理器”中展开“数据库”→“eShop”→“数据库关系图”，双击“dbo.Diagram_0”。

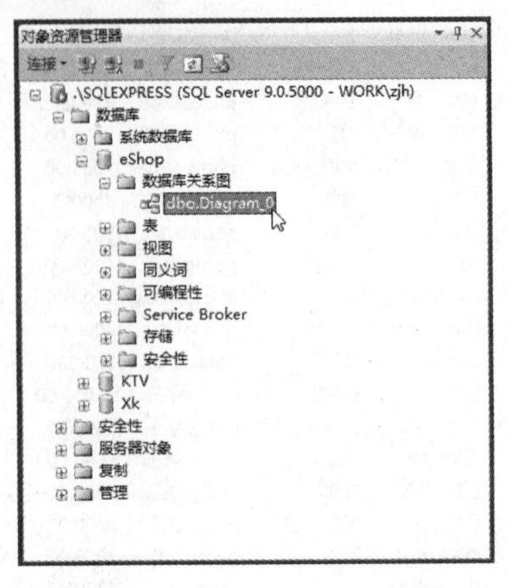


图 2-48　查看数据库关系图

（2）操作时如果出现如图 2-49 所示对话框，则执行（3）、（4）、（5）步操作，否则直接跳到第（6）步。

图 2-49　数据库没有有效所有者

（3）如图 2-50 所示，在“对象资源管理器”中展开“数据库”，右击“eShop”，选择“新建查询”。

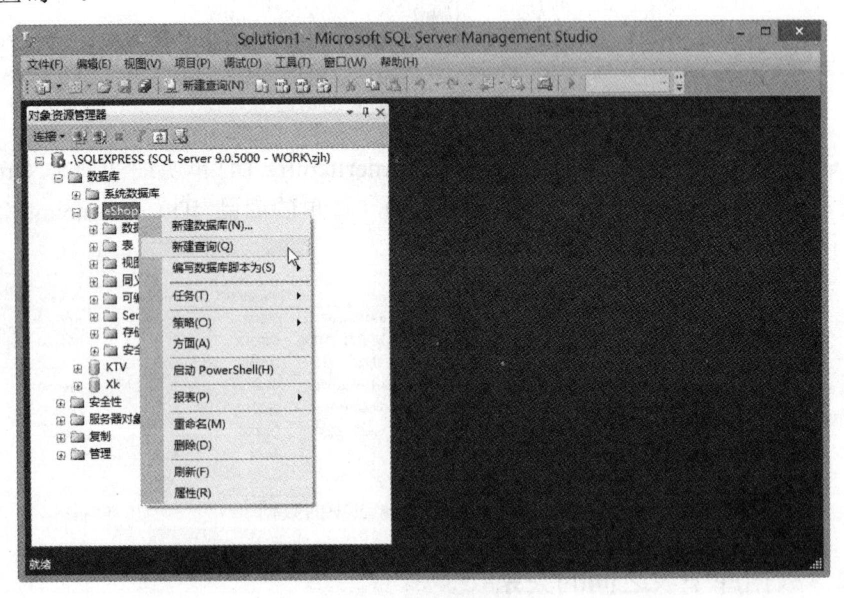


图 2-50　打开查询窗口

（4）如图 2-51，在查询窗口中输入命令：

```
ALTER AUTHORIZATION ON DATABASE::eShop TO sa
```

单击工具栏上的“! 执行(X)”（或按快捷键 Ctrl+E）执行该语句。

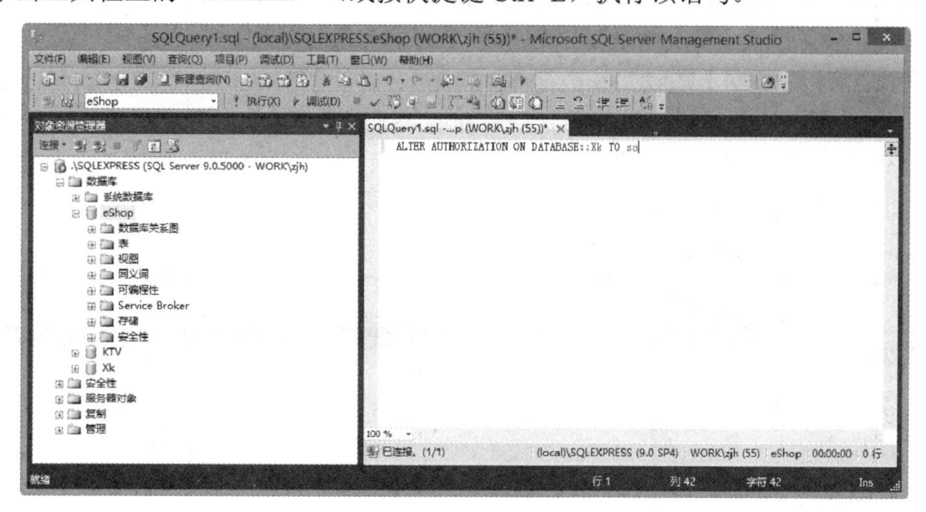


图 2-51　执行命令

（5）再按照操作（1）执行。

（6）表之间的关系如图 2-52 所示。

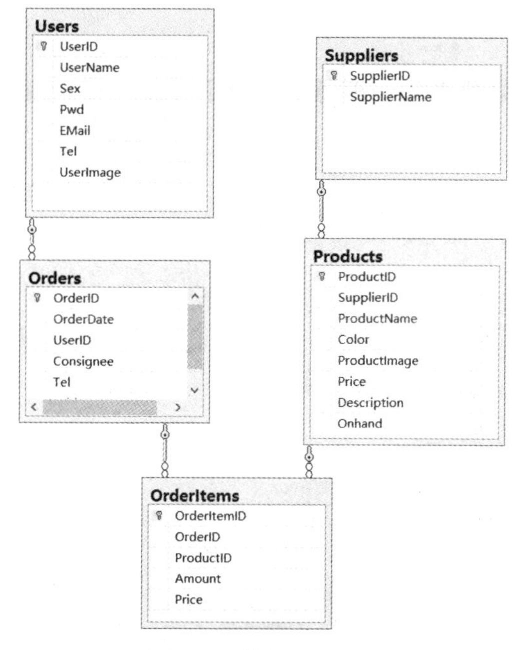


图 2-52　数据库关系图

从图中我们可以看到：

- Products 和 Suppliers 之间通过 SupplierID 进行连接，表示商品的供应商 ID 来源于供应商表。
- Orders 和 Users 之间通过 UserID 进行连接，表示订单主表的用户 ID 来源于用户表。
- OrderItems 和 Orders 之间通过 OrderID 进行连接，表示订单明细表的订单号来源于订单主表。

OrderItems 和 Products 之间通过 ProductID 进行连接，表示订单明细表的商品 ID 来源于商品表。

**【演练 2.6】**分离网上购物系统数据库 eShop。

为不影响下一章的学习，分离掉我们附加的 eShop 数据库。

（1）如果有查询窗口打开的话，如图 2-53 所示（注意图中鼠标位置），单击查询窗口的“×”关闭掉所有查询窗口。

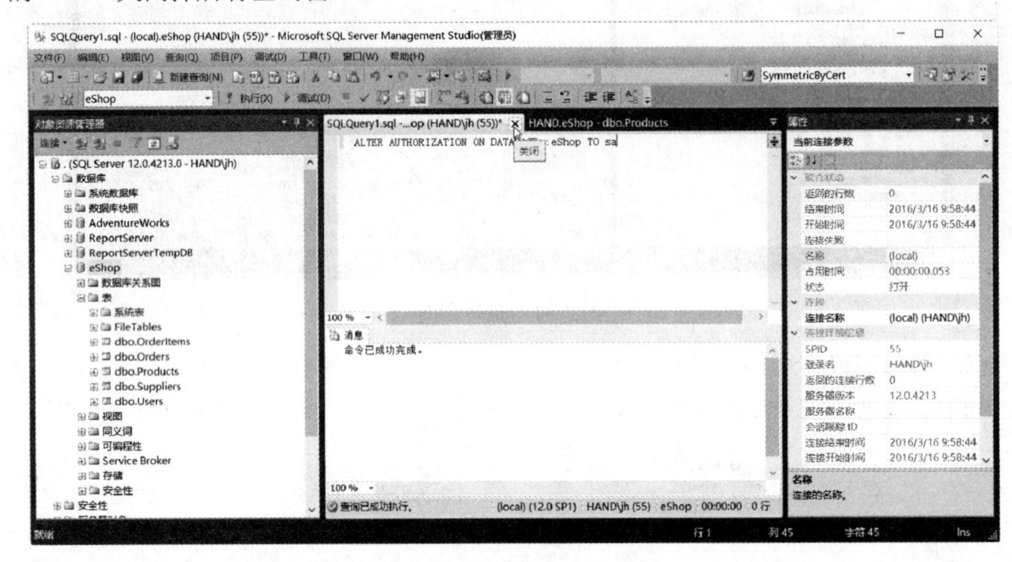


图 2-53　关闭所有查询窗口

（2）如图 2-54 所示，在“对象资源管理器”中右击“eShop”，在弹出的快捷菜单中选择“任务”下的“分离”命令。

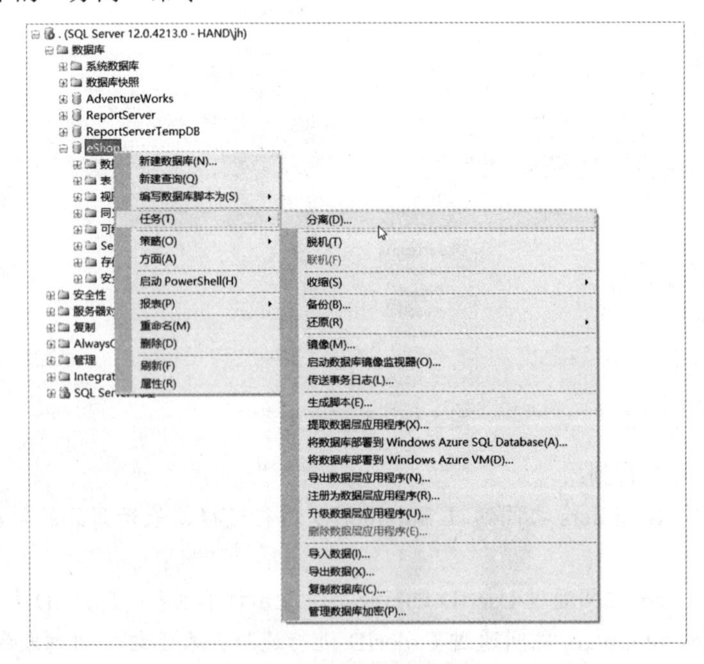


图 2-54　分离数据库

（3）如图 2-55 所示，选中“删除连接”，单击“确定”按钮。

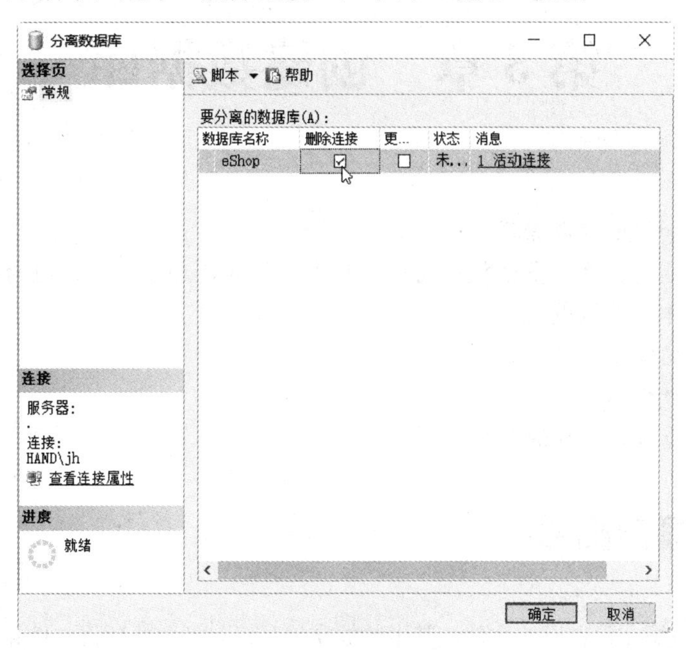


图 2-55　分离数据库

目前，读者对本教材所使用的数据库有了大致的认识。后续章节将一步一步学习该数据库。

# 第 3 章　创建数据库

【学习目标】

- 熟练掌握如何创建数据库
- 熟练掌握如何创建由多个数据文件、日志文件并包含多个文件组的数据库
- 认识数据库文件组成
- 初步了解文件组
- 了解系统数据库
- 熟练掌握重命名、删除数据库

## 3.1　创建数据库

数据库包括数据文件和日志文件，其中数据文件又可包括主要数据文件和次要数据文件。

数据文件包含数据和对象，例如表、索引、存储过程和视图。

日志文件包含恢复数据库中的所有事务所需的信息。

### 3.1.1　数据库文件

SQL Server 数据库具有三种类型的文件：

1. 主要数据文件

包含数据库的启动信息，并指向数据库中的其他文件。每个数据库有一个主要数据文件。主要数据文件的建议文件扩展名是“mdf”。

2. 次要数据文件

次要文件可用于将数据分散到多个不同的物理磁盘上以提高访问速度。

如果数据库超过了单个 Windows 文件的最大大小，可以使用次要数据文件，这样数据库就能继续增长。

次要数据文件是可选的。次要数据文件的建议文件扩展名是“ndf”。

用户数据和对象可存储在主要数据文件中，也可以存储在次要数据文件中。

3. 日志文件

日志文件保存用于恢复数据库的日志信息。

每个数据库必须至少有一个日志文件。

事务日志的建议文件扩展名是“ldf”。

默认情况下，数据文件和日志文件被放在同一个驱动器上的同一个路径下。这是为处理单磁盘系统而采用的方法。但是，在实际应用中，这可能不是最佳的方法。建议将数据和日志文件放在不同的磁盘上。

### 3.1.2　文件组

每个数据库有一个名为 PRIMARY 的文件组。此文件组包含主要数据文件和未放入其他文件组的所有次要文件。

如果在数据库中创建对象时没有指定对象所属的文件组，对象将被分配给 PRIMARY 文件组。

我们也可以创建自己的文件组，用于将数据文件集合起来，以便于管理、数据分配。

下面为几种常用数据库组成情形：

1. 最基本的数据库

只有一个主要数据文件和一个日志文件。只有一个默认的 PRIMARY 文件组。

2. 包含多个数据文件的数据库

由多个数据文件（一个主要数据文件、多个次要数据文件）组成。不同的数据文件分布在不同的物理磁盘上，这样数据库中的数据可分散在不同磁盘上，提高吞吐效率。

3. 包含多个数据文件、文件组的数据库

由多个数据文件组成，不同的数据文件属于某个文件组。

如图 3-1 所示，主要数据文件、次要数据文件 1、次要数据文件 2 属于 PRIMARY 文件组，表 1、表 2 创建在 PRIMARY 文件组中，这样表 1、表 2 的数据就分布在磁盘 O、P、Q 上了。

表 3、表 4 创建在文件组 2 中，这样表 3、表 4 的数据就分布在磁盘 R、T 上了。

【文件组的作用】

（1）对表中数据的查询将分散到多个磁盘上，从而提高了性能。

（2）当数据量不断增长，现有文件不够用时，还可后续在新的磁盘上创建数据文件并将其分配给文件组。

在创建表时会详细讲解如何具体操作，这里读者可暂时有初步的印象即可。

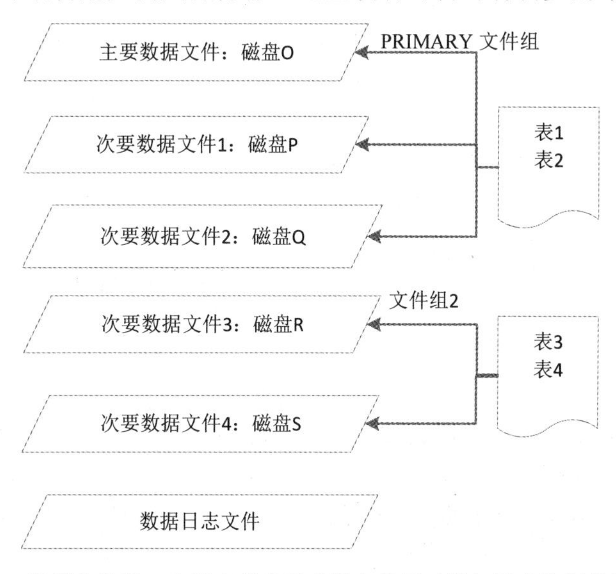


图 3-1　利用文件组，在提高磁盘吞吐效率的同时增加用户控制的灵活性

### 3.1.3　使用 SSMS 创建数据库

**【演练 3.1】**使用 SSMS 创建一个最基本的数据库 eShop1（只包含一个数据文件和一个日志文件）。

（1）如图 3-2 所示，在“对象资源管理器”中右击“数据库”，在打开的快捷菜单中单击“新建数据库”。

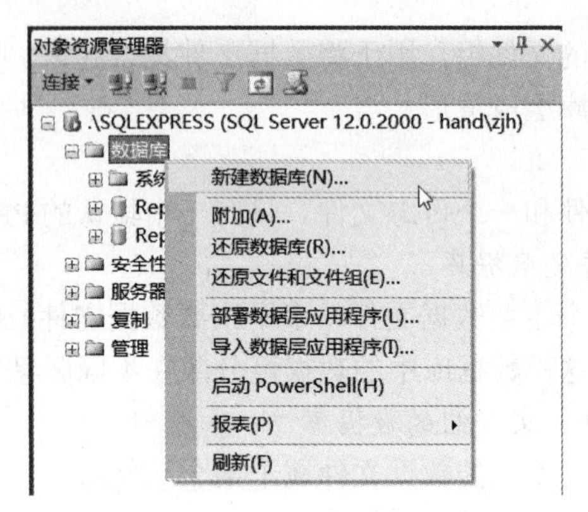


图 3-2　新建数据库

（2）如图 3-3 所示，在“数据库名称”中输入数据库的名字“eShop1”。系统默认主数据文件逻辑名为“eShop1”，物理文件名为“eShop1.mdf”，日志文件逻辑名为“eShop1_log”，物理文件名为“eShop1_log.ldf”。

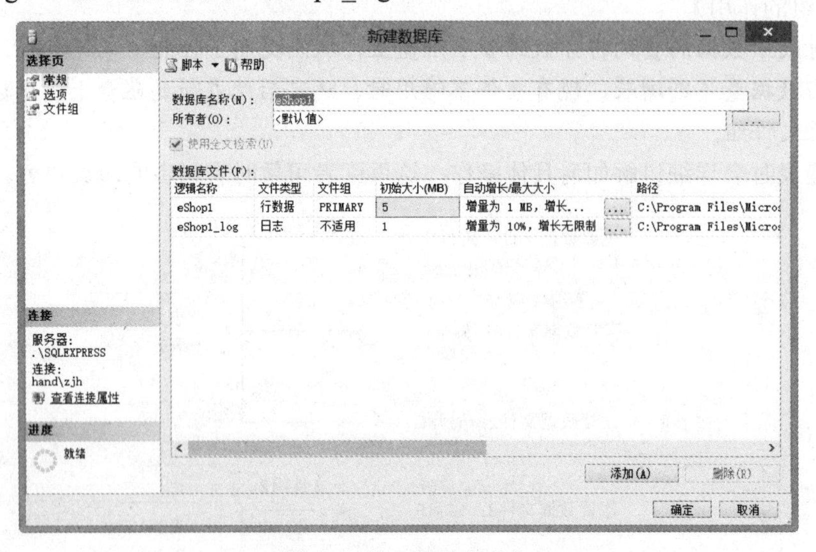


图 3-3　输入数据库名称

（3）如图 3-4 所示，可自行修改数据库文件存储的物理路径，编者在数据文件和日志文件对应的“路径”中都输入“D:\”，则数据和日志文件都将保存在“D:\”。

还可以在初始大小处设置数据库文件的初始大小，这里我们保持默认值“5”和“1”不变。

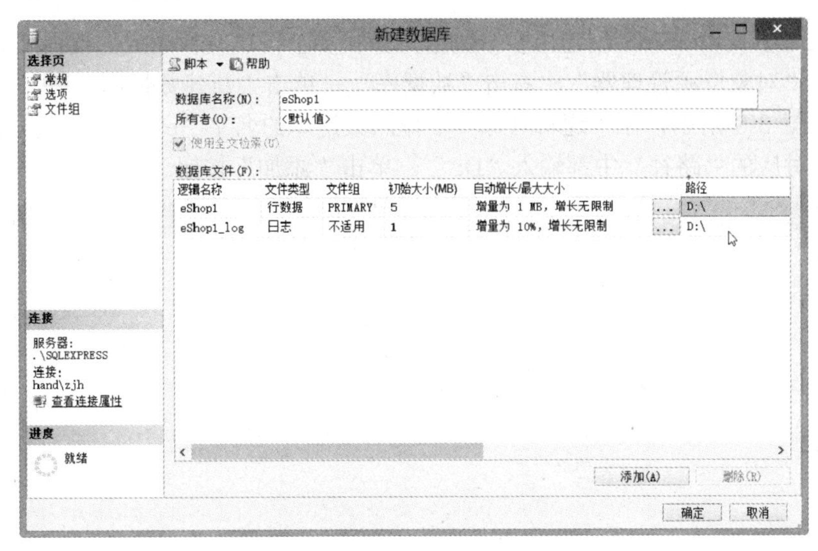


图 3-4　设置物理文件的存储位置

（4）如图 3-4 所示，单击行数据文件 eShop1“增量为 1MB，增长无限制”右侧的“...”，可以修改“是否启用自动增长”以及自动增长方式，还可设置是否限制“最大文件大小”，如图 3-5 所示，这里我们保持默认值不变，单击“确定”按钮。

（5）再次单击“确定”按钮完成操作。如图 3-6 所示，在对象资源管理器中可看到我们创建的 eShop1 数据库。

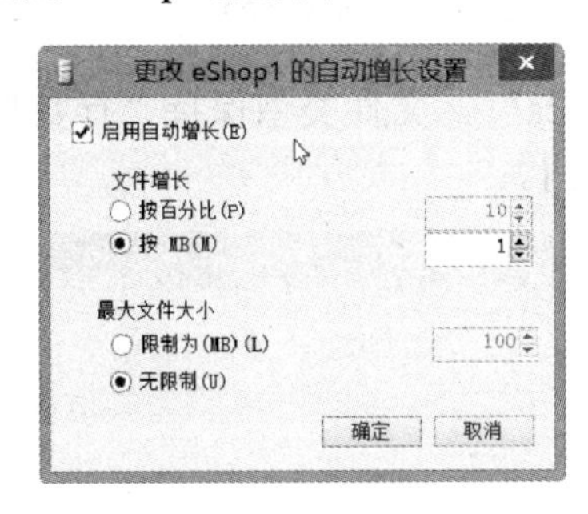


图 3-5　自动增长设置

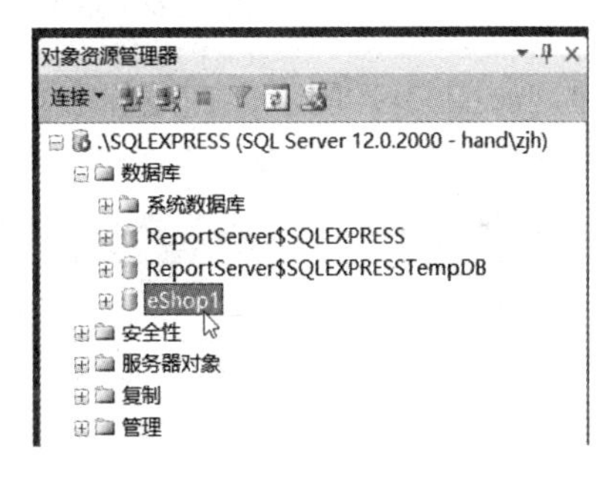


图 3-6　成功创建 eShop1

（6）如图 3-7 所示，在“D:\”下可发现该数据库对应的物理文件“eShop1.mdf”和“eShop1_log.ldf”。

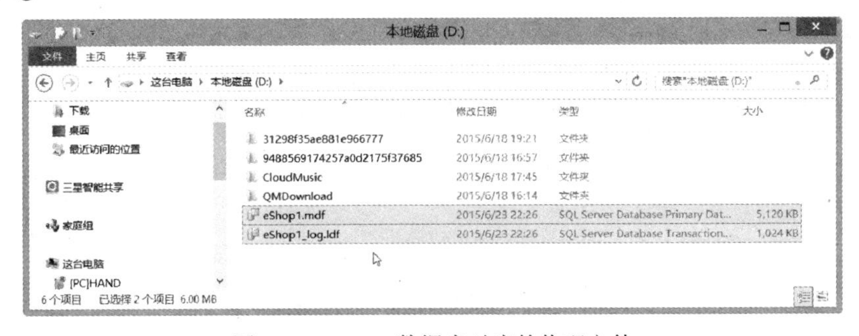


图 3-7　eShop1 数据库对应的物理文件

**【演练 3.2】**使用 SSMS 创建由多个数据文件和多个日志文件组成的数据库 eShop2。

（1）在“对象资源管理器”中右击“数据库”，单击“新建数据库”。

（2）如图 3-8 所示，在“逻辑名称”中输入数据库的名字“eShop2”。在行数据文件和日志文件对应的“路径”中都输入“D:\”，单击“添加”按钮。

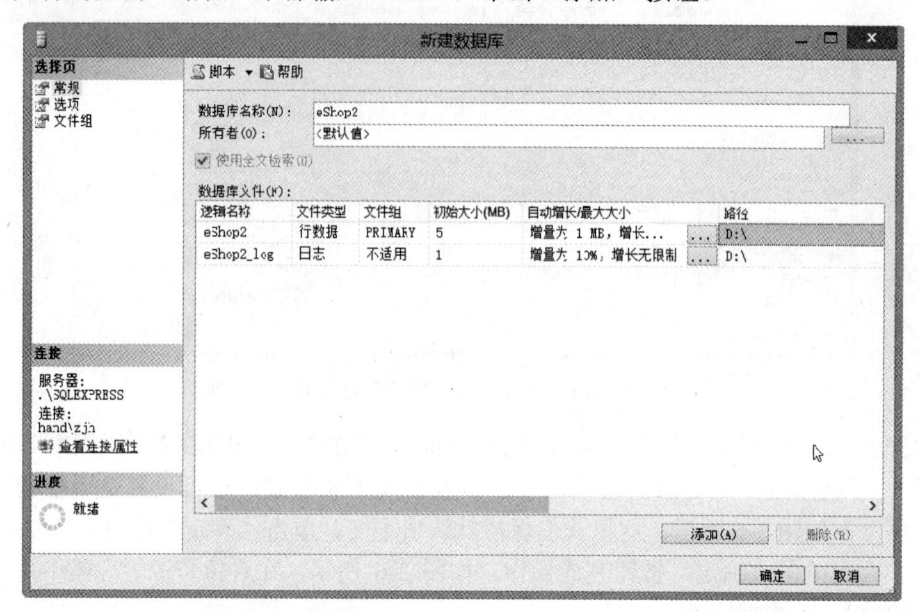


图 3-8　创建由多个数据文件和多个日志文件组成的数据库 eShop2

（3）如图 3-9 所示，在逻辑名称中输入“eShop2a”，文件类型保持“行数据”不变，对应的“路径”中输入“D:\”。单击“添加”按钮。

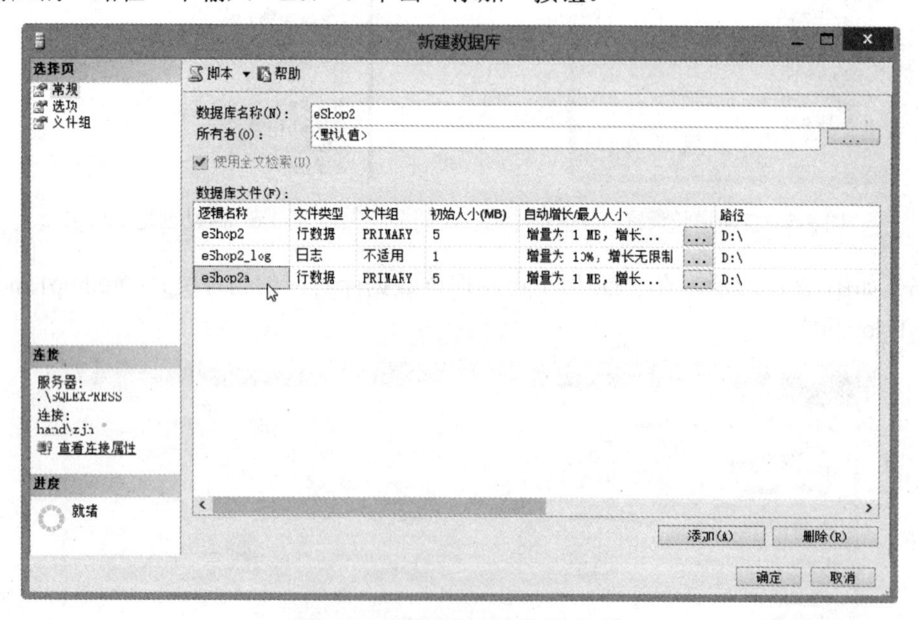


图 3-9　设置新添加的数据文件

（4）如图 3-10 所示，在逻辑名称中输入“eShop2a_log”，在文件类型下拉列表中选择“日志”，在对应的“路径”中输入“D:\”。

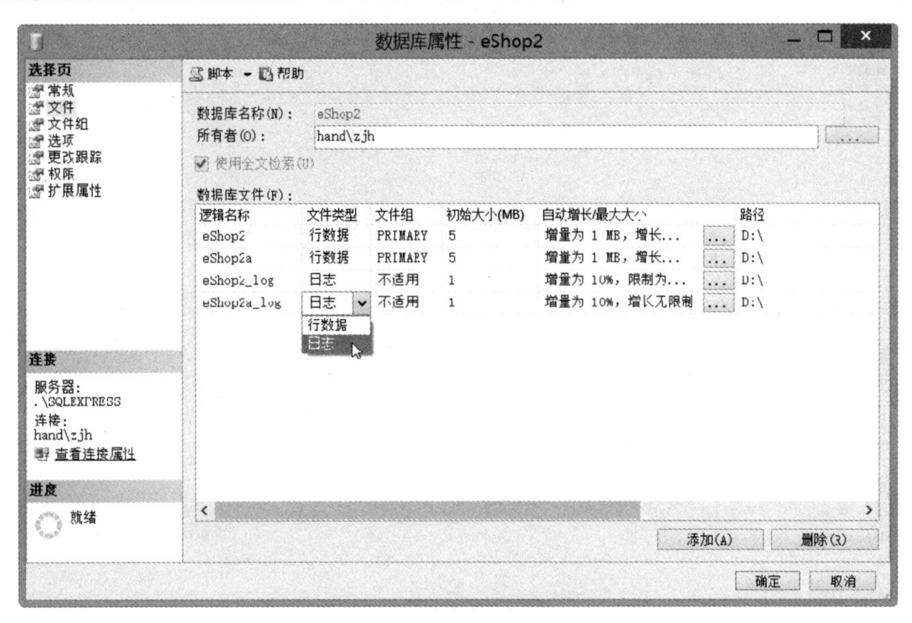


图 3-10　设置新添加的日志文件

（5）单击“确定”按钮完成操作。在对象资源管理器中可看到我们创建的 eShop2 数据库。

（6）如图 3-11 所示，在“D:\”下可发现该数据库对应的物理文件“eShop2.mdf”、“eShop2a.ndf”、“eShop2_log.ldf”、“eShop2a_log.ldf”。可以看到默认主数据文件扩展名为“mdf”，次要数据文件扩展名为“ndf”。

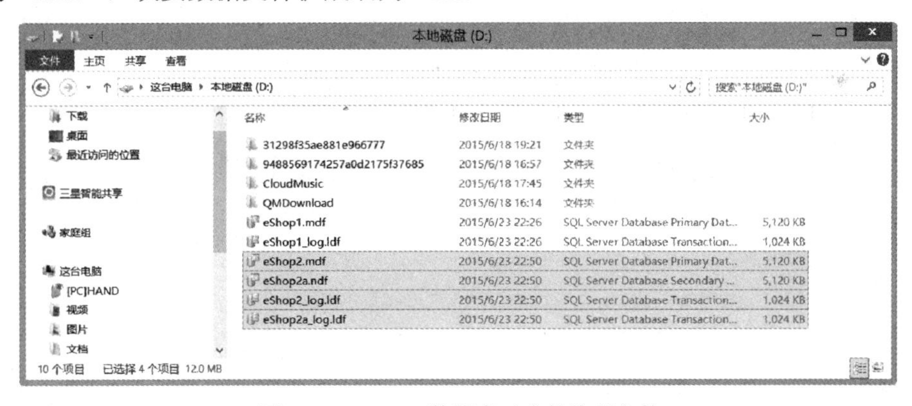


图 3-11　eShop2 数据库对应的物理文件

（7）作为教学演示和学习方便，编者将多个文件都存储在“D:\”，实际情形中更多的是分散在不同的物理磁盘上。

**【演练 3.3】**使用 SSMS 创建包含多个文件组、多个数据文件和多个日志文件组成的数据库 eShop3。

（1）在“对象资源管理器”中右击“数据库”，单击“新建数据库”。

（2）如图 3-12 所示，在“逻辑名称”中输入数据库的名字“eShop3”。在行数据文件和日志文件对应的“路径”中都输入“D:\”。单击“添加”按钮。

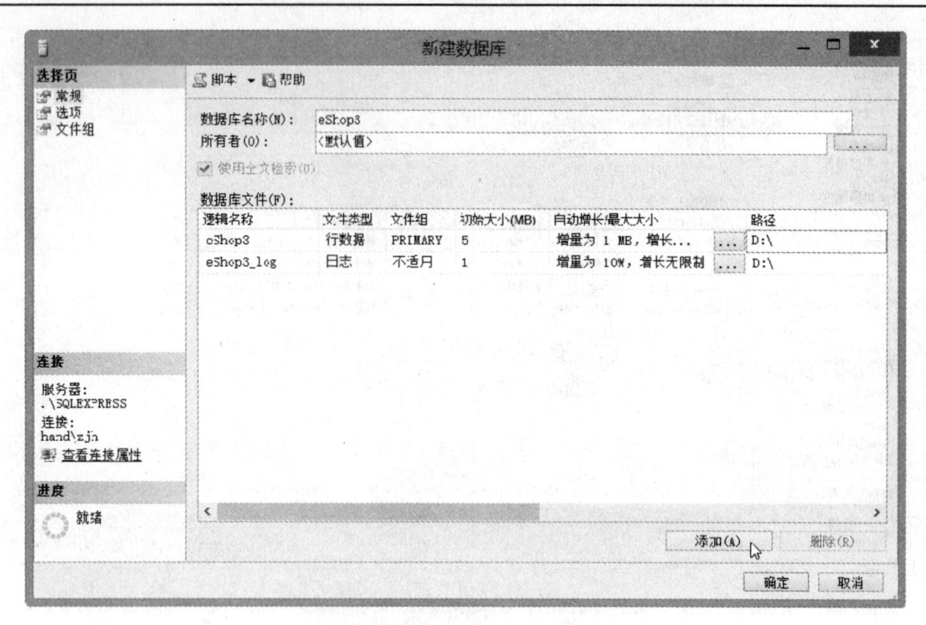


图 3-12　新建 eShop3 数据库

（3）如图 3-13 所示，在逻辑名称中输入“eShop3a”，文件类型保持“行数据”不变，在对应的“路径”中输入“D:\”。单击“添加”按钮。

现在 eShop3 和 eShop3a 都属于 PRIMARY 文件组。

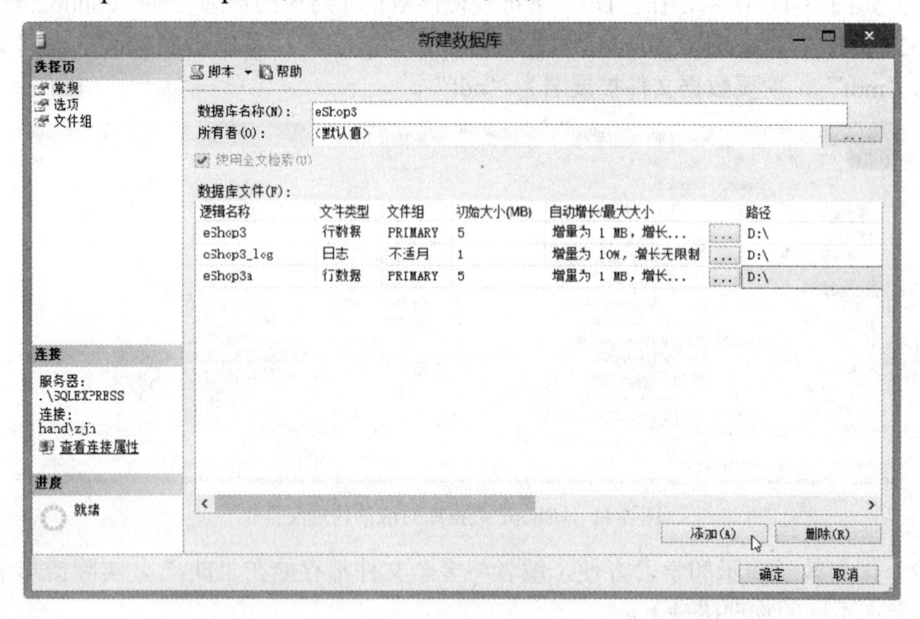


图 3-13　添加新数据库文件

（4）如图 3-14 所示，在逻辑名称中输入“eShop3b”，文件类型保持“行数据”不变，在对应的“路径”中输入“D:\”。在对应的文件组下拉列表中选择“<新文件组>”。

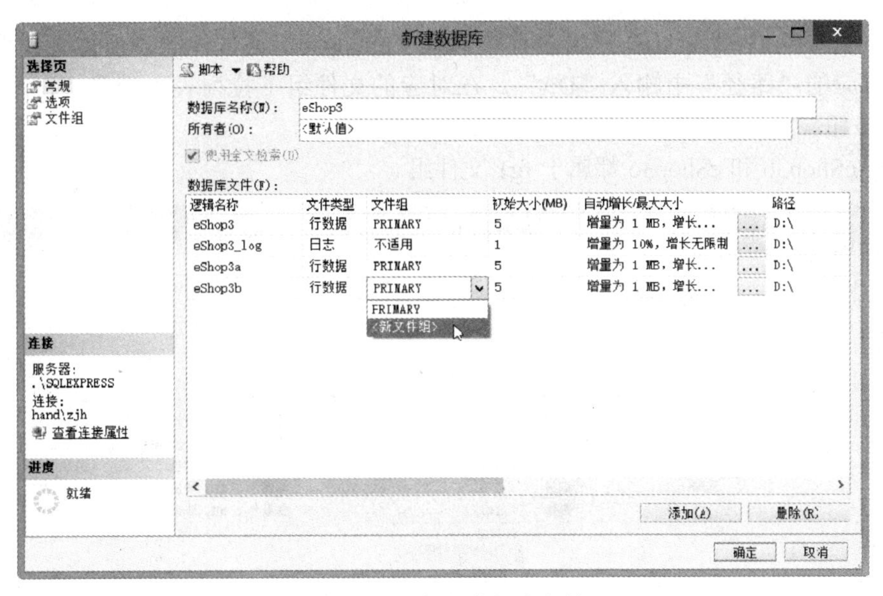

图 3-14　添加新数据库文件

（5）如图 3-15 所示，在名称中输入“fg1”，单击“确定”按钮。

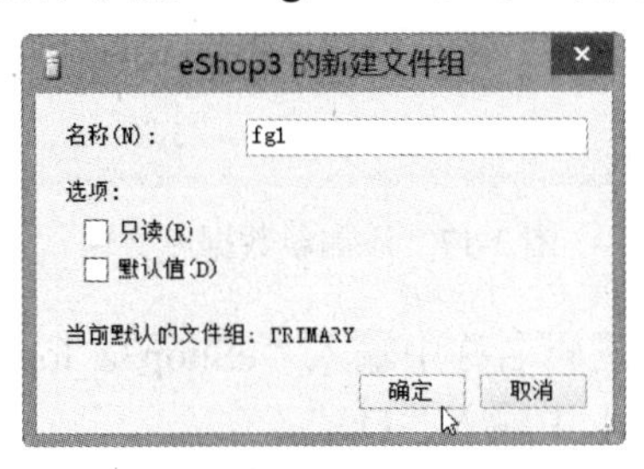

图 3-15　新建文件组

（6）如图 3-16 所示，现在我们新建了一个文件组 fg1，并且数据文件 eShop3b 属于文件组 fg1，单击“添加”按钮。

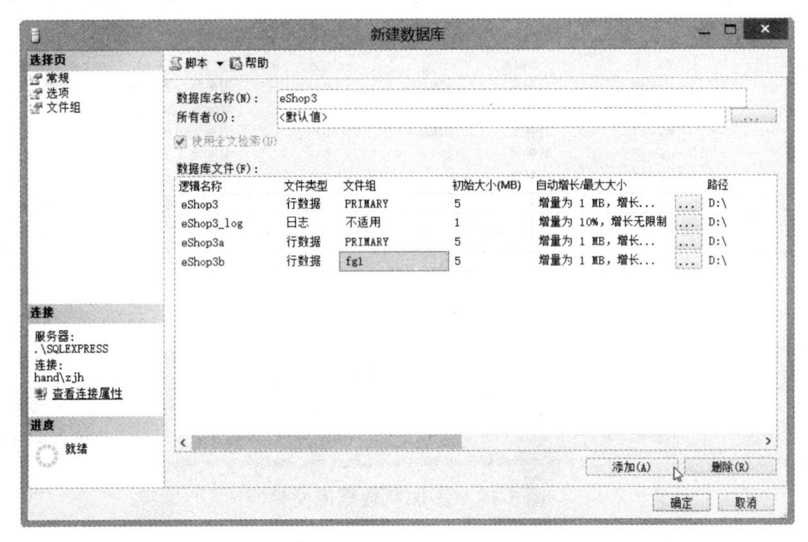

图 3-16　包含多个文件组的数据库

（7）如图 3-17 所示，在逻辑名称中输入“eShop3c”，文件类型保持“行数据”不变，在对应的“路径”中输入“D:\”。在对应的文件组下拉列表中选择“fg1”，单击“添加”按钮。

现在 eShop3b 和 eShop3c 都属于 fg1 文件组。

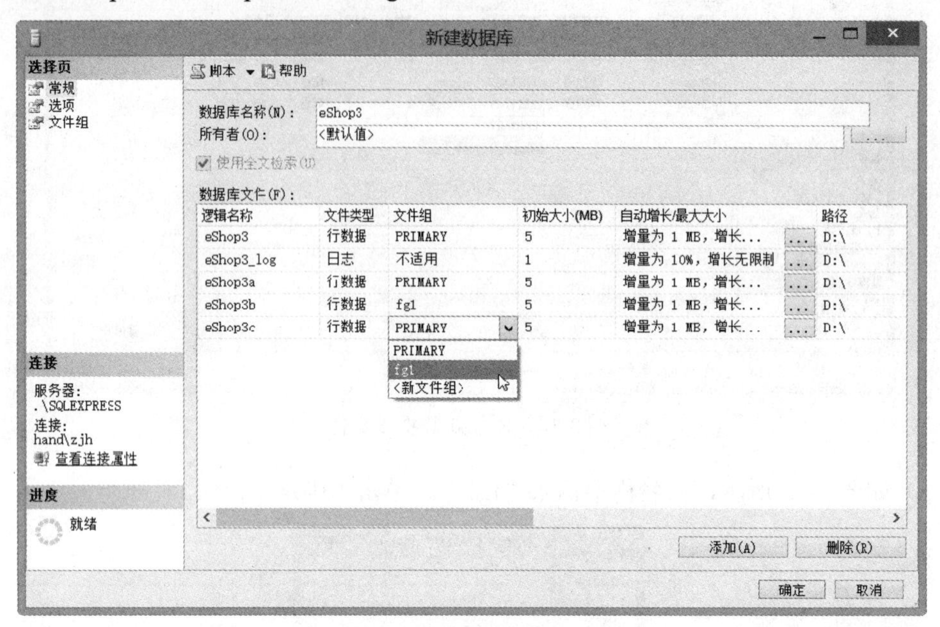


图 3-17 添加新数据库文件

（8）如图 3-18 所示，在逻辑名称中输入“eShop3a_log”，在文件类型下拉列表中选择“日志”，在对应的“路径”中输入“D:\”。

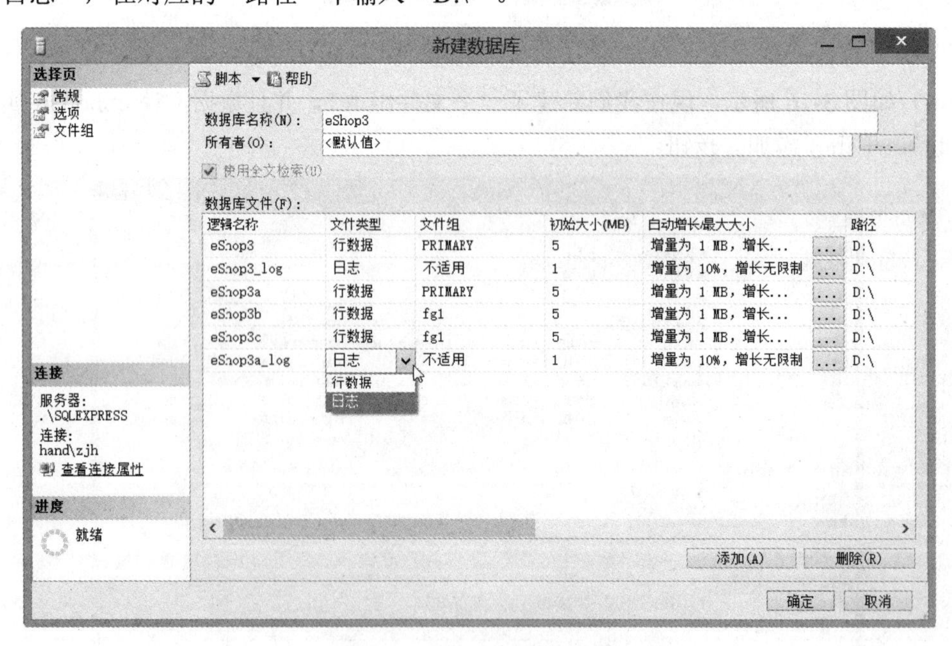


图 3-18 添加新数据库文件

（9）最终操作的结果如图 3-19 所示，单击“确定”按钮完成操作。

最终我们创建的 eShop3 数据库包含：

- 4 个数据文件 eShop3、eShop3a、eShop3b、eShop3c，其中 eShop3、eShop3a 属于 PRIMARY 文件组，eShop3b、eShop3c 属于 fg1 文件组。
- 2 个日志文件 eShop3_log、eShop3a_log。

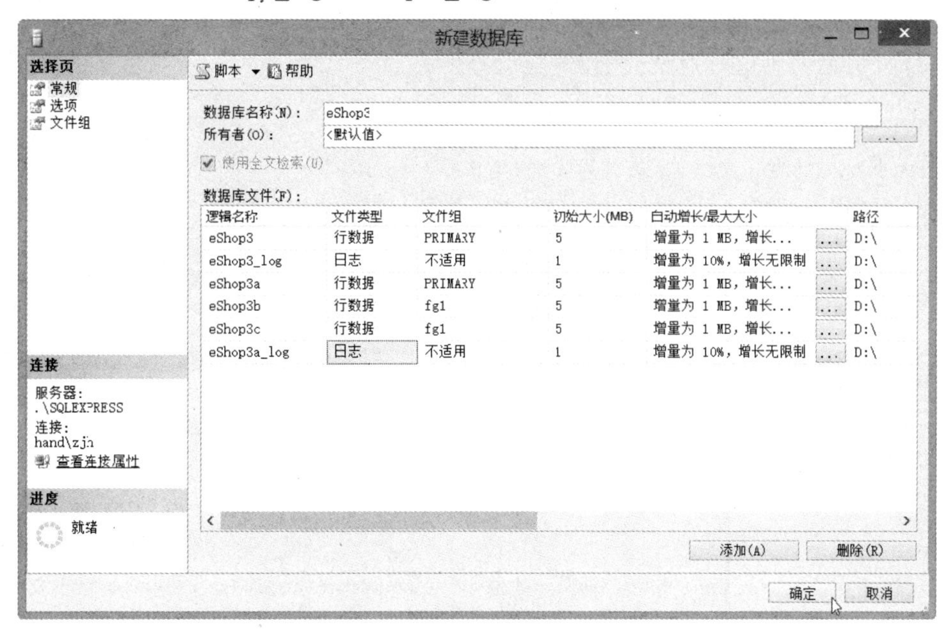


图 3-19　完成后的 eShop3

（10）如图 3-20 所示，在“D:\”下可发现该数据库对应的 6 个物理文件。

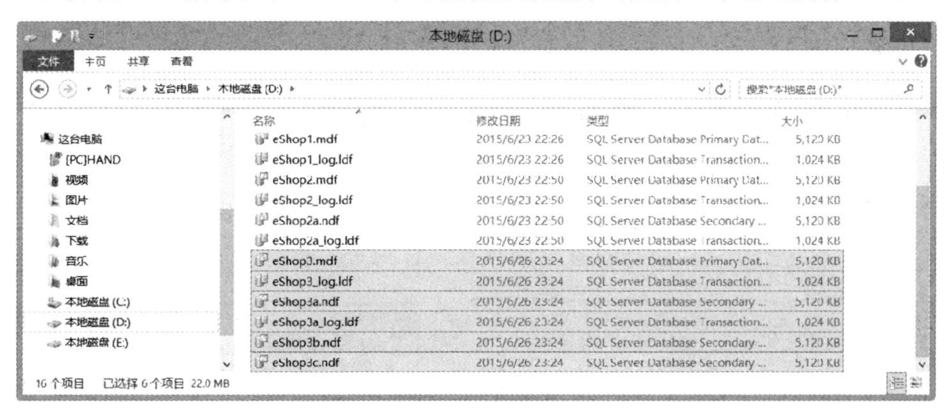


图 3-20　eShop3 对应的物理文件

### 3.1.4　使用命令创建数据库

**【演练 3.4】**使用命令创建一个最基本的数据库 eShop4（只包含一个数据文件和一个日志文件）。

（1）如图 3-21 所示，在查询窗口输入如下命令（每行以“--”开头的代码为注释说明，读者可不用输入，理解即可）。单击工具栏上的“! 执行(X)”。

```
        --数据库名为eShop4
        CREATE DATABASE Shop4
        ON PRIMARY
        --数据文件逻辑名为eShop4，物理文件名为D:\eShop4.mdf，初始大小5MB，最大文件大小无限制，文件增长方式为按1MB增长，属于文件组PRIMARY。
        ( NAME = 'eShop4', FILENAME = 'D:\eShop4.mdf' , SIZE = 5120KB , MAXSIZE = UNLIMITED, FILEGROWTH = 1024KB )
        LOG ON
        --日志文件逻辑名为eShop4_log，物理文件名为D:\eShop4_log.ldf，初始大小1MB，最大文件大小为2048GB，文件增长方式为按10%增长
        ( NAME = 'eShop4_log', FILENAME = 'D:\eShop4_log.ldf' , SIZE = 1024KB , MAXSIZE = 2048GB , FILEGROWTH = 10%)
```

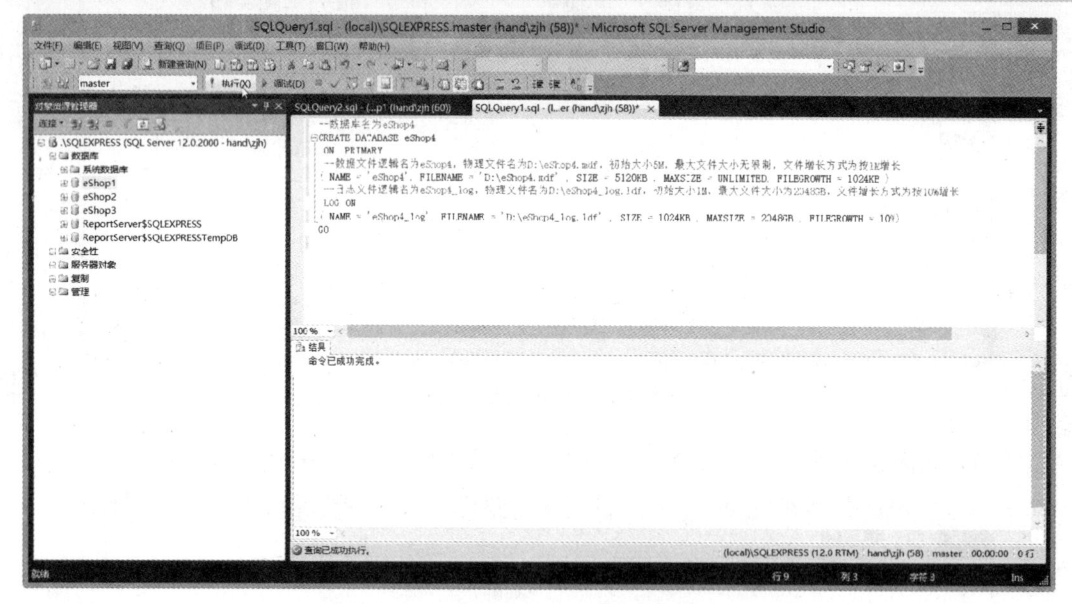

图 3-21 使用命令创建一个最基本的数据库 eShop4

（2）如图 3-22 所示，右击“数据库”，在打开的快捷菜单中单击“刷新”。

（3）如图 3-23 所示，可以在对象资源管理中看到 eShop4。

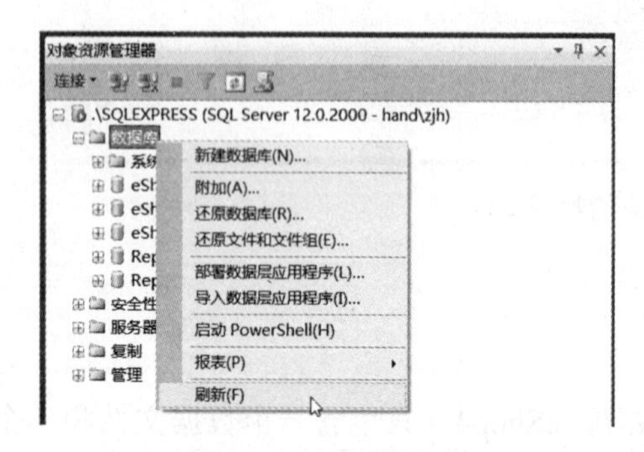


图 3-22 刷新数据库

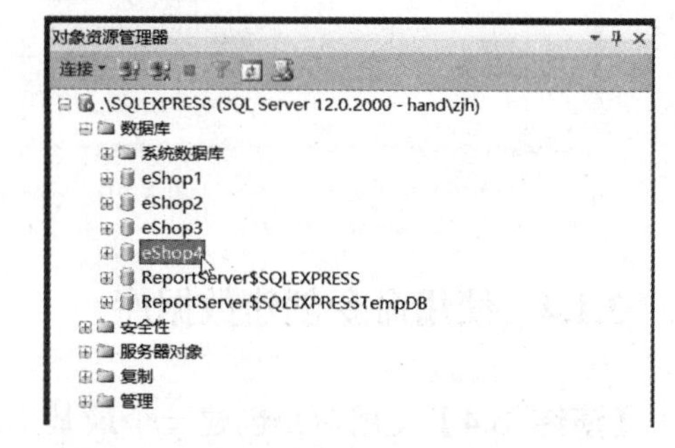


图 3-23 刷新后可以看到数据库 eShop4

**【演练 3.5】**使用命令创建由多个数据文件和多个日志文件组成的数据库 eShop5。

数据文件包括 eShop5 和 eShop5a，属于文件组 PRIMARY。日志文件包括 eShop5_log 和 eShop5a_log。

（1）在查询窗口输入如下命令，单击工具栏上的“! 执行(X)”。

```
CREATE DATABASE eShop5
ON  PRIMARY
( NAME = 'eShop5', FILENAME = 'D:\eShop5.mdf' , SIZE = 5120KB ,
MAXSIZE = UNLIMITED, FILEGROWTH = 1024KB ),
( NAME = 'eShop5a', FILENAME = 'D:\eShop5a.ndf' , SIZE = 5120KB ,
MAXSIZE = UNLIMITED, FILEGROWTH = 1024KB )
 LOG ON
( NAME = 'eShop5_log', FILENAME = 'D:\eShop5_log.ldf' , SIZE =
1024KB , MAXSIZE = 2048GB , FILEGROWTH = 10%),
( NAME = 'eShop5a_log', FILENAME = 'D:\eShop5a_log.ldf' , SIZE =
1024KB , MAXSIZE = 2048GB , FILEGROWTH = 10%)
```

（2）命令成功执行后，如果看不到 eShop5，则在对象资源管理器右击“数据库”，在打开的快捷菜单中单击“刷新”。

**【演练 3.6】**使用命令创建包含多个文件组、多个数据文件和多个日志文件组成的数据库 eShop。

eShop 包括 4 个数据文件 eShop、eShopa、eShopb、eShopc，其中 eShop、eShopa 属于 PRIMARY 文件组，eShopb、eShopc 属于 fg1 文件组。

后续章节将用到此数据库，请保留。

2 个日志文件 eShop6_log、eShop6a_log。

在查询窗口输入如下命令。单击工具栏上的“! 执行(X)”。

```
CREATE DATABASE eShop
ON PRIMARY
( NAME = 'eShop', FILENAME = 'D:\eShop.mdf' , SIZE = 5120KB , MAXSIZE
= UNLIMITED, FILEGROWTH = 1024KB ),
( NAME = 'eShopa', FILENAME = 'D:\eShopa.ndf' , SIZE = 5120KB ,
MAXSIZE = UNLIMITED, FILEGROWTH = 1024KB ),
 FILEGROUP fg1
( NAME = 'eShopb', FILENAME = 'D:\eShopb.ndf' , SIZE = 5120KB ,
MAXSIZE = UNLIMITED, FILEGROWTH = 1024KB ),
( NAME = 'eShopc', FILENAME = 'D:\eShopc.ndf' , SIZE = 5120KB ,
MAXSIZE = UNLIMITED, FILEGROWTH = 1024KB )
 LOG ON
( NAME = 'eShop_log', FILENAME = 'D:\eShop_log.ldf' , SIZE = 1024KB ,
MAXSIZE = 2048GB , FILEGROWTH = 10%),
( NAME = 'eShopa_log', FILENAME = 'D:\eShopa_log.ldf' , SIZE =
1024KB , MAXSIZE = 2048GB , FILEGROWTH = 10%)
```

### 3.1.5　系统数据库

SQL Server 还包含几个系统数据库。如图 3-24 所示，在对象资源管理器窗口，可以看到系统数据库有：master、model、msdb、tempdb。我们可简单了解一下。

1. master

master 数据库记录 SQL Server 的所有系统级信息。master 数据库记录了所有其他数据库的存在、数据库文件的位置以及 SQL Server 的初始化信息。如果 master 数据库不可用，则 SQL Server 无法启动。所以要小心地管理好这个数据库。对这个数据库进行常规备份是十分必要的，建议在数据库发生变更的时候备份 master 数据库。

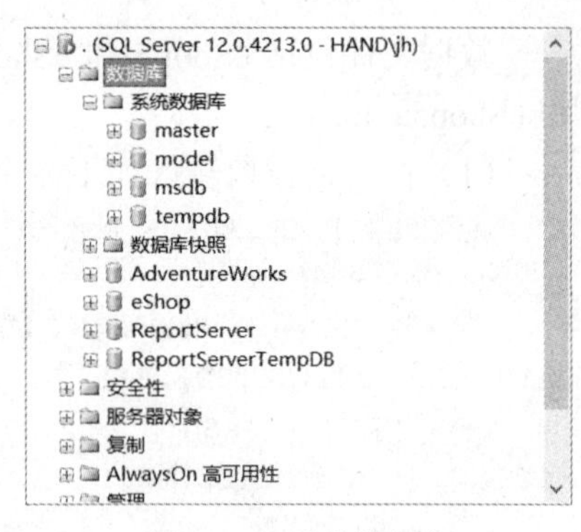

图 3-24 系统数据库

2. model

model 数据库用作在 SQL Server 实例上创建的所有数据库的模板。model 数据库的全部内容都会被复制到新的数据库。

当执行 CREATE DATABASE 命令时，将通过复制 model 数据库中的内容来创建数据库。

如果修改了 model 数据库，之后创建的所有数据库都将继承这些修改。例如，可以设置权限或数据库选项、可以添加表、函数或存储过程。

3. msdb

SQL Server 代理使用 msdb 数据库来计划警报和作业，SSMS、Service Broker 和数据库邮件等其他功能也使用该数据库。

例如，SQL Server 在 msdb 中的表中自动保留一份完整的联机备份与还原历史记录。这些信息包括执行备份一方的名称、备份时间和用来存储备份的设备或文件。SSMS 利用这些信息来提出计划，以还原数据库和应用任何事务日志备份。将会记录有关所有数据库的备份事件，即使它们是由自定义应用程序或第三方工具创建的。例如，如果使用调用 SQL Server 管理对象（SMO）的 Microsoft Visual Basic 应用程序执行备份操作，则事件将记录在 msdb 系统表、Microsoft Windows 应用程序日志和 SQL Server 错误日志中。为了帮助你保护存储在 msdb 数据库中的信息，我们建议你考虑将 msdb 事务日志放在容错存储区中。

4. tempdb

tempdb 系统数据库是一个全局资源，可供连接到 SQL Server 实例的所有用户使用，并可用于保存全局或局部临时表、临时存储过程、表变量或游标。

每次启动 SQL Server 时都会重新创建 tempdb，在断开连接时会自动删除临时表和临时存储过程。

## 3.2 管理数据库

### 3.2.1 重新命名数据库

【演练 3.7】使用 SSMS 将 eShop1 重命名为 eShop1ren。

（1）如图 3-25 所示，在“对象资源管理器”中右击“eShop1”，在打开的快捷菜单中单击“重命名”。

图 3-25 重命名数据库

（2）如图 3-26 所示，输入新的数据库名称“eShop1Ren”，按“Enter”键完成。

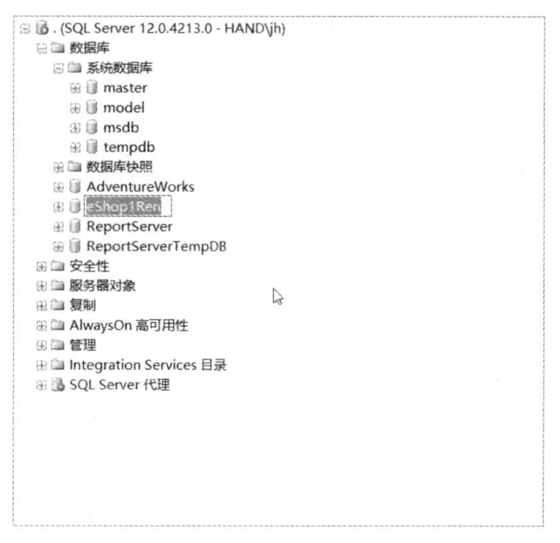


图 3-26 输入新的数据库名称

（3）重命名需要独占数据库，如果重命名操作出现长时间等待并给出如图 3-27 所示的提示，请检查是否有其他正在连接该数据库的情形。

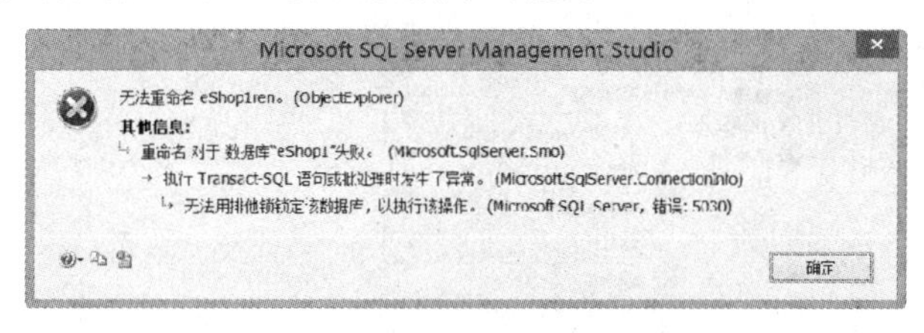


图 3-27 无法独占数据库时给出的错误信息

（4）如图 3-28 所示，在我们学习的过程中最常见的情形是存在查询窗口，且当前数据库也为 eShop1（注意图中鼠标的位置）。处理方式之一是：关闭该查询窗口。

本书中其他需要独占数据库的操作如果出现类似的错误，读者也可照此方法检查一下，以后不再赘述。

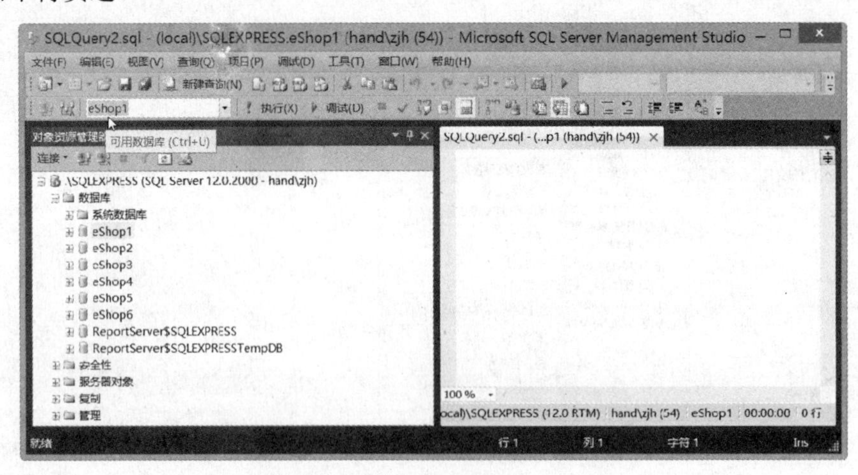

图 3-28　关闭其他使用 eShop1 的连接

【演练 3.8】使用命令将 eShop2 重命名为 eShop2ren。

（1）在查询窗口输入如下命令并执行。

```
USE master
GO
sp_renamedb 'eShop2','eShop2ren'
```

（2）命令成功执行后，如果在对象资源管理器中看不到重命名后的数据库“eShop2ren”，则右击“数据库”，在打开的快捷菜单中单击“刷新”。

### 3.2.2　删除数据库

【演练 3.9】使用 SSMS 删除数据库 eShop4。

（1）如图 3-29 所示，在“对象资源管理器”中右击“eShop4”，在打开的快捷菜单中单击“删除”。

图 3-29　删除数据库

（2）如图 3-30 所示，为确保成功删除，选中“关闭现有连接”复选框，单击“确定”按钮，完成操作。

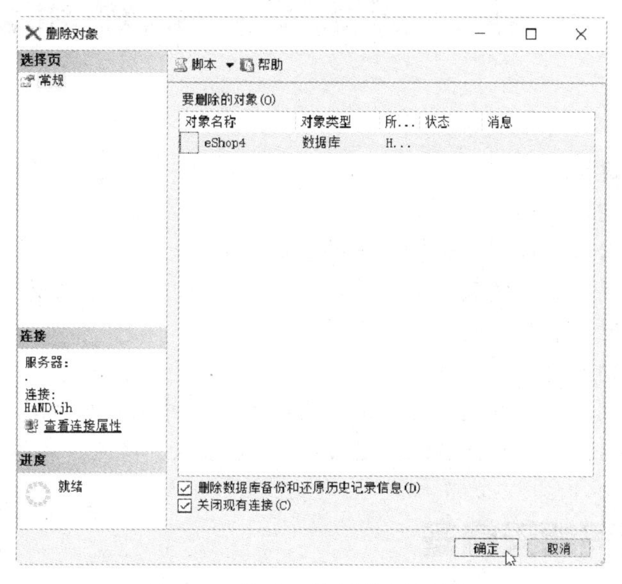


图 3-30　选中“关闭现有连接”

**【演练 3.10】**使用命令删除数据库 eShop5。

（1）在查询窗口输入如下命令并执行。

```
USE master
GO
DROP DATABASE eShop5
```

（2）命令成功执行后，如果在对象资源管理器中仍然看到 eShop5，则右击“数据库”，在打开的快捷菜单中单击“刷新”。

# 实　训

**【实训 1】**数据库 Pay，包含多个文件组，其中

- 文件组 PRIMARY 包括：文件 Pay1 和 Pay2
- 文件组 g1 包括：文件 Pay3 和 Pay4
- 文件组 g2 包括：文件 Pay5 和 Pay6
- 文件组 g3 包括：文件 Pay7 和 Pay8

其中 Pay1 是主数据文件，其余数据文件均为次要数据文件，文件路径自定义，写出创建数据库 Pay 的 SQL 语句。

# 第 4 章　创建表、数据维护

【学习目标】

- 理解表的用途和作用
- 熟练掌握如何创建表
- 能根据实际需求设计列并选择合适的数据类型
- 理解数据要满足表的定义，如长度在合理范围内，是否允许为空
- 学会创建表时将表分配到指定的文件组
- 理解文件组的好处
- 理解分区函数、分区方案、分区表的意义和作用并能熟练运用
- 熟练掌握 INSERT、UPDATE、DELETE 命令录入、修改、删除数据

## 4.1　表及其相关概念

### 4.1.1　什么是表

表是存储数据的数据库对象。用来保存各种数据。

数据在表中的组织方式与 Excel 相似，都是按行和列的格式组织的。

每一行代表一条记录，每一列代表记录中的一个字段。

例如，在包含商品数据的 Products 表中，每一行代表一种商品。

各列分别代表该商品的属性，如 ProductID（商品 ID）、SupplierID（商品的供应商 ID）、ProductName（商品名称）、Color（颜色）、ProductImage（商品对应图片文件的相对路径）、Price（价格）、Description（商品描述）。

### 4.1.2　数据类型

常用数据类型有三大类：字符串（比如姓名、商品名称）、数字（比如价格、金额）、日期时间（比如订单日期、出生日期）。

对于表中的各列，我们需要为其指定合适的数据类型。

（1）表 4-1 列出了常用的字符串类数据类型：

表 4-1　字符串类数据类型

| 类型 | 说明 |
|---|---|
| char [ ( *n* ) ] | 固定长度，非 Unicode 字符串数据 |
| varchar [ ( *n* \| MAX ) ] | 可变长度，非 Unicode 字符串数据 |
| nchar [ ( *n* ) ] | 固定长度，Unicode 字符串数据 |
| nvarchar [ ( *n* \| MAX ) ] | 可变长度，Unicode 字符串数据 |
| *n*：用于定义字符串长度。<br>MAX：指示最大存储，大小可达 2^31-1 个字节 (2 GB) | |

在 Microsoft SQL Server 的未来版本中将删除 ntext、text 和 image 数据类型。

避免在新开发工作中使用这些数据类型，若有需要，相应的可改用 nvarchar(MAX)、varchar(MAX)或 varbinary(max)。

（2）表 4-2 列出了常用的数字类数据类型：

表 4-2　数字类数据类型

| | | |
|---|---|---|
| 整数 | bigint | -2^63 (-9,223,372,036,854,775,808) ～ 2^63-1 (9,223,372,036,854,775,807) |
| | int | -2^31 (-2,147,483,648) ～ 2^31-1 (2,147,483,647) |
| | smallint | -2^15 (-32,768) ～ 2^15-1 (32,767) |
| | tinyint | 0 ～ 255 |
| 可指定小数位数 | decimal[ (p[ ,s] )] | 使用最大精度时，有效值的范围为 - 10^38 +1 ～ 10^38 - 1。<br>p（精度）：最多可以存储的十进制数字的总位数，包括小数点左边和右边的位数。该精度必须是从 1 到最大精度 38 之间的值。默认精度为 18。<br>s（小数位数）：小数点右边可以存储的十进制数字的最大位数。小数位数必须是从 0 ～ p 之间的值。仅在指定精度后才可以指定小数位数。默认的小数位数为 0 |
| | numeric[ (p[ ,s] )] | numeric 在功能上等价于 decimal |
| | money | -922,337,203,685,477.5808 ～ 922,337,203,685,477.5807 |
| | smallmoney | -214,748.3648 ～ 214,748.3647 |
| 浮点 | float | -1.79E + 308 ～ -2.23E - 308、0 以及 2.23E - 308 ～ 1.79E + 308 |
| | real | -3.40E + 38 ～ -1.18E - 38、0 以及 1.18E - 38 ～ 3.40E + 38 |
| | 数据为近似值，并非数据类型范围内的所有值都能精确地表示 | |

读者清楚以上均为数字类型即可，无需死记，主要差别在于精度范围不一样。最常用的如整数 int，数字 decimal(18,2)。

（3）表 4-3 列出了常用的日期时间类数据类型：

表 4-3　日期时间类数据类型

| 类型 | 示例数据 |
|---|---|
| date | 2015-09-03 |
| datetime | 2015-09-03 10:33:29.123 |
| datetime2 | 2015-09-03 10:33:29.1234567 |
| smalldatetime | 2015-09-03 10:33:00 |
| time | 10:33:29.1234567 |

### 4.1.3　空值（NULL）

空值（NULL）不等于零（0）、也不等于空格或零长度的字符串，NULL 值意味着没有输入，通常表明值是未知的或未设定的。例如，Products 表中 Price 列为空值时，并不表示价格为 0，而是价格未知或尚未设定。

在设计表时，“允许空”的特性决定该列在表中是否允许为空值。

如果某一列不允许为空值，用户在向表中编辑数据时必须为该列提供一个值，否则不能保存。

### 4.1.4　使用SSMS创建、删除表

每章演练前先附加对应章节的数据库作为起点进行学习，以后不再说明。

【演练 4.1】使用 SSMS 创建如图 4-1 所示的供应商表 Suppliers。

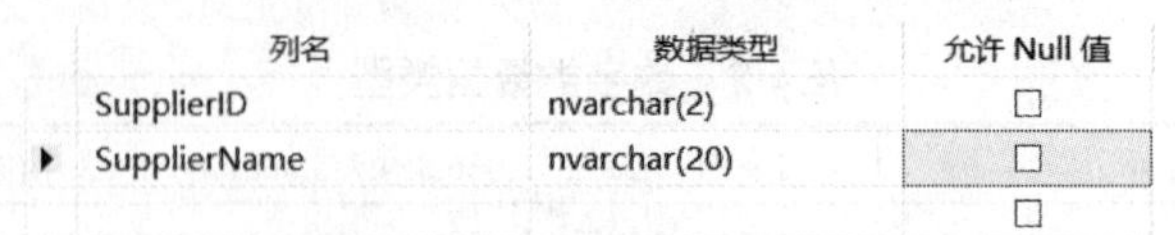

| 列名 | 数据类型 | 允许 Null 值 |
|---|---|---|
| SupplierID | nvarchar(2) | ☐ |
| SupplierName | nvarchar(20) | ☐ |
| | | ☐ |

图 4-1　供应商表 Suppliers

具体操作步骤如下：

（1）如图 4-2 所示，在“对象资源管理器”中展开“eShop”数据库。右击“表”，在弹出的快捷菜单中选择“新建”→“表”。

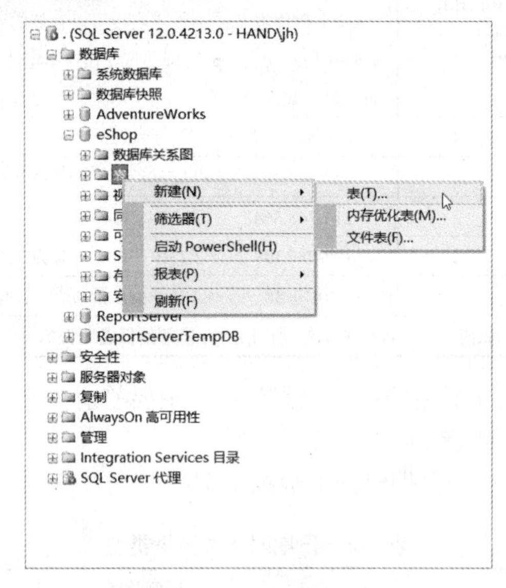


图 4-2　新建表

（2）如图 4-3 所示，在列名中输入“SupplierID”，数据类型中输入“nvarchar(2)”，不要选中“允许 NULL 值”复选框。

| 列名 | 数据类型 | 允许 Null 值 |
|---|---|---|
| SupplierID | nvarchar(2) | ☐ |
| | | ☐ |

图 4-3　添加 SupplierID 列

（3）继续设置新列。如图 4-4 所示，在列名中输入“SupplierName”，数据类型中输入“nvarchar(20)”，不要选中“允许 NULL 值”复选框。

| 列名 | 数据类型 | 允许 Null 值 |
|---|---|---|
| SupplierID | nvarchar(2) | ☐ |
| SupplierName | nvarchar(20) | ☐ |
| | | ☐ |

图 4-4　添加 SupplierName 列

（4）如图 4-5 所示，单击工具栏上的“💾”（保存）按钮，在对话框中输入表名称“Suppliers”，单击“确定”按钮完成操作。

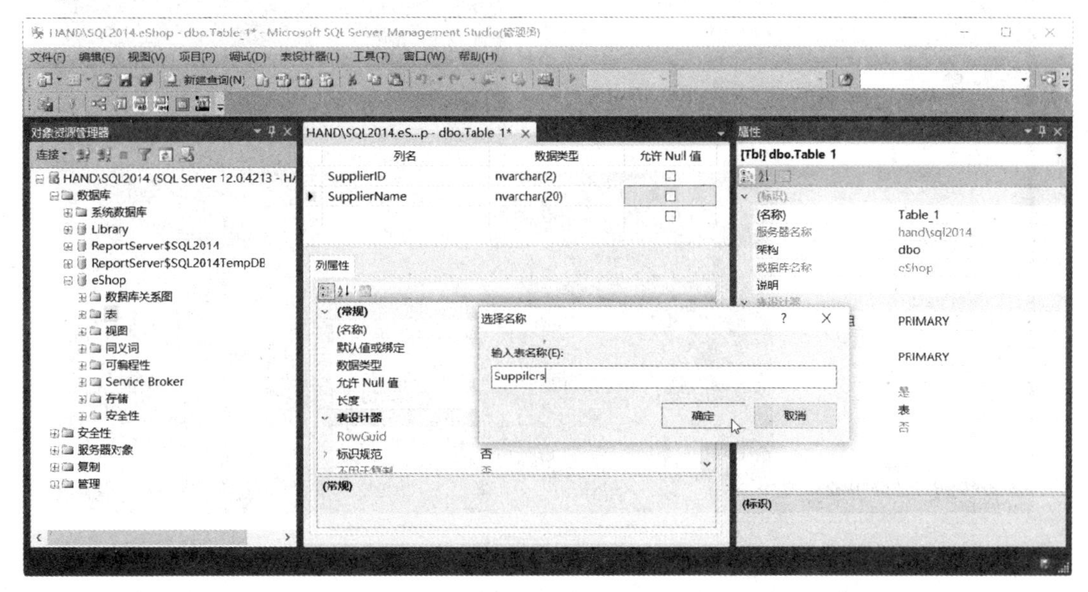


图 4-5　保存表

（5）（可能遇到的问题）在保存表时如果遇到如图 4-6 所示的警告信息，则单击“取消”按钮，并执行下一步操作，否则跳到第（10）步。

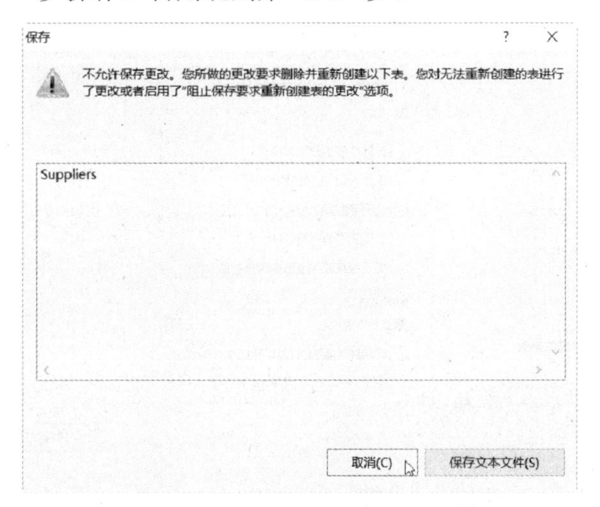


图 4-6　无法保存表的可能情形

（6）出现如图 4-7 所示的对话框，单击“确定”按钮先暂时放弃保存操作。

图 4-7　先暂时放弃保存操作

（7）如图 4-8 所示，在菜单栏中单击“工具”→“选项”。

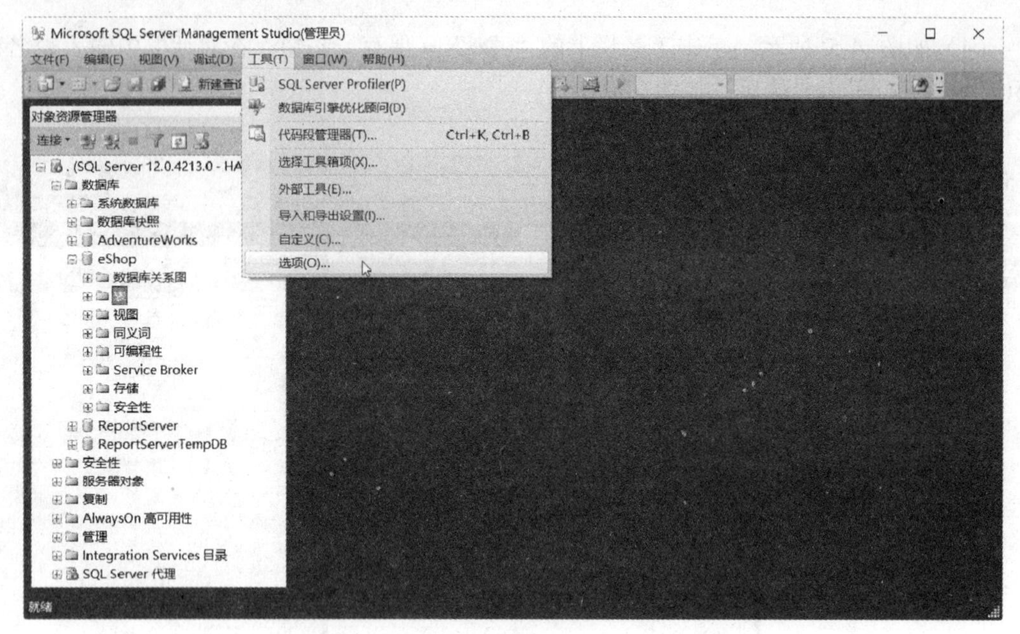


图 4-8　选项操作

（8）如图 4-9 所示，在弹出的对话框中左边列表中选择“设计器”，在右边选项中取消对“阻止保存要求重新创建表的更改”复选框的选择，单击“确定”按钮。

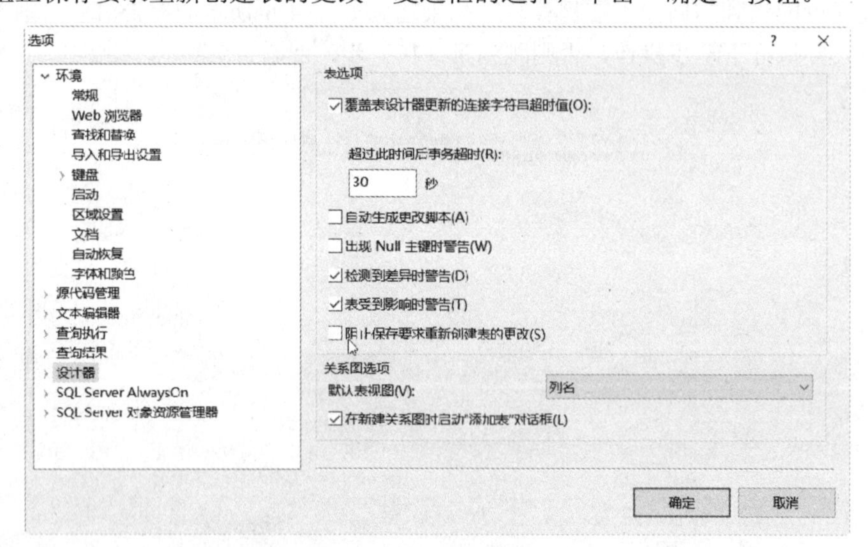


图 4-9　选项操作

（9）单击工具栏上的“ ”（保存）按钮重新执行保存表的操作。

（10）如图 4-10 所示，在“对象资源管理器”中展开表，如果没有看到新建的“Suppliers”表，可右击“eShop”下的“表”，在打开的快捷菜单中单击“刷新”。

（11）如图 4-11 所示，可以看到新建的“Suppliers”表，显示为“dbo.Suppliers”，dbo 为默认架构（schema）。

图 4-10　刷新表

图 4-11　查看新建的 Suppliers 表

**【演练 4.2】**使用 SSMS 将 Suppliers 表重命名为 newSuppliers。

具体操作步骤如下：

（1）如图 4-12 所示，在“对象资源管理器”中展开 eShop 数据库，再展开表。右击“dbo.Suppliers”，在弹出的快捷菜单中单击“重命名”。

（2）如图 4-13 所示，输入新的名称“newSuppliers”，按回车键完成操作。

图 4-12　重命名表

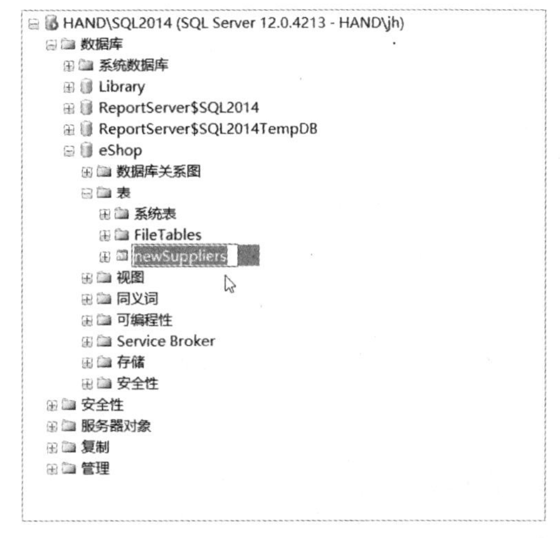


图 4-13　输入新的名称

**【演练 4.3】**使用 SSMS 删除 newSuppliers 表。

具体操作步骤如下：

（1）如图 4-14 所示，在“对象资源管理器”中展开“eShop”数据库，再展开“表”。

右击“dbo.newSuppliers”，在弹出的快捷菜单中单击“删除”。

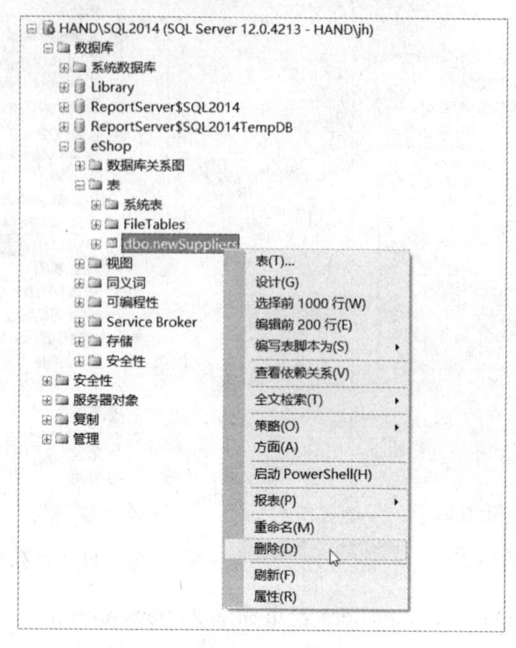


图 4-14 删除表

（2）如图 4-15 所示，单击“确定”按钮完成操作。

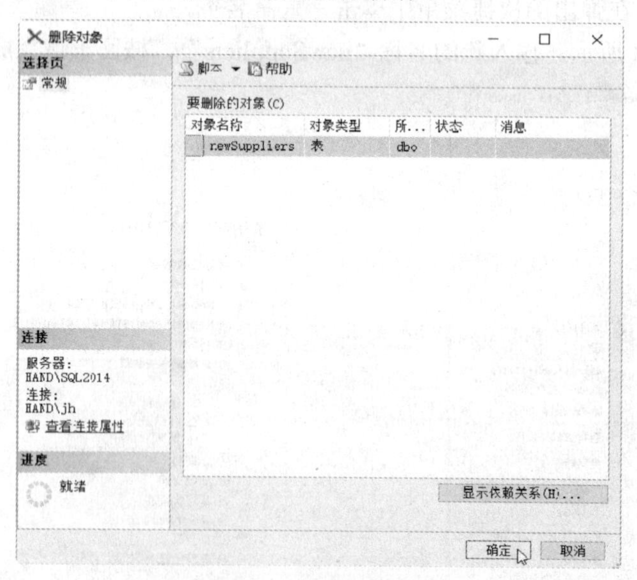


图 4-15 删除表

【演练 4.4】使用 SSMS 创建如图 4-16 所示的用户表 Users，并指定该表属于文件组 fg1。

（1）在“对象资源管理器”中展开“eShop”数据库。右击“表”，在弹出的快捷菜单中单击“表”。

（2）在列名中输入“UserID”，数据类型中输入“nvarchar(8)”，不要选中“允许 NULL 值”复选框。

| | 列名 | 数据类型 | 允许 Null 值 |
|---|---|---|---|
| ▸ | UserID | nvarchar(8) | ☐ |
| | UserName | nvarchar(10) | ☐ |
| | Sex | nvarchar(1) | ☑ |
| | Pwd | nvarchar(10) | ☐ |
| | EMail | nvarchar(50) | ☑ |
| | Tel | nvarchar(20) | ☑ |
| | UserImag | nvarchar(100) | ☑ |
| | | | ☐ |

图 4-16　用户表 Users

（3）继续设置新列。在列名中输入“UserName”，数据类型中输入“nvarchar(10)”，不要选中“允许 NULL 值”复选框。

（4）继续设置新列。在列名中输入“Sex”，数据类型中输入“nvarchar(1)”，选中“允许 NULL 值”复选框。

（5）继续设置新列。在列名中输入“Pwd”，数据类型中输入“nvarchar(10)”，不要选中“允许 NULL 值”复选框。

（6）继续设置新列。在列名中输入“EMail”，数据类型中输入“nvarchar(50)”，选中“允许 NULL 值”复选框。

（7）继续设置新列。在列名中输入“Tel”，数据类型中输入“nvarchar(20)”，选中“允许 NULL 值”复选框。

（8）继续添加新列。在列名中输入“UserImag”，数据类型中输入“nvarchar(100)”，允许为空。

（9）设置表所属的文件组：如果没有如图 4-17 所示右侧的属性窗口，则在菜单栏中单击“视图”→“属性窗口”。

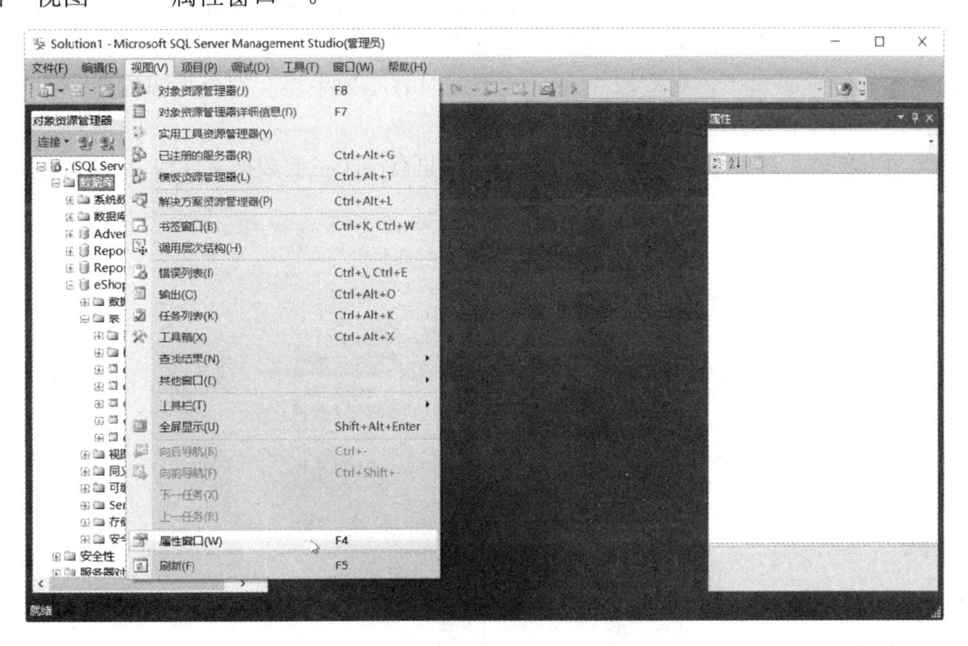


图 4-17　确保显示表的属性窗口

（10）如图 4-18 所示，在“属性”窗口，展开“常规数据空间规范”，在文件组或分区方案名称中选择“fg1”。

（11）单击工具栏上的“”（全部保存）按钮，在对话框中输入表名称“Users”，单击“确定”按钮完成操作。

（12）如果没有看到新建的“Users”表，可右击“eShop”下的“表”，在打开的快捷菜单中单击“刷新”。

（13）现在回顾一下 eShop 数据库的组成。如图 4-19 所示，在对象资源管理器中右击“eShop”，单击“属性”。

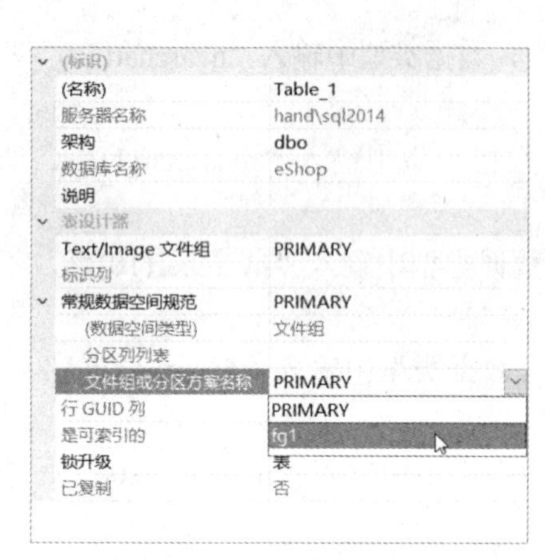


图 4-18　设置文件组名称

图 4-19　查看数据库属性

（14）如图 4-20 所示。在“选择页”中单击“文件”，可看到 eShop 数据库的组成。

现在 Users 表存储在 fg1 文件组，fg1 文件组包括 eShopb、eShopc（对应物理文件分别为 eShopb.ndf，eShopc.ndf，则 Users 表中的数据将分布在 eShopb.ndf、eShopc.ndf 中。

本书为教学方便存储在同一磁盘下，如果设计时将 eShopb、eShopc 对应的物理文件指定在不同的物理磁盘下，则存取 Users 表数据时吞吐效率将会得到大幅提高。希望读者通过该操作理解文件组的意义。

为学习方便，后续章节使用的 eShop 数据库都只有一个主要数据文件和一个日志文件。

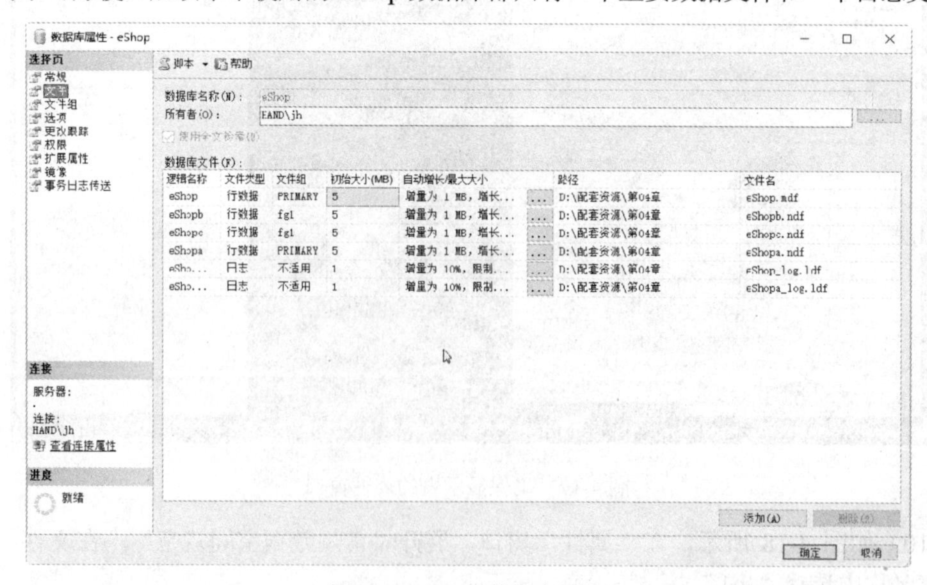


图 4-20　eShop 数据库组成

### 4.1.5　使用 SQL 命令创建、修改、删除表

创建表的基本语法如下：

```
CREATE TABLE table_name
(
  column_name datatype [NULL|NOT NULL],
  column_name datatype ...
)
[ON {FILEGROUP} DEFAULT]
```

其中：

table_name：表的名字。

column_name：表中列的名字。

datatype ：是列的系统定义或用户定义的数据类型。

NULL| NOT NULL：该列是否允许有空值。

ON {FILEGROUP}| DEFAULT：指出将表创建在哪个文件组上。如果没 ON 子句或给出 ON DEFAULT 则将表创建在默认的主文件组上，即 PRIMARY 上。

**【演练 4.5】**使用 SQL 命令创建供应商表 Suppliers。

具体操作步骤如下：

（1）在查询窗口中执行如下 SQL 语句。

```
USE eShop
GO
CREATE TABLE Suppliers
(
  SupplierID nvarchar(2) NOT NULL,
  SupplierName nvarchar(20) NOT NULL
)
```

（2）在对象资源管理器中右击“eShop”下的“表”，在打开的快捷菜单中单击“刷新”，可看到 Suppliers 表。

**【演练 4.6】**修改 Suppliers 表增加一列 City ，数据类型为 nvarchar(10)。

在查询窗口中执行如下 SQL 语句：

```
USE eShop
GO
ALTER TABLE Suppliers
ADD City nvarchar(10)
```

**【演练 4.7】**修改 Suppliers 表将 City 列的数据类型改为 nvarchar(20)。

在查询窗口中执行如下 SQL 语句：

```
USE eShop
GO
ALTER TABLE Suppliers
ALTER column City nvarchar(20)
```

**【演练 4.8】**修改表 Suppliers 删除 City 列。

在查询窗口中执行如下 SQL 语句：

```
USE eShop
```

```
GO
ALTER TABLE Suppliers
DROP column City
```

【演练 4.9】使用 SQL 命令将 Suppliers 表重命名为 newSuppliers。

（1）在查询窗口中执行如下 SQL 语句：

```
USE eShop
GO
EXEC sp_rename 'Suppliers','newSuppliers'
```

（2）出现如图 4-21 所示提示，无须理会。

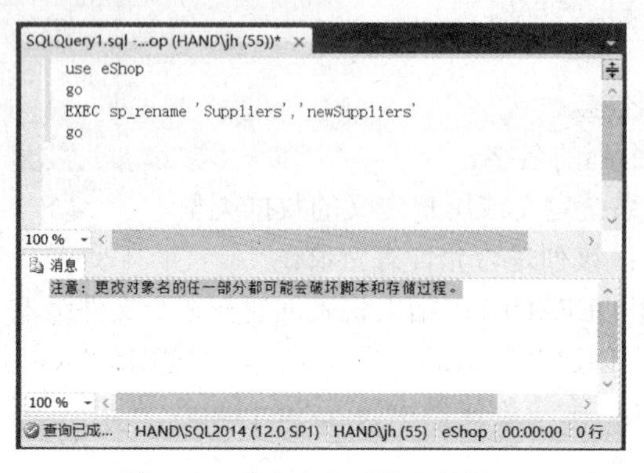


图 4-21　重命名表时给出的提示

（3）在对象资源管理器窗口右击“eShop”下的“表”，在打开的快捷菜单中单击“刷新”。可看到 Suppliers 表已被重命名为 newSuppliers。

【演练 4.10】使用 SQL 命令删除 newSuppliers 表。

（1）在查询窗口中执行如下 SQL 语句完成删除操作。

```
USE eShop
GO
DROP TABLE newSuppliers
```

（2）如图 4-22 所示，如果将光标移动到下图所示的位置，可能会出现如下提示，实际上能正常执行，无须理会。

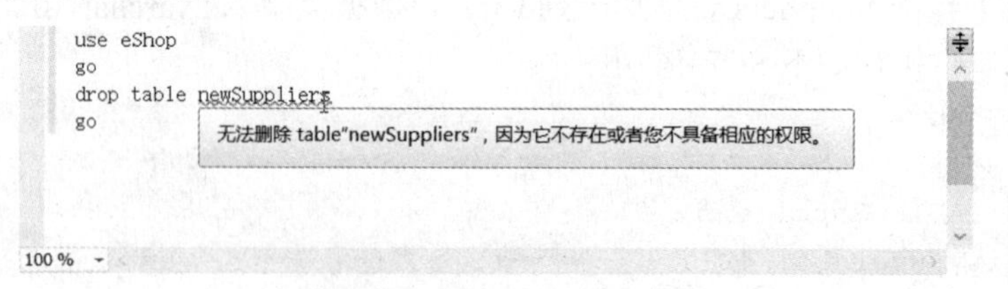


图 4-22　可能给出的提示

【演练 4.11】使用 SQL 命令创建供应商表 Suppliers，并指定该表属于文件组 fg1。

在查询窗口中执行如下 SQL 语句：

```
USE eShop
GO
CREATE TABLE Suppliers
(
  SupplierID nvarchar(2) NOT NULL,
```

```
  SupplierName nvarchar(20) NOT NULL
) ON fg1  --指定该表属于文件组fg1
```

### 4.1.6　分区表

使用分区表，表数据就会按照你指定的规则分放到不同的文件里，把一个大的数据文件拆分为多个部分，每一部分放在不同的磁盘下进行处理。

通常包含大量数据的表是有必要进行分区的，因为它可以提高查询的效率，还可以对历史数据进行区分存档等。因为分区也会对数据库产生一些开销，所以数据量少的表就没必要进行分区了。

**【演练 4.12】**对 Users 表进行分区。

1. 演练前说明

对于一个正式上线的系统，用户数据量是非常大的，比如 QQ、淘宝用户数量。将不同范围内的数据分开存储是有必要的而且能大幅提高查询效率。

为此演练将做如下准备工作：

（1）eShop 已有文件组 fg1，添加文件组 fg2、fg3。

（2）为文件组 fg2、fg3 分别添加文件 eShop2a、eShop2a，文件组如果没有文件的话只是一个名字，具体存储数据时可一定要包含文件才行。

（3）按照以“n”、“q”为界分为 3 组的计划创建分区函数。

当然本演练并无实际数据，模拟演练计划将按 UserID 以“n”、“q”为界分为 3 组：

✧ <“n”的为一组，放在文件组 fg1 中。

✧ >=“n”且<“q”的为一组，放在文件组 fg2 中。

✧ >=“q”的为一组，放在文件组 fg3 中。

（4）基于分区函数创建分区方案，因为分为 3 组，所以分区方案一定要指明 3 个文件组。现在知道我们为什么要准备 3 个文件组了吧。

（5）基于分区方案创建 Users 表。

2. 具体演练

具体操作步骤如下。

（1）为演练方便，先删除前面创建的 Users 表，在查询窗口中执行如下 SQL 语句：

```
USE eShop
GO
DROP TABLE Users
GO
```

（2）添加文件组 fg2、fg3，在查询窗口中执行如下 SQL 语句：

```
ALTER DATABASE eShop ADD FILEGROUP fg2
ALTER DATABASE eShop ADD FILEGROUP fg3
GO
```

（3）为文件组 fg2、fg3 分别添加 eShop2a、eShop2a 数据文件，在查询窗口中执行如下 SQL 语句：

```
ALTER DATABASE eShop
   ADD FILE (NAME = eShop2a,FILENAME = 'D:\eShop2a.ndf')
   TO FILEGROUP fg2
```

```
ALTER DATABASE eShop
   ADD FILE (NAME = eShop3a,FILENAME = 'D:\eShop3a.ndf')
   TO FILEGROUP fg3
GO
```

（4）创建分区函数 myRangeFunction（名字可自行命名），以“n”、“q”为界分为3组，在查询窗口中执行如下 SQL 语句：

```
CREATE PARTITION FUNCTION myRangeFunction (nvarchar(8))
    AS RANGE RIGHT FOR VALUES ('n', 'q')
GO
```

**【说明】**因为针对 UserID 分组，所以上面代码中对应的数据类型为 UserID 的数据类型 nvarchar(8)。

属于哪个区间的数据，在插入表时就被指向那个分区存储。

如果你选择的是 int 类型的列：那么你的分区可以指定为 1～100W 是一个分区，100W～200W 是一个分区。

如果你选择的是 datatime 类型：那么你的分区可以指定为：2015-01-01 到 2015-12-31 一个分区，2015-01-01 到 2016-12-31-01 一个分区。

（5）基于分区函数 myRangeFunction 创建分区方案 myRangeSchema，因为 myRangeFunction 分为 3 组数据，所以分区方案一定要指明 3 个文件组（分别为 fg1、fg2、fg3）。在查询窗口中执行如下 SQL 语句：

```
CREATE PARTITION SCHEME myRangeSchema
    AS PARTITION myRangeFunction
    TO (fg1, fg2,fg3)
GO
```

（6）指定 UserID 列基于分区方案 myRangeSchema 创建 Users 表，在查询窗口中执行如下 SQL 语句：

```
CREATE TABLE Users
(
  UserID nvarchar(8) NOT NULL,
  UserName nvarchar(10) NOT NULL,
  Sex nvarchar(1) NULL ,
  Pwd nvarchar(10) NOT NULL,
  EMail nvarchar(50) NULL,
  Tel nvarchar(20) NULL,
  UserImage nvarchar(255) NULL
) ON myRangeSchema(UserID)    --指定UserID列基于分区方案myRangeSchema
```

**【分区结果】**如果 UserID 为“abc”，则将存储在 fg1 中，如果 UserID 为“mike”，则将存储在 fg2 中，如果 UserID 为“zjh”，则将存储在 fg3 中。

## 4.2 数据维护：录入、修改、删除记录

创建好表后，我们就可以向表中录入、修改、删除数据了。

比如：

- 注册一个用户，就是录入记录。

● 某用户修改密码，就是修改数据。

● 删除某用户，就是删除一条数据。实际应用中，很少真正彻底删除数据，更多的是做一个删除或注销标识。

### 4.2.1　使用 SSMS 录入、修改、删除记录

**【演练 4.13】** 使用 SSMS 录入、修改、删除 Users 表中的记录。

（1）如图 4-23 所示，在“对象资源管理器”中展开“eShop”数据库→“表”。右击“dbo.Users”，在弹出的快捷菜单中可以看到“编辑前 200 行”（先观察一下，不单击执行）。

图 4-23　编辑数据

（2）如果一张表中的数据很多，如何编辑 200 行以后的数据呢。如图 4-24 所示，在菜单中单击“工具”→“选项”。

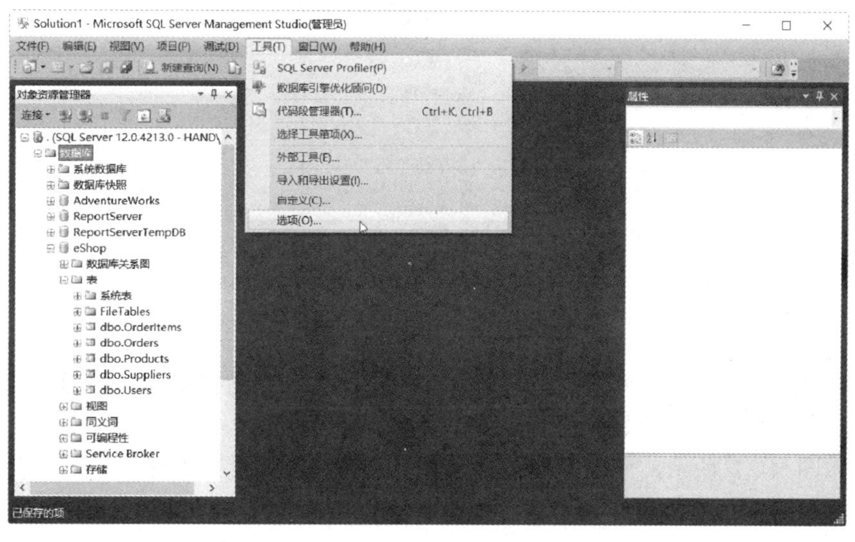


图 4-24　执行选项操作

（3）如图 4-25 所示，在左侧展开“SQL Server 对象资源管理器”，单击“命令”。在右侧的“编辑前<n>行命令的值”中输入你想要的数值（默认值为“200”）。这里我们输入“0”（0 表示可以编辑全部的数据行），单击“确定”按钮。

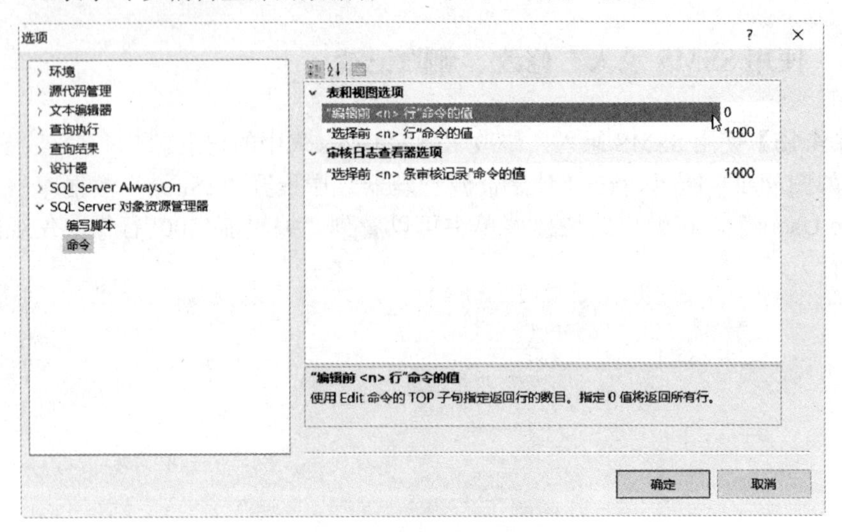


图 4-25 编辑前<n>行命令的值

（4）如图 4-26 所示，在“对象资源管理器”中展开“eShop”数据库→“表”。右击“dbo.Users”，在弹出的快捷菜单中可以看到“编辑所有行”，单击执行。

图 4-26 编辑所有行

如果将“编辑前<n>行命令的值”设置为“0”，当表中数据很多时会影响操作效率。另一方面，我们可能更多的是使用命令操作数据。

（5）如图 4-27 所示，输入各项数据，可以看到，当还没有提交（数据还没有保存到表中）时，未提交的单元格前有红色感叹号。

| UserID | UserName | Sex | Pwd | EMail | Tel | UserImage |
|---|---|---|---|---|---|---|
| zjh | 曾建华 | 男 | 1 | 237021692@qq.com | 13600000000 | NULL |
| NULL | NULL | NULL | NULL | NULL | NULL | NULL |

图 4-27　录入数据，还没有提交时

（6）确认输入无误后，按回车键或将光标定位到其他行都算提交。如图 4-28 所示，提交后单元格前的红色感叹号消失了。

（7）如图 4-28 所示，最后总有一行全部显示为“NULL”，那是用来录入新数据的。

| UserID | UserName | Sex | Pwd | EMail | Tel | UserImage |
|---|---|---|---|---|---|---|
| zjh | 曾建华 | 男 | 1 | 237021692@qq.com | 13600000000 | NULL |
| NULL | NULL | NULL | NULL | NULL | NULL | NULL |

图 4-28　录入数据，已提交

下面测试几种录入数据违反规则的情形。

（8）如图 4-29 所示，继续录入测试数据。注意“UserName”中录入数据长度大于我们定义的“10”（该列数据类型定义为“nvarchar(10)”）。

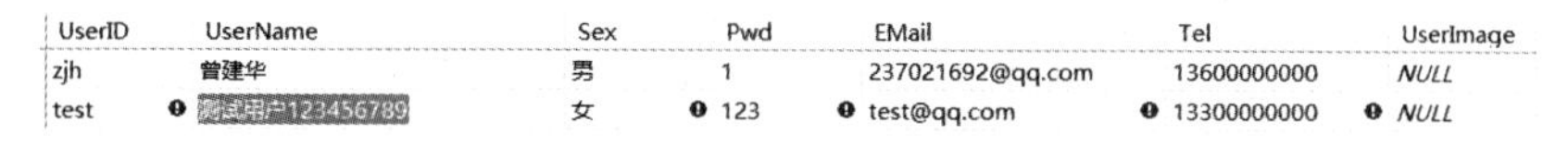

| UserID | UserName | Sex | Pwd | EMail | Tel | UserImage |
|---|---|---|---|---|---|---|
| zjh | 曾建华 | 男 | 1 | 237021692@qq.com | 13600000000 | NULL |
| test | 测试用户123456789 | 女 | 123 | test@qq.com | 13300000000 | NULL |

图 4-29　录入不合法的测试数据

（9）按回车键提交，给出如图 4-30 所示的错误信息（将截断字符串或二进制数据），单击“确定”按钮，将不合法的数据修改为合法的。比如将“UserName”中的数据修改为“测试用户”（长度小于 10，合法）后按回车键可正确提交。

（10）如图 4-31 所示，在“Pwd”列中输入空值“NULL”（注意：一定要大写的“NULL”）。

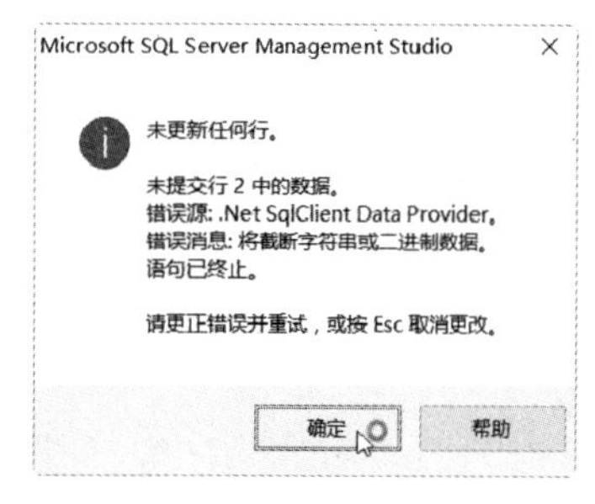


图 4-30　录入不合法的测试数据给出相应的错误提示

| UserID | UserName | Sex | Pwd | EMail | Tel | UserImage |
|---|---|---|---|---|---|---|
| zjh | 曾建华 | 男 | 1 | 237021692@qq.com | 13600000000 | NULL |
| test | 测试用户 | 女 | NULL | test@qq.com | 13300000000 | NULL |

图 4-31　录入不合法的测试数据

（11）按回车键提交，给出如图 4-32 所示的错误信息（单元格不能为 NULL），单击“确定”按钮，将不合法的数据修改为合法的，比如将“Pwd”中的数据修改为“123”后按回车键可正确提交。

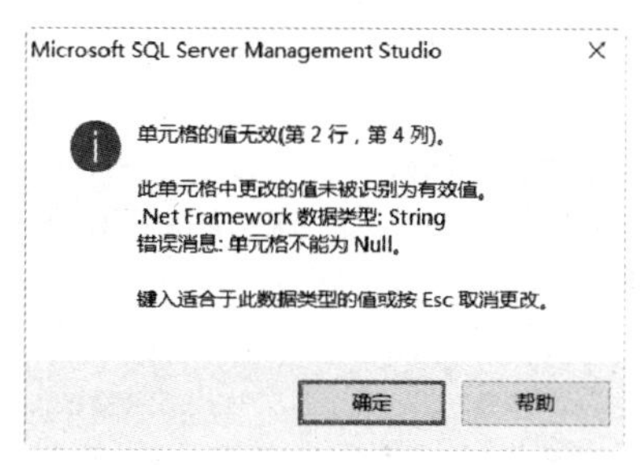


图 4-32　录入不合法的测试数据给出相应的错误提示

（12）如图 4-33 所示，单击行头（注意图中鼠标的位置）可选择一行，也可单击时按住 Ctrl 或 Shift 键选择多行，编者这里选中了两条记录。

| UserID | UserName | Sex | Pwd | EMail | Tel | UserImage |
|---|---|---|---|---|---|---|
| test | 测试用户 | 女 | 123 | test@qq.c... | 13300000... | NULL |
| zjh | 曾建华 | 男 | 1 | 23702169... | 13600000... | NULL |
| NULL | NULL | NULL | NULL | NULL | NULL | NULL |

图 4-33　选择记录

（13）按“Del”键删除，也可按如图 4-34 所示操作，右击选中的记录或行头，在弹出的快捷菜单中单击“删除”。

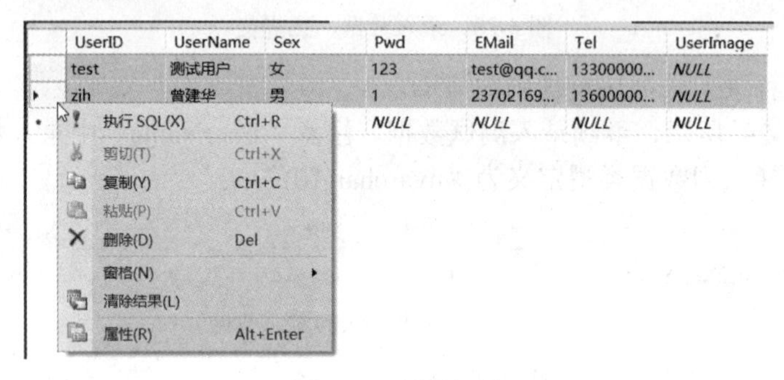


图 4-34　删除记录

（14）如图 4-35 所示，单击“是”按钮完成删除。

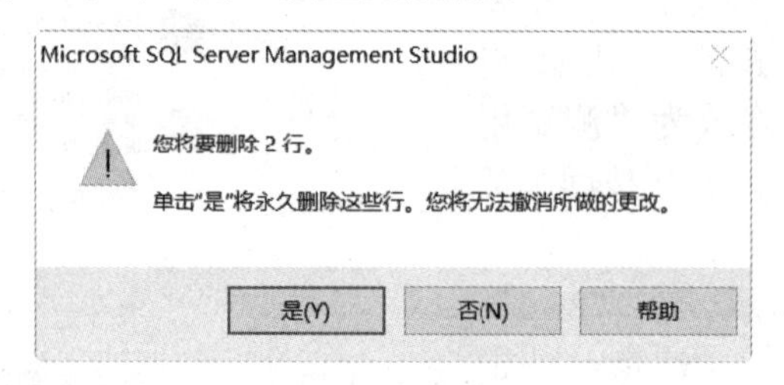


图 4-35　确认删除

### 4.2.2　使用 SQL 命令录入、修改、删除数据

**【演练 4.14】** 使用 INSERT 命令录入数据：向 Users 表中录入如图 4-36 所示数据。

| UserID | UserName | Sex | Pwd | EMail | Tel | UserImage |
|---|---|---|---|---|---|---|
| zjh | 曾建华 | 男 | 1 | 237021692@qq.com | 13600000000 | NULL |

图 4-36　将要录入的模拟数据

（1）在查询窗口执行如下命令，3 种方式任选且只选一种执行。

方式一：明确指出所有的列并给出各列对应的值。

```
INSERT Users(UserID, UserName, Sex, Pwd, EMail, Tel, UserImage)
VALUES ('zjh','曾建华','男','1','237021692@qq.com','13600000000',NULL)
```

方式二：明确指出所有需要赋值的列，比如 UserImage 列不赋值，则不写。

```
INSERT Users(UserID, UserName, Sex, Pwd, EMail, Tel)
VALUES ('zjh','曾建华','男','1','237021692@qq.com','13600000000')
```

方式三：省略列名，则表示所有列，赋值的顺序一定要和表结构中列定义的顺序相同。

```
INSERT Users
VALUES ('zjh','曾建华','男','1','237021692@qq.com','13600000000',NULL)
```

不建议使用方式三，因为：

① 虽然少写一些代码，但可读性不好。

② 顺序和表结构中定义的顺序相同，当表结构有变动时，扩展性不好。

（2）验证 INSERT 录入的数据：在查询窗口执行如下命令，结果如图 4-37 所示，可以看到我们刚刚执行 INSERT 命令时插入的数据。

```
SELECT * FROM Users
```

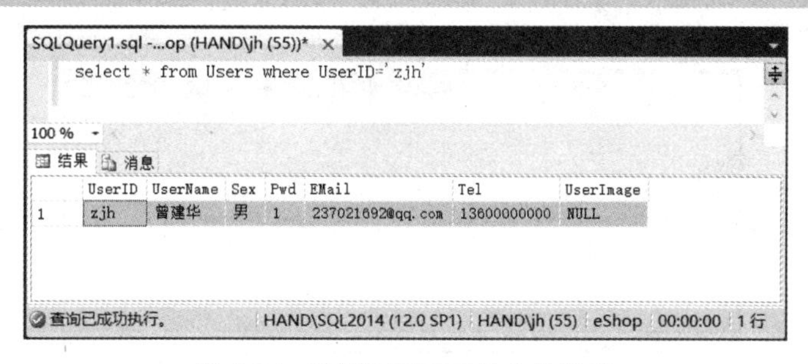


图 4-37　验证 INSERT 录入的数据

（3）下面测试几种录入数据违反规则的情形。

在查询窗口执行如下命令。看到如图 4-38 所示的消息（因为“UserName 的长度大于 10”）。

```
INSERT Users(UserID, UserName, Sex, Pwd, EMail, Tel)
VALUES ('test','测试用户123456789','女
','123','test@qq.com','13300000000')
```

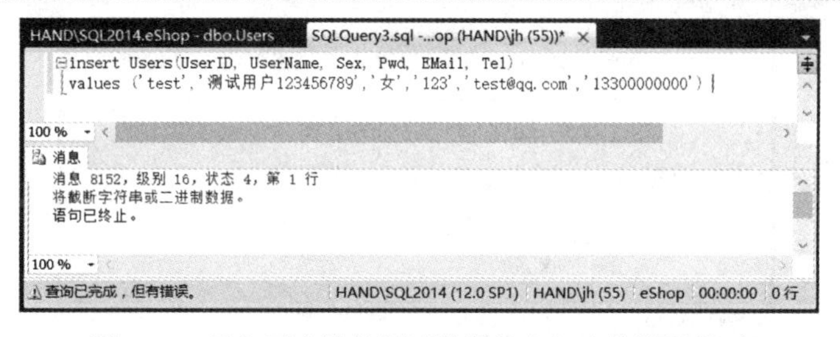


图 4-38　录入不合法的测试数据给出相应的错误提示

（4）在查询窗口执行如下命令。看到如图 4-39 所示的消息（因为性别不能为 NULL）。

```
INSERT Users(UserID, UserName, Sex, Pwd, EMail, Tel)
VALUES ('test','测试用户','女',NULL,'test@qq.com','13300000000')
```

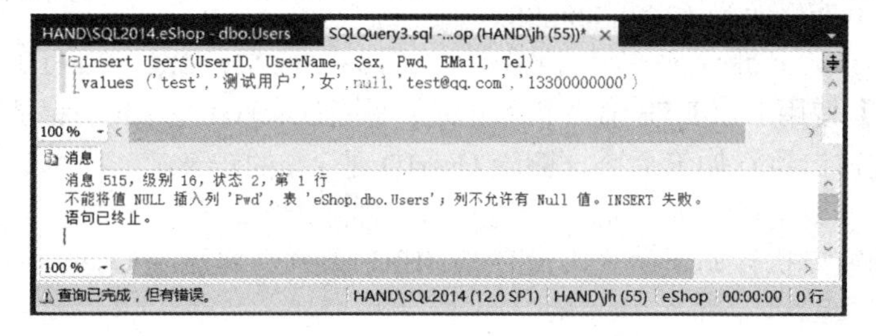


图 4-39　录入不合法的测试数据给出相应的错误提示

（5）在查询窗口执行如下命令。数据合法，该条数据正常，保存到了 Users 表中。

```
INSERT Users(UserID, UserName, Sex, Pwd, EMail, Tel)
VALUES ('test','测试用户','女','123','test@qq.com','13300000000')
```

【演练 4.15】使用 UPDATE 命令修改记录：将 UserID 是 zjh 的密码修改为 999。

（1）在查询窗口执行如下命令。

```
UPDATE Users SET pwd='999' WHERE UserID='zjh'
```

（2）验证：在查询窗口执行如下命令，如图 4-40 所示，可以看到 UserID='zjh'的 Pwd 列的值为“999”。

```
SELECT * FROM Users
```

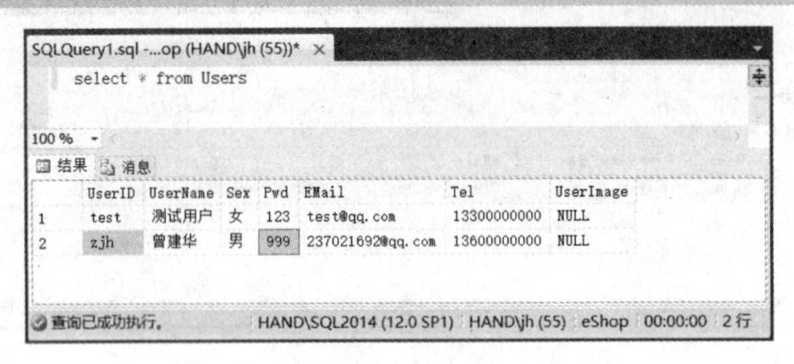

图 4-40　验证数据

（3）在查询窗口执行如下命令，没有 WHERE 条件，这会将所有用户的密码修改为“666”。

```
UPDATE Users SET pwd='666'
```

（4）验证：在查询窗口执行如下命令，如图 4-41 所示，可以看到所有用户的密码都成了“666”。

```
SELECT * FROM Users
```

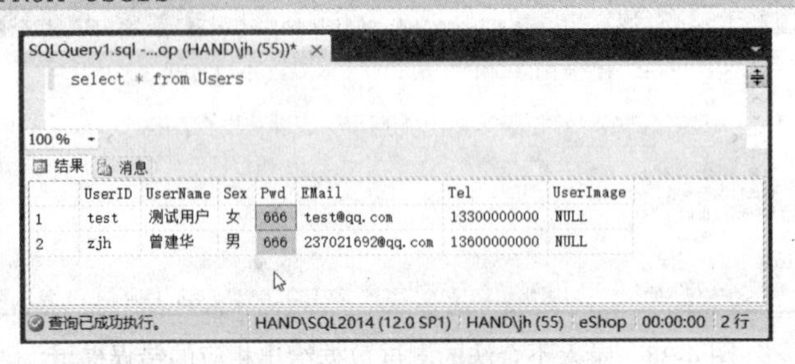

图 4-41　验证数据

通常情况下，我们并不需要这样做，甚至这样做的后果是很严重的。

除非你确实需要这样做，否则切记 UPDATE 时不要忘记正确的 WHERE 条件。

（5）掌握同时修改多个列的语法：在查询窗口执行如下命令，将 UserID 是 zjh 的密码修改为 999，电话修改为 13688888888。

```
UPDATE Users SET Pwd='1',Tel='13688888888' WHERE UserID='zjh'
```

【演练 4.16】使用 DELETE 命令删除记录：删除 UserID 是 zjh 的记录。

（1）在查询窗口执行如下命令，删除 UserID 是 zjh 的记录。

```
DELETE Users WHERE UserID='zjh'
```

（2）在查询窗口执行如下命令，没有 WHERE 条件，将删除 Users 表中的所有记录。

```
DELETE Users
```

除非你确实需要这样做，否则切记 DELETE 时不要忘记正确的 WHERE 条件。

【演练 4.17】使用 SQL 命令创建 eShop 数据库中的所有表。

【说明】命令中“[]”可以省略，但是如果名称中包含空格等特殊字符则必须使用中括号，建议不要使用特殊字符，尽管 SQL 编译器能正确识别。命令中“[dbo]”为默认架构，在本演练中可以省略。

命令如下，该命令是在 eShop 数据库没有任何表的情况下执行，是为了让你在整体上对 eShop 数据库中所有的表有所认识。

在查询窗口中执行如下 SQL 语句：

```
USE eShop
GO

--Users表，前面已创建，可无须再执行
CREATE TABLE [dbo].[Users](
[UserID] [nvarchar](8) NOT NULL,
[UserName] [nvarchar](10) NOT NULL,
[Sex] [nvarchar](1) NULL ,
[Pwd] [nvarchar](10) NOT NULL,
[EMail] [nvarchar](50) NULL,
[Tel] [nvarchar](20) NULL,
[UserImage] [nvarchar](255) NULL
)
GO

--Suppliers表，前面已创建，可无须再执行
CREATE TABLE [dbo].[Suppliers](
[SupplierID] [nvarchar](2) NOT NULL,
[SupplierName] [nvarchar](20) NOT NULL
)
GO

CREATE TABLE [dbo].[Products](
[ProductID] [nvarchar](6) NOT NULL,
[SupplierID] [nvarchar](2) NOT NULL,
[ProductName] [nvarchar](100) NOT NULL,
[Color] [nvarchar](6) NULL,
[ProductImage] [nvarchar](100) NULL,
[Price] [decimal](10, 2) NOT NULL,
[Description] [nvarchar](100) NULL,
[Onhand] [decimal](10, 0) NULL
)
GO

--Orders表
CREATE TABLE [dbo].[Orders](
[OrderID] [nvarchar](50) NOT NULL ,
[OrderDate] [datetime] NOT NULL ,
[UserID] [nvarchar](8) NOT NULL,
```

```
[Consignee] [nvarchar](50) NOT NULL,
[Tel] [nvarchar](20) NOT NULL,
[Address] [nvarchar](100) NOT NULL
)
GO

--OrderItems表
CREATE TABLE [dbo].[OrderItems](
[OrderItemID] [nvarchar](50) NOT NULL ,
[OrderID] [nvarchar](50) NOT NULL,
[ProductID] [nvarchar](6) NOT NULL,
[Amount] [decimal](10, 0) NOT NULL,
[Price] [decimal](10, 2) NOT NULL
)
GO
```

# 实　训

**【实训 1】** Pay 数据库包含 Departments 表、Employees 表、Salarys 表，结构说明和示例数据如下。

Departments 表：用以保存部门信息，结构如下：

| 列名 | 数据类型 | 允许 Null 值 |
| --- | --- | --- |
| DepartID | nvarchar(2) | ☐ |
| DepartName | nvarchar(20) | ☐ |

各列意思分别为：部门代码、部门名称，示例数据如下：

| DepartNo | DepartName |
| --- | --- |
| 01 | 财务部 |
| 02 | 销售部 |
| 03 | 技术部 |

Employees 表：用以保存员工信息，结构如下：

| 列名 | 数据类型 | 允许 Null 值 |
| --- | --- | --- |
| EmployeeID | nvarchar(6) | ☐ |
| EmployeeName | nvarchar(10) | ☐ |
| DepartID | nvarchar(2) | ☐ |

各列意思分别为：员工代码、姓名、员工所属部门代码，示例数据如下：

| EmployeeID | EmployeeName | DepartID |
| --- | --- | --- |
| 000001 | 张三 | 01 |
| 000002 | 李四 | 01 |
| 000003 | 黄磊 | 01 |
| 000004 | 朱丽 | 02 |
| 000005 | 杨华 | 02 |
| 000006 | 艾锋 | 03 |

Salarys 表：用以保存薪水信息，结构如下（其中 ID 列，设置为种子列，初始值为 1，增量为 1）：

| 列名 | 数据类型 | 允许 Null 值 |
| --- | --- | --- |
| ID | decimal(18, 0) | ☐ |
| EmployeeID | nvarchar(6) | ☐ |
| YearMonth | nvarchar(6) | ☐ |
| Je | decimal(18, 2) | ☑ |

各列意思分别为：ID、员工代码、年度月份、薪水，示例数据如下：

| ID | EmployeeID | YearMonth | Je |
| --- | --- | --- | --- |
| 1 | 000001 | 201601 | 3000.00 |
| 2 | 000002 | 201601 | 3200.00 |
| 3 | 000003 | 201601 | 3300.00 |
| 4 | 000004 | 201601 | 3100.00 |
| 5 | 000005 | 201601 | 3800.00 |
| 6 | 000006 | 201601 | 5000.00 |
| 7 | 000001 | 201602 | 4000.00 |
| 8 | 000002 | 201602 | 4200.00 |
| 9 | 000003 | 201602 | 4800.00 |
| 10 | 000004 | 201602 | 5000.00 |
| 11 | 000005 | 201602 | 3700.00 |
| 12 | 000006 | 201602 | 3500.00 |

比如第一行数据表示：

员工：000001（对应姓名为张三）

年度月份：201601（2016 年 01 月份）

其工资为：3000 元。

（1）写出创建 Departments 表的 SQL 语句。（10 分）

（2）写出创建 Salarys 表（并指定该表属于文件组 g1）的 SQL 语句。

（3）写出创建 Employees 分区表的 SQL 语句，分区原则为按 EmployeeID：

<'300000'为一组

'300000'到 '600000'为一组

>'600000'为一组

**【实训 2】**录入修改删除数据练习。

（1）向 Departments 表录入如下数据，写出 SQL 语句。

| DepartID | DepartName |
| --- | --- |
| 01 | 财务部 |

（2）将 Departments 表中部门代码为“01”的部门名称修改为“金融部”，写出 SQL 语句。

（3）删除 Departments 表中部门代码为“01”记录，写出 SQL 语句。

# 第 5 章　表设计：主键、默认值、CHECK

【学习目标】

- 理解主键、默认值、CHECK 的作用
- 能根据实际需求设置主键、默认值、CHECK
- 理解数据要满足表的定义及各种约束限制

## 5.1　如何设计表

### 5.1.1　表的初步设计

具体开发时，有了需求分析后，首先就要考虑数据库中需要创建哪些表，包括：

- 需要创建哪些表
- 各个表需要哪些列、这些列是否允许为空
- 各表如何设置主键、哪些列需要默认值、设置必要的 CHECK 约束
- 根据表之间的关系设置相应的外键
- 根据需要创建所需的触发器规则
- 为提高查询速度设置必要的索引
- 根据项目实际需要创建视图、存储过程等待

本章将讲解主键、默认值和 CHECK 约束。

### 5.1.2　为什么要创建这些表

本教材设计的 eShop 数据库为一简化的网上购物数据库。大家都有网购的经验，大致可以想象一下，应该有：

保存用户信息的表，对应后续设计的 Users 表。

保存商品信息的表，对应后续设计的 Products 表。

保存订单的表，订单分为订单主表和订单明细，对应后续设计的 Orders 和 OrderItems 表。

考虑到实际情形，本教材还设计了供应商表 Suppliers。

简化的网上购物数据库，如没有支付环节、商品也没有分成更多的类别（如家电、服装、书籍）等。

尽管进行了简化，但万变不离其宗。当你具备一定的经验后，可以体会到复杂数据库其实也只是简化情形的扩大。

# 5.2　主键（PRIMARY KEY）

## 5.2.1　主键概述

表中的数据通常可以由一列或一组列清晰标志，比如可以将 Suppliers 表的 SupplierID 列、Products 表的 ProductID 列、Orders 表的 OrderID 列设置为主键。这样的一列或多列称为表的主键，用于强制表的实体完整性。

主键可以由一个字段，也可以由多个字段组成，分别称为单字段主键或复合主键。实际开发中建议尽量使用单字段主键。

一个表只有一个主键。

主键的值不可重复，也不可为空（NULL）。

虽然主键不是必需的，但强烈建议为每个表都设置一个主键。

主键的作用：

（1）保证实体的完整性。

（2）加快数据库的操作速度。

如 Products 表中 ProductID 为主键，表示该列的值不允许重复，也就是不可以有相同的商品代码。

建立主键应该遵循的原则：

（1）主键可以是对用户没有意义的。有可能用户看到了表中某列的数据，并认为它没有什么实际含义，确实，它的作用就是专为主键而设计的。

（2）建议永远不要更新主键。

（3）主键不应包含动态变化的数据，如时间戳列。

（4）主键应尽量减少人为设置，人为设置会使它带有除了唯一标识一行以外的意义。

某些原则对于初学时并不好理解，如原则（1），读者可先记住，对其有些印象。

当然原则也不是绝对的，希望读者在不断成长中积累属于自己的经验和原则。

## 5.2.2　创建主键并认识其作用

本章还是从一个全新的数据库开始练习。

**【演练 5.1】**使用 SSMS 创建如图 5-1 所示的供应商表 Suppliers，并将 SupplierID 列设置为主键。

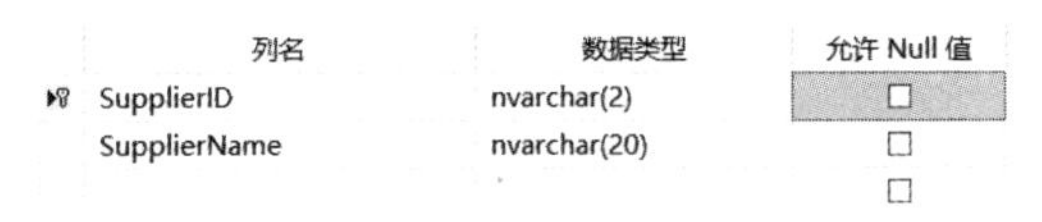

| 列名 | 数据类型 | 允许 Null 值 |
| --- | --- | --- |
| SupplierID | nvarchar(2) | ☐ |
| SupplierName | nvarchar(20) | ☐ |
| | | ☐ |

图 5-1　供应商表 Suppliers

具体操作步骤如下：

（1）如图 5-2 所示，在“对象资源管理器”中展开“eShop”数据库。右击“表”，在弹出的快捷菜单中单击“表”。

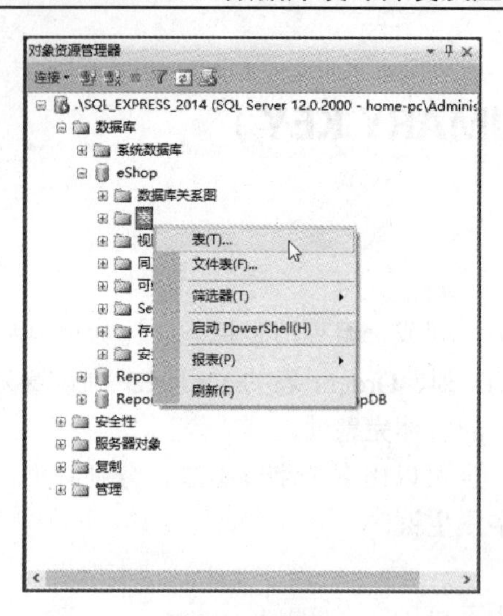


图 5-2　新建表

（2）在列名中输入“SupplierID”，数据类型中输入“nvarchar(2)”，不要选中“允许NULL 值”。

（3）继续添加新列。在列名中输入“SupplierName”，数据类型中输入“nvarchar(20)”，不要选中“允许 NULL 值”。

（4）将 SupplierID 设置为主键。如图 5-3 所示，先选中 SupplierID 列（或保证当前列为 SupplierID 即可），单击工具栏上的“ ”设置主键（注意图中鼠标的位置）。

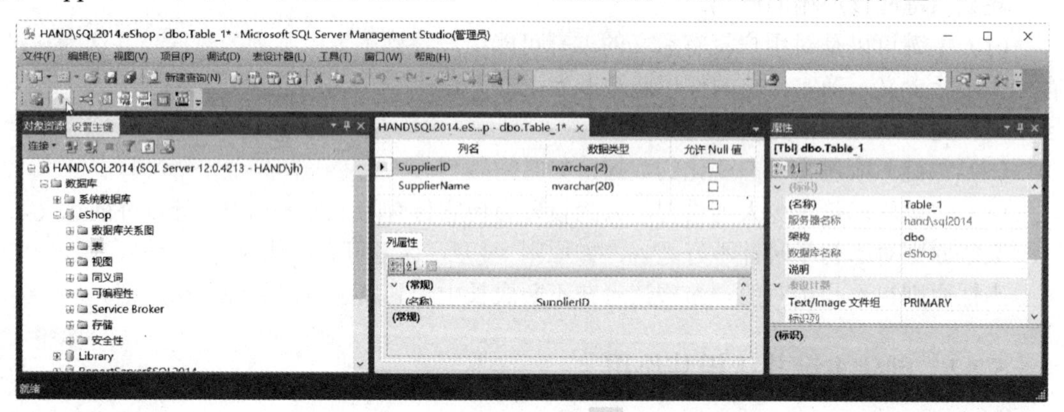


图 5-3　单击工具栏上的“ ”设置主键

（5）如图 5-4 所示，可以看到“SupplierID”列左侧多了一个“ ”，表示已将该列设置为主键。

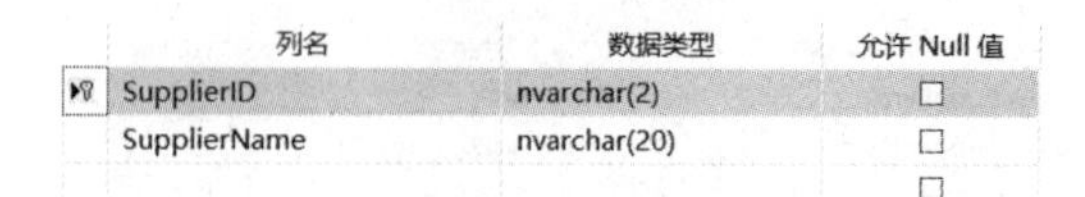

| 列名 | 数据类型 | 允许 Null 值 |
|---|---|---|
| SupplierID | nvarchar(2) | ☐ |
| SupplierName | nvarchar(20) | ☐ |
| | | ☐ |

图 5-4　已将 SupplierID 列设置为主键

（6）单击工具栏上的“ ”（保存）按钮，在对话框中输入表名称“Suppliers”，最后单击“确定”按钮完成。

**【演练 5.2】**使用 SQL 命令创建 Suppliers 表，并将 SupplierID 列设置为主键。

（1）先删除刚才使用 SSMS 创建的 Suppliers 表。在查询窗口执行如下命令。

```
DROP TABLE Suppliers
```

（2）在查询窗口执行如下命令创建带主键的 Suppliers 表。

```
CREATE TABLE Suppliers
(
  SupplierID nvarchar(2) NOT NULL,
  SupplierName nvarchar(20) NOT NULL,
  --对应语法为CONSTRAINT 主键名称 PRIMARY KEY (主键列名)
  CONSTRAINT PK_Suppliers PRIMARY KEY (SupplierID)
)
```

**【演练 5.3】**验证主键的唯一性。

（1）在查询窗口执行如下命令录入一条数据。

```
INSERT Suppliers(SupplierID,SupplierName)
VALUES('01','三星')
```

（2）在查询窗口执行如下命令再次录入一条数据，给出如图 5-5 所示的错误信息，显示：违反了 PRIMARY KEY 约束“PK_Suppliers”。不能在对象“dbo.Suppliers”中插入重复键。重复键值为 (01)。

```
INSERT Suppliers(SupplierID,SupplierName)
VALUES('01','苹果')
```

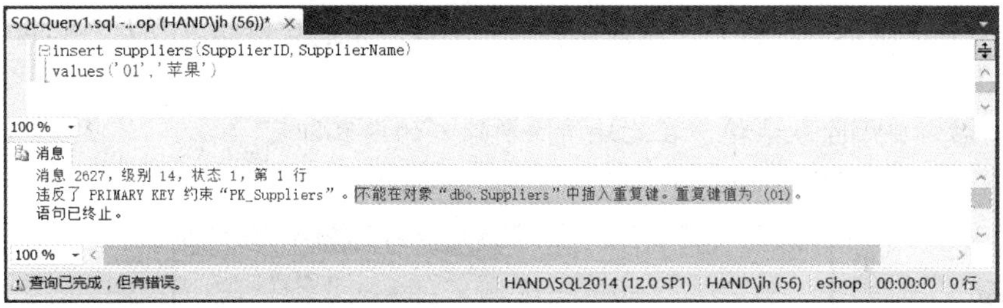

图 5-5　违反主键约束

**【总结】**可见，基于 SupplerID 列创建主键，就要求 SupplerID 列的值不可以重复。

## 5.3　默认值

### 5.3.1　默认值概述

默认值为表中某列而设计，当该表 INSERT 数据时，如果没有明确为该列赋值，则该列将取定义的默认值。

常用的情形，比如有限可选项（如性别的男、女）默认选为其中常用一项；又比如日期通常通过 GETDATE()函数设定为当前日期。

### 5.3.2　创建默认值并认识其作用

**【演练 5.4】**使用 SSMS 创建如图 5-6 所示的用户表 Users，其中 UserID 列为主键，并将 Sex 列的默认值设置为“男”。

| 列名 | 数据类型 | 允许 Null 值 |
| --- | --- | --- |
| UserID | nvarchar(8) | ☐ |
| UserName | nvarchar(10) | ☐ |
| Sex | nvarchar(1) | ☑ |
| Pwd | nvarchar(10) | ☐ |
| EMail | nvarchar(50) | ☑ |
| Tel | nvarchar(20) | ☑ |
| UserImag | nvarchar(100) | ☑ |
|  |  | ☐ |

图 5-6 用户表 Users

（1）在“对象资源管理器”中展开“eShop”数据库。右击“表”，在弹出的快捷菜单中单击“表”。

（2）在列名中输入“UserID”，数据类型中输入“nvarchar(8)”，不要选中“允许 NULL 值”，并将其设置为主键。

（3）继续设置新列。在列名中输入“UserName”，数据类型中输入“nvarchar(10)”，不要选中“允许 NULL 值”。

（4）继续设置新列。在列名中输入“Sex”，数据类型中输入“nvarchar(1)”，选中“允许 NULL 值”。

（5）如图 5-7 所示，选中“Sex”列，在下方列属性的“默认值或绑定”中输入“男”（注意图中鼠标的位置）。输入完后按回车键，系统会自动更改为“N'男'”。

**【说明】**

如果以后需要删除默认值，在此处清除所输入的内容即可。

如果以后需要修改默认值，在此处重新输入新的默认值即可。

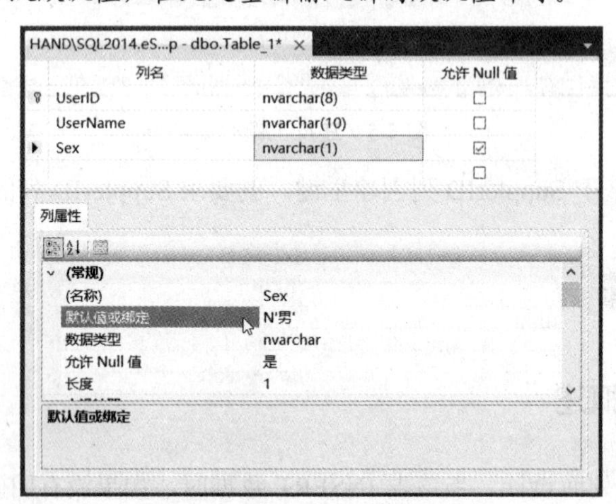


图 5-7 设置性别列的默认值为“男”

（6）继续设置新列。在列名中输入“Pwd”，数据类型中输入“nvarchar(10)”，不要选中“允许 NULL 值”。

（7）继续设置新列。在列名中输入“EMail”，数据类型中输入“nvarchar(50)”，选中“允许 NULL 值”。

（8）继续设置新列。在列名中输入“Tel”，数据类型中输入“nvarchar(20)”，选中“允许 NULL 值”。

（9）继续添加新列。在列名中输入“UserImag”，数据类型中输入“nvarchar(100)”，允许空。

（10）单击工具栏上的“ ”（保存），输入表名“Users”，完成操作。

**【演练 5.5】**使用 SQL 命令创建刚才的 Users 表，其中 UserID 列为主键，并将 Sex 列的默认值设置为“男”。

（1）先删除刚才使用 SSMS 创建的 Users 表。在查询窗口执行如下命令。

```
DROP TABLE Users
```

（2）在查询窗口执行如下命令创建带主键和默认值的 Users 表。

```
CREATE TABLE Users
(
  UserID nvarchar(8) NOT NULL,
  UserName nvarchar(10) NOT NULL,
  Sex nvarchar(1) NULL DEFAULT '男',--此处定义Sex的默认值为"男"
  Pwd nvarchar(10) NOT NULL,
  EMail nvarchar(50) NULL,
  Tel nvarchar(20) NULL,
  UserImag nvarchar(100) NULL,
  CONSTRAINT PK_Users PRIMARY KEY (UserID)
)
```

**【演练 5.6】**认识默认值的作用。

（1）在查询窗口执行如下命令。该命令向 Users 表录入两条记录，其中 UserID 为 test1 的记录没有给 Sex 列赋值，UserID 为 test2 的记录给 Sex 列赋值为“女”。

```
INSERT Users(UserID, UserName, Pwd) VALUES ('test1','测试1','123')
INSERT Users(UserID, UserName, Pwd,Sex) VALUES ('test2','测试
2','123','女')
```

（2）在查询窗口执行如下命令。

```
SELECT * FROM Users
```

（3）观察测试结果：如图 5-8 所示，可以看到：

没有给 UserID 为 test1 的记录的 Sex 列赋值，则该列取默认值“男”。

指定给 UserID 为 test2 的记录的 Sex 列赋值为“女”，则该列取所赋的值。

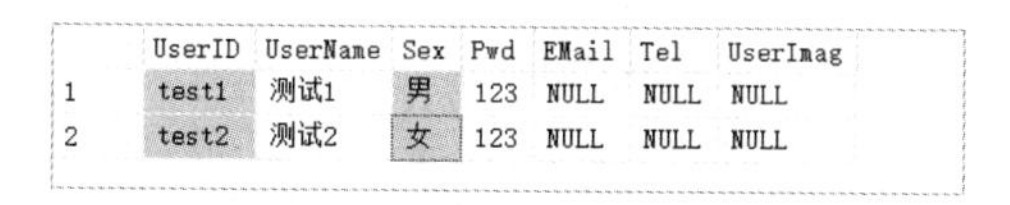

| | UserID | UserName | Sex | Pwd | EMail | Tel | UserImag |
|---|---|---|---|---|---|---|---|
| 1 | test1 | 测试1 | 男 | 123 | NULL | NULL | NULL |
| 2 | test2 | 测试2 | 女 | 123 | NULL | NULL | NULL |

图 5-8　观察默认值的效果

**【总结】**当没有给某列明确赋值时，如果该列设置了默认值的话，则该列取其默认值。

**【演练 5.7】**使用 SQL 命令创建如图 5-9 所示 Orders 表，其中 OrderID 列为主键，设置“OrderID”列的默认值为“NEWID()”，设置“OrderDate”列的默认值为“GETDATE()”。

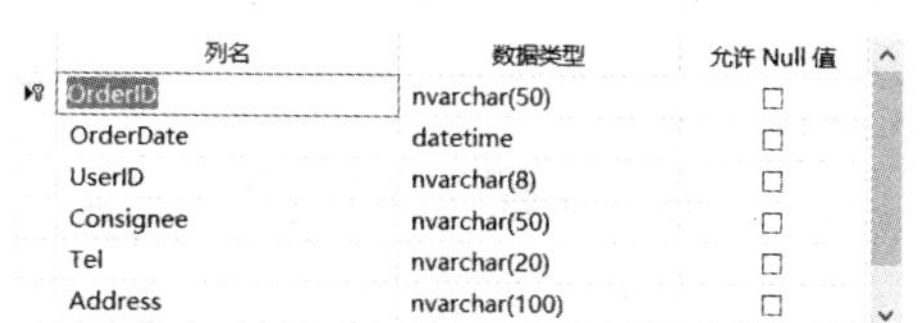

| 列名 | 数据类型 | 允许 Null 值 |
|---|---|---|
| OrderID | nvarchar(50) | □ |
| OrderDate | datetime | □ |
| UserID | nvarchar(8) | □ |
| Consignee | nvarchar(50) | □ |
| Tel | nvarchar(20) | □ |
| Address | nvarchar(100) | □ |

图 5-9　Orders 表

（1）先认识一下 GETDATE()系统函数，在查询窗口中执行如下 SQL 语句：

```
SELECT GETDATE()
```

如图 5-10 所示，可以看到该函数返回当前的日期时间。特别适合给日期类的列设置为默认值。

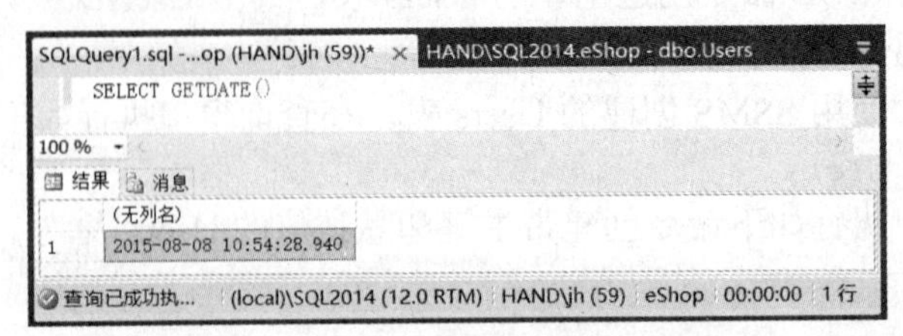


图 5-10　观察 GETDATE()系统函数

（2）再熟悉一下 NEWID()系统函数，在查询窗口中执行如下 SQL 语句：

```
SELECT NEWID()
```

因为 NEWID()返回的是 UNIQUEidentifier 类型的唯一值。读者可执行多次观察结果，如图 5-11 所示，可以看到，每次 NEWID()产生的值都不一样。

该函数可用生成唯一值并将该列设置为主键。比如：Orders 表本身并无合适的列做主键，所以在创建表时设计了 OrderID 列，该列本身就是为主键而设计的，本身并无其他意义，只要保证唯一性即可，故将该列的默认值设为 NEWID()，并将该列设为主键。

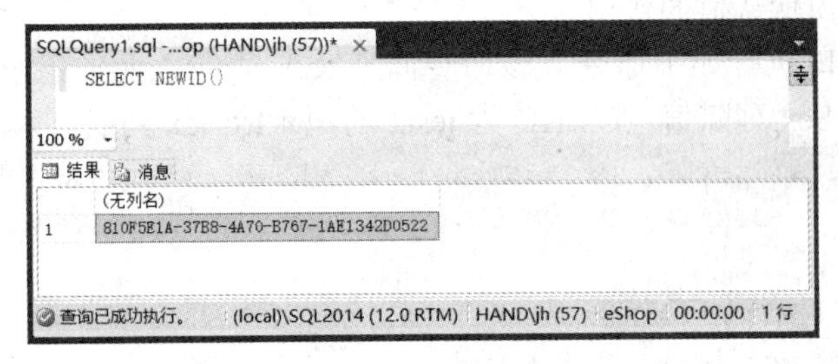


图 5-11　观察 NEWID()系统函数

（3）在查询窗口中执行如下 SQL 语句：

```
CREATE TABLE Orders
(
 OrderID nvarchar(50) NOT NULL DEFAULT NEWID(),--此处定义OrderID的默认值为NEWID()
 OrderDate datetime NOT NULL DEFAULT GETDATE(),--此处定义OrderDate的默认值为GETDATE()
 UserID nvarchar(8) NOT NULL,
 Consignee nvarchar(50) NOT NULL,
 Tel nvarchar(20) NOT NULL,
 Address nvarchar(100) NOT NULL,
 CONSTRAINT PK_Orders PRIMARY KEY (OrderID)
)
```

（4）测试：在查询窗口执行如下命令。

```
INSERT Orders(OrderID, UserID, Consignee, Tel, Address)
VALUES ('zzz','zjh','','','')
SELECT * FROM Orders
```

（5）观察测试结果：如图 5-12 所示，可以看到：

INSERT 命令没有给 OrderID 为“zzz”的 OrderDate 列赋值，则该列取执行该 INSERT 语句时的日期时间。

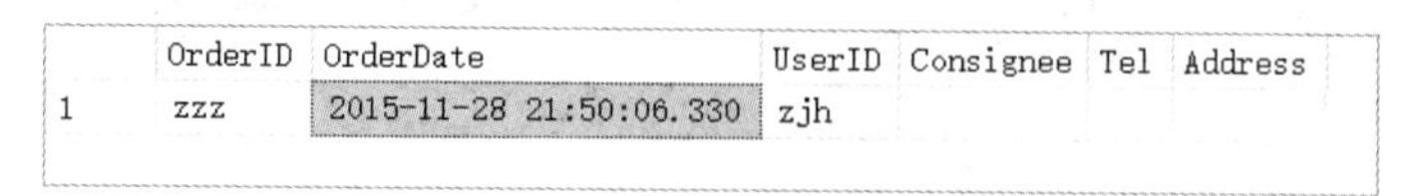

| | OrderID | OrderDate | UserID | Consignee | Tel | Address |
|---|---|---|---|---|---|---|
| 1 | zzz | 2015-11-28 21:50:06.330 | zjh | | | |

图 5-12　观察默认值的效果

（6）测试：在查询窗口执行如下命令。

```
INSERT Orders(UserID, Consignee, Tel, Address)
VALUES ('zjh','','','')
SELECT * FROM Orders
```

（7）观察测试结果：如图 5-13 所示，可以看到：

INSERT 命令没有给 OrderID 赋值，则该列取 NEWID()。编者这里的 OrderID 为“03D49669-6ADD-4207-A6CD-5D26A31E6603”，由于 NEWID()的唯一性，读者的值肯定是不一样的。

也没有给 OrderDate 列赋值，则该列取执行该 INSERT 语句时的日期时间。

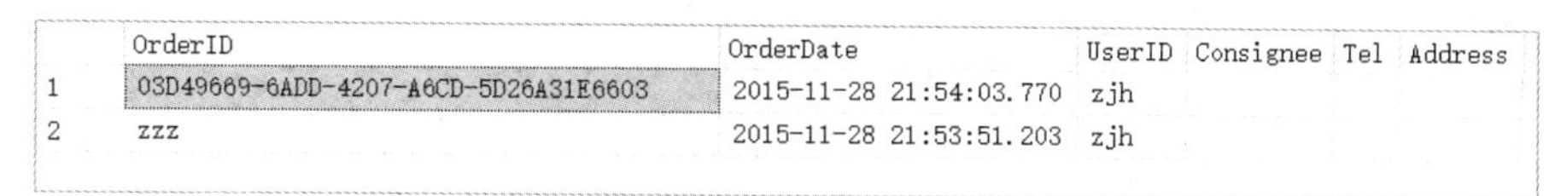

| | OrderID | OrderDate | UserID | Consignee | Tel | Address |
|---|---|---|---|---|---|---|
| 1 | 03D49669-6ADD-4207-A6CD-5D26A31E6603 | 2015-11-28 21:54:03.770 | zjh | | | |
| 2 | zzz | 2015-11-28 21:53:51.203 | zjh | | | |

图 5-13　观察默认值的效果

# 5.4　CHECK 约束

## 5.4.1　CHECK 约束概述

CHECK 约束是指约束表中某一个或者某些列中可接受的数据值或者数据格式。

例如，可以要求 Suppliers 表的 SupplierID 列只允许输入 2 位数字的代码。

又例如，可以要求 OrderItems 表的 Price（价格）列的值大于等于 0。

## 5.4.2　创建 CHECK 约束并认识其作用

**【演练 5.8】**使用 SSMS 设置 CHECK 约束，限制 Suppliers 表的 SupplierID 列只能是 2 位数字。

（1）在“对象资源管理器”中展开“eShop”数据库，再展开“表”。右击“dbo.Suppliers”，在弹出的快捷菜单中单击“设计”。

（2）如图 5-14 所示，注意图中鼠标位置，单击工具栏上的“管理 CHECK 约束”图标。

（3）如图 5-15 所示，单击“添加”按钮。

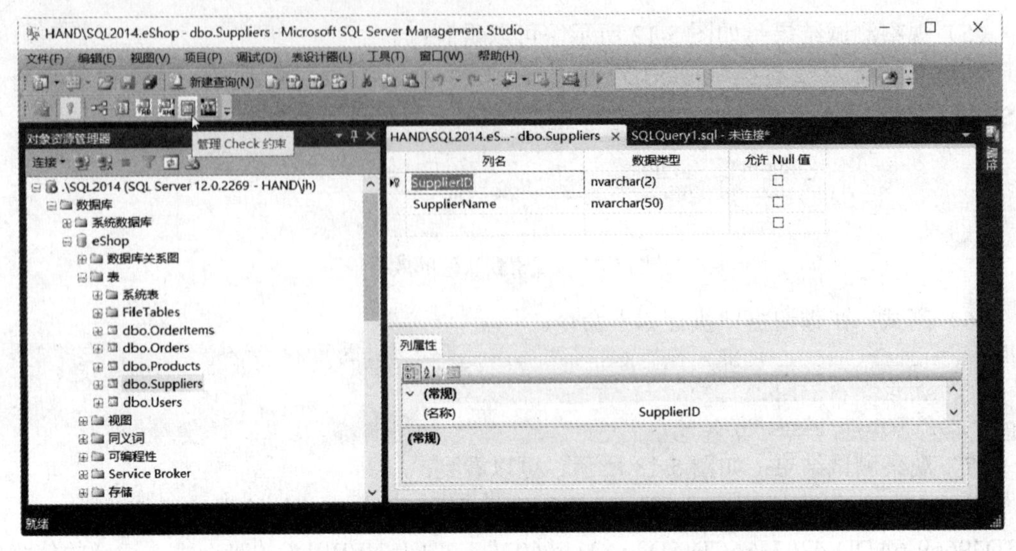


图 5-14 单击工具栏上的“管理 CHECK 约束”图标

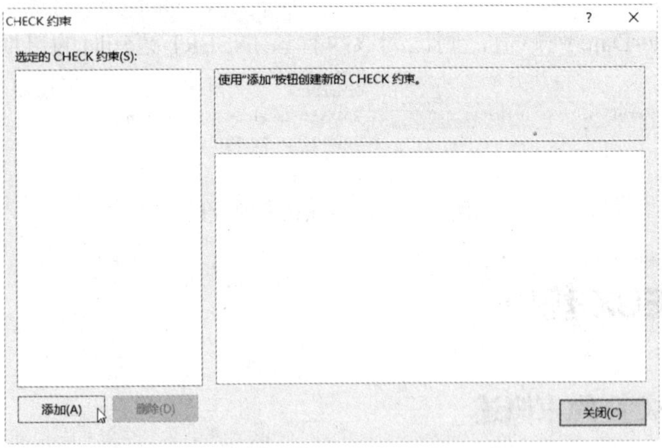

图 5-15 单击“添加”

（4）如图 5-16 所示，注意图中鼠标的位置，单击“表达式”。

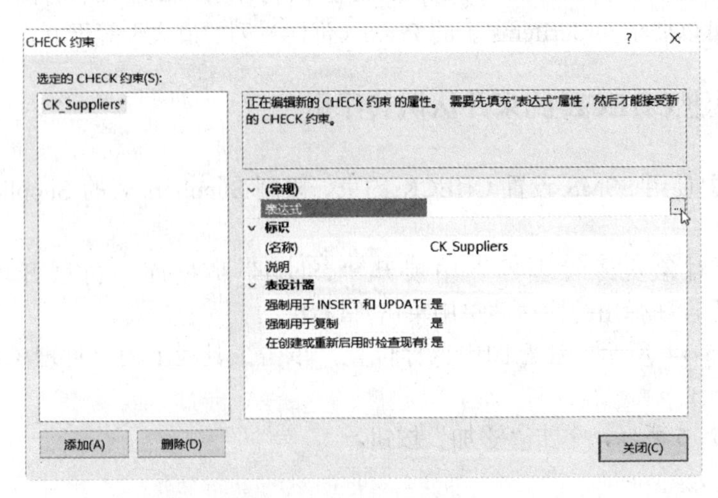


图 5-16 单击“表达式”

（5）如图 5-17 所示，输入 CHECK 约束表达式：

```
[SupplierID] LIKE '[0-9][0-9]'
```

SupplierID 在表中定义为 nvarchar(2)，该表达式表示 SupplierID 的 2 位都只能是数字“0-9”，单击“确定”按钮。

（6）如图 5-18 所示，单击“关闭”按钮。

注意表设计器下方的三个“是”选项，这几个选项的含义从文字上描述已经很清晰了，通常保持该“是”不变。

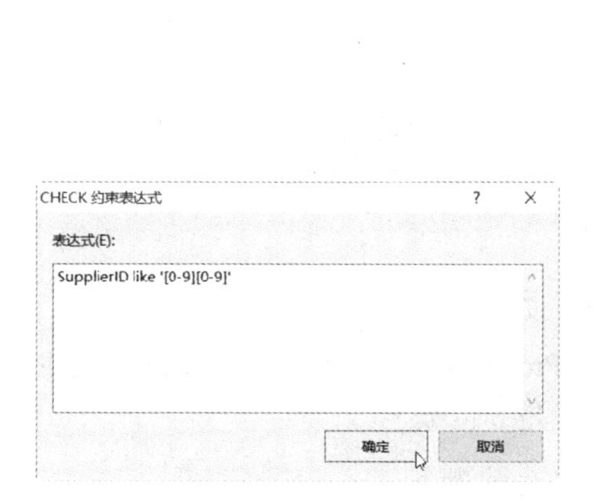


图 5-17　输入 CHECK 约束表达式

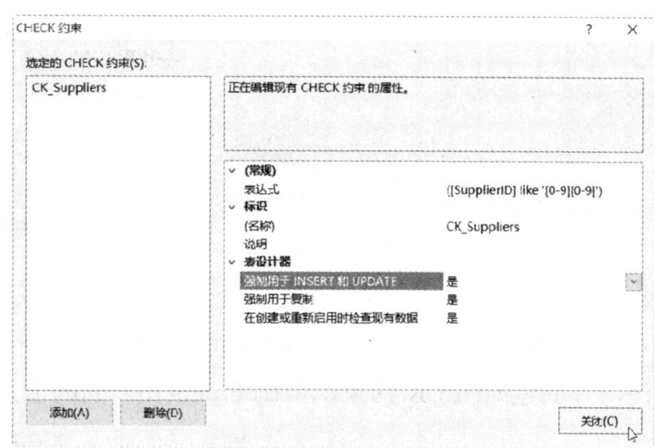


图 5-18　设置性别列的默认值为“男”

（7）单击工具栏上的“ ”（保存）按钮完成操作。

（8）测试：在查询窗口执行如下命令。该命令向 Suppliers 表录入一条记录。

```
INSERT Suppliers(SupplierID, SupplierName) VALUES('0A','华为')
```

（9）如图 5-19 所示，可以看到，执行给出了错误信息，因为 SupplierID 赋值为“0A”，与 CHECK 约束冲突。

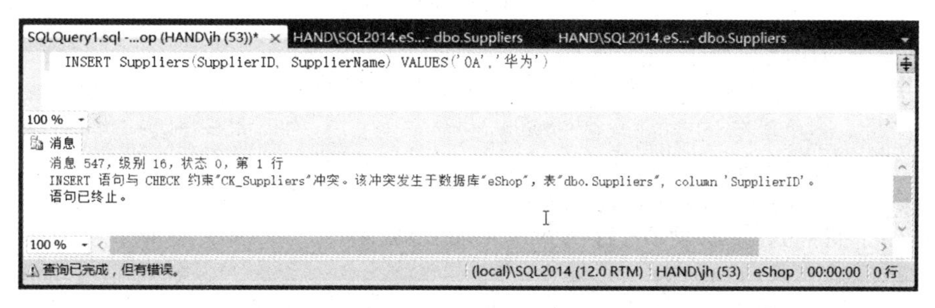


图 5-19　测试 CHECK 约束

（10）在查询窗口执行如下命令。该命令向 Suppliers 表录入一条记录。SupplierID 的值为“07”，与 CHECK 约束不冲突，可正常执行。

```
INSERT Suppliers(SupplierID, SupplierName) VALUES('07','华为')
```

**【演练 5.9】**使用 SSMS 删除上例创建的 CHECK 约束。

（1）在“对象资源管理器”中展开“eShop”数据库，再展开“表”。右击“dbo.Suppliers”，在弹出的快捷菜单中单击“设计”。

（2）单击工具栏上的“管理 CHECK 约束”图标。

（3）如图 5-20 所示，选定“CK_Suppliers”，单击“删除”，再单击“关闭”按钮。

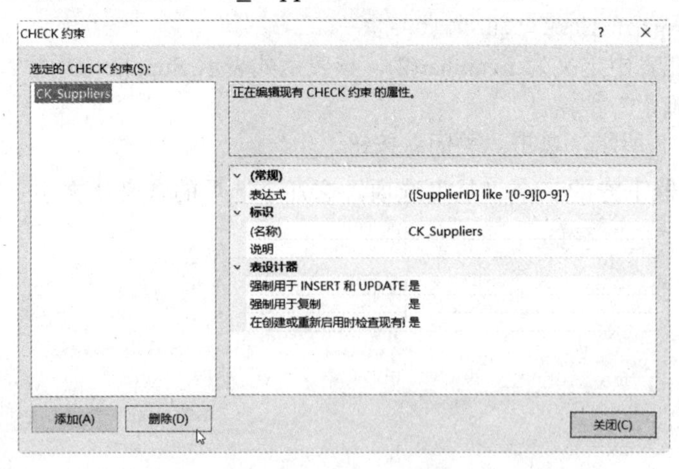


图 5-20　单击“删除”

（4）单击工具栏上的“”（保存）按钮完成操作。

**【演练 5.10】**使用 SQL 命令创建如图 5-21 所示 Products 表。其中 ProductID 列为主键，并创建 CHECK 约束，限制 ProductID 列的值只能是 6 位数字。

| 列名 | 数据类型 | 允许 Null 值 |
|---|---|---|
| ProductID | nvarchar(6) | ☐ |
| SupplierID | nvarchar(2) | ☐ |
| ProductName | nvarchar(100) | ☐ |
| Color | nvarchar(6) | ☑ |
| ProductImage | nvarchar(100) | ☑ |
| Price | decimal(10, 2) | ☐ |
| Description | nvarchar(100) | ☑ |
| Onhand | decimal(10, 0) | ☑ |
| | | ☐ |

图 5-21　Products 表

在查询窗口中执行如下 SQL 语句：

```
CREATE TABLE Products
(
  ProductID nvarchar(6) NOT NULL,
  SupplierID nvarchar(2) NOT NULL,
  ProductName nvarchar(100) NOT NULL,
  Color nvarchar(6) NULL,
  ProductImage nvarchar(100) NULL,
  Price decimal(10, 2) NOT NULL,
  Description nvarchar(100) NULL,
  Onhand decimal(10, 0) NULL,
  CONSTRAINT PK_Products PRIMARY KEY (ProductID),
  --下行设定约束限制ProductID 列的值只能是6位数字，约束名为CK_Products，这个读
者可自行命名，有一定的意义和不要重名即可。
  CONSTRAINT CK_Products CHECK (ProductID LIKE '[0-9][0-9][0-9][0-
9][0-9][0-9]')
)
```

【演练 5.11】使用 SQL 命令删除 Products 表中名为“CK_Products”的 CHECK 约束。

在查询窗口中执行如下 SQL 语句：

```
ALTER TABLE Products
DROP CONSTRAINT CK_Products
```

上面语句对应的语法格式说明如下：

```
ALTER TABLE 表名
DROP CONSTRAINT 约束名称
```

【演练 5.12】使用 SQL 命令创建如图 5-22 所示 OrderItems 表。其中 OrderItemID 列为主键，该列默认值为 NEWID()，并创建 CHECK 约束，限制 Price（价格）列的值必须大于等于 0。

| 列名 | 数据类型 | 允许 Null 值 |
|---|---|---|
| ProductID | nvarchar(6) | ☐ |
| SupplierID | nvarchar(2) | ☐ |
| ProductName | nvarchar(100) | ☐ |
| Color | nvarchar(6) | ☑ |
| ProductImage | nvarchar(100) | ☑ |
| Price | decimal(10, 2) | ☑ |
| Description | nvarchar(100) | ☑ |

图 5-22　Products 表

在查询窗口中执行如下 SQL 语句：

```
CREATE TABLE OrderItems
(
  OrderItemID nvarchar(50) NOT NULL DEFAULT NEWID(),
  OrderID nvarchar(50) NOT NULL,
  ProductID nvarchar(6) NOT NULL,
  Amount decimal(10, 0) NOT NULL,
  Price decimal(10, 2) NOT NULL,
  CONSTRAINT PK_OrderItems PRIMARY KEY (OrderItemID),
  CONSTRAINT CK_OrderItems CHECK (Price>=0)
)
```

# 实　训

【实训 1】根据你的理解，需要设置哪些主键，写出 SQL 语句。

【实训 2】使用 SQL 命令创建 CHECK 约束，限制 Employees 表的 EmployeeID 列的值只能是 6 位数字。

# 第 6 章　表设计：外键、触发器

【学习目标】

- 理解外键的作用，初步体会如何设计数据库的主外键关系
- 掌握创建外键的相关操作和命令
- 理解触发器的作用，知其利弊慎用触发器
- 掌握创建触发器的相关操作和命令

## 6.1　外键 FOREIGN KEY

### 6.1.1　外键的作用

如果一个表的数据依赖于另一个表的数据，那么可以定义外键来保证数据的合理性。

本教材 eShop 数据库中的商品表（Products）的供应商代码列（SupplierID）和供应商表（Suppliers）的供应商代码列（SupplierID）之间存在一种逻辑关系。

比如 Suppliers 表中不存在 SupplierID=“99”的值，则不可以将“99”插入到 Products 表的 SupplierID 中。

我们创建外键就是用来保证这种数据间的合理逻辑。

### 6.1.2　创建外键并理解其作用

【演练 6.1】使用 SSMS 设置外键，限制 Products 表的 SupplierID 列只能是 Suppliers 表中已存在的 SupplierID 值。

（1）在“对象资源管理器”中展开“eShop”数据库，再展开“表”。右击“dbo.Products”，在弹出的快捷菜单中单击“设计”。

（2）如图 6-1 所示，注意图中鼠标位置，单击工具栏上的“关系”图标。

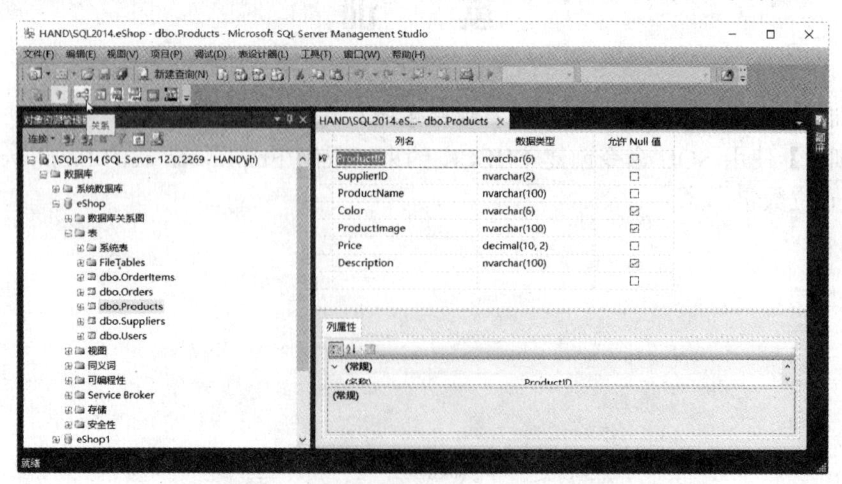


图 6-1　单击工具栏上的“关系”图标

（3）如图 6-2 所示，单击“添加”，再单击“表和列规范”右侧的“…”。

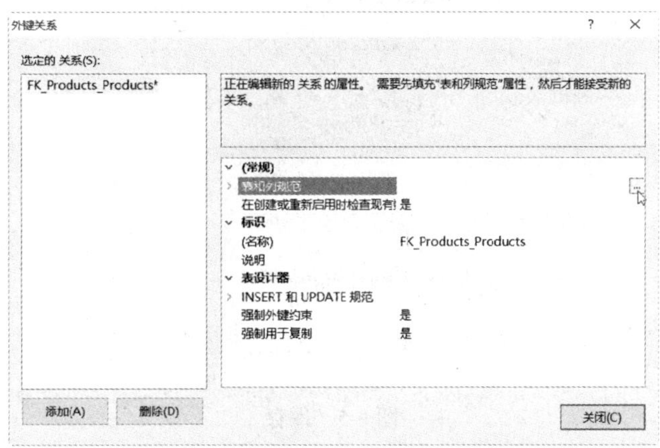


图 6-2　单击“添加”，再单击“表和列规范”

（4）如图 6-3 所示，在主键表下拉列表中选择“Suppliers”，然后在主键表下方的列中选择“SupplierID”，外键表保持“Products”不变，在外键表下方的列中也选择“SupplierID”，关系名保持系统自动为我们命名的“FK_Products_Suppliers”，完成后如图 6-3 所示，单击“确定”按钮。

这步操作的意思就是保证 Products 表的 SupplierID 列只能是 Suppliers 表中已存在的 SupplierID 值。

（5）如图 6-4 所示，单击“关闭”按钮。

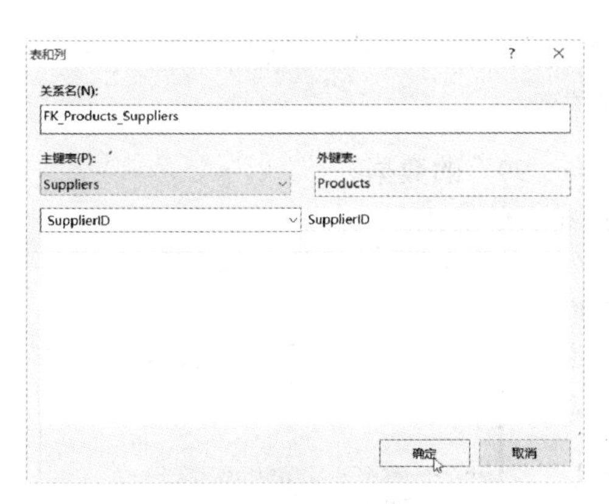


图 6-3　设置外键

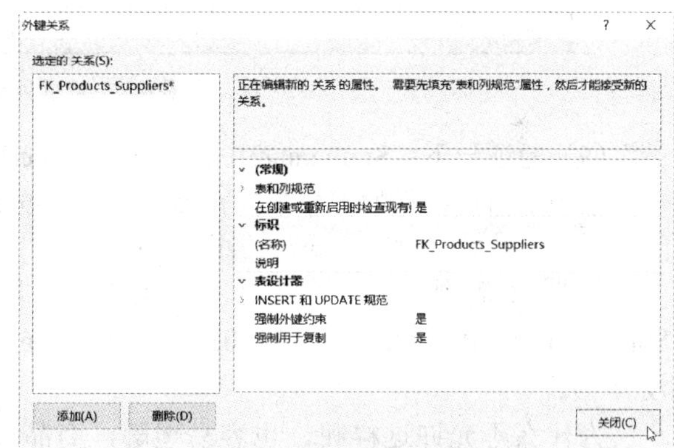


图 6-4　关闭外键关系对话框

（6）单击工具栏上的“ ”（保存）按钮，如图 6-5 所示，给出保存提示，单击“是”按钮完成操作。

该保存操作实际上影响了 Suppliers 和 Products 两张表，当你查看外键时，在 Suppliers 和 Products 表中都可以看到该外键。

（7）测试：在查询窗口执行如下命令。该命令向 Products 表录入一条记录。

```
INSERT Products(ProductID, SupplierID, ProductName,Price)
VALUES('999999','99','test',100)
```

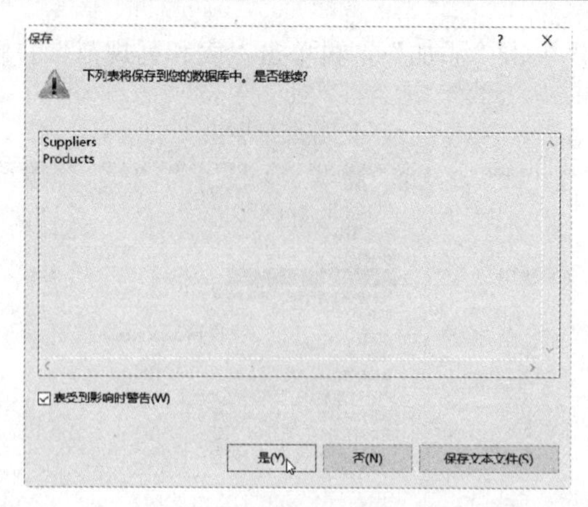


图 6-5　保存

（8）如图 6-6 所示，可以看到，执行给出了错误信息，与 FOREIGN KEY 约束"FK_Products_Suppliers"冲突。具体来说就是我们现在往 Products 表中录入的这条数据中 SupplierID 的值为“99”，而 Supliers 表中不存在 SupplierID=“99”的数据。

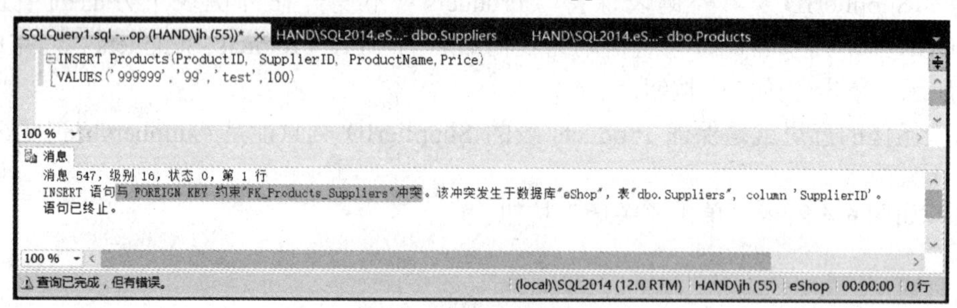


图 6-6　测试外键约束

（9）验证一下：Supliers 表中不存在 SupplierID=“99”的数据。

在查询窗口执行如下命令。查询一下 Suppliers 表中的数据。

```
SELECT * FROM Suppliers
```

如图 6-7 所示，可以看到，Supliers 表的 SupplierID 的值包括：01、02、03、04、05、06，并没有 99。

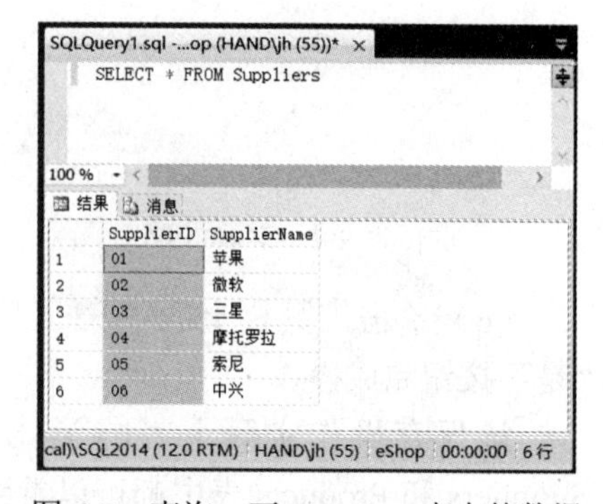


图 6-7　查询一下 Suppliers 表中的数据

为什么不允许这样呢，也容易理解，商品属于某个供应商，而“99”这个供应商都不存在，那么这个商品属于哪个供应商呢。当然是不符合逻辑的，所以我们设计外键来实现这样的逻辑，阻止不合理的数据，实现数据的完整性。

（10）测试：在查询窗口执行如下命令。该命令向 Products 表录入一条记录，将 SupplierID 的值由不合理的“99”改为一个合理的值，如“06”。

可以观察到，与外键约束不冲突，可正常执行。

```
INSERT Products(ProductID, SupplierID, ProductName,Price)
VALUES('999999','06','test',100)
```

（11）删除测试数据：在查询窗口执行如下命令。

```
DELETE Products WHERE ProductID='999999'
```

【演练 6.2】使用 SSMS 删除上例创建的外键。

（1）在“对象资源管理器”中展开“eShop”数据库，再展开“表”。右击“dbo.Products”，在弹出的快捷菜单中单击“设计”。

（2）单击工具栏上的“关系”图标。

（3）如图 6-8 所示，选定“FK_Products_Suppliers”，单击“删除”，再单击“关闭”按钮。

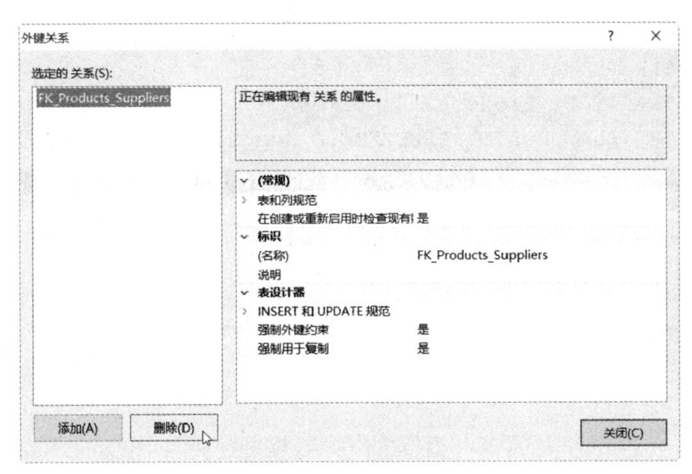


图 6-8　单击“删除”

（4）单击工具栏上的“💾”（保存），在弹出的对话框中单击“是”完成操作。

【演练 6.3】使用 SQL 语句设置外键，限制 Products 表的 SupplierID 列只能是 Suppliers 表中已存在的 SupplierID 值。

在查询窗口中执行如下 SQL 语句：

```
ALTER TABLE Products
ADD CONSTRAINT FK_Products_Suppliers
FOREIGN KEY(SupplierID) REFERENCES Suppliers(SupplierID)
```

上面语句对应的语法格式说明如下：

```
ALTER TABLE 外键表名
ADD CONSTRAINT 约束名称
FOREIGN KEY(外键列名) REFERENCES 主键表名(主键列名)
```

本例中外键表名为 Products，约束名称（外键也是约束的一种）为 FK_Products_Suppliers。外键列名为 SupplierID（更详细地说是 Products 表的 SupplierID 列），主键表名为 Suppliers，主键列名为 SupplierID（更详细地说是 Suppliers 表的 SupplierID 列）。

【演练 6.4】使用 SQL 命令删除上例创建的外键。

在查询窗口中执行如下 SQL 语句：

```
ALTER TABLE Products
DROP CONSTRAINT FK_Products_Suppliers
```

外键也是约束的一种，删除外键的语法和删除默认值、CHECK 约束一样，指定要删除的约束名称即可。

**【演练 6.5】** 创建外键前要保证对应主键已先创建好的示例说明。

比如我们要创建外键限制 Products 表的 SupplierID 列，只能是 Suppliers 表中已存在的 SupplierID 值。那么要先在 Suppliers 表中创建好基于 SupplierID 列的主键。

由于该主键在前面章节已经创建好，为说明问题，我们删除该主键，然后测试一下创建外键会发生的错误。

（1）在查询窗口中执行如下 SQL 语句删除 Suppliers 表的主键：

```
ALTER TABLE Suppliers DROP CONSTRAINT PK_Suppliers
```

（2）在查询窗口中执行如下 SQL 语句创建外键，如图 6-9 所示，将给出错误信息。

```
ALTER TABLE Products
ADD CONSTRAINT FK_Products_Suppliers
FOREIGN KEY(SupplierID) REFERENCES Suppliers(SupplierID)
```

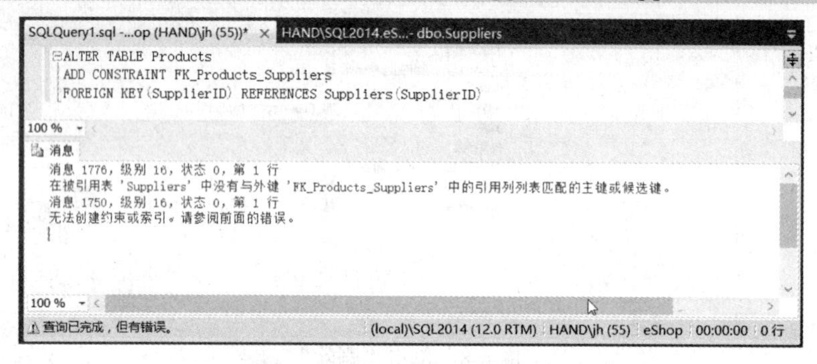


图 6-9　无对应主键创建外键时给出的错误信息

（3）所以我们一定要保证先创建好对应主键再创建外键。在查询窗口中执行如下 SQL 语句：

```
--创建好对应主键
ALTER TABLE Suppliers
ADD CONSTRAINT PK_Suppliers PRIMARY KEY(SupplierID)
GO
--创建相应外键
ALTER TABLE Products
ADD CONSTRAINT FK_Products_Suppliers
FOREIGN KEY(SupplierID) REFERENCES Suppliers(SupplierID)
```

**【演练 6.6】** 删除主键需先删除相关外键的示例说明。

比如我们要创建外键限制 Products 表的 SupplierID 列只能是 Suppliers 表中已存在的 SupplierID 值。那么要先在 Suppliers 表中创建好基于 SupplierID 列的主键。

由于该主键在前面章节已经创建好，为说明问题，我们删除该主键，然后测试一下创建外键会发生的错误。

（1）在查询窗口中执行如下 SQL 语句删除 Suppliers 表的主键：

```
ALTER TABLE Suppliers DROP CONSTRAINT PK_Suppliers
```

因为 Products 表中有外键依赖于该主键，所以出现如图 6-10 所示错误信息。

```
SQLQuery1.sql -...op (HAND\jh (57))*
ALTER TABLE Suppliers DROP CONSTRAINT PK_Suppliers
100 %
消息
消息 3725，级别 16，状态 0，第 1 行
约束 'PK_Suppliers' 正由表 'Products' 的外键约束 'FK_Products_Suppliers' 引用。
消息 3727，级别 16，状态 0，第 1 行
未能删除约束。请参阅前面的错误信息。
100 %
查询已完成，但有错误。　(local)\SQL2014 (12.0 RTM)　HAND\jh (57)　eShop　00:00:00　0 行
```

图 6-10　错误信息

（2）所以我们一定要保证先删除相关外键。在查询窗口中执行如下 SQL 语句：

```
--先删除相关外键
ALTER TABLE Products DROP CONSTRAINT FK_Products_Suppliers
GO
--删除主键
ALTER TABLE Suppliers DROP CONSTRAINT PK_Suppliers
```

（3）为保证本教材的连贯性，恢复删除的主键和外键。在查询窗口中执行如下 SQL 语句：

```
--创建好对应主键
ALTER TABLE Suppliers
ADD CONSTRAINT PK_Suppliers PRIMARY KEY(SupplierID)
--创建相应外键
ALTER TABLE Products
ADD CONSTRAINT FK_Products_Suppliers
FOREIGN KEY(SupplierID) REFERENCES Suppliers(SupplierID)
```

**【总结】**创建时先创建主键，后创建外键；删除时先删除外键，后删除主键。

**【演练 6.7】**删除主键表记录需先删除外键表相关记录的示例说明。

（1）在查询窗口中执行如下 SQL 语句删除主键表 Suppliers 中 SupplierID 为 05 的记录：

```
DELETE Suppliers WHERE SupplierID='05'
```

因为外键表 Products 中有 SupplierID 为 05 的记录，所以不能删除主键表 Suppliers 中 SupplierID 为 05 的记录，故而出现如图 6-11 所示错误信息。

大家想想如果允许删除 Suppliers 中 SupplierID 为 05 的记录的话，那么 Products 表中 SupplierID 为 05 的记录就失去了意义。这就是引用数据完整性。

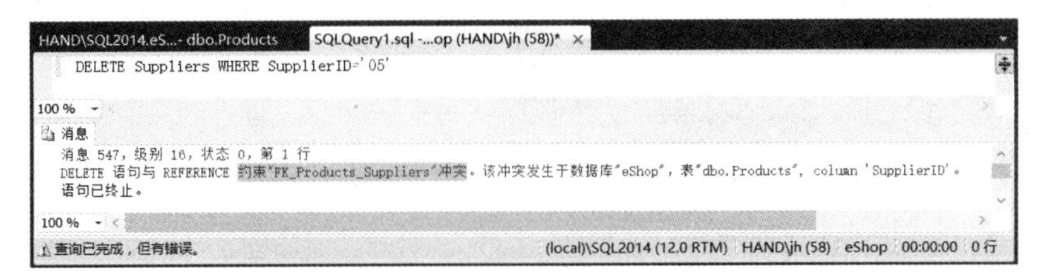


图 6-11　删除主键表记录需先删除外键表相关记录的示例说明

（2）所以我们一定要先删除外键表相关记录，再删除主键表记录。在查询窗口中执行如下 SQL 语句：

```
--先删除外键表相关记录
DELETE Products WHERE SupplierID='05'
```

```
--再删除主键表记录
DELETE Suppliers WHERE SupplierID='05'
```

【说明】

① 如果继续追溯的话，我们还要保证删除的 Products='05'记录不在 OrderItems 表中出现（本教材的示例数据现在是满足该情形的，所以上述语句可以正常执行）。

② 实际项目开发中，删除数据要慎重。

【演练 6.8】eShop 数据库的其他外键设计

在查询窗口中执行如下 SQL 语句：

```
--限制Orders表的UserID列只能是Users表中已存在的UserID值。
ALTER TABLE Orders
ADD CONSTRAINT FK_Orders_Users
FOREIGN KEY(UserID) REFERENCES Users(UserID)
GO
--限制OrderItems表的ProductID列只能是Products表中已存在的ProductID值。
ALTER TABLE OrderItems
ADD CONSTRAINT FK_OrderItems_Products
FOREIGN KEY(ProductID) REFERENCES Products(ProductID)
GO
--限制OrderItems表的OrderID列只能是Orders表中已存在的OrderID值。
--再次说明一下OrderItems表的主键是OrderItemID，OrderID是用来做外键的
ALTER TABLE OrderItems
ADD CONSTRAINT FK_OrderItems_Orders
FOREIGN KEY(OrderID) REFERENCES Orders(OrderID)
```

### 6.1.3 关系图

【演练 6.9】新建并查看关系图。

（1）如图 6-12 所示，在“对象资源管理器”中展开“eShop”数据库，右击“新建数据库关系图”。

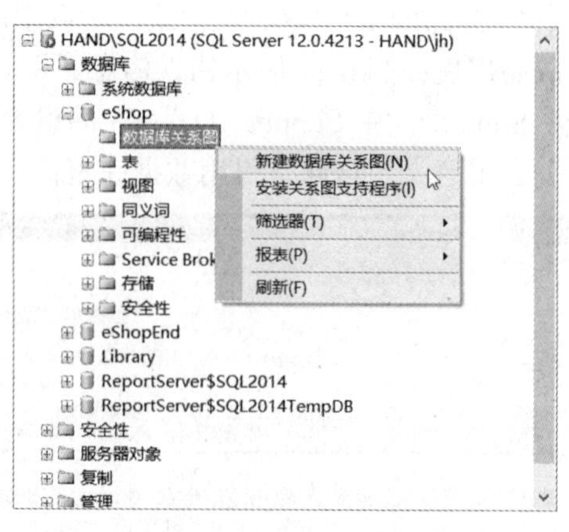


图 6-12 新建数据库关系图

（2）操作时如果出现如图 6-13 所示对话框，则在查询窗口中执行如下 SQL 语句，然后重复步骤（1）：

```
ALTER authorizatiON ON databASe::eShop to sa
```

图 6-13　数据库没有有效所有者

（3）如图 6-14 所示，按住 Ctrl 键不放，分别单击“OrderItems”、“Orders”、“Products”、“Suppliers”、“Users”选中每一张表，单击“添加”按钮。

（4）适当调整位置和显示比例，表之间的关系如图 6-15 所示。

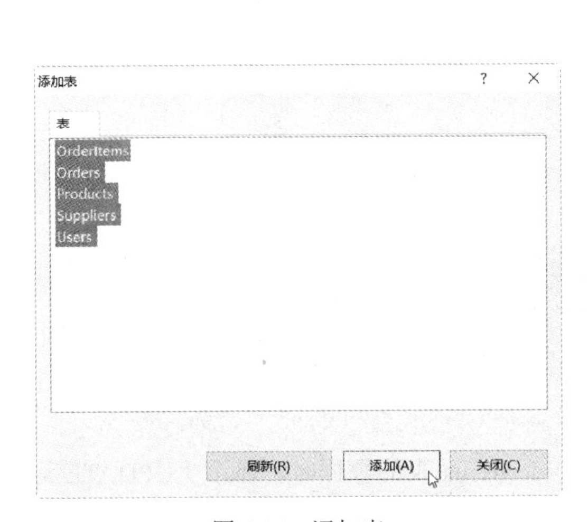


图 6-14　添加表

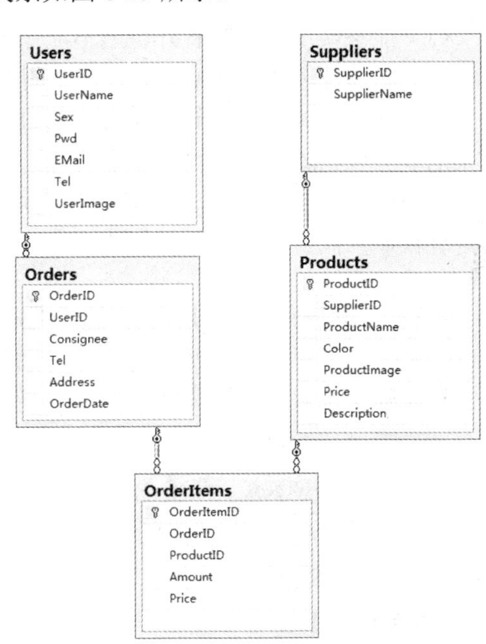


图 6-15　数据库关系图

从图中我们可以看到：

Products 和 Suppliers 之间通过 SupplierID 进行连接，表示商品的供应商 ID 来源于供应商表。

Orders 和 Users 之间通过 UserID 进行连接，表示订单主表的用户 ID 来源于用户表。

OrderItems 和 Orders 之间通过 OrderID 进行连接，表示订单明细表的订单号来源于订单主表。

OrderItems 和 Products 之间通过 ProductID 进行连接，表示订单明细表的商品 ID 来源于商品表。

（5）如图 6-16 所示，右击某关系可“从数据库中删除关系”（也就是删除对应的外键，这里我们就不删除了），也可查看其“属性”。

图 6-16　关系（外键）操作

## 6.2 触发器

### 6.2.1 触发器的作用

从字面上理解，当某事件发生时触发某动作执行。具体而言，就是当对某张表进行 INSERT、UPDATE、DELETE 操作时，SQL Server 就会自动执行所定义的触发器，从而确保对数据的处理必须符合由这些 SQL 语句所定义的规则。

触发器的主要作用有：

（1）能够实现由主键和外键所不能保证的复杂的参照完整性和数据的一致性。

（2）能够实现比 CHECK 更为复杂的约束。

在 eShop 数据库中，订单中商品和商品数量的变化都会影响该商品的库存。这样较为复杂的业务规则就可考虑用触发器实现。

**【注意】**由于 INSERT、UPDATE、DELETE 是数据库日常非常频繁的操作，所以触发器对数据库性能影响较大，需要慎重使用。

### 6.2.2 创建触发器并理解其作用

创建触发器的基本语法：

```
CREATE TRIGGER 触发器名称
ON 表
FOR { [ INSERT] [ , ] [UPDATE] [ , ] [DELETE] }
AS
   SQL语句
```

**【演练 6.10】**创建触发器 Test。每当修改 OrderItems 表的数据时，显示“UPDATE 订单子表被触发”。

（1）在查询窗口中执行如下 SQL 语句：

```
CREATE TRIGGER Test
ON OrderItems
FOR UPDATE
AS
   PRINT 'UPDATE订单子表被触发'
```

（2）测试。在查询窗口中执行如下 SQL 语句：

```
UPDATE OrderItems SET Amount=3
WHERE OrderItemID='084CD6E7-43D1-4C72-97DE-D16FC8626801'
```

（3）如图 6-17 所示，可看到除了将对应订单子表的 Amount 修改为 3 之外，还显示“UPDATE 订单子表被触发”，表明该触发器当 UPDATE 表 OrderItems 时自动触发执行。

**【演练 6.11】**在 SSMS 中查看或删除触发器。

具体操作步骤如下：

（1）在“对象资源管理器”中展开 eShop 数据库。

（2）展开“表”，再展开“OrderItems ”

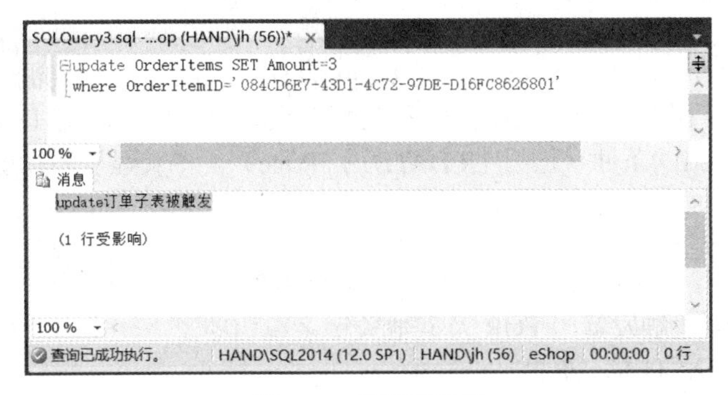


图 6-17　测试触发器

（3）展开“触发器”，可以看到刚创建的 Test 触发器。

（4）如图 6-18 所示，右击“Test”，在弹出的快捷菜单中选择“删除”选项。

图 6-18　删除触发器

（5）单击“确定”按钮完成。

**【演练 6.12】**学习使用 IF UPDATE(列名)：修改上例触发器，只有当修改 OrderItems 表的 Amount 列或 ProductID 列时，才显示“UPDATE 订单子表被触发”。

IF UPDATE (列名)：测试在指定的列上进行的 INSERT 或 UPDATE 操作，不能用于 DELETE 操作，可以指定多列。

（1）在查询窗口中执行如下 SQL 语句：

```
ALTER TRIGGER Test
ON OrderItems
FOR UPDATE
AS
  IF UPDATE(Amount) OR UPDATE(ProductID)
    PRINT 'UPDATE订单子表被触发'
```

（2）测试。在查询窗口中执行如下 SQL 语句，可看到满足 IF UPDATE(Amount) or UPDATE(ProductID)条件（这里 UPDATE 了 Amount），显示“UPDATE 订单子表被触发”。

```
UPDATE OrderItems SET Amount=3
WHERE OrderItemID='084CD6E7-43D1-4C72-97DE-D16FC8626801'
```

（3）继续测试。在查询窗口中执行如下 SQL 语句，可看到不满足 IF UPDATE(Amount) OR UPDATE(ProductID)条件（这里 UPDATE 了 Price），不会显示“UPDATE 订单子表被触发”。

```
UPDATE OrderItems SET Price=3000
WHERE OrderItemID='084CD6E7-43D1-4C72-97DE-D16FC8626801'
```

**【演练 6.13】**创建触发器中 FOR 及其他关键字说明。

FOR 可替换为 AFTER，意思是一样的。

如果将 FOR 改为 INSTEAD OF，则触发时执行触发器而不执行触发的 SQL 语句，下面具体通过例子进行说明。

（1）在查询窗口中执行如下 SQL 语句：

```
ALTER TRIGGER Test
ON OrderItems
INSTEAD OF UPDATE
AS
  PRINT 'UPDATE订单子表被触发'
```

（2）测试。在查询窗口中执行如下 SQL 语句：

```
UPDATE OrderItems SET Amount=9
WHERE OrderItemID='084CD6E7-43D1-4C72-97DE-D16FC8626801'
```

（3）可看到显示“UPDATE 订单子表被触发”，表明该触发器当 UPDATE 表 OrderItems 时自动触发执行。

（4）继续验证，在查询窗口中执行如下 SQL 语句。

```
SELECT * FROM OrderItems
WHERE OrderItemID='084CD6E7-43D1-4C72-97DE-D16FC8626801'
```

（5）如图 6-19 所示，注意 Amount 列的值并没有变成“9”。

**【说明】**INSTEAD OF：触发时执行触发器，但不执行相应的触发语句（比如本例中的 UPDATE 并没有执行），可以使用此类触发器阻止对表的增删改。

|  | OrderItemID | OrderID | ProductID | Amount | Price |
|---|---|---|---|---|---|
| 1 | 084CD6E7-43D1-4C72-97DE-D16FC8626801 | EB40E98C-11A2-40E6-B32C-3DC039D82C8D | 000003 | 3 | 3000.00 |

图 6-19　验证触发器

**【演练 6.14】**使用 SQL 语句。将触发器 Test 更名为 TestNew。

在查询窗口中执行如下 SQL 语句：

```
sp_rename Test,TestNew
```

**【演练 6.15】**使用 SQL 语句删除触发器 TestNew。

在查询窗口中执行如下 SQL 语句：

```
DROP TRIGGER TestNew
```

**【演练 6.16】**理解 INSERTED 表和 DELETED 表。

触发器执行时可使用两个只能读取的临时表：INSERTED 表和 DELETED 表。

INSERTED 表和 DELETED 表的结构与被触发器作用的表的结构相同。

触发器执行完毕后，INSERTED 表和 DELETED 表随即失效。

当执行 INSERT 语句时，INSERTED 表中保存要向表中插入的所有行。

当执行 DELETE 语句时，DELETED 表中保存要从表中删除的所有行。

当执行 UPDATE 语句时，相当于先执行一个 DELETE 操作，再执行一个 INSERT 操作。所以修改前的数据行首先被移到 DELETED 表中，修改后的数据行插入激活触发器的表和 INSERTED 表中。

（1）在查询窗口中执行如下 SQL 语句：

```
CREATE TRIGGER Test
ON OrderItems
FOR INSERT,UPDATE ,DELETE
AS
  SELECT * FROM DELETED
  SELECT * FROM INSERTED
```

（2）测试 1：当执行 INSERT 语句时，INSERTED 表中保存要向表中插入的所有行。

在查询窗口中执行如下 SQL 语句：

```
INSERT OrderItems(OrderItemID,OrderID, ProductID, Amount, Price)
VALUES('C0BE624E-4668-42B6-97FF-B2A70A9C9AD3','7672EC54-6B5B-4DED-
8EB3-0F757669DE89','000009',1,700)
```

（3）如图 6-20 所示，由于触发器中有 SELECT * FROM DELETED 和 SELECT * FROM INSERTED 语句，可以看到 DELETED、INSERTED 表结构和 OrderItems 表结构一样。由于测试执行的是 INSERT 语句，可以看到 DELETED 表无数据，INSERTED 数据就是执行 INSERT 语句插入的行。

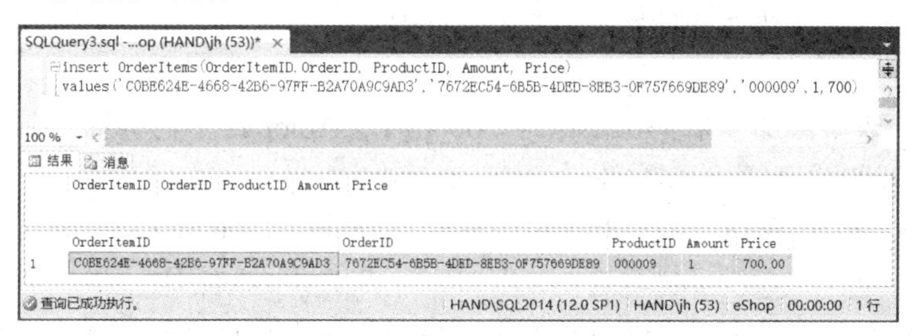


图 6-20　观察 INSERTED 表

（4）测试 2：当执行 DELETE 语句时，DELETED 表中保存要从表中删除的所有行。

在查询窗口中执行如下 SQL 语句：

```
DELETE OrderItems
WHERE OrderItemID='C0BE624E-4668-42B6-97FF-B2A70A9C9AD3'
```

（5）如图 6-21 所示，由于测试执行的是 DELETE 语句，可以看到，DELETED 数据就是执行 DELETE 语句（OrderItemID='C0BE624E-4668-42B6-97FF-B2A70A9C9AD3'）对应的值，INSERTED 表无数据。

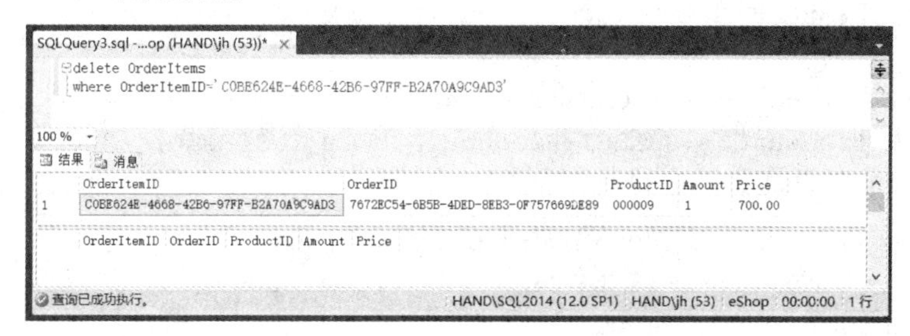


图 6-21　观察 DELETED 表

（6）测试 3：当执行 UPDATE 语句时，相当于先执行一个 DELETE 操作，再执行一个 INSERT 操作。所以修改前的数据行首先被移到 DELETED 表中，然后修改后的数据行插入激活触发器的表和 INSERTED 表中。

在查询窗口中执行如下 SQL 语句：

```
UPDATE OrderItems SET Amount=9
WHERE OrderItemID='084CD6E7-43D1-4C72-97DE-D16FC8626801'
```

（7）如图 6-22 所示，由于测试执行的是 UPDATE 语句，可以看到，DELETED 数据就是 UPDATE 前的旧数据（注意观察：Amount=3），INSERTED 表就是 UPDATE 后的新数据（注意观察：Amount=9）。

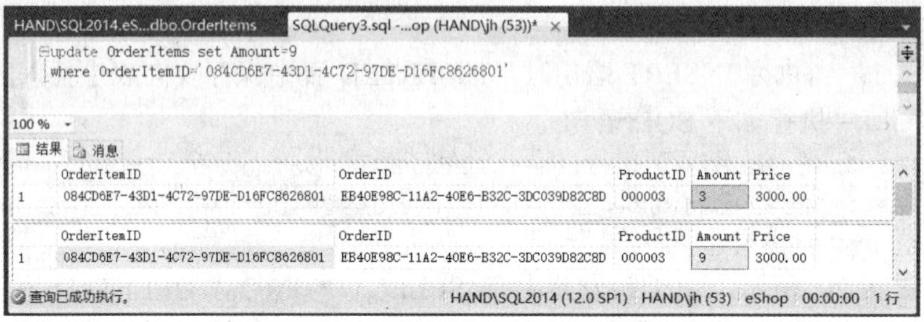

图 6-22　观察 DELETED、INSERTED 表

**【演练 6.17】**库存数量同步更新：设计一触发器，每当 OrderItems 表的数据变化时，能同步更新 Products 表中对应的库存数量 Onhand。

例如：

OrderItems 表中添加一条 ProductID=“000009”,Amount=1 的记录，则 Products 表中 ProductID=“000009”对应的库存数量 Onhand 减 1。

OrderItems 表中修改一条 ProductID=“000009”,Amount=1 的记录（修改后 ProductID=“000001”,Amount=2），则 Products 表中 ProductID=“000009”对应的库存数量 Onhand 加 1，Products 表中 ProductID=“000001”对应的库存数量 Onhand 减 2。

OrderItems 表中删除一条 ProductID=“000009”,Amount=1 的记录，则 Products 表中 ProductID=“000009”对应的库存数量 Onhand 加 1。

（1）在查询窗口中执行如下 SQL 语句：

```
ALTER TRIGGER Test
ON OrderItems
FOR INSERT,UPDATE,DELETE
AS
  UPDATE Products SET Onhand=Onhand+((SELECT Amount FROM DELETED))
  WHERE ProductID=(SELECT ProductID FROM DELETED)

  UPDATE Products SET Onhand=Onhand-((SELECT Amount FROM INSERTED))
  WHERE ProductID=(SELECT ProductID FROM INSERTED)
```

（2）测试 1。在查询窗口中执行如下 SQL 语句：

```
--查看ProductID='000009'的现有库存数量
SELECT * FROM Products WHERE ProductID='000009'
--执行INSERT OrderItems命令
```

```
INSERT OrderItems(OrderItemID,OrderID, ProductID, Amount, Price)
VALUES('C0BE624E-4668-42B6-97FF-B2A70A9C9AD3','7672EC54-6B5B-4DED-
8EB3-0F757669DE89','000009',1,700)
--查看ProductID='000009'的新库存数量
SELECT * FROM Products WHERE ProductID='000009'
```

（3）如图 6-23 所示，从显示结果可以看到原有库存数量=300，执行 INSERT 语句后库存数量=299（300-1）。

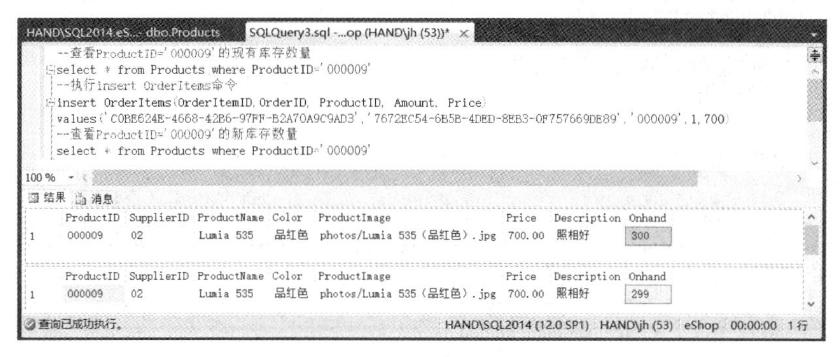


图 6-23　观察库存数量的变化

（4）测试 2。在查询窗口中执行如下 SQL 语句：

```
--查看ProductID='000001' ProductID='000009'的现有库存数量
SELECT * FROM Products WHERE ProductID='000001' or ProductID='000009'
--执行DELETE OrderItems命令，更新的记录原ProductID='000009', Amount=1
UPDATE OrderItems SET ProductID='000001',Amount=2
WHERE OrderItemID='C0BE624E-4668-42B6-97FF-B2A70A9C9AD3'
--查看ProductID='000009' ProductID='000001'的新库存数量
SELECT * FROM Products WHERE ProductID='000001' or ProductID='000009'
```

（5）如图 6-24 所示，从显示结果可以看到 ProductID= “000001” 和 “00009” 的原有库存数量分别为 100、299，执行 UPDATE 语句后库存数量变为 98（100-2）、300（299+1）。

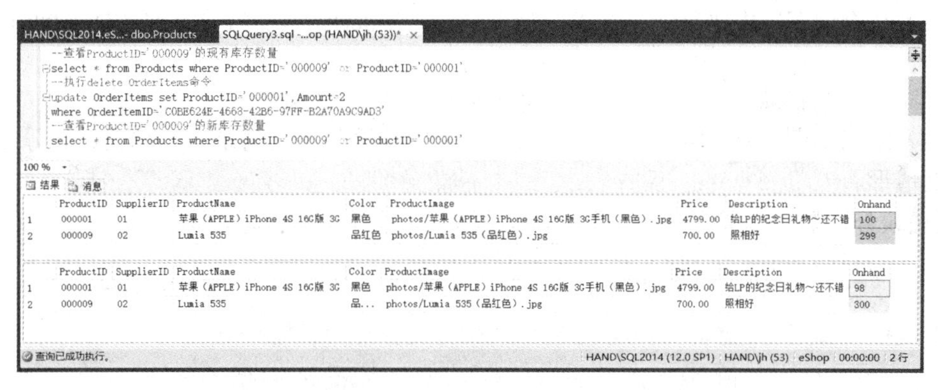


图 6-24　观察库存数量的变化

（6）测试 3。在查询窗口中执行如下 SQL 语句：

```
--查看ProductID='000001'的现有库存数量
SELECT * FROM Products WHERE ProductID='000001'
--执行DELETE OrderItems命令，删除的记录ProductID='000001', Amount=2
```

```
DELETE OrderItems
WHERE OrderItemID='C0BE624E-4668-42B6-97FF-B2A70A9C9AD3'
--查看ProductID='000001'的新库存数量
SELECT * FROM Products WHERE ProductID='000001'
```

（7）如图 6-25 所示，从显示结果可以看到原有库存数量=98，执行 DELETE 语句后库存数量=100（98+2）。

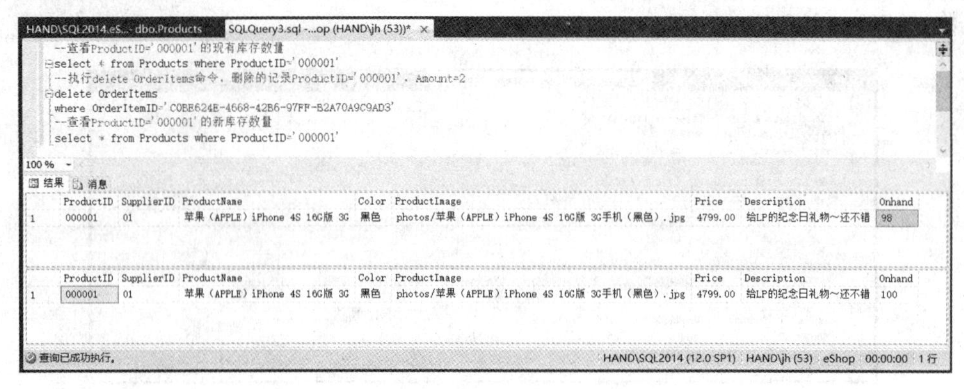


图 6-25 观察库存数量的变化

**【演练 6.18】**上例的触发器代码适用于每次只新增、修改、删除一行数据的情况，若有批量的数据需要新增、删除，则会发生错误。本演练将修改上例的触发器已保证批量数据变化也能正确执行。

（1）在查询窗口中执行如下 SQL 语句，如图 6-26 所示，可以观察到 OrderItems 表中 ProductID='000012'的记录有 2 条。

```
SELECT * FROM OrderItems WHERE ProductID='000012'
```

| | OrderItemID | OrderID | ProductID | Amount | Price |
|---|---|---|---|---|---|
| 1 | 10A61504-2E91-4449-ACB2-15ACF8498918 | b3a15937-48b1-40e4-bd35-bae765d24750 | 000012 | 1 | 5000.00 |
| 2 | AC4C0D66-45F3-4628-8471-03D4779DCEE4 | 7672EC54-6B5B-4DED-8EB3-0F757669DE89 | 000012 | 1 | 5000.00 |

图 6-26 OrderItems 表中 ProductID='000012'的记录有 2 条

（2）在查询窗口中执行如下 SQL 语句，删除 OrderItems 表中 ProductID='000012'的 2 条记录。

```
DELETE FROM OrderItems WHERE ProductID='000012'
```

（3）给出如图 6-27 所示，因为上面触发器中的语句不支持录入、修改、删除多条记录时的情形。

【错误分析】

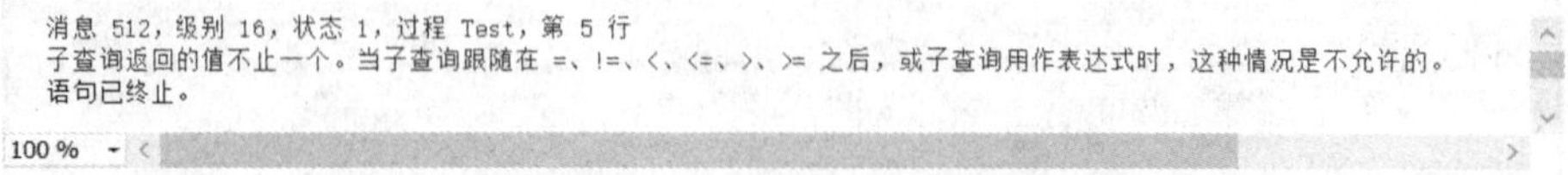

消息 512，级别 16，状态 1，过程 Test，第 5 行
子查询返回的值不止一个。当子查询跟随在 =、!=、<、<=、>、>= 之后，或子查询用作表达式时，这种情况是不允许的。
语句已终止。

图 6-27 不支持录入、修改、删除多条记录时的情形

（4）在查询窗口中执行如下 SQL 语句，修改后的触发器将支持录入、修改、删除多条记录时的情形。

```
ALTER TRIGGER Test
ON OrderItems
```

```
    FOR INSERT,UPDATE,DELETE
    AS
      UPDATE Products SET Onhand=Onhand-t.sunAmount
      FROM Products,(SELECT ProductID,sunAmount=SUM(Amount) FROM INSERTED
GROUP BY ProductID) t
      WHERE Products.ProductID=t.ProductID

      UPDATE Products SET Onhand=Onhand+t.sunAmount
      FROM Products,(SELECT ProductID,sunAmount=SUM(Amount) FROM DELETED
GROUP BY ProductID) t
      WHERE Products.ProductID=t.ProductID
```

（5）在查询窗口中执行如下 SQL 语句，删除 OrderItems 表中 ProductID='000012'的 2 条记录。不再有错误发生。

```
SELECT * FROM Products WHERE ProductID='000012'
DELETE FROM OrderItems WHERE ProductID='000012'
SELECT * FROM Products WHERE ProductID='000012'
```

如图 6-28 所示，可验证 ProductID='000012'的原库存为 100，删除相应订单后，对应库存变为 102。

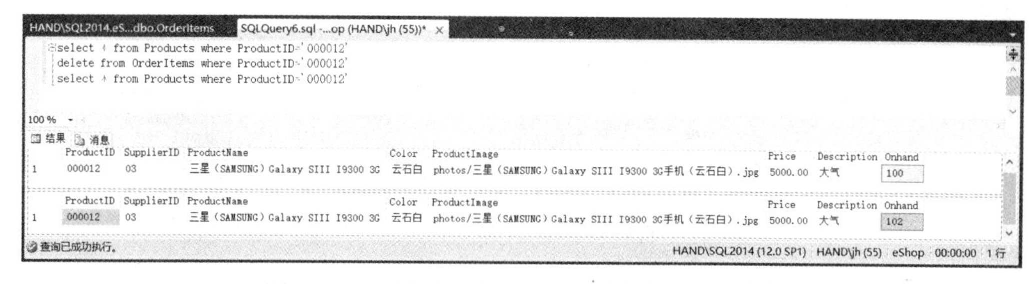


图 6-28　支持录入、修改、删除多条记录时的情形

**【演练 6.19】**禁用、启用触发器

在查询窗口中执行如下 SQL 语句，可禁用或启用相应触发器。

```
--禁用触发器
ALTER TABLE OrderItems disable TRIGGER Test
--启用触发器
ALTER TABLE OrderItems enable TRIGGER Test
```

一般在禁用触发器前，应该清楚会对数据产生怎样的影响，如果没有影响或有影响但可再使用其他手段恢复，那么禁用触发器可减少一些不必要的运算，提高数据维护效率。

**【演练 6.20】**使用 SQL 语句。查询 eShop 数据库中所有的触发器。

（1）在查询窗口中执行如下 SQL 语句：

```
SELECT * FROM sysobjects WHERE type='TR'
```

（2）如图 6-29 所示，显示当前数据库有一个名为 Test 触发器。

有时触发器比较多，自己也不确定创建了哪些触发器，如果逐个表去检查的话还是很费劲的，使用此命令有一定的帮助作用。

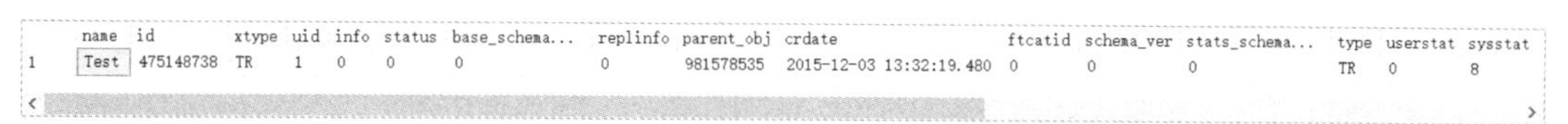

|  | name | id | xtype | uid | info | status | base_schema... | replinfo | parent_obj | crdate | ftcatid | schema_ver | stats_schema... | type | userstat | sysstat |
|---|---|---|---|---|---|---|---|---|---|---|---|---|---|---|---|---|
| 1 | Test | 475148738 | TR | 1 | 0 | 0 | 0 | 0 | 981578535 | 2015-12-03 13:32:19.480 | 0 | 0 | 0 | TR | 0 | 8 |

图 6-29　查询数据库中所有的触发器

# 实　训

【实训 1】根据你的理解，需要设置哪些外键，写出 SQL 语句。

【实训 2】创建触发器，当删除某员工时，将其对应的薪水记录也全部删除，写出 SQL 语句。

【实训 3】删除实训 2 创建的触发器，写出 SQL 语句。

# 第 7 章　索引和全文检索

【学习目标】

- 理解索引的作用，能根据实际情形设计合适的索引
- 掌握创建索引的相关操作和命令
- 理解为什么需要全文检索
- 学会创建和使用全文检索

## 7.1　索引简介

我们对数据查询及处理速度已成为衡量应用系统成败的标准，而采用索引来加快数据处理速度通常是最普遍采用的优化方法。

### 7.1.1　什么是索引

数据库中的索引类似于一本教材的目录，在一本教材中使用目录可以快速找到你想要的信息，而不需要读完全书。在数据库中，数据库程序使用索引可以定位到表中的数据，而不必扫描整个表。书中的目录是一个字词以及各字词所在的页码列表，数据库中的索引是表中的值以及各值存储位置的列表。

索引的作用：查询执行的大部分开销是 I/O，使用索引提高性能的一个主要目标是避免全表扫描，因为全表扫描需要从磁盘上读取表的每一个数据页，如果有索引指向数据值，则查询只需要读少数次的磁盘即可。所以合理使用索引能加速数据的查询。

使用索引需要注意的问题：带索引的表需要在数据库中占用更多的存储空间，同样用来增删数据的命令运行时间以及维护索引所需的处理时间会更长。所以我们要合理使用索引。

### 7.1.2　索引的分类

按存储结构区分："聚集索引（又称聚类索引，簇集索引）"，"分聚集索引（非聚类索引，非簇集索引）"

按数据唯一性区分："唯一索引"，"非唯一索引"

按键列个数区分："单列索引"，"多列索引"。

### 7.1.3　聚集索引和非聚集索引

1. 聚集索引

聚集索引是一种对磁盘上实际数据重新组织以按指定的一列或多列值排序。像我们用到的汉语字典，就是一个聚集索引，比如要查"张"，我们自然而然就翻到字典的后面百十页。然后根据字母顺序查找出来。这里用到微软的平衡二叉树算法，即首先把书翻到大概二

分之一的位置，如果要找的页码比该页的页码小，就把书向前翻到四分之一处，否则，就把书向后翻到四分之三的地方，依此类推，把书页续分成更小的部分，直至正确的页码。

由于聚集索引是给数据排序，不可能有多种排法，所以一个表只能建立一个聚集索引。科学统计建立这样的索引需要至少相当于该表 120%的附加空间，用来存放该表的副本和索引中间页，但是它的性能几乎总是比其他索引要快。

由于在聚集索引下，数据在物理上是按序排列在数据页上的，重复值也排在一起，因而包含范围检查（bentween,<,><=,>=）或使用 GROUP BY 或 ORDER BY 的查询时，一旦找到第一个键值的行，后面都将是连在一起，不必进一步搜索，避免了大范围的扫描，可以大大提高查询速度。

通常主键就是聚集索引。

2. 非聚集索引

非聚集索引不重新组织表中的数据，而是对每一行存储索引列值并用一个指针指向数据所在的页面。它像汉语字典中的根据“偏旁部首”查找要找的字，对查取数据的效率也是具有提升空间，而不需要全表扫描。

一个表可以拥有多个非聚集索引，每个非聚集索引根据索引列的不同提供不同的排序顺序。

通常每张表都有主键，并已使用了聚集索引，所以创建的其他索引一般都不是聚集索引。

## 7.2 索引设计

### 7.2.1 创建索引并理解其作用

【演练 7.1】使用 SSMS 管理索引

由于经常基于商品名称查询商品，为提高查询效率，创建适当的索引。具体来说，就是使用 SSMS 在 Products 表上创建基于 ProductName 列的索引。

（1）在“对象资源管理器”中展开“eShop”数据库，再展开“表”。右击“dbo.Products”，在弹出的快捷菜单中单击“设计”。

（2）如图 7-1 所示，注意图中鼠标位置，单击工具栏上的“管理索引和键”图标。

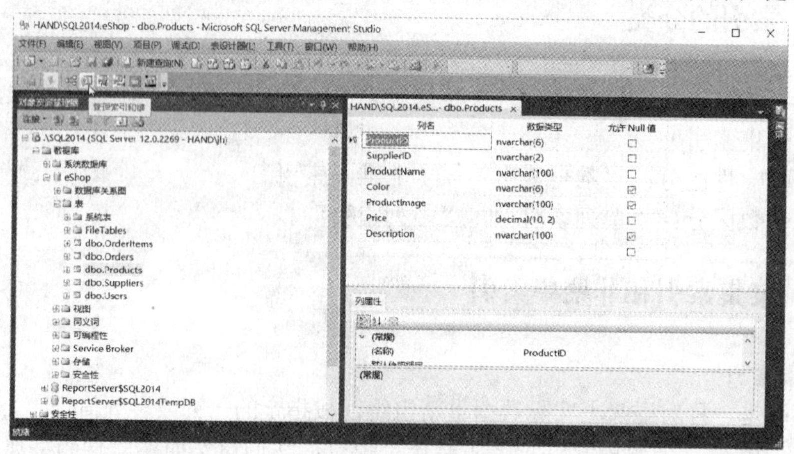


图 7-1　单击工具栏上的“管理索引和键”图标

（3）如图7-2所示，单击“添加”按钮。

**【说明】** 在“选定的主/唯一键或索引”下方可以看到“PK_Products”，这是我们以前创建的主键，主键为什么也会出现在这里呢，因为主键通常就是该表的聚集索引。

图7-2　单击“添加”

（4）如图7-3所示，注意图中鼠标的位置，单击“列”右侧的“...”按钮。

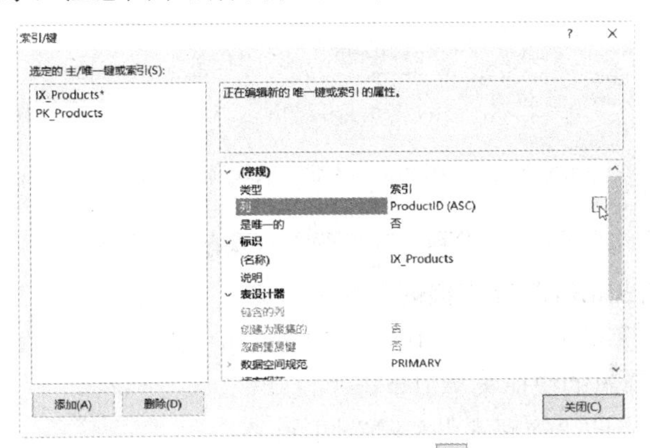


图7-3　单击“列”右侧的“...”按钮

（5）如图7-4所示，在“列名”下拉列表中选择“ProductName”，单击“确定”按钮。这表示我们创建的索引是基于“ProductName”列。

这里只选择了“ProductName”一个列，这种索引是单一索引，如果选择了多个列，则为“多列索引”。

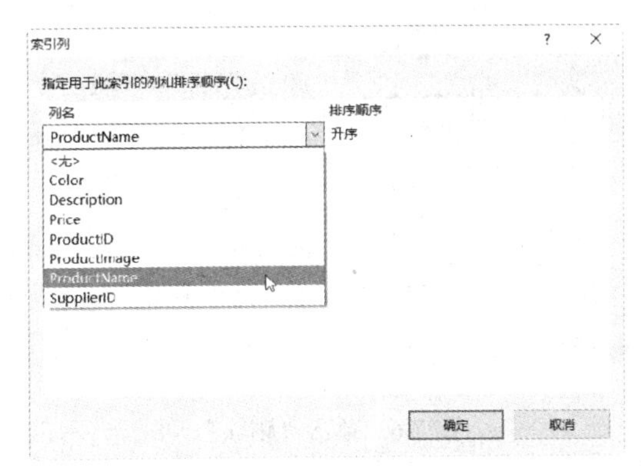


图7-4　选择列名

（6）如图 7-5 所示，单击“关闭”按钮。

注意图中“是唯一的”选项，我们可以选择“是”或“否”。具体创建索引时需根据实际情况确定，这里选择“否”，因为一般商品名称相同的还是很常见的（类似的，比如姓名重复的也很多），不能保证唯一性。

再注意图中“创建为聚集的”选项，这里为“否”而且不可改变。为什么呢？因为一张表只能有一个聚集索引，而该表已经创建了主键，而该主键也是聚集索引，所以我们就不能再创建其他聚集索引了。

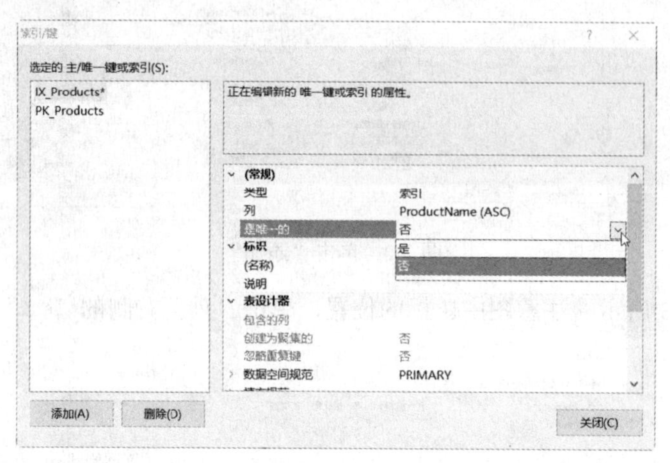


图 7-5　是唯一的选项

（7）单击工具栏上的“ ”（保存）完成操作。

【演练 7.2】使用 SSMS 删除上例创建的索引。

（1）在“对象资源管理器”中展开“eShop”数据库，再展开“表”。右击“dbo.Products”，在弹出的快捷菜单中单击“设计”。

（2）单击工具栏上的“管理索引和键”图标。

（3）如图 7-6 所示，选定“IX_Products”，单击“删除”，再单击“关闭”按钮。

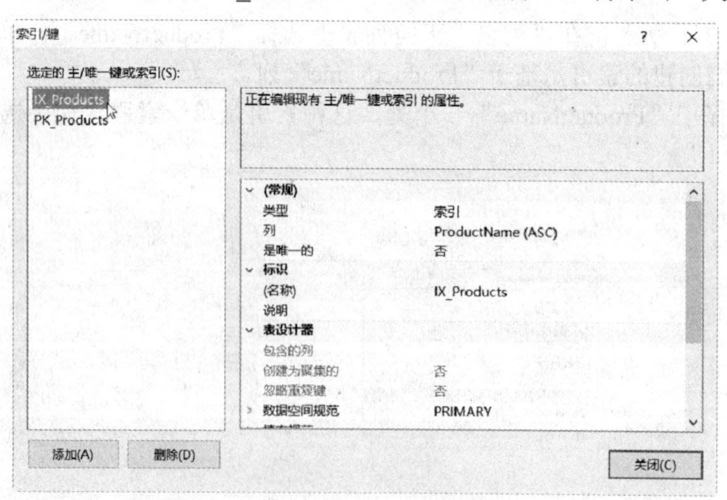


图 7-6　单击“删除”

（4）单击工具栏上的“ ”（保存）完成操作。

【演练 7.3】使用 SQL 语句在 Products 表上创建基于 ProductName 列的非聚集索引。

在查询窗口中执行如下 SQL 语句：

```
CREATE NONCLUSTERED INDEX IX_Products ON Products (ProductName)
```

上面语句对应的语法格式说明如下：

```
CREATE NONCLUSTERED INDEX 索引名称 ON 表名(列名)
```

本例中索引名称为 IX_Products，该名称可自行命名。表名为 Products ，列名为 ProductName。

NONCLUSTERED 关键字可省略，默认就是非聚集的。

【演练 7.4】使用 SQL 语句删除上例创建的索引。

在查询窗口中执行如下 SQL 语句：

```
DROP INDEX Products.IX_Products
```

上面语句对应的语法格式说明如下：

```
DROP INDEX表名.索引名称
```

本例中表名为 Products，索引名称为 IX_Products。

【演练 7.5】唯一索引：使用 SQL 语句在 Supplies 表上创建基于 SupplierName 列的唯一索引。

在查询窗口中执行如下 SQL 语句：

```
CREATE UNIQUE INDEX IX_Suppliers ON Suppliers(SupplierName)
```

【说明】：关键字 UNIQUE 表示唯一索引，创建为唯一索引，就要求 Suppliers 表中 SupplierName 列的数据不能有重复值。

【演练 7.6】多列索引：使用 SQL 语句在 Products 表上创建基于 ProductName、Color 的多列索引。

在查询窗口中执行如下 SQL 语句：

```
CREATE INDEX IX_Products2 ON Products(ProductName,Color)
```

【说明】：包含多列的索引为多列索引，本例中包含 ProductName、Color 两列。

### 7.2.2　实例观察查询优化器如何使用索引

【演练 7.7】观察使用索引的情形。

（1）在查询窗口中输入（可以不执行）如下 SQL 语句，按快捷键 Ctrl+L。如图 7-7 所示，因为没有指明按什么排序，可以看到使用聚集索引 PK_Products。

```
SELECT * FROM Products
```

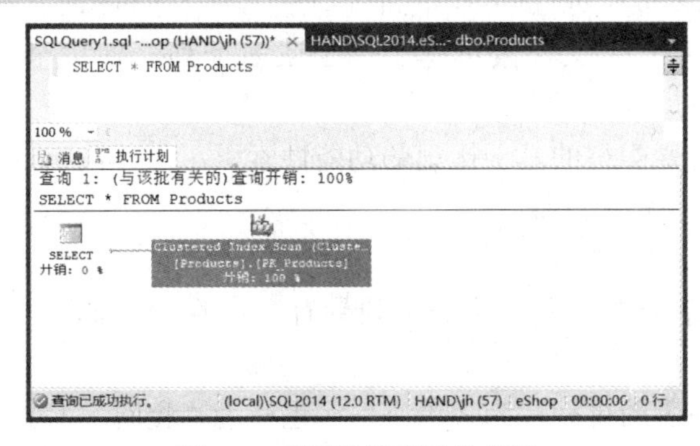


图 7-7　观察使用索引的情形

（2）在查询窗口中输入（可以不执行）如下 SQL 语句，指明按 Price 排序，按快捷键 Ctrl+L。由于并没有基于 Price 的索引，可以看到还是使用聚集索引 PK_Products.

```
SELECT * FROM Products ORDER BY Price
```

（3）在查询窗口中输入（可以不执行）如下 SQL 语句，指明按 ProductName 排序，按快捷键 Ctrl+L。如图 7-8 所示，由于有基于 ProductName 的索引 IX_Products，可以看到同时使用了聚集索引 PK_Products 和 IX_Products 索引。

```
SELECT * FROM Products ORDER BY ProductName
```

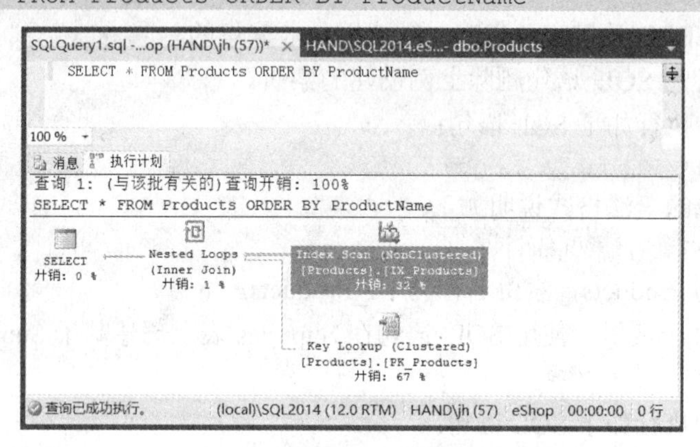


图 7-8 观察使用索引的情形

【总结】聚集索引总会使用，因为最后都是靠聚集索引定位到数据行。相关索引如果有，则联合聚集索引提高查询速度。

## 7.3 全文检索

### 7.3.1 全文检索的作用

在 Products 中有一个名为 ProductName（产品名称）和 Color（颜色）的字段，现在需要查询在 ProductName 或者 Color 中包括“黑”字符的所有记录。

面对这样的一个场景，我们通常都会写这样一条语句：

```
SELECT * FROM Products WHERE ProductName LIKE '%黑%' OR Color LIKE '%黑%';
```

但是客户可能要求加入对 Description（描述）字段的查询，难道我们就应该不厌其烦地修改程序代码吗？全文检索可基于一个或多个列，使用全文检索进行搜索而无须改变代码。

全文检索是一种特殊类型的基于标记的功能性索引，由 Microsoft SQL Server 全文引擎 (MSFTESQL) 服务创建和维护。

每个表只允许有一个全文检索。

若要对某个表创建全文检索，该表必须具有一个唯一且非 NULL 的列，通常就是主键。

创建和维护全文检索的过程称为“填充”（也称为“爬网”）。

### 7.3.2　全文检索演练

【演练 7.8】使用 SQL 语句基于 Products 表的 ProductName 列创建全文检索。

全文检索是建立在全文目录上的，所以需先创建一个全文目录，再创建全文检索。

（1）创建一个默认全文目录 ft，在查询窗口中执行如下 SQL 语句：

```
USE eShop
GO
CREATE FULLTEXT CATALOG ft AS DEFAULT
```

（2）在默认全文目录 ft 上创建全文检索，该全文检索基于 Products 表的主键 PK_Products。

```
CREATE FULLTEXT INDEX ON Products(ProductName)
  KEY INDEX PK_Products
GO
```

【演练 7.9】使用全文检索查询 Products 表中 ProductName 列包含“三星”的记录。

建立好全文检索后就可以使用 SQL 语句来查询了，主要有这几个关键字：CONTAINS、FREETEXT、CONTAINSTABLE 和 FREETEXTTABLE。

【CONTAINS】

搜索单个词和短语的精确或模糊的匹配项，要搜索的内容必须是有意义的词语，比如说“苹果”、“三星”，不能是一些没意义的词语，比如“阿迪撒啊”这样的词语。

LIKE 能查询“阿迪撒啊”这样的词语，但全文检索对这样没意义的词语可能没有建立索引，查不出来。

（1）在查询窗口中执行如下 SQL 语句：

```
SELECT * FROM Products WHERE CONTAINS(ProductName,'三星')
--对比，“星”无意义词语，查不出
SELECT * FROM Products WHERE CONTAINS(ProductName,'星')
--对比，“星”无意义，但LIKE可查
SELECT * FROM Products WHERE ProductName LIKE '%星%'
```

【FREETEXT】

FREETEXT 和 CONTAINS 类似，不同的是它会先把要查询的词语先进行分词，然后再查询匹配项。

（2）在查询窗口中执行如下 SQL 语句：

```
--先进行分词，分词为“三星”或“iPhone”
SELECT * FROM Products WHERE FREETEXT(ProductName,'三星iPhone')
--对比，不分词
SELECT * FROM Products WHERE CONTAINS(ProductName,'三星iPhone')
--对比，LIKE查不出
SELECT * FROM Products WHERE ProductName LIKE '%三星iPhone%'
```

【CONTAINSTABLE】

在查询方式上与 CONTAINS 一样。但 CONTAINSTABLE 返回的是符合查询条件的表。返回的表包含有特殊的两列：KEY，RANK。

KEY：被全文检索的表必须有唯一索引。这个唯一的索引列在返回的表中就成为 KEY。

RANK：在某些网站搜索时，结果中会出现表示匹配程度的数字，RANK 与此类似。它的值在 0～1000 之间，标识每一行与查询条件的匹配程度，程度越高，RANK 的值大，通常情况下，按照 RANK 的降序排列。

```
    SELECT * FROM CONTAINSTABLE(Products,*, 'ISABOUT (三星WEIGHT (.3),
iphone WEIGHT (.7))')
```

ISABOUT 是这种查询的关键字，weight 指定了一个介于 0~1 之间的数，类似系数。表示不同条件有不同的侧重。

我们可以把它当作一个普通的表来使用，并且使用 CONTAINSTABLE 的查询对每一行返回一个相关性排名值 (RANK) 和全文键 (KEY)。

（3）在查询窗口中执行如下 SQL 语句：

```
    SELECT * FROM Products
    JOIN CONTAINSTABLE(Products, *, 'ISABOUT (三星 WEIGHT (.3), 3G  WEIGHT
(.7))') AS KEY_TBL
    ON Products.ProductID = KEY_TBL.[KEY]
    ORDER BY KEY_TBL.RANK DESC
```

【FREETEXTTABLE】

在查询方式上与 FREETEXT 一样，使用上和 CONTAINSTABLE 类似，返回的是符合查询条件的表。

（4）在查询窗口中执行如下 SQL 语句：

```
    SELECT * FROM Products
    JOIN CONTAINSTABLE(Products, *, 'ISABOUT (三星苹果 WEIGHT (1))') AS
KEY_TBL
    ON Products.ProductID = KEY_TBL.[KEY]
    ORDER BY KEY_TBL.RANK DESC
    --对比
    SELECT * FROM Products
    JOIN FREETEXTTABLE(Products, *, 'ISABOUT (三星苹果 WEIGHT (1))') AS
KEY_TBL
    ON Products.ProductID = KEY_TBL.[KEY]
    ORDER BY KEY_TBL.RANK DESC
```

**【演练 7.10】**使用 SQL 语句删除全文检索和全文目录。

在查询窗口中执行如下 SQL 语句：

```
    --删除Products表上的全文检索，因为一张表只可以有一个全文检索，所以全文检索没有也
不需要名字
    DROP FULLTEXT INDEX ON Products
    --删除全文目录ft
    DROP FULLTEXT CATALOG ft
```

**【演练 7.11】**使用 SSMS 基于 Products 表的 ProductName、Color 列创建全文检索。

（1）如图 7-9 所示，在“对象资源管理器”中展开“eShop”数据库，再展开“表”。右击“dbo.Products”，在弹出的快捷菜单中单击“全文检索”下的“定义全文检索”。

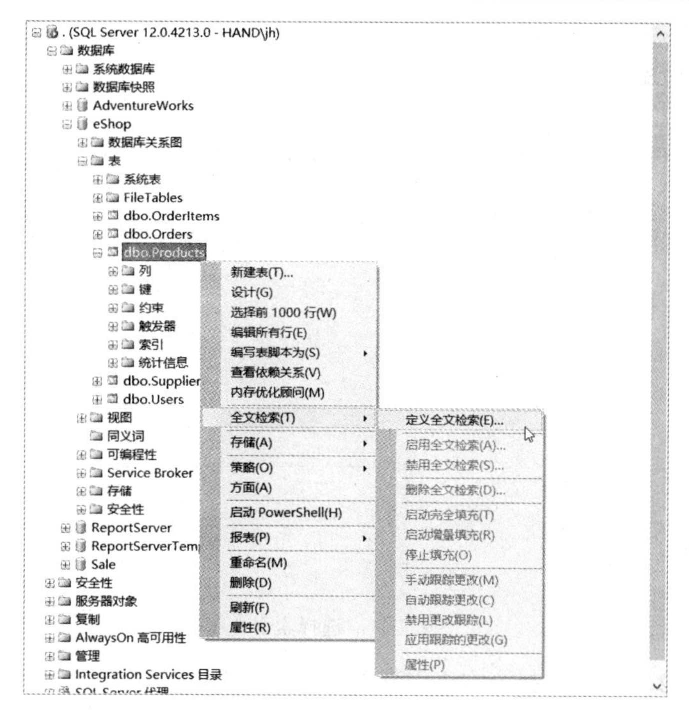


图 7-9　定义全文检索

（2）如图 7-10 所示，单击“下一步”按钮。

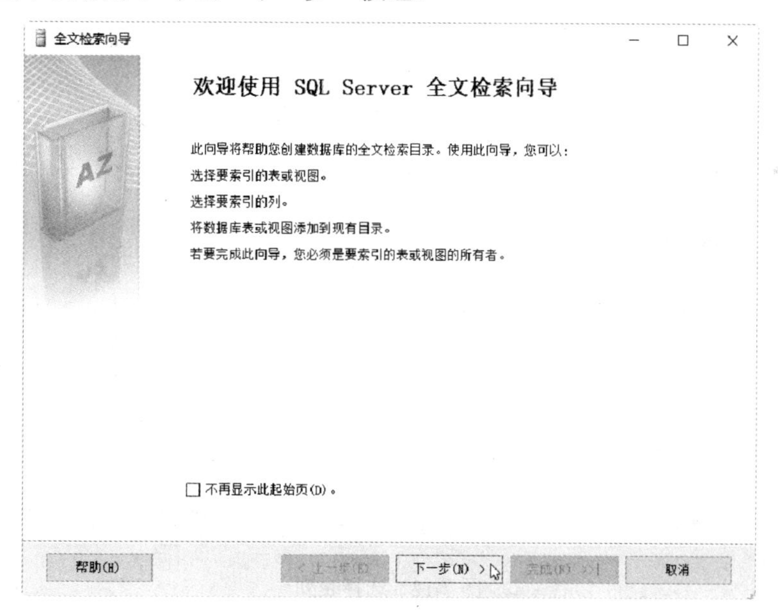


图 7-10　全文检索向导

（3）如图 7-11 所示，选择全文检索使用的唯一索引，默认为主键，单击“下一步”按钮。

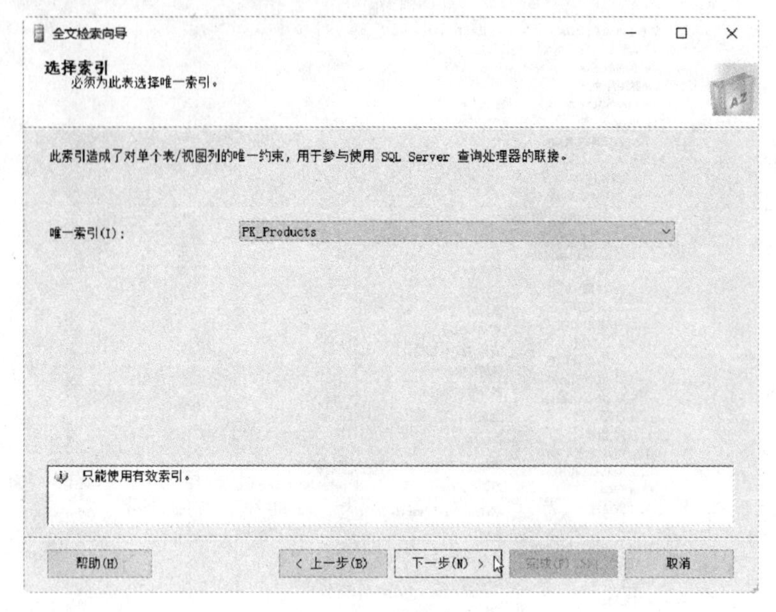


图 7-11　选择索引

（4）如图 7-12 所示，选择全文查询基于的列，选中“Color”、“ProductName”，单击“下一步”按钮。

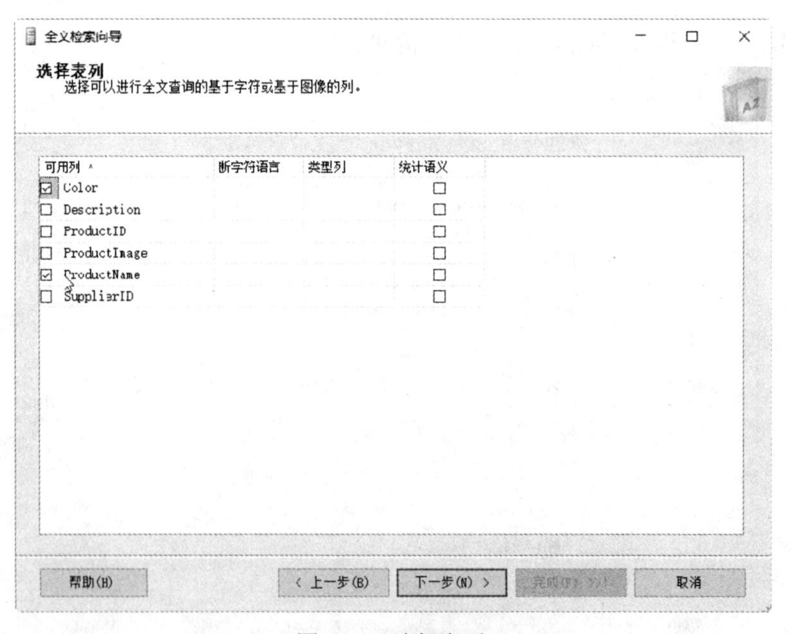


图 7-12　选择表列

（5）如图 7-13 所示，保持更改跟踪的默认选项“自动”，单击“下一步”按钮。

自动：当基础数据发生更改时，全文索引自动更新。

手动：当基础数据发生更改时，全文索引不自动更新。对基础数据的更改将保留下来。如果要将更改应用到全文索引，必须手动启动或安排此进程。

不跟踪更改：不希望使用基础数据的更改对全文索引进行更新。

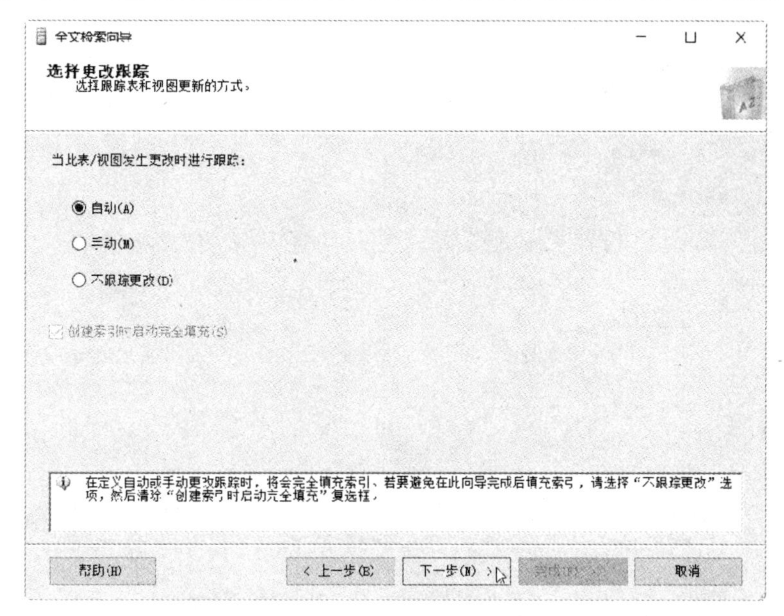


图 7-13　选择更改跟踪

（6）如图 7-14 所示，选择全文目录，如果原来没有全文目录，则需新建一个，如果已有全文目录，可选择已有的全文目录。这里我们在新建目录的名称处输入“ft”，单击“下一步”按钮。

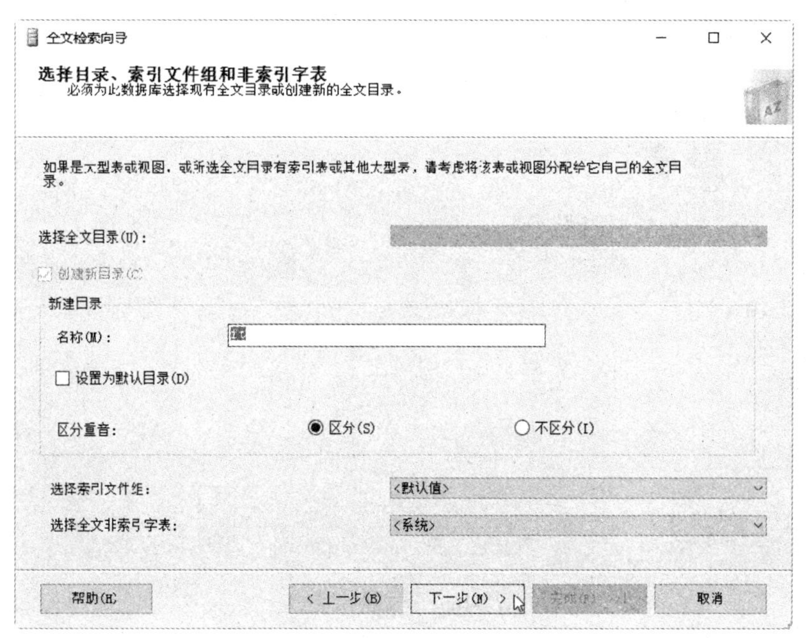


图 7-14　选择全文目录

（7）如图 7-15 所示，单击“下一步”按钮，索引操作将立即开始。如果创建计划则安排索引操作在将来执行。通常无须安排。

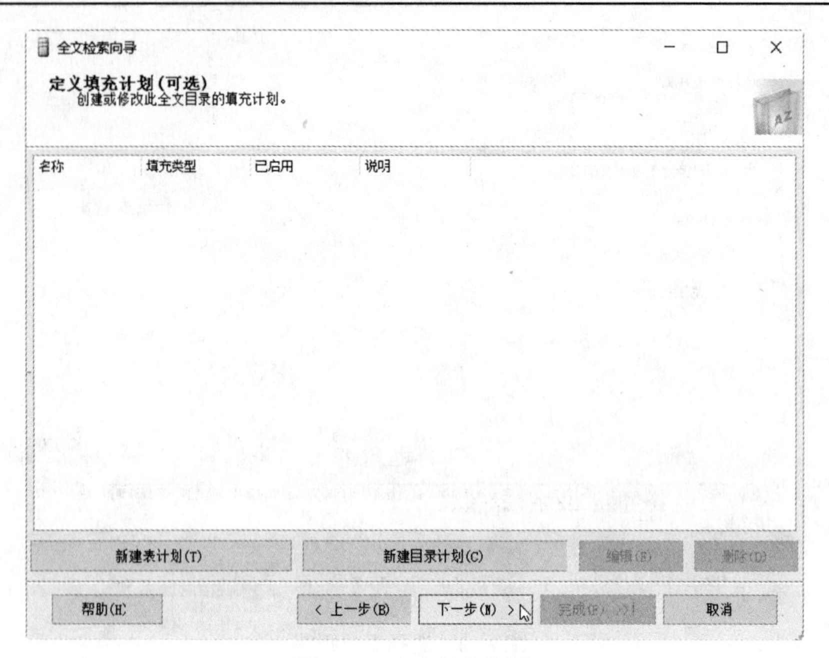


图 7-15 定义填充计划

（8）如图 7-16 所示，单击“完成”按钮。

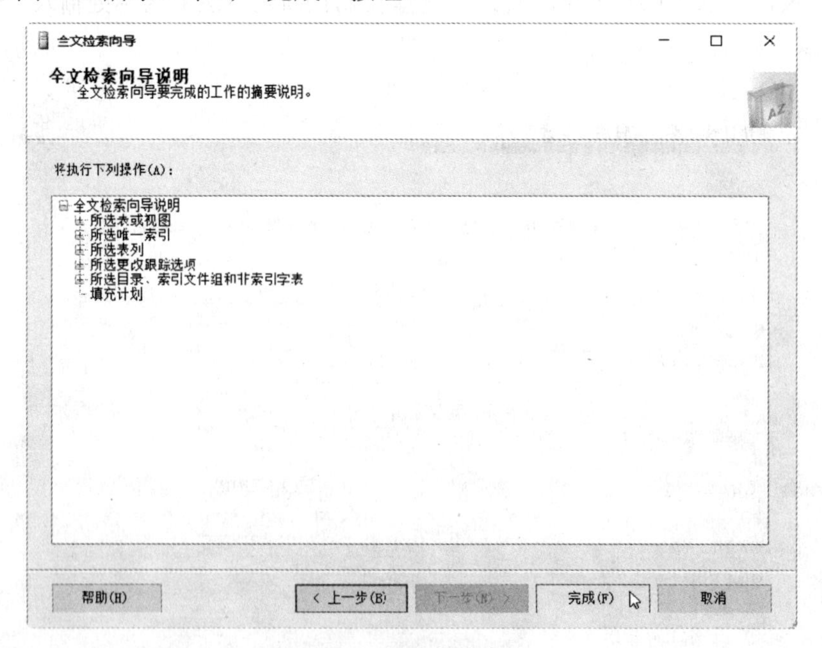


图 7-16 全文检索完成

（9）如图 7-17 所示，单击“关闭”按钮完成操作。

**【演练 7.12】** 使用 SSMS 删除 Products 表上的全文检索和全文目录。

（1）如图 7-18 所示，在“对象资源管理器”中展开“eShop”数据库，再展开“表”。右击“dbo.Products”，在弹出的快捷菜单中单击“全文检索”下的“删除全文检索”。

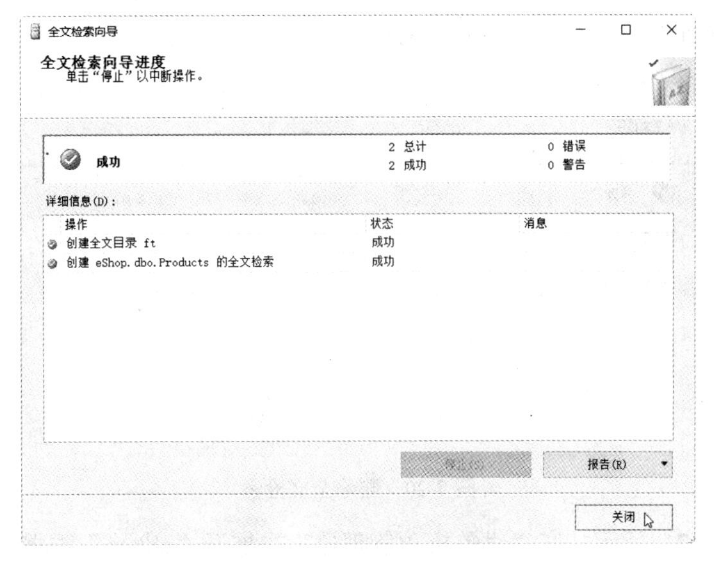


图 7-17　定义全文检索成功

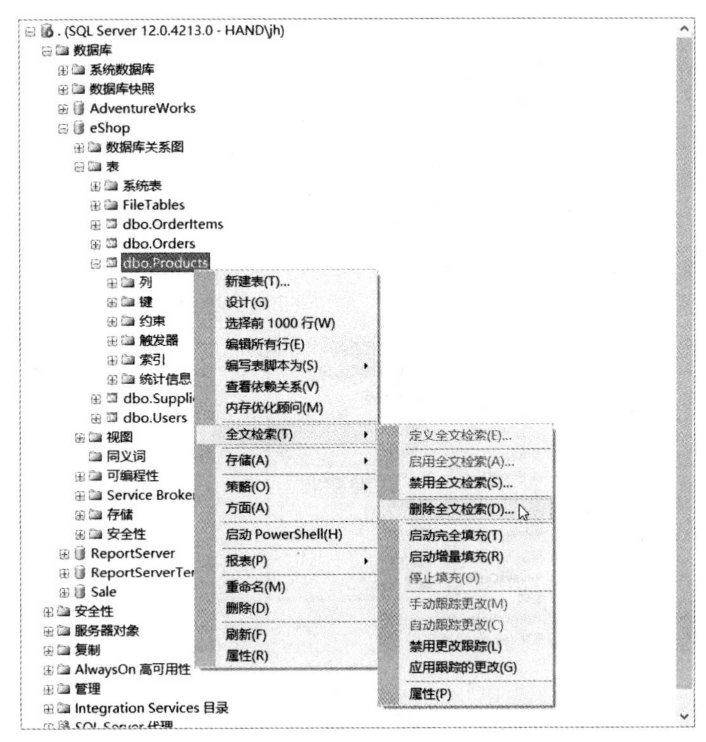


图 7-18　删除全文检索

（2）如图 7-19 所示，单击“确定”按钮。

图 7-19　删除全文检索

（3）如图 7-20 所示，单击“关闭”按钮完成操作。

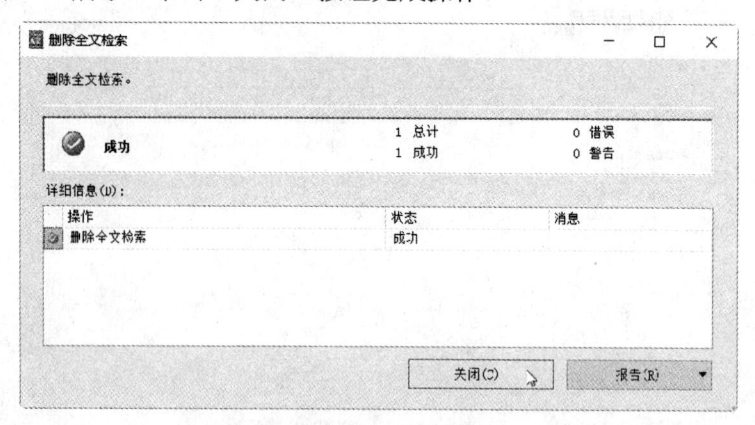


图 7-20　删除全文检索

（4）如图 7-21 所示，在“对象资源管理器”中展开“eShop”数据库，再展开“存储”下的“全文目录”。右击“ft”，在弹出的快捷菜单中单击“删除”。

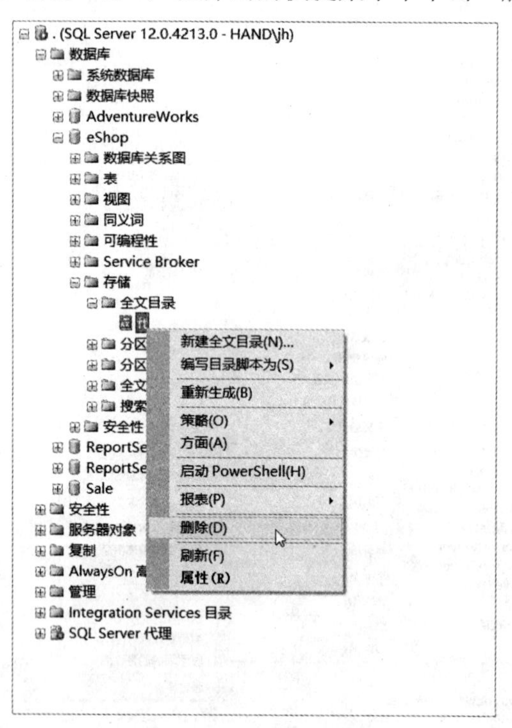


图 7-21　删除全文检索

（5）如图 7-22 所示，单击“确定”按钮完成操作。

【关于前几章内容顺序安排的说明】

考虑到初学，本教材的讲解顺序安排为：创建数据库；创建表；主键；数据维护（INSERT、UPDATE、DELETE）；默认值、CHECK 约束、外键；创建索引。

当你已经是一名数据库的熟练人员后，我们数据库设计的顺序是：创建数据库、创建表（同时包含了主键、默认值、外键、CHECK 约束等）、创建索引。

使用 INSERT、UPDATE、DELETE 进行数据维护。

使用后续的 SELECT 语句、视图、存储过程等进行数据统计查询。

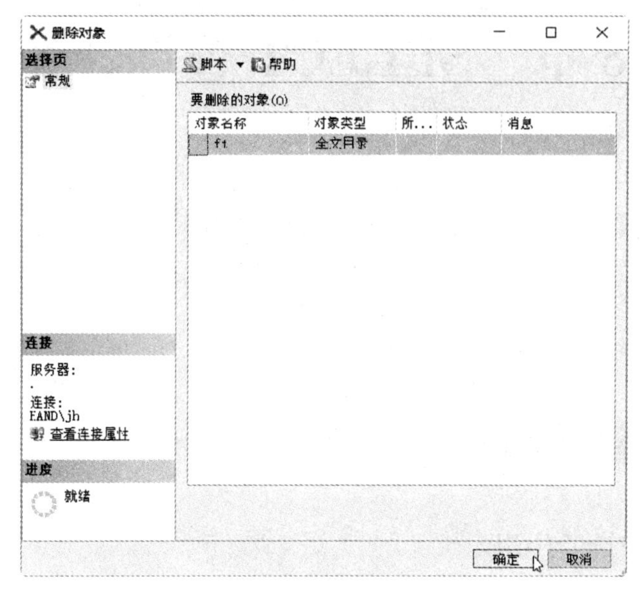


图 7-22　删除全文检索

# 实　　训

**【实训 1】** 在 Employees 表上创建基于 EmployeeName 列的非聚集索引，写出 SQL 语句。

**【实训 2】** 基于 Departments 表的 DepartName 列创建全文检索，写出 SQL 语句。

# 第 8 章　SELECT 查询、统计

【学习目标】

- 理解实际项目中统计查询的广泛使用和重要作用
- 熟练掌握 SELECT 语句进行查询、统计
- 熟练掌握条件查询、多表查询、聚合函数
- 理解即席查询分页的意义

## 8.1　统计查询简介

### 8.1.1　统计查询的作用

查询、统计功能在系统中无处不在，比如我们自己在网上搜索商品（按商品名称、价格范围等）、统计自己网购花了多少钱、商家统计自己的销售额等等。

前面我们学习了 INSERT、UPDATE、DELETE 语句，可以维护进入系统的原始数据，有了这些大量的原始数据后，我们就可以利用计算机的强大计算能力提供快速的查询、统计，从而提高运行效率。

### 8.1.2　SELECT 语句介绍

SELECT 语句可以从一个或多个表中选取特定的行和列。对开发人员而言，就是熟练使用 SQL Server 提供的强大的 SELECT 语句以便我们开发时实现项目需要的查询、统计功能。

虽然 SELECT 语句的完整语法较复杂，但其主要子句可归纳如下：

```
SELECT select_list [ INTO new_table ]
[ FROM table_source ] [ WHERE search_condition ]
[ GROUP BY group_by_expression]
[ HAVING search_condition]
[ ORDER BY order_expression [ ASC | DESC ] ]
```

可在查询之间使用 UNION 运算符，以便将各个查询的结果合并或比较到一个结果集中。

## 8.2　使用 SELECT 语句实现查询、统计

### 8.2.1　简单查询

【演练 8.1】SELECT 后跟“*”表示所有列：查询 Products 表的所有记录，并显示所

有列。

如图 8-1 所示，在查询窗口中执行如下 SQL 语句。

```
SELECT * FROM Products
```

将显示 Products 表的所有记录行（因为没有 WHERE 条件，后面将讲到 WHERE 是对行进行筛选），并且显示 Products 表的所有列（“*”表示所有列）。

SQLQuery1.sql -...op (HAND\jh (56))*

SELECT * FROM Products

100 %

结果　消息

| | ProductID | SupplierID | ProductName | Color | ProductImage | Price | Description |
|---|---|---|---|---|---|---|---|
| 1 | 000001 | 01 | iPhone 4S 16G版 3G | 黑色 | photos/iPhone 4S 16G版 3G手机（黑色）.jpg | 4799.00 | 给LP的纪念日礼物~还不错 |
| 2 | 000002 | 01 | iPhone 4S 16G版 3G | 白色 | photos/iPhone 4S 16G版 3G手机（白色）.jpg | 4799.00 | 简单华丽 |
| 3 | 000003 | 01 | iPhone 4 8G版 3... | 白色 | photos/iPhone 4 8G版 3G手机（白色）WCD... | 3500.00 | 用着很舒服 |
| 4 | 000004 | 01 | iPhone 4S 64G版 3G | 黑色 | photos/iPhone 4S 64G版 3G手机（黑色）.jpg | 7000.00 | 优点太多了 |
| 5 | 000005 | 01 | iPhone 4S 32G版 3G | 白色 | photos/iPhone 4S 32G版 3G手机（白色）.jpg | 3500.00 | 大家懂得 |
| 6 | 000006 | 02 | Lumia 640 | 黑色 | photos/Lumia 640（黑色）.jpg | 1300.00 | 触控体验还算可以 |
| 7 | 000007 | 02 | Lumia 640 XL | 黑色 | photos/Lumia 640 XL（黑色）.jpg | 1600.00 | 屏很牛 |
| 8 | 000008 | 02 | Lumia 535 | 蓝色 | photos/Lumia 535（蓝色）.jpg | 700.00 | 音质很好 |
| 9 | 000009 | 02 | Lumia 535 | 品... | photos/Lumia 535（品红色）.jpg | 700.00 | 照相好 |
| 10 | 000010 | 02 | Lumia 535 | 白色 | photos/Lumia 535（白色）.jpg | 700.00 | 系统还有很大的提高空间 |
| 11 | 000011 | 03 | 三星（SAMSUNG）... | 钛... | photos/三星（SAMSUNG）B9120 3G手机（钛... | 1200... | 很有质感 |

查询已成功执行。　(local)\SQL2014 (12.0 RTM)　HAND\jh (56)　eShop　00:00:00　25行

图 8-1　“*”表示所有列

**【演练 8.2】** SELECT 后跟需要查询的一个或多个列，多个列之间用“,”分开：查询 Products 表的所有记录，并显示指定列。

如图 8-2 所示，在查询窗口中执行如下 SQL 语句。

```
SELECT ProductID, ProductName, Color, Price FROM Products
```

将显示 Products 表的所有记录行，并且显示指定的列：ProductID、ProductName、Color、Price。

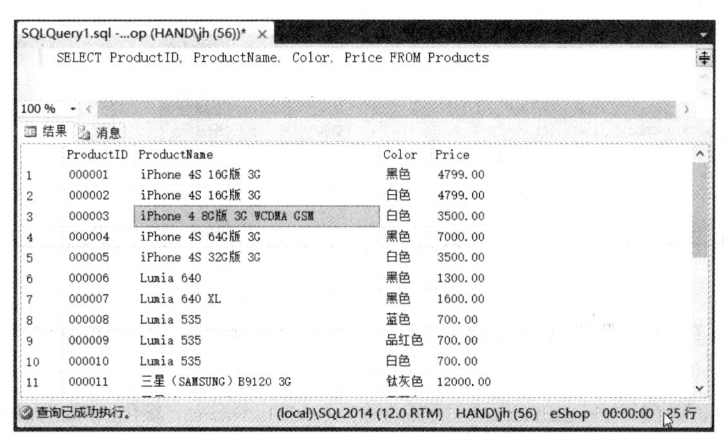

SQLQuery1.sql -...op (HAND\jh (56))*

SELECT ProductID, ProductName, Color, Price FROM Products

100 %

结果　消息

| | ProductID | ProductName | Color | Price |
|---|---|---|---|---|
| 1 | 000001 | iPhone 4S 16G版 3G | 黑色 | 4799.00 |
| 2 | 000002 | iPhone 4S 16G版 3G | 白色 | 4799.00 |
| 3 | 000003 | iPhone 4 8G版 3G WCDMA GSM | 白色 | 3500.00 |
| 4 | 000004 | iPhone 4S 64G版 3G | 黑色 | 7000.00 |
| 5 | 000005 | iPhone 4S 32G版 3G | 白色 | 3500.00 |
| 6 | 000006 | Lumia 640 | 黑色 | 1300.00 |
| 7 | 000007 | Lumia 640 XL | 黑色 | 1600.00 |
| 8 | 000008 | Lumia 535 | 蓝色 | 700.00 |
| 9 | 000009 | Lumia 535 | 品红色 | 700.00 |
| 10 | 000010 | Lumia 535 | 白色 | 700.00 |
| 11 | 000011 | 三星（SAMSUNG）B9120 3G | 钛灰色 | 12000.00 |

查询已成功执行。　(local)\SQL2014 (12.0 RTM)　HAND\jh (56)　eShop　00:00:00　25 行

图 8-2　显示指定列

**【演练 8.3】** 表达式作为列：查询 Products 表的所有记录，其中有一列显示为原价的 8 折。

如图 8-3 所示，在查询窗口中执行如下 SQL 语句。

```
SELECT ProductID, ProductName, Color, Price,Price*0.8 FROM Products
```

除显示指定的列：ProductID、ProductName、Color、Price 外，还多了一列 Price*0.8，从这里我们可以看到，可以用表达式计算的结果作为列显示出来。

现在该列的列标题显示为“无列名”，下例中我们将学习自定义列名。

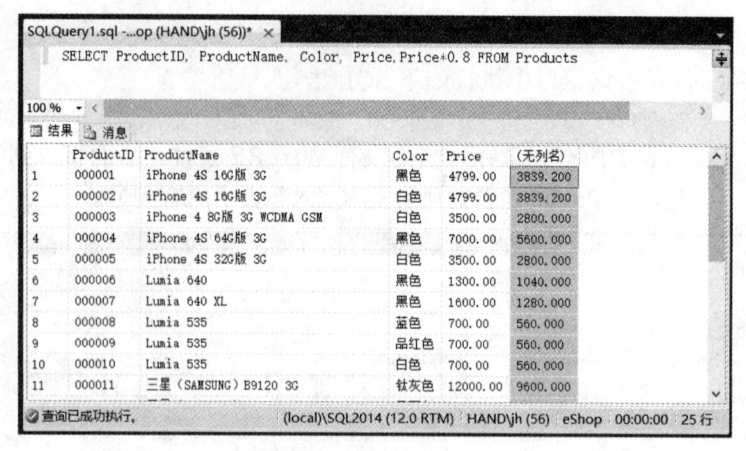

SQLQuery1.sql -...op (HAND\jh (56))*

SELECT ProductID, ProductName, Color, Price,Price*0.8 FROM Products

| | ProductID | ProductName | Color | Price | (无列名) |
|---|---|---|---|---|---|
| 1 | 000001 | iPhone 4S 16G版 3G | 黑色 | 4799.00 | 3839.200 |
| 2 | 000002 | iPhone 4S 16G版 3G | 白色 | 4799.00 | 3839.200 |
| 3 | 000003 | iPhone 4 8G版 3G WCDMA GSM | 白色 | 3500.00 | 2800.000 |
| 4 | 000004 | iPhone 4S 64G版 3G | 黑色 | 7000.00 | 5600.000 |
| 5 | 000005 | iPhone 4S 32G版 3G | 白色 | 3500.00 | 2800.000 |
| 6 | 000006 | Lumia 640 | 黑色 | 1300.00 | 1040.000 |
| 7 | 000007 | Lumia 640 XL | 黑色 | 1600.00 | 1280.000 |
| 8 | 000008 | Lumia 535 | 蓝色 | 700.00 | 560.000 |
| 9 | 000009 | Lumia 535 | 品红色 | 700.00 | 560.000 |
| 10 | 000010 | Lumia 535 | 白色 | 700.00 | 560.000 |
| 11 | 000011 | 三星（SAMSUNG）B9120 3G | 钛灰色 | 12000.00 | 9600.000 |

查询已成功执行。 (local)\SQL2014 (12.0 RTM) HAND\jh (56) eShop 00:00:00 25 行

图 8-3 表达式作为列

**【演练 8.4】**改变列名：将原价的 8 折那一列设置列名为“折扣价”。

（1）如图 8-4 所示，在查询窗口中执行如下 SQL 语句。

```
SELECT ProductID, ProductName, Color, Price,折扣价=Price*0.8 FROM Products
```

使用“折扣价=Price*0.8”可完成此功能，语法格式为：

```
新列名=表达式或原列名
```

SQLQuery1.sql -...op (HAND\jh (56))*

SELECT ProductID, ProductName, Color, Price,折扣价=Price*0.8 FROM Products

| | ProductID | ProductName | Color | Price | 折扣价 |
|---|---|---|---|---|---|
| 1 | 000001 | iPhone 4S 16G版 3G | 黑色 | 4799.00 | 3839.200 |
| 2 | 000002 | iPhone 4S 16G版 3G | 白色 | 4799.00 | 3839.200 |
| 3 | 000003 | iPhone 4 8G版 3G WCDMA GSM | 白色 | 3500.00 | 2800.000 |
| 4 | 000004 | iPhone 4S 64G版 3G | 黑色 | 7000.00 | 5600.000 |
| 5 | 000005 | iPhone 4S 32G版 3G | 白色 | 3500.00 | 2800.000 |
| 6 | 000006 | Lumia 640 | 黑色 | 1300.00 | 1040.000 |
| 7 | 000007 | Lumia 640 XL | 黑色 | 1600.00 | 1280.000 |
| 8 | 000008 | Lumia 535 | 蓝色 | 700.00 | 560.000 |
| 9 | 000009 | Lumia 535 | 品红色 | 700.00 | 560.000 |
| 10 | 000010 | Lumia 535 | 白色 | 700.00 | 560.000 |
| 11 | 000011 | 三星（SAMSUNG）B9120 3G | 钛灰色 | 12000.00 | 9600.000 |

查询已成功执行。 (local)\SQL2014 (12.0 RTM) HAND\jh (56) eShop 00:00:00 25 行

图 8-4 改变列名

（2）其实所有的列都可以重新定义列名，如图 8-5 所示，在查询窗口中执行如下 SQL 语句。

```
SELECT 商品代码=ProductID, 商品名称=ProductName, 颜色=Color, 价格=Price,折扣价=Price*0.8 FROM Products
```

改变列名，还可以使用如下语法，比如上面的语句还可写成：

```
SELECT ProductID AS 商品代码, ProductName AS 商品名称,Color AS 颜色,Price AS 价格,Price*0.8 AS 折扣价 FROM Products
```

或者

```
SELECT ProductID 商品代码, ProductName 商品名称,Color 颜色,Price 价格,Price*0.8 折扣价 FROM Products
```

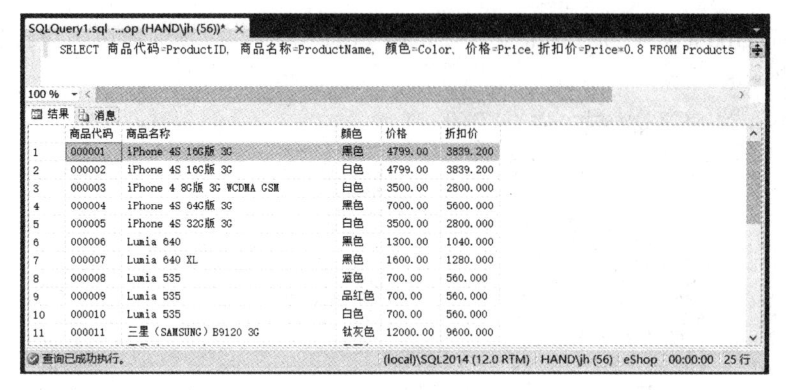

```
SELECT 商品代码=ProductID, 商品名称=ProductName, 颜色=Color, 价格=Price,折扣价=Price*0.8 FROM Products
```

| | 商品代码 | 商品名称 | 颜色 | 价格 | 折扣价 |
|---|---|---|---|---|---|
| 1 | 000001 | iPhone 4S 16G版 3G | 黑色 | 4799.00 | 3839.200 |
| 2 | 000002 | iPhone 4S 16G版 3G | 白色 | 4799.00 | 3839.200 |
| 3 | 000003 | iPhone 4 8G版 3G WCDMA GSM | 白色 | 3500.00 | 2800.000 |
| 4 | 000004 | iPhone 4S 64G版 3G | 黑色 | 7000.00 | 5600.000 |
| 5 | 000005 | iPhone 4S 32G版 3G | 白色 | 3500.00 | 2800.000 |
| 6 | 000006 | Lumia 640 | 黑色 | 1300.00 | 1040.000 |
| 7 | 000007 | Lumia 640 XL | 黑色 | 1600.00 | 1280.000 |
| 8 | 000008 | Lumia 535 | 蓝色 | 700.00 | 560.000 |
| 9 | 000009 | Lumia 535 | 品红色 | 700.00 | 560.000 |
| 10 | 000010 | Lumia 535 | 白色 | 700.00 | 560.000 |
| 11 | 000011 | 三星（SAMSUNG）B9120 3G | 钛灰色 | 12000.00 | 9600.000 |



图 8-5　改变列名

（3）总结：改变列名的语法可以是：

新列名=原始列或者表达式

原始列或者表达式 AS 新列名

原始列或者表达式 新列名

**【建议】**没有列名的一定要设置一个列名，有列名的没必要改名，特别是改为中文列名，这一步的工作可在前端开发去实现。

**【演练 8.5】**使用 ORDER BY 排序。

（1）查询 Products 表的所有记录，按商品代码 ProductID 排序。在查询窗口中执行如下 SQL 语句，结果如图 8-6 所示。

```
SELECT * FROM Products ORDER BY ProductID
```

| | ProductID | SupplierID | ProductName | Color | ProductImage | Price | Description |
|---|---|---|---|---|---|---|---|
| 1 | 000001 | 01 | iPhone 4S 16G版 3G | 黑色 | photos/iPhone 4S 16G版 3G手机（黑色）.jpg | 4799.00 | 给LP的纪念日礼物～还不错 |
| 2 | 000002 | 01 | iPhone 4S 16G版 3G | 白色 | photos/iPhone 4S 16G版 3G手机（白色）.jpg | 4799.00 | 简单华丽 |
| 3 | 000003 | 01 | iPhone 4 8G版 3G WCDMA GSM | 白色 | photos/iPhone 4 8G版 3G手机（白色）WCDMA GSM.jpg | 3500.00 | 用着很舒服 |
| 4 | 000004 | 01 | iPhone 4S 64G版 3G | 黑色 | photos/iPhone 4S 64G版 3G手机（黑色）.jpg | 7000.00 | 优点太多了 |
| 5 | 000005 | 01 | iPhone 4S 32G版 3G | 白色 | photos/iPhone 4S 32G版 3G手机（白色）.jpg | 3500.00 | 大家懂得 |
| 6 | 000006 | 02 | Lumia 640 | 黑色 | photos/Lumia 640（黑色）.jpg | 1300.00 | 触控体验还算可以 |
| 7 | 000007 | 02 | Lumia 640 XL | 黑色 | photos/Lumia 640 XL（黑色）.jpg | 1600.00 | 屏很牛 |
| 8 | 000008 | 02 | Lumia 535 | 蓝色 | photos/Lumia 535（蓝色）.jpg | 700.00 | 音质很好 |
| 9 | 000009 | 02 | Lumia 535 | 品... | photos/Lumia 535（品红色）.jpg | 700.00 | 照相好 |
| 10 | 000010 | 02 | Lumia 535 | 白色 | photos/Lumia 535（白色）.jpg | 700.00 | 系统还有很大的提高空间 |
| 11 | 000011 | 03 | 三星（SAMSUNG）B9120 3G | 钛... | photos/三星（SAMSUNG）B9120 3G手机（钛灰色）.jpg | 1200... | 很有质感 |
| 12 | 000012 | 03 | 三星（SAMSUNG）Galaxy S... | 云... | photos/三星（SAMSUNG）Galaxy SIII I9300 3G手... | 5000.00 | 大气 |

图 8-6　按商品代码 ProductID 排序

（2）查询 Products 表的所有记录，按商品名称 ProductName 排序。在查询窗口中执行如下 SQL 语句，结果如图 8-7 所示。

```
SELECT * FROM Products ORDER BY ProductName
```

| | ProductID | SupplierID | ProductName | Color | ProductImage | Price | Descriptio |
|---|---|---|---|---|---|---|---|
| 1 | 000003 | 01 | iPhone 4 8G版 3G WCDMA GSM | 白色 | photos/iPhone 4 8G版 3G手机（白色）WCDMA GSM.jpg | 3500.00 | 用着很舒服 |
| 2 | 000002 | 01 | iPhone 4S 16G版 3G | 白色 | photos/iPhone 4S 16G版 3G手机（白色）.jpg | 4799.00 | 简单华丽 |
| 3 | 000001 | 01 | iPhone 4S 16G版 3G | 黑色 | photos/iPhone 4S 16G版 3G手机（黑色）.jpg | 4799.00 | 给LP的纪念 |
| 4 | 000005 | 01 | iPhone 4S 32G版 3G | 白色 | photos/iPhone 4S 32G版 3G手机（白色）.jpg | 3500.00 | 大家懂得 |
| 5 | 000004 | 01 | iPhone 4S 64G版 3G | 黑色 | photos/iPhone 4S 64G版 3G手机（黑色）.jpg | 7000.00 | 优点太多了 |
| 6 | 000010 | 02 | Lumia 535 | 白色 | photos/Lumia 535（白色）.jpg | 700.00 | 系统还有很 |
| 7 | 000008 | 02 | Lumia 535 | 蓝色 | photos/Lumia 535（蓝色）.jpg | 700.00 | 音质很好 |
| 8 | 000009 | 02 | Lumia 535 | 品红色 | photos/Lumia 535（品红色）.jpg | 700.00 | 照相好 |
| 9 | 000006 | 02 | Lumia 640 | 黑色 | photos/Lumia 640（黑色）.jpg | 1300.00 | 触控体验还 |
| 10 | 000007 | 02 | Lumia 640 XL | 黑色 | photos/Lumia 640 XL（黑色）.jpg | 1600.00 | 屏很牛 |
| 11 | 000019 | 04 | 摩托罗拉（Motorola）ME865 3G | 白色 | photos/摩托罗拉（Motorola）ME865 3G手机（白色）.jpg | 2000.00 | 手机很好用 |
| 12 | 000018 | 04 | 摩托罗拉（Motorola）Razr XT910 3G | 桀骜黑 | photos/摩托罗拉（Motorola）Razr XT910 3G手机（桀骜黑）.jpg | 2300.00 | |
| 13 | 000016 | 04 | 摩托罗拉（Motorola）RAZR 锋芒 XT910 MAXX 劲量... | 黑色 | photos/摩托罗拉（Motorola）RAZR 锋芒 XT910 MAXX 劲量版... | 2800.00 | NULL |
| 14 | 000017 | 04 | 摩托罗拉（Motorola）XT535 3G WCDMA GSM | 黑色 | photos/摩托罗拉（Motorola）XT535 3G手机（黑色）WCDMA GS... | 1300.00 | NULL |
| 15 | 000020 | 04 | 摩托罗拉（Motorola）XT760 3G | 炫视黑 | photos/摩托罗拉（Motorola）XT760 3G手机（炫视黑）.jpg | 1800.00 | 运行很流畅 |

图 8-7　按商品名称 ProductName 排序

（3）查询 Products 表的所有记录，按价格 Price 排序。在查询窗口中执行如下 SQL 语句，结果如图 8-8 所示。

```
SELECT * FROM Products ORDER BY Price
```

| | ProductID | SupplierID | ProductName | Color | ProductImage | Price | Description |
|---|---|---|---|---|---|---|---|
| 1 | 000008 | 02 | Lumia 535 | 蓝色 | photos/Lumia 535（蓝色）.jpg | 700.00 | 音质很好 |
| 2 | 000009 | 02 | Lumia 535 | 品红色 | photos/Lumia 535（品红色）.jpg | 700.00 | 照相好 |
| 3 | 000010 | 02 | Lumia 535 | 白色 | photos/Lumia 535（白色）.jpg | 700.00 | 系统还有很大的提高空间 |
| 4 | 000006 | 02 | Lumia 640 | 黑色 | photos/Lumia 640（黑色）.jpg | 1300.00 | 触控体验还算可以 |
| 5 | 000017 | 04 | 摩托罗拉（Motorola）XT535 ... | 黑色 | photos/摩托罗拉（Motorola）XT535 3G手机（黑色）WCDMA GSM.jpg | 1300.00 | NULL |
| 6 | 000025 | 05 | 索尼（SONY）MT25i 3G | 黑色 | photos/索尼（SONY）MT25i 3G手机（黑色）.jpg | 1300.00 | 小巧 |
| 7 | 000007 | 02 | Lumia 640 XL | 黑色 | photos/Lumia 640 XL（黑色）.jpg | 1600.00 | 屏很牛 |
| 8 | 000020 | 04 | 摩托罗拉（Motorola）XT760 3G | 炫视黑 | photos/摩托罗拉（Motorola）XT760 3G手机（炫视黑）.jpg | 1800.00 | 运行很流畅 |
| 9 | 000024 | 05 | 索尼（SONY）MT25i 3G | 白色 | photos/索尼（SONY）MT25i 3G手机（白色）.jpg | 1800.00 | 很好用 |
| 10 | 000019 | 04 | 摩托罗拉（Motorola）ME865 3G | 白色 | photos/摩托罗拉（Motorola）ME865 3G手机（白色）.jpg | 2000.00 | 手机很好用 |
| 11 | 000018 | 04 | 摩托罗拉（Motorola）Razr X... | 桀骜黑 | photos/摩托罗拉（Motorola）Razr XT910 3G手机（桀骜黑）.jpg | 2300.00 | |
| 12 | 000023 | 05 | 索尼（SONY）LT22i 3G | 红色 | photos/索尼（SONY）LT22i 3G手机（红色）.jpg | 2600.00 | 很漂亮 |
| 13 | 000016 | 04 | 摩托罗拉（Motorola）RAZR ... | 黑色 | photos/摩托罗拉（Motorola）RAZR 锋芒 XT910 MAXX 劲量版 3G手机... | 2800.00 | NULL |
| 14 | 000005 | 01 | iPhone 4S 32G版 3G | 白色 | photos/iPhone 4S 32G版 3G手机（白色）.jpg | 3500.00 | 大家懂得 |
| 15 | 000003 | 01 | iPhone 4 8G版 3G WCDMA GSM | 白色 | photos/iPhone 4 8G版 3G手机（白色）WCDMA GSM.jpg | 3500.00 | 用着很舒服 |
| 16 | 000022 | 05 | 索尼（SONY）LT26i 3G | 白色 | photos/索尼（SONY）LT26i 3G手机（白色）.jpg | 3500.00 | 屏幕清晰 |

图 8-8　按价格 Price 排序

**【说明】**前面几个排序的例子我们可以看到都是按照升序排列，升序的关键字是 ASC，比如本例代码可写为:

```
SELECT * FROM Products ORDER BY Price ASC
```

升序为默认排序，ASC 关键字可省略不写。

（4）查询 Products 表的所有记录，按价格 Price 降序排列。如果希望使用降序排列，则使用关键字 DESC。在查询窗口中执行如下 SQL 语句，结果如图 8-9 所示。

```
SELECT * FROM Products ORDER BY Price DESC
```

| | ProductID | SupplierID | ProductName | Color | ProductImage | Price | Description |
|---|---|---|---|---|---|---|---|
| 1 | 000011 | 03 | 三星（SAMSUNG）B9120 3G | 钛灰色 | photos/三星（SAMSUNG）B9120 3G手机（钛灰色）.jpg | 12000.00 | 很有质感 |
| 2 | 000004 | 01 | iPhone 4S 64G版 3G | 黑色 | photos/iPhone 4S 64G版 3G手机（黑色）.jpg | 7000.00 | 优点太多了 |
| 3 | 000012 | 03 | 三星（SAMSUNG）Galaxy SIII ... | 云石白 | photos/三星（SAMSUNG）Galaxy SIII I9300 3G手机（云石白）.jpg | 5000.00 | 大气 |
| 4 | 000001 | 01 | iPhone 4S 16G版 3G | 黑色 | photos/iPhone 4S 16G版 3G手机（黑色）.jpg | 4799.00 | 给LP的纪念日礼物~还 |
| 5 | 000002 | 01 | iPhone 4S 16G版 3G | 白色 | photos/iPhone 4S 16G版 3G手机（白色）.jpg | 4799.00 | 简单华丽 |
| 6 | 000013 | 03 | 三星（SAMSUNG）Galaxy S3 I9... | 青玉蓝 | photos/三星（SAMSUNG）Galaxy S3 I9308 3G手机（青玉蓝）.jpg | 4600.00 | 简约 |
| 7 | 000014 | 03 | 三星（SAMSUNG）I929 3G | 金属灰 | photos/三星（SAMSUNG）I929 3G手机（金属灰）.jpg | 4300.00 | 东西很好哦! |
| 8 | 000021 | 05 | 索尼（SONY）LT26w 3G | 白色 | photos/索尼（SONY）LT26w 3G手机（白色）.jpg | 4300.00 | 外观好看 |
| 9 | 000015 | 03 | 三星（SAMSUNG）I9100G 至尊... | 黑色 | photos/三星（SAMSUNG）I9100G 至尊版（双电）3G手机（黑色）.jpg | 3700.00 | 触控体验好 |
| 10 | 000022 | 05 | 索尼（SONY）LT26i 3G | 白色 | photos/索尼（SONY）LT26i 3G手机（白色）.jpg | 3500.00 | 屏幕清晰 |
| 11 | 000003 | 01 | iPhone 4 8G版 3G WCDMA GSM | 白色 | photos/iPhone 4 8G版 3G手机（白色）WCDMA GSM.jpg | 3500.00 | 用着很舒服 |
| 12 | 000005 | 01 | iPhone 4S 32G版 3G | 白色 | photos/iPhone 4S 32G版 3G手机（白色）.jpg | 3500.00 | 大家懂得 |
| 13 | 000016 | 04 | 摩托罗拉（Motorola）RAZR 锋... | 黑色 | photos/摩托罗拉（Motorola）RAZR 锋芒 XT910 MAXX 劲量版 3G手机... | 2800.00 | NULL |
| 14 | 000023 | 05 | 索尼（SONY）LT22i 3G | 红色 | photos/索尼（SONY）LT22i 3G手机（红色）.jpg | 2600.00 | 很漂亮 |
| 15 | 000018 | 04 | 摩托罗拉（Motorola）Razr XT... | 桀骜黑 | photos/摩托罗拉（Motorola）Razr XT910 3G手机（桀骜黑）.jpg | 2300.00 | |
| 16 | 000019 | 04 | 摩托罗拉（Motorola）ME865 3G | 白色 | photos/摩托罗拉（Motorola）ME865 3G手机（白色）.jpg | 2000.00 | 手机很好用 |

图 8-9　按价格 Price 降序排列

（5）还可以指定多个列进行排序。查询 Products 表的所有记录，先按 SupplierID 升序排列，在 SupplierID 相同的情况下按 Price 升序排列。在查询窗口中执行如下 SQL 语句，结果如图 8-10 所示。

```
SELECT SupplierID,Price,ProductName FROM Products ORDER BY
SupplierID,Price
```

**【说明】**为比较观察结果，只 SELECT 了 SupplierID、Price、ProductName 三列，并将 SupplierID 和 Price 连在一起观察，从结果可以看到先是所有 SupplierID 为“01”的记录，然后是 SupplierID 为“02”的记录，等等。对于同样的 SupplierID，比如都为“01”的，则按 Price 升序排列。

|  | SupplierID | Price | ProductName |
|---|---|---|---|
| 1 | 01 | 3500.00 | iPhone 4 8G版 3G WCDMA GSM |
| 2 | 01 | 3500.00 | iPhone 4S 32G版 3G |
| 3 | 01 | 4799.00 | iPhone 4S 16G版 3G |
| 4 | 01 | 4799.00 | iPhone 4S 16G版 3G |
| 5 | 01 | 7000.00 | iPhone 4S 64G版 3G |
| 6 | 02 | 700.00 | Lumia 535 |
| 7 | 02 | 700.00 | Lumia 535 |
| 8 | 02 | 700.00 | Lumia 535 |
| 9 | 02 | 1300.00 | Lumia 640 |
| 10 | 02 | 1600.00 | Lumia 640 XL |
| 11 | 03 | 3700.00 | 三星（SAMSUNG）I9100G 至尊版（双电）3G |
| 12 | 03 | 4300.00 | 三星（SAMSUNG）I929 3G |
| 13 | 03 | 4600.00 | 三星（SAMSUNG）Galaxy S3 I9308 3G |
| 14 | 03 | 5000.00 | 三星（SAMSUNG）Galaxy SIII I9300 3G |
| 15 | 03 | 12000.00 | 三星（SAMSUNG）B9120 3G |
| 16 | 04 | 1300.00 | 摩托罗拉（Motorola）XT535 3G WCDMA GSM |

图 8-10　先按 SupplierID 升序排列，在 SupplierID 相同的情况下按 Price 升序排列

（6）查询 Products 表的所有记录，先按 SupplierID 升序排列，在 SupplierID 相同的情况下按 Price 降序排列。在查询窗口中执行如下 SQL 语句，结果如图 8-11 所示。

```
SELECT * FROM Products ORDER BY SupplierID,Price DESC
```

**【说明】**要排序的多个列之间用“,”隔开；多个列可分别指定升序或降序。

|  | SupplierID | Price | ProductName |
|---|---|---|---|
| 1 | 01 | 7000.00 | iPhone 4S 64G版 3G |
| 2 | 01 | 4799.00 | iPhone 4S 16G版 3G |
| 3 | 01 | 4799.00 | iPhone 4S 16G版 3G |
| 4 | 01 | 3500.00 | iPhone 4 8G版 3G WCDMA GSM |
| 5 | 01 | 3500.00 | iPhone 4S 32G版 3G |
| 6 | 02 | 1600.00 | Lumia 640 XL |
| 7 | 02 | 1300.00 | Lumia 640 |
| 8 | 02 | 700.00 | Lumia 535 |
| 9 | 02 | 700.00 | Lumia 535 |
| 10 | 02 | 700.00 | Lumia 535 |
| 11 | 03 | 12000.00 | 三星（SAMSUNG）B9120 3G |
| 12 | 03 | 5000.00 | 三星（SAMSUNG）Galaxy SIII I9300 3G |
| 13 | 03 | 4600.00 | 三星（SAMSUNG）Galaxy S3 I9308 3G |
| 14 | 03 | 4300.00 | 三星（SAMSUNG）I929 3G |
| 15 | 03 | 3700.00 | 三星（SAMSUNG）I9100G 至尊版（双电）3G |
| 16 | 04 | 2800.00 | 摩托罗拉（Motorola）RAZR 锋芒 XT910 MAXX 劲量版 3G WCDMA |

图 8-11　先按 SupplierID 升序排列，在 SupplierID 相同的情况下按 Price 降序排列

**【演练 8.6】**使用 TOP n 关键字查询符合条件的前 n 条记录。

实际应用中，通常用于获取第 1 条记录、热门商品（如按购买次数降序排列的前 10 名）、浏览足迹（如按浏览时间降序排列的前 10 名）等。

（1）查询 Products 表中价格最便宜的前 10 种记录。在查询窗口中执行如下 SQL 语句，结果如图 8-12 所示。

```
SELECT TOP 10 * FROM Products ORDER BY Price
```

|  | ProductID | SupplierID | ProductName | Color | ProductImage | Price | Description |
|---|---|---|---|---|---|---|---|
| 1 | 000011 | 03 | 三星（SAMSUNG）B9120 3G | 钛灰色 | photos/三星（SAMSUNG）B9120 3G手机（钛灰色）.jpg | 12000.00 | 很有质感 |
| 2 | 000004 | 01 | iPhone 4S 64G版 3G | 黑色 | photos/iPhone 4S 64G版 3G手机（黑色）.jpg | 7000.00 | 优点太多了 |
| 3 | 000012 | 03 | 三星（SAMSUNG）Galaxy SIII I9300 3G | 云石白 | photos/三星（SAMSUNG）Galaxy SIII I9300 3G手机（云石白）.jpg | 5000.00 | 大气 |
| 4 | 000002 | 01 | iPhone 4S 16G版 3G | 白色 | photos/iPhone 4S 16G版 3G手机（白色）.jpg | 4799.00 | 简单华丽 |
| 5 | 000001 | 01 | iPhone 4S 16G版 3G | 黑色 | photos/iPhone 4S 16G版 3G手机（黑色）.jpg | 4799.00 | 给LP的纪念日礼物~还不错 |
| 6 | 000013 | 03 | 三星（SAMSUNG）Galaxy S3 I9308 3G | 青玉蓝 | photos/三星（SAMSUNG）Galaxy S3 I9308 3G手机（青玉蓝）.jpg | 4600.00 | 简约 |
| 7 | 000014 | 03 | 三星（SAMSUNG）I929 3G | 金属灰 | photos/三星（SAMSUNG）I929 3G手机（金属灰）.jpg | 4300.00 | 东西很好哦! |
| 8 | 000021 | 05 | 索尼（SONY）LT26w 3G | 白色 | photos/索尼（SONY）LT26w 3G手机（白色）.jpg | 4300.00 | 外观好看 |
| 9 | 000015 | 03 | 三星（SAMSUNG）I9100G 至尊版（双电）3G | 黑色 | photos/三星（SAMSUNG）I9100G 至尊版（双电）3G手机（黑色）.jpg | 3700.00 | 触控体验好 |
| 10 | 000003 | 01 | iPhone 4 8G版 3G WCDMA GSM | 白色 | photos/iPhone 4 8G版 3G手机（白色）WCDMA GSM.jpg | 3500.00 | 用着很舒服 |

图 8-12　查询 Products 表中价格最便宜的前 10 种记录

（2）查询用户代码为“zjh”的最近的 2 笔订单（Orders 表中按日期降序的前 2 条记录）。在查询窗口中执行如下 SQL 语句，结果如图 8-13 所示。

```
SELECT TOP 2 * FROM Orders WHERE UserID='zjh' ORDER BY OrderDate
```

| | OrderID | OrderDate | UserID | Consignee | Tel | Address |
|---|---|---|---|---|---|---|
| 1 | 87aaa3af-3161-4953-90dc-b3fdac919dc4 | 2012-12-02 14:54:24.000 | zjh | 曾建华 | 13600000000 | 深圳南山 |
| 2 | cc5961bb-83b1-407d-a521-d316045a217c | 2013-03-21 09:43:31.980 | zjh | 曾建华 | 13600000000 | 深圳南山 |

图 8-13　查询用户代码为“zjh”的最近的 2 笔订单

【演练 8.7】使用 DISTINCT 关键字筛选不重复的列。

（1）在查询窗口中执行如下 SQL 语句，结果如图 8-14 所示。

```
SELECT * FROM Orders WHERE UserID='zjh'
SELECT Address FROM Orders WHERE UserID='zjh'
```

【说明】这里是想单独观察一下 UserID='zjh'的 Address 列（为了避免初学者单独看到显示 Address 比较奇怪，所以先将所有列显示对照一下）。

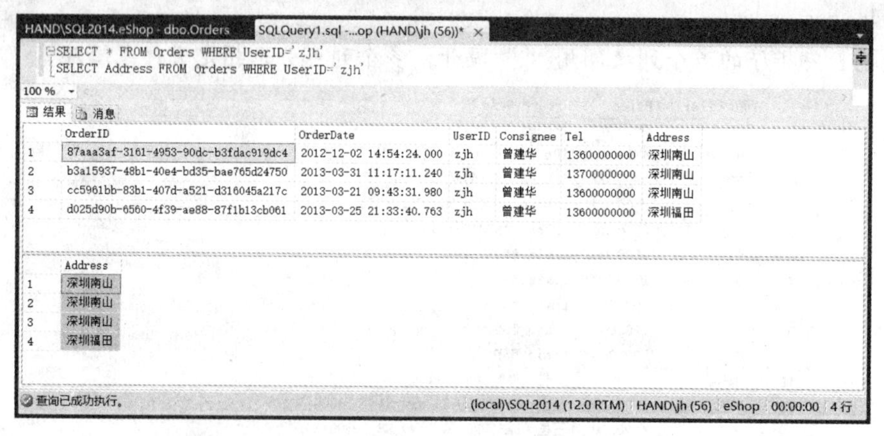


图 8-14　查询 Products 表中价格最便宜的前 10 种记录

（2）现在想查询 UserID='zjh'购物中曾经用过的所有地址（不要重复）。

在查询窗口中执行如下 SQL 语句，结果如图 8-15 所示。可以看到“深圳南山”只出现一次，重复值被筛选掉了，这正是我们想要的结果。

```
SELECT DISTINCT Address FROM Orders WHERE UserID='zjh'
```

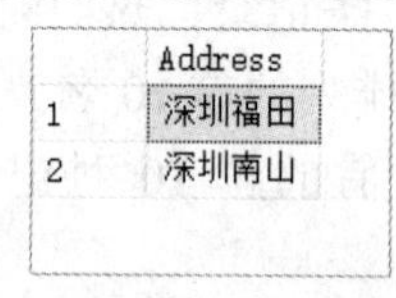


图 8-15　UserID='zjh'购物中曾经用过的所有地址

（3）DISTINCT 还可配合多个列使用，如想查询 UserID='zjh'购物中曾经用过的所有地址、电话。

在查询窗口中执行如下 SQL 语句，结果如图 8-16 所示。可以看到“深圳南山”出现了 2 次，因为这两次电话不一样。DISTINCT 仅当所有列都相同时才认为是重复值。

```
SELECT DISTINCT Address,Tel FROM Orders WHERE UserID='zjh'
```

| | Address | Tel |
|---|---|---|
| 1 | 深圳福田 | 13600000000 |
| 2 | 深圳南山 | 13600000000 |
| 3 | 深圳南山 | 13700000000 |

图 8-16 UserID='zjh'购物中曾经用过的所有地址、电话

## 8.2.2 WHERE 条件查询

可使用 WHERE 子句查询符合条件的数据行。

语法

```
[ WHERE <search_condition> ]
```

参数

< search_conditiON > 定义要返回的行应满足的条件。

对搜索条件中可以包含的谓词数量没有限制。

下面的示例演示如何在 WHERE 子句中使用最常见的搜索条件。

**【演练 8.8】** =、>、>=、<、<=、AND、OR、BETWEEN 练习

（1）学习“=”关键字：查询 Products 表中商品代码为“000006”的商品信息。在查询窗口中执行如下 SQL 语句，结果如图 8-17 所示。

```
SELECT * FROM Products WHERE ProductID='000006'
```

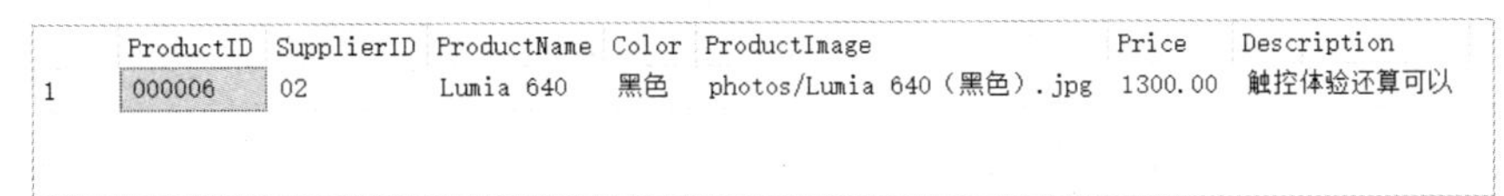

| | ProductID | SupplierID | ProductName | Color | ProductImage | Price | Description |
|---|---|---|---|---|---|---|---|
| 1 | 000006 | 02 | Lumia 640 | 黑色 | photos/Lumia 640（黑色）.jpg | 1300.00 | 触控体验还算可以 |

图 8-17 查询 Products 表中商品代码为“000006”的商品信息

（2）学习“>=”关键字：查询 Products 表中价格在 2800 以上（含）的商品信息。在查询窗口中执行如下 SQL 语句，结果如图 8-18 所示。

```
SELECT * FROM Products WHERE Price>=2800
```

| | ProductID | SupplierID | ProductName | Color | ProductImage | Price | Description |
|---|---|---|---|---|---|---|---|
| 1 | 000001 | 01 | iPhone 4S 16G版 3G | 黑色 | photos/iPhone 4S 16G版 3G手机（黑色）.jpg | 4799.00 | 给LP的纪念日礼物~ |
| 2 | 000002 | 01 | iPhone 4S 16G版 3G | 白色 | photos/iPhone 4S 16G版 3G手机（白色）.jpg | 4799.00 | 简单华丽 |
| 3 | 000003 | 01 | iPhone 4 8G版 3G WCDMA GSM | 白色 | photos/iPhone 4 8G版 3G手机（白色）WCDMA GSM.jpg | 3500.00 | 用着很舒服 |
| 4 | 000004 | 01 | iPhone 4S 64G版 3G | 黑色 | photos/iPhone 4S 64G版 3G手机（黑色）.jpg | 7000.00 | 优点太多了 |
| 5 | 000005 | 01 | iPhone 4S 32G版 3G | 白色 | photos/iPhone 4S 32G版 3G手机（白色）.jpg | 3500.00 | 大家懂得 |
| 6 | 000011 | 03 | 三星（SAMSUNG）B9120 3G | 钛灰色 | photos/三星（SAMSUNG）B9120 3G手机（钛灰色）.jpg | 12000.00 | 很有质感 |
| 7 | 000012 | 03 | 三星（SAMSUNG）Galaxy SIII I9300 3G | 云石白 | photos/三星（SAMSUNG）Galaxy SIII I9300 3G手机（云石白）.jpg | 5000.00 | 大气 |
| 8 | 000013 | 03 | 三星（SAMSUNG）Galaxy S3 I9308 3G | 青玉蓝 | photos/三星（SAMSUNG）Galaxy S3 I9308 3G手机（青玉蓝).jpg | 4600.00 | 简约 |
| 9 | 000014 | 03 | 三星（SAMSUNG）I929 3G | 金属灰 | photos/三星（SAMSUNG）I929 3G手机（金属灰）.jpg | 4300.00 | 东西很好哦! |
| 10 | 000015 | 03 | 三星（SAMSUNG）I9100G 至尊版（双电）3G | 黑色 | photos/三星（SAMSUNG）I9100G 至尊版（双电）3G手机（黑色）.jpg | 3700.00 | 触控体验好 |
| 11 | 000016 | 04 | 摩托罗拉（Motorola）RAZR 锋芒 XT910 MAXX 劲量版 3G WCDMA | 黑色 | photos/摩托罗拉（Motorola）RAZR 锋芒 XT910 MAXX 劲量版 3G手机... | 2800.00 | NULL |
| 12 | 000021 | 05 | 索尼（SONY）LT26w 3G | 白色 | photos/索尼（SONY）LT26w 3G手机（白色）.jpg | 4300.00 | 外观好看 |
| 13 | 000022 | 05 | 索尼（SONY）LT26i 3G | 白色 | photos/索尼（SONY）LT26i 3G手机（白色）.jpg | 3500.00 | 屏幕清晰 |

图 8-18 查询 Products 表中价格（含）在 2800 以上的商品信息

（3）学习“<”关键字：查询 Products 表中价格在 3500 以下（不含）的商品信息。在查询窗口中执行如下 SQL 语句，结果如图 8-19 所示。

```
SELECT * FROM Products WHERE Price<3500
```

（4）学习“AND”关键字：查询 Products 表中价格在 2800 以上（含）并且在 3500 以下（不含）的商品信息。在查询窗口中执行如下 SQL 语句，结果如图 8-20 所示。

```
SELECT * FROM Products WHERE Price>=2800 AND Price<3500
```

| | ProductID | SupplierID | ProductName | Color | ProductImage | Price | Description |
|---|---|---|---|---|---|---|---|
| 1 | 000006 | 02 | Lumia 640 | 黑色 | photos/Lumia 640（黑色）.jpg | 1300.00 | 触控体验还算可以 |
| 2 | 000007 | 02 | Lumia 640 XL | 黑色 | photos/Lumia 640 XL（黑色）.jpg | 1600.00 | 屏很牛 |
| 3 | 000008 | 02 | Lumia 535 | 蓝色 | photos/Lumia 535（蓝色）.jpg | 700.00 | 音质很好 |
| 4 | 000009 | 02 | Lumia 535 | 品红色 | photos/Lumia 535（品红色）.jpg | 700.00 | 照相好 |
| 5 | 000010 | 02 | Lumia 535 | 白色 | photos/Lumia 535（白色）.jpg | 700.00 | 系统还有很大的提高空 |
| 6 | 000016 | 04 | 摩托罗拉（Motorola）RAZR 锋芒 XT910 MAXX 劲量版 3G WCDMA | 黑色 | photos/摩托罗拉（Motorola）RAZR 锋芒 XT910 MAXX 劲量版 3G手机... | 2800.00 | NULL |
| 7 | 000017 | 04 | 摩托罗拉（Motorola）XT535 3G WCDMA GSM | 黑色 | photos/摩托罗拉（Motorola）XT535 3G手机（黑色）WCDMA GSM.jpg | 1300.00 | NULL |
| 8 | 000018 | 04 | 摩托罗拉（Motorola）Razr XT910 3G | 桀骜黑 | photos/摩托罗拉（Motorola）Razr XT910 3G手机（桀骜黑）.jpg | 2300.00 | |
| 9 | 000019 | 04 | 摩托罗拉（Motorola）ME865 3G | 白色 | photos/摩托罗拉（Motorola）ME865 3G手机（白色）.jpg | 2000.00 | 手机很好用 |
| 10 | 000020 | 04 | 摩托罗拉（Motorola）XT760 3G | 炫视黑 | photos/摩托罗拉（Motorola）XT760 3G手机（炫视黑）.jpg | 1800.00 | 运行很流畅 |
| 11 | 000023 | 05 | 索尼（SONY）LT22i 3G | 红色 | photos/索尼（SONY）LT22i 3G手机（红色）.jpg | 2600.00 | 很漂亮 |
| 12 | 000024 | 05 | 索尼（SONY）MT25i 3G | 白色 | photos/索尼（SONY）MT25i 3G手机（白色）.jpg | 1800.00 | 很好用 |
| 13 | 000025 | 05 | 索尼（SONY）MT25i 3G | 黑色 | photos/索尼（SONY）MT25i 3G手机（黑色）.jpg | 1300.00 | 小巧 |

图 8-19　查询 Products 表中价格在 3500 以下（不含）的商品信息

| | ProductID | SupplierID | ProductName | Color | ProductImage | Price | Description |
|---|---|---|---|---|---|---|---|
| 1 | 000016 | 04 | 摩托罗拉（Motorola）RAZR 锋芒 XT910 MAXX 劲量版 3G WCDMA | 黑色 | photos/摩托罗拉（Motorola）RAZR 锋芒 XT910 MAXX 劲量版 3G手机... | 2800.00 | NULL |

图 8-20　学习“AND”关键字

（5）学习“BETWEEN”关键字：查询 Products 表中价格在 2800 以上（含）并且在 3500 以下（含）的商品信息。

在查询窗口中执行如下 SQL 语句，结果如图 8-21 所示。

```
SELECT * FROM Products WHERE Price>=2800 AND Price<=3500
```

| | ProductID | SupplierID | ProductName | Color | ProductImage | Price | Description |
|---|---|---|---|---|---|---|---|
| 1 | 000003 | 01 | iPhone 4 8G版 3G WCDMA GSM | 白色 | photos/iPhone 4 8G版 3G手机（白色）WCDMA GSM.jpg | 3500.00 | 用着很舒服 |
| 2 | 000005 | 01 | iPhone 4S 32G版 3G | 白色 | photos/iPhone 4S 32G版 3G手机（白色）.jpg | 3500.00 | 大家懂得 |
| 3 | 000016 | 04 | 摩托罗拉（Motorola）RAZR 锋芒 XT910 MAXX 劲量版 3G WCDMA | 黑色 | photos/摩托罗拉（Motorola）RAZR 锋芒 XT910 MAXX 劲量版 3G手机... | 2800.00 | NULL |
| 4 | 000022 | 05 | 索尼（SONY）LT26i 3G | 白色 | photos/索尼（SONY）LT26i 3G手机（白色）.jpg | 3500.00 | 屏幕清晰 |

图 8-21　学习“BETWEEN”关键字

上面的语句也可用“BETWEEN”关键字，在查询窗口中执行如下 SQL 语句，执行结果一样。

```
SELECT * FROM Products WHERE Price BETWEEN 2800 AND 3500
```

**【总结】**某种程度上 BETWEEN 书写稍微简化一些，但不如使用“>、>=、<、<=、AND”组合灵活。

（6）学习“OR”关键字：查询 Products 表中价格在 2800 以下（不含）或者在 3500 以上（不含）的商品信息。

在查询窗口中执行如下 SQL 语句，结果如图 8-22 所示。

```
SELECT * FROM Products WHERE Price<2800 or Price>3500
```

| | ProductID | SupplierID | ProductName | Color | ProductImage | Price | Description |
|---|---|---|---|---|---|---|---|
| 1 | 000001 | 01 | iPhone 4S 16G版 3G | 黑色 | photos/iPhone 4S 16G版 3G手机（黑色）.jpg | 4799.00 | 给LP的纪念日礼物~还不错 |
| 2 | 000002 | 01 | iPhone 4S 16G版 3G | 白色 | photos/iPhone 4S 16G版 3G手机（白色）.jpg | 4799.00 | 简单华丽 |
| 3 | 000004 | 01 | iPhone 4S 64G版 3G | 黑色 | photos/iPhone 4S 64G版 3G手机（黑色）.jpg | 7000.00 | 优点太多了 |
| 4 | 000006 | 02 | Lumia 640 | 黑色 | photos/Lumia 640（黑色）.jpg | 1300.00 | 触控体验还算可以 |
| 5 | 000007 | 02 | Lumia 640 XL | 黑色 | photos/Lumia 640 XL（黑色）.jpg | 1600.00 | 屏很牛 |
| 6 | 000008 | 02 | Lumia 535 | 蓝色 | photos/Lumia 535（蓝色）.jpg | 700.00 | 音质很好 |
| 7 | 000009 | 02 | Lumia 535 | 品红色 | photos/Lumia 535（品红色）.jpg | 700.00 | 照相好 |
| 8 | 000010 | 02 | Lumia 535 | 白色 | photos/Lumia 535（白色）.jpg | 700.00 | 系统还有很大的提高空间 |
| 9 | 000011 | 03 | 三星（SAMSUNG）B9120 3G | 钛灰色 | photos/三星（SAMSUNG）B9120 3G手机（钛灰色）.jpg | 12000.00 | 很有质感 |
| 10 | 000012 | 03 | 三星（SAMSUNG）Galaxy SIII I9300 3G | 云石白 | photos/三星（SAMSUNG）Galaxy SIII I9300 3G手机（云石白）.jpg | 5000.00 | 大气 |
| 11 | 000013 | 03 | 三星（SAMSUNG）Galaxy S3 I9308 3G | 青玉蓝 | photos/三星（SAMSUNG）Galaxy S3 I9308 3G手机（青玉蓝).jpg | 4600.00 | 简约 |
| 12 | 000014 | 03 | 三星（SAMSUNG）I929 3G | 金属灰 | photos/三星（SAMSUNG）I929 3G手机 （金属灰）.jpg | 4300.00 | 东西很好哦! |
| 13 | 000015 | 03 | 三星（SAMSUNG）I9100G 至尊版（双电）3G | 黑色 | photos/三星（SAMSUNG）I9100G 至尊版（双电）3G手机（黑色）.jpg | 3700.00 | 触控体验好 |
| 14 | 000017 | 04 | 摩托罗拉（Motorola）XT535 3G WCDMA GSM | 黑色 | photos/摩托罗拉（Motorola）XT535 3G手机（黑色）WCDMA GSM.jpg | 1300.00 | NULL |
| 15 | 000018 | 04 | 摩托罗拉（Motorola）Razr XT910 3G | 桀骜黑 | photos/摩托罗拉（Motorola）Razr XT910 3G手机（桀骜黑）.jpg | 2300.00 | |
| 16 | 000019 | 04 | 摩托罗拉（Motorola）ME865 3G | 白色 | photos/摩托罗拉（Motorola）ME865 3G手机（白色）.jpg | 2000.00 | 手机很好用 |
| 17 | 000020 | 04 | 摩托罗拉（Motorola）XT760 3G | 炫视黑 | photos/摩托罗拉（Motorola）XT760 3G手机（炫视黑）.jpg | 1800.00 | 运行很流畅 |
| 18 | 000021 | 05 | 索尼（SONY）LT26w 3G | 白色 | photos/索尼（SONY）LT26w 3G手机（白色）.jpg | 4300.00 | 外观好看 |
| 19 | 000023 | 05 | 索尼（SONY）LT22i 3G | 红色 | photos/索尼（SONY）LT22i 3G手机（红色）.jpg | 2600.00 | 很漂亮 |
| 20 | 000024 | 05 | 索尼（SONY）MT25i 3G | 白色 | photos/索尼（SONY）MT25i 3G手机（白色）.jpg | 1800.00 | 很好用 |
| 21 | 000025 | 05 | 索尼（SONY）MT25i 3G | 黑色 | photos/索尼（SONY）MT25i 3G手机（黑色）.jpg | 1300.00 | 小巧 |

图 8-22　学习“OR”关键字

读者一定要理解好“AND”和“OR”的区别，比如将上面语句中“OR”改为“AND”,在查询窗口中执行如下 SQL 语句，结果则如图 8-23 所示，显示没有符合条件的记录，因为没有哪种商品的价格（或者说没有任何数字）既<2800，又>3500。

```
SELECT * FROM Products WHERE Price<2800 AND Price>3500
```

| | ProductID | SupplierID | ProductName | Color | ProductI... | Price | Description |
|---|---|---|---|---|---|---|---|

图 8-23　理解好“AND”和“OR”的区别

（7）学习“LIKE”配合“%”关键字：查询 Products 表中商品描述 Description 中包含“流畅”的商品信息。

“LIKE”为模糊查询，“%”为任意长度的任意字符串，这种查询在实际应用中也是很常见的，但需注意控制结果的数据量。

在查询窗口中执行如下 SQL 语句，结果如图 8-24 所示。

```
SELECT * FROM Products WHERE Description LIKE '%good%'
```

| | ProductID | SupplierID | ProductName | Color | ProductImage | Price | Description | Or |
|---|---|---|---|---|---|---|---|---|
| 1 | 000012 | 03 | 三星（SAMSUNG）Galaxy SIII... | 云石白 | photos/三星（SAMSUNG）Galaxy SIII I9300 3G手机（云石白）.jpg | 5000.00 | good | 1 |
| 2 | 000013 | 03 | 三星（SAMSUNG）Galaxy S3 I... | 青玉蓝 | photos/三星（SAMSUNG）Galaxy S3 I9308 3G手机（青玉蓝).jpg | 4600.00 | good | 1 |
| 3 | 000014 | 03 | 三星（SAMSUNG）I929 | 红色 | photos/三星（SAMSUNG）I929 3G手机 （金属灰）.jpg | 4300.00 | good | 1 |
| 4 | 000015 | 03 | 三星（SAMSUNG）I9100G 至尊... | 黑色 | photos/三星（SAMSUNG）I9100G 至尊版（双电）3G手机（黑色）.jpg | 3700.00 | good | 1 |
| 5 | 000016 | 04 | 摩托罗拉（Motorola）RAZR 锋... | 黑色 | photos/摩托罗拉（Motorola）RAZR 锋芒 XT910 MAXX 劲量版 3G手机... | 2800.00 | good | 1 |
| 6 | 000022 | 05 | 索尼（SONY）LT26i | 白色 | photos/索尼（SONY）LT26i 3G手机（白色）.jpg | 3500.00 | very good | 1 |
| 7 | 000023 | 05 | 索尼（SONY）LT22i | 红色 | photos/索尼（SONY）LT22i 3G手机（红色）.jpg | 2600.00 | very good | 1 |

图 8-24　学习“LIKE”配合“%”关键字

（8）再次学习“OR”关键字：查询 Products 表中商品名称 ProductName 中包含“三星”或“索尼”的商品信息。

在查询窗口中执行如下 SQL 语句，结果如图 8-25 所示。

```
SELECT * FROM Products WHERE ProductName LIKE '%三星%' or ProductName
LIKE '%索尼%'
```

| | ProductID | SupplierID | ProductName | Color | ProductImage | Price | Description |
|---|---|---|---|---|---|---|---|
| 1 | 000011 | 03 | 三星（SAMSUNG）B9120 3G | 钛灰色 | photos/三星（SAMSUNG）B9120 3G手机（钛灰色）.jpg | 12000.00 | 很有质感 |
| 2 | 000012 | 03 | 三星（SAMSUNG）Galaxy SIII I9300 3G | 云石白 | photos/三星（SAMSUNG）Galaxy SIII I9300 3G手机（云石白）.jpg | 5000.00 | 大气 |
| 3 | 000013 | 03 | 三星（SAMSUNG）Galaxy S3 I9308 3G | 青玉蓝 | photos/三星（SAMSUNG）Galaxy S3 I9308 3G手机（青玉蓝).jpg | 4600.00 | 简约 |
| 4 | 000014 | 03 | 三星（SAMSUNG）I929 3G | 金属灰 | photos/三星（SAMSUNG）I929 3G手机 （金属灰）.jpg | 4300.00 | 东西很好哦! |
| 5 | 000015 | 03 | 三星（SAMSUNG）I9100G 至尊版（双电）3G | 黑色 | photos/三星（SAMSUNG）I9100G 至尊版（双电）3G手机（黑色）.jpg | 3700.00 | 触控体验好 |
| 6 | 000021 | 05 | 索尼（SONY）LT26w 3G | 白色 | photos/索尼（SONY）LT26w 3G手机（白色）.jpg | 4300.00 | 外观好看 |
| 7 | 000022 | 05 | 索尼（SONY）LT26i 3G | 白色 | photos/索尼（SONY）LT26i 3G手机（白色）.jpg | 3500.00 | 屏幕清晰 |
| 8 | 000023 | 05 | 索尼（SONY）LT22i 3G | 红色 | photos/索尼（SONY）LT22i 3G手机（红色）.jpg | 2600.00 | 很漂亮 |
| 9 | 000024 | 05 | 索尼（SONY）MT25i 3G | 白色 | photos/索尼（SONY）MT25i 3G手机（白色）.jpg | 1800.00 | 很好用 |
| 10 | 000025 | 05 | 索尼（SONY）MT25i 3G | 黑色 | photos/索尼（SONY）MT25i 3G手机（黑色）.jpg | 1300.00 | 小巧 |

图 8-25　再次学习“OR”关键字

再次对比“AND”和“OR”的区别，比如将上面语句中“OR”改为“AND”,在查询窗口中执行如下 SQL 语句，结果则如图 8-26 所示，显示没有符合条件的记录，因为没有哪种商品的名称既包含“三星”又包含“索尼”。

```
SELECT * FROM Products WHERE ProductName LIKE '%三星%' AND ProductName
LIKE '%微软%'
```

| | ProductID | SupplierID | ProductName | Color | ProductI... | Price | Description |
|---|---|---|---|---|---|---|---|

图 8-26　再次对比“AND”和“OR”的区别

（9）学习“NULL”：先来看看 Products 表中的所有记录，注意观察 Description 列的数据。

在查询窗口中执行如下 SQL 语句，结果如图 8-27 所示。

```
SELECT * FROM Products
```

| | ProductID | SupplierID | ProductName | Color | ProductImage | Price | Description | Onhand |
|---|---|---|---|---|---|---|---|---|
| 1 | 000001 | 01 | 苹果（APPLE）iPhone 6S 16G版 | 黑色 | photos/苹果（APPLE）iPhone 4S 16G版 3G手机（黑色）.jpg | 4799.00 | 很好 | 100 |
| 2 | 000002 | 01 | 苹果（APPLE）iPhone 6S 16G版 | 白色 | photos/苹果（APPLE）iPhone 4S 16G版 3G手机（白色）.jpg | 4799.00 | 很好 | 200 |
| 3 | 000003 | 01 | 苹果（APPLE）iPhone 5 8G版 WCDMA GSM | 白色 | photos/苹果（APPLE）iPhone 4 8G版 3G手机（白色）WCDMA GSM.jpg | 3500.00 | 很好 | 300 |
| 4 | 000004 | 01 | 苹果（APPLE）iPhone 6S 64G版 | 黑色 | photos/苹果（APPLE）iPhone 4S 64G版 3G手机（黑色）.jpg | 7000.00 | 很好 | 100 |
| 5 | 000005 | 01 | 苹果（APPLE）iPhone 6S 64G版 | 白色 | photos/苹果（APPLE）iPhone 4S 32G版 3G手机（白色）.jpg | 3500.00 | 很好 | 100 |
| 6 | 000006 | 02 | Lumia 640 | 黑色 | photos/Lumia 640.jpg | 900.00 | 很好 | 140 |
| 7 | 000007 | 02 | Lumia 640 XL | 钛灰色 | photos/Lumia 640 XL.jpg | 1300.00 | 不错 | 200 |
| 8 | 000008 | 02 | Lumia 650 | 红色 | photos/Lumia 650.jpg | 1200.00 | 不错 | 300 |
| 9 | 000009 | 02 | Lumia 950 | 云石白 | photos/Lumia 950.jpg | 4000.00 | 不错 | 300 |
| 10 | 000010 | 02 | Lumia 950XL | 白色 | photos/Lumia 950XL.jpg | 5000.00 | 不错 | 300 |
| 11 | 000011 | 03 | 三星（SAMSUNG）B9120 | 钛灰色 | photos/三星（SAMSUNG）B9120 3G手机（钛灰色）.jpg | 1200... | 不错 | 100 |
| 12 | 000012 | 03 | 三星（SAMSUNG）Galaxy SIII I9300 | 云石白 | photos/三星（SAMSUNG）Galaxy SIII I9300 3G手机（云石白）.jpg | 5000.00 | good | 100 |
| 13 | 000013 | 03 | 三星（SAMSUNG）Galaxy S3 I9308 | 青玉蓝 | photos/三星（SAMSUNG）Galaxy S3 I9308 3G手机（青玉蓝).jpg | 4600.00 | good | 100 |
| 14 | 000014 | 03 | 三星（SAMSUNG）I929 | 红色 | photos/三星（SAMSUNG）I929 3G手机（金属灰）.jpg | 4300.00 | good | 100 |
| 15 | 000015 | 03 | 三星（SAMSUNG）I9100G 至尊版（双电 | 黑色 | photos/三星（SAMSUNG）I9100G 至尊版（双电）3G手机（黑色）.jpg | 3700.00 | good | 100 |
| 16 | 000016 | 04 | 摩托罗拉（Motorola）RAZR 锋芒 XT91... | 黑色 | photos/摩托罗拉（Motorola）RAZR 锋芒 XT910 MAXX 劲量版 3G... | 2800.00 | NULL | 100 |
| 17 | 000017 | 04 | 摩托罗拉（Motorola）XT535 3G WCDMA... | 云石白 | photos/摩托罗拉（Motorola）XT535 3G手机（黑色）WCDMA GSM.jpg | 1300.00 | NULL | 100 |
| 18 | 000018 | 04 | 摩托罗拉（Motorola）Razr XT910 | 黑色 | photos/摩托罗拉（Motorola）Razr XT910 3G手机（桀骜黑）.jpg | 2300.00 | | 100 |
| 19 | 000019 | 04 | 摩托罗拉（Motorola）ME865 | 白色 | photos/摩托罗拉（Motorola）ME865 3G手机（白色）.jpg | 2000.00 | nice | 100 |
| 20 | 000020 | 04 | 摩托罗拉（Motorola）XT760 | 钛灰色 | photos/摩托罗拉（Motorola）XT760 3G手机（炫视黑）.jpg | 1800.00 | nice | 100 |
| 21 | 000021 | 05 | 索尼（SONY）LT26w | 白色 | photos/索尼（SONY）LT26w 3G手机（白色）.jpg | 4300.00 | nice | 100 |

图 8-27 学习“NULL”

注意图中阴影部分，有 2 个为“NULL”，1 个长度为 0 的字符串。

单独查询 Products 表中 Description 为 NULL 的数据，在查询窗口中执行如下 SQL 语句，结果如图 8-28 所示。

```
SELECT * FROM Products WHERE Description is NULL
```

| | ProductID | SupplierID | ProductName | Color | ProductImage | Price | Description |
|---|---|---|---|---|---|---|---|
| 1 | 000016 | 04 | 摩托罗拉（Motorola）RAZR 锋芒 XT910 MAXX 劲量版 3G WCDMA | 黑色 | photos/摩托罗拉（Motorola）RAZR 锋芒 XT910 MAXX 劲量版 3G手机... | 2800.00 | NULL |
| 2 | 000017 | 04 | 摩托罗拉（Motorola）XT535 3G WCDMA GSM | 黑色 | photos/摩托罗拉（Motorola）XT535 3G手机（黑色）WCDMA GSM.jpg | 1300.00 | NULL |

图 8-28 单独查询 Description 为 NULL 的数据

单独查询 Products 表中 Description 长度为 0 的字符串，在查询窗口中执行如下 SQL 语句，结果如图 8-29 所示。

```
SELECT * FROM Products WHERE Description=''
```

| | ProductID | SupplierID | ProductName | Color | ProductImage | Price | Description |
|---|---|---|---|---|---|---|---|
| 1 | 000018 | 04 | 摩托罗拉（Motorola）Razr XT910 3G | 桀骜黑 | photos/摩托罗拉（Motorola）Razr XT910 3G手机（桀骜黑）.jpg | 2300.00 | |

图 8-29 单独查询 Description 长度为 0 的字符串

如果需要查询 Products 表中 Description 为 NULL 或 Description 长度为 0 的字符串，则在查询窗口中执行如下 SQL 语句，结果如图 8-30 所示。

```
SELECT * FROM Products WHERE Description='' OR Description IS NULL
```

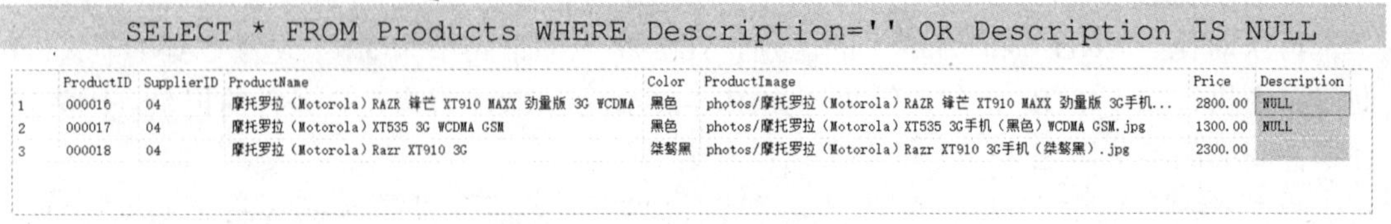

| | ProductID | SupplierID | ProductName | Color | ProductImage | Price | Description |
|---|---|---|---|---|---|---|---|
| 1 | 000016 | 04 | 摩托罗拉（Motorola）RAZR 锋芒 XT910 MAXX 劲量版 3G WCDMA | 黑色 | photos/摩托罗拉（Motorola）RAZR 锋芒 XT910 MAXX 劲量版 3G手机... | 2800.00 | NULL |
| 2 | 000017 | 04 | 摩托罗拉（Motorola）XT535 3G WCDMA GSM | 黑色 | photos/摩托罗拉（Motorola）XT535 3G手机（黑色）WCDMA GSM.jpg | 1300.00 | NULL |
| 3 | 000018 | 04 | 摩托罗拉（Motorola）Razr XT910 3G | 桀骜黑 | photos/摩托罗拉（Motorola）Razr XT910 3G手机（桀骜黑）.jpg | 2300.00 | |

图 8-30 查询 Description 为 NULL 或 Description 长度为 0 的字符串

从这里我们可以看出对字符串而言 NULL 不等于长度为 0 的字符串。

对数字而言，NULL 不等于数字 0，比如对成绩而言，数字 0 代表 0 分，而 NULL 代表还没有录入成绩。

【总结】NULL 某种程度上为我们后续的查询处理带来额外的工作量，但必须处理。所以，尽量避免空值，但该使用 NULL 的地方还是必须要使用的。

（10）学习“NOT”。

查询 Products 表中 Description 不为 NULL 的数据，在查询窗口中执行如下 SQL 语句，结果如图 8-31 所示。

```
SELECT * FROM Products WHERE Description IS NOT NULL
```

| | ProductID | SupplierID | ProductName | Color | ProductImage | Price | Description |
|---|---|---|---|---|---|---|---|
| 1 | 000001 | 01 | iPhone 4S 16G版 3G | 黑色 | photos/iPhone 4S 16G版 3G手机（黑色）.jpg | 4799.00 | 给LP的纪念日礼物~还不错 |
| 2 | 000002 | 01 | iPhone 4S 16G版 3G | 白色 | photos/iPhone 4S 16G版 3G手机（白色）.jpg | 4799.00 | 简单华丽 |
| 3 | 000003 | 01 | iPhone 4 8G版 3G WCDMA GSM | 白色 | photos/iPhone 4 8G版 3G手机（白色）WCDMA GSM.jpg | 3500.00 | 用着很舒服 |
| 4 | 000004 | 01 | iPhone 4S 64G版 3G | 黑色 | photos/iPhone 4S 64G版 3G手机（黑色）.jpg | 7000.00 | 优点太多了 |
| 5 | 000005 | 01 | iPhone 4S 32G版 3G | 白色 | photos/iPhone 4S 32G版 3G手机（白色）.jpg | 3500.00 | 大家懂得 |
| 6 | 000006 | 02 | Lumia 640 | 黑色 | photos/Lumia 640（黑色）.jpg | 1300.00 | 触控体验还算可以 |
| 7 | 000007 | 02 | Lumia 640 XL | 黑色 | photos/Lumia 640 XL（黑色）.jpg | 1600.00 | 屏很牛 |
| 8 | 000008 | 02 | Lumia 535 | 蓝色 | photos/Lumia 535（蓝色）.jpg | 700.00 | 音质很好 |
| 9 | 000009 | 02 | Lumia 535 | 品... | photos/Lumia 535（品红色）.jpg | 700.00 | 照相好 |
| 10 | 000010 | 02 | Lumia 535 | 白色 | photos/Lumia 535（白色）.jpg | 700.00 | 系统还有很大的提高空间 |
| 11 | 000011 | 03 | 三星（SAMSUNG）B9120 3G | 钛... | photos/三星（SAMSUNG）B9120 3G手机（钛灰色）.jpg | 1200... | 很有质感 |
| 12 | 000012 | 03 | 三星（SAMSUNG）Galaxy S... | 云... | photos/三星（SAMSUNG）Galaxy SIII I9300 3G手... | 5000.00 | 大气 |
| 13 | 000013 | 03 | 三星（SAMSUNG）Galaxy S... | 青... | photos/三星（SAMSUNG）Galaxy S3 I9308 3G手机 ... | 4600.00 | 简约 |
| 14 | 000014 | 03 | 三星（SAMSUNG）I929 3G | 金... | photos/三星（SAMSUNG）I929 3G手机 （金属灰）.jpg | 4300.00 | 东西很好哦！ |
| 15 | 000015 | 03 | 三星（SAMSUNG）I9100G ... | 黑色 | photos/三星（SAMSUNG）I9100G 至尊版（双电）3G... | 3700.00 | 触控体验好 |
| 16 | 000018 | 04 | 摩托罗拉（Motorola）Raz... | 桀... | photos/摩托罗拉（Motorola）Razr XT910 3G手机... | 2300.00 | |
| 17 | 000019 | 04 | 摩托罗拉（Motorola）ME8... | 白色 | photos/摩托罗拉（Motorola）ME865 3G手机（白色... | 2000.00 | 手机很好用 |
| 18 | 000020 | 04 | 摩托罗拉（Motorola）XT7... | 炫... | photos/摩托罗拉（Motorola）XT760 3G手机（炫视... | 1800.00 | 运行很流畅 |
| 19 | 000021 | 05 | 索尼（SONY）LT26w 3G | 白色 | photos/索尼（SONY）LT26w 3G手机（白色）.jpg | 4300.00 | 外观好看 |
| 20 | 000022 | 05 | 索尼（SONY）LT26i 3G | 白色 | photos/索尼（SONY）LT26i 3G手机（白色）.jpg | 3500.00 | 屏幕清晰 |
| 21 | 000023 | 05 | 索尼（SONY）LT22i 3G | 红色 | photos/索尼（SONY）LT22i 3G手机（红色）.jpg | 2600.00 | 很漂亮 |
| 22 | 000024 | 05 | 索尼（SONY）MT25i 3G | 白色 | photos/索尼（SONY）MT25i 3G手机（白色）.jpg | 1800.00 | 很好用 |
| 23 | 000025 | 05 | 索尼（SONY）MT25i 3G | 黑色 | photos/索尼（SONY）MT25i 3G手机（黑色）.jpg | 1300.00 | 小巧 |

图 8-31　学习“NOT”

查询 Products 表中 Description 不包含“good”的商品信息，在查询窗口中执行如下 SQL 语句，结果如图 8-32 所示。

```
SELECT * FROM Products WHERE Description NOT LIKE '%good%'
```

| | ProductID | SupplierID | ProductName | Color | ProductImage | Price | Description | Onha |
|---|---|---|---|---|---|---|---|---|
| 1 | 000001 | 01 | 苹果（APPLE）iPhone 6S 16G版 | 黑色 | photos/苹果（APPLE）iPhone 4S 16G版 3G手机（黑色）.jpg | 4799.00 | 很好 | 100 |
| 2 | 000002 | 01 | 苹果（APPLE）iPhone 6S 16G版 | 白色 | photos/苹果（APPLE）iPhone 4S 16G版 3G手机（白色）.jpg | 4799.00 | 很好 | 200 |
| 3 | 000003 | 01 | 苹果（APPLE）iPhone 5 8G版 WCDMA GSM | 白色 | photos/苹果（APPLE）iPhone 4 8G版 3G手机（白色）WCDMA GSM.jpg | 3500.00 | 很好 | 300 |
| 4 | 000004 | 01 | 苹果（APPLE）iPhone 6S 64G版 | 黑色 | photos/苹果（APPLE）iPhone 4S 64G版 3G手机（黑色）.jpg | 7000.00 | 很好 | 100 |
| 5 | 000005 | 01 | 苹果（APPLE）iPhone 6S 64G版 | 白色 | photos/苹果（APPLE）iPhone 4S 32G版 3G手机（白色）.jpg | 3500.00 | 很好 | 100 |
| 6 | 000006 | 02 | Lumia 640 | 黑色 | photos/Lumia 640.jpg | 900.00 | 很好 | 140 |
| 7 | 000007 | 02 | Lumia 640 XL | 钛灰色 | photos/Lumia 640 XL.jpg | 1300.00 | 不错 | 200 |
| 8 | 000008 | 02 | Lumia 650 | 红色 | photos/Lumia 650.jpg | 1200.00 | 不错 | 300 |
| 9 | 000009 | 02 | Lumia 950 | 云石白 | photos/Lumia 950.jpg | 4000.00 | 不错 | 300 |
| 10 | 000010 | 02 | Lumia 950XL | 白色 | photos/Lumia 950XL.jpg | 5000.00 | 不错 | 300 |
| 11 | 000011 | 03 | 三星（SAMSUNG）B9120 | 钛灰色 | photos/三星（SAMSUNG）B9120 3G手机（钛灰色）.jpg | 12000.00 | 不错 | 100 |
| 12 | 000018 | 04 | 摩托罗拉（Motorola）Razr XT910 | 黑色 | photos/摩托罗拉（Motorola）Razr XT910 3G手机（桀骜黑）.jpg | 2300.00 | | 100 |
| 13 | 000019 | 04 | 摩托罗拉（Motorola）ME865 | 白色 | photos/摩托罗拉（Motorola）ME865 3G手机（白色）.jpg | 2000.00 | nice | 100 |
| 14 | 000020 | 04 | 摩托罗拉（Motorola）XT760 | 钛灰色 | photos/摩托罗拉（Motorola）XT760 3G手机（炫视黑）.jpg | 1800.00 | nice | 100 |

图 8-32　学习“NOT”

查询 Products 表中价格不在 2800～3500 之间的商品信息，在查询窗口中执行如下 SQL 语句，结果如图 8-33 所示。

```
SELECT * FROM Products WHERE Price NOT BETWEEN 2800 AND 3500
```

该代码等同于：

```
SELECT * FROM Products WHERE Price<2800 or Price>3500
```

| | ProductID | SupplierID | ProductName | Color | ProductImage | Price | Description |
|---|---|---|---|---|---|---|---|
| 1 | 000001 | 01 | iPhone 4S 16G版 3G | 黑色 | photos/iPhone 4S 16G版 3G手机（黑色）.jpg | 4799.00 | 给LP的纪念日礼物~还不错 |
| 2 | 000002 | 01 | iPhone 4S 16G版 3G | 白色 | photos/iPhone 4S 16G版 3G手机（白色）.jpg | 4799.00 | 简单华丽 |
| 3 | 000004 | 01 | iPhone 4S 64G版 3G | 黑色 | photos/iPhone 4S 64G版 3G手机（黑色）.jpg | 7000.00 | 优点太多了 |
| 4 | 000006 | 02 | Lumia 640 | 黑色 | photos/Lumia 640（黑色）.jpg | 1300.00 | 触控体验还算可以 |
| 5 | 000007 | 02 | Lumia 640 XL | 黑色 | photos/Lumia 640 XL（黑色）.jpg | 1600.00 | 屏很牛 |
| 6 | 000008 | 02 | Lumia 535 | 蓝色 | photos/Lumia 535（蓝色）.jpg | 700.00 | 音质很好 |
| 7 | 000009 | 02 | Lumia 535 | 品红色 | photos/Lumia 535（品红色）.jpg | 700.00 | 照相好 |
| 8 | 000010 | 02 | Lumia 535 | 白色 | photos/Lumia 535（白色）.jpg | 700.00 | 系统还有很大的提高空间 |
| 9 | 000011 | 03 | 三星（SAMSUNG）B9120 3G | 钛灰色 | photos/三星（SAMSUNG）B9120 3G手机（钛灰色）.jpg | 12000.00 | 很有质感 |
| 10 | 000012 | 03 | 三星（SAMSUNG）Galaxy SIII I9300 3G | 云石白 | photos/三星（SAMSUNG）Galaxy SIII I9300 3G手机（云石白）.jpg | 5000.00 | 大气 |
| 11 | 000013 | 03 | 三星（SAMSUNG）Galaxy S3 I9308 3G | 青玉蓝 | photos/三星（SAMSUNG）Galaxy S3 I9308 3G手机（青玉蓝).jpg | 4600.00 | 简约 |
| 12 | 000014 | 03 | 三星（SAMSUNG）I929 3G | 金属灰 | photos/三星（SAMSUNG）I929 3G手机 （金属灰）.jpg | 4300.00 | 东西很好哦! |
| 13 | 000015 | 03 | 三星（SAMSUNG）I9100G 至尊版（双电）3G | 黑色 | photos/三星（SAMSUNG）I9100G 至尊版（双电）3G手机（黑色）.jpg | 3700.00 | 触控体验好 |
| 14 | 000017 | 04 | 摩托罗拉（Motorola）XT535 3G WCDMA GSM | 黑色 | photos/摩托罗拉（Motorola）XT535 3G手机（黑色）WCDMA GSM.jpg | 1300.00 | NULL |
| 15 | 000018 | 04 | 摩托罗拉（Motorola）Razr XT910 3G | 桀骜黑 | photos/摩托罗拉（Motorola）Razr XT910 3G手机（桀骜黑）.jpg | 2300.00 | |
| 16 | 000019 | 04 | 摩托罗拉（Motorola）ME865 3G | 白色 | photos/摩托罗拉（Motorola）ME865 3G手机（白色）.jpg | 2000.00 | 手机很好用 |
| 17 | 000020 | 04 | 摩托罗拉（Motorola）XT760 3G | 炫视黑 | photos/摩托罗拉（Motorola）XT760 3G手机（炫视黑）.jpg | 1800.00 | 运行很流畅 |
| 18 | 000021 | 05 | 索尼（SONY）LT26w 3G | 白色 | photos/索尼（SONY）LT26w 3G手机（白色）.jpg | 4300.00 | 外观好看 |
| 19 | 000023 | 05 | 索尼（SONY）LT22i 3G | 红色 | photos/索尼（SONY）LT22i 3G手机（红色）.jpg | 2600.00 | 很漂亮 |
| 20 | 000024 | 05 | 索尼（SONY）MT25i 3G | 白色 | photos/索尼（SONY）MT25i 3G手机（白色）.jpg | 1800.00 | 很好用 |
| 21 | 000025 | 05 | 索尼（SONY）MT25i 3G | 黑色 | photos/索尼（SONY）MT25i 3G手机（黑色）.jpg | 1300.00 | 小巧 |

图 8-33 学习“NOT”

（11）学习子查询“IN”。

想查询 Products 表中哪些商品有销售记录（在订单子表 OrderItems 中出现过）。

先来看看订单子表 OrderItems 中出现过哪些 ProductID，在查询窗口中执行如下 SQL 语句，不需要重复的 ProductID，所以使用了 DISTINCT 关键字，结果如图 8-34 所示。

```
SELECT DISTINCT ProductID FROM OrderItems
```

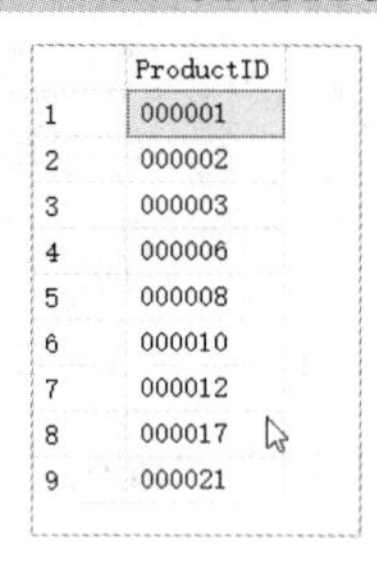

| | ProductID |
|---|---|
| 1 | 000001 |
| 2 | 000002 |
| 3 | 000003 |
| 4 | 000006 |
| 5 | 000008 |
| 6 | 000010 |
| 7 | 000012 |
| 8 | 000017 |
| 9 | 000021 |

图 8-34 学习子查询“IN”

那么，我们的目标可描述为 Products 表中 ProductID 在订单子表 OrderItems 中出现过的商品。在查询窗口中执行如下 SQL 语句，结果如图 8-35 所示。

```
    SELECT * FROM Products WHERE ProductID IN (SELECT DISTINCT ProductID
FROM OrderItems)
```

| | ProductID | SupplierID | ProductName | Color | ProductImage | Price | Description |
|---|---|---|---|---|---|---|---|
| 1 | 000001 | 01 | 苹果（APPLE）iPhone 6S 16G版 | 黑色 | photos/苹果（APPLE）iPhone 4S 16G版 3G手机（黑色）.jpg | 4799.00 | 很好 |
| 2 | 000002 | 01 | 苹果（APPLE）iPhone 6S 16G版 | 白色 | photos/苹果（APPLE）iPhone 4S 16G版 3G手机（白色）.jpg | 4799.00 | 很好 |
| 3 | 000003 | 01 | 苹果（APPLE）iPhone 5 8G版 WCDMA GSM | 白色 | photos/苹果（APPLE）iPhone 4 8G版 3G手机（白色）WCDMA GSM.jpg | 3500.00 | 很好 |
| 4 | 000006 | 02 | Lumia 640 | 黑色 | photos/Lumia 640.jpg | 900.00 | 很好 |
| 5 | 000008 | 02 | Lumia 650 | 红色 | photos/Lumia 650.jpg | 1200.00 | 不错 |
| 6 | 000010 | 02 | Lumia 950XL | 白色 | photos/Lumia 950XL.jpg | 5000.00 | 不错 |
| 7 | 000012 | 03 | 三星（SAMSUNG）Galaxy SIII I9300 | 云石白 | photos/三星（SAMSUNG）Galaxy SIII I9300 3G手机（云石白）.jpg | 5000.00 | good |
| 8 | 000017 | 04 | 摩托罗拉（Motorola）XT535 3G WCDMA GSM | 云石白 | photos/摩托罗拉（Motorola）XT535 3G手机（黑色）WCDMA GSM.jpg | 1300.00 | NULL |
| 9 | 000021 | 05 | 索尼（SONY）LT26w | 白色 | photos/索尼（SONY）LT26w 3G手机（白色）.jpg | 4300.00 | nice |

图 8-35 学习子查询“IN”

类似的，我们想查询没有任何销售记录的商品，可加上“NOT”关键字即可。在查询窗口中执行如下 SQL 语句，结果如图 8-36 所示。

```
    SELECT * FROM Products WHERE ProductID NOT IN (SELECT DISTINCT
ProductID FROM OrderItems)
```

| | ProductID | SupplierID | ProductName | Color | ProductImage |
|---|---|---|---|---|---|
| 1 | 000004 | 01 | 苹果（APPLE）iPhone 6S 64G版 | 黑色 | photos/苹果（APPLE）iPhone 4S 64G版 3G手机（黑色）.jpg |
| 2 | 000005 | 01 | 苹果（APPLE）iPhone 6S 64G版 | 白色 | photos/苹果（APPLE）iPhone 4S 32G版 3G手机（白色）.jpg |
| 3 | 000007 | 02 | Lumia 640 XL | 钛灰色 | photos/Lumia 640 XL.jpg |
| 4 | 000009 | 02 | Lumia 950 | 云石白 | photos/Lumia 950.jpg |
| 5 | 000011 | 03 | 三星（SAMSUNG）B9120 | 钛灰色 | photos/三星（SAMSUNG）B9120 3G手机（钛灰色）.jpg |
| 6 | 000013 | 03 | 三星（SAMSUNG）Galaxy S3 I9308 | 青玉蓝 | photos/三星（SAMSUNG）Galaxy S3 I9308 3G手机（青玉蓝).jpg |
| 7 | 000014 | 03 | 三星（SAMSUNG）I929 | 红色 | photos/三星（SAMSUNG）I929 3G手机 （金属灰）.jpg |
| 8 | 000015 | 03 | 三星（SAMSUNG）I9100G 至尊版（双电 | 黑色 | photos/三星（SAMSUNG）I9100G 至尊版（双电）3G手机（黑色）.jpg |
| 9 | 000016 | 04 | 摩托罗拉（Motorola）RAZR 锋芒 XT910 MAXX 劲量版 3G WCDMA | 黑色 | photos/摩托罗拉（Motorola）RAZR 锋芒 XT910 MAXX 劲量版 3G手机... |

图 8-36　学习子查询“IN”

## 8.2.3　聚合函数

最常用的聚合函数有：

COUNT：统计记录的个数

MAX：获取最大值

MIN：获取最小值

SUM：求和

AVG：求平均值

**【演练 8.9】**使用聚合函数 COUNT 统计记录的数量。

（1）统计总共有多少商品（Products 表有多少条记录）。

在查询窗口中执行如下 SQL 语句，结果如图 8-37 所示。

```
SELECT COUNT(*) FROM Products
```

| | (无列名) |
|---|---|
| 1 | 25 |

图 8-37　COUNT(*)

COUNT 的括号内可以是“*”或列名，如果是“*”则对所有记录计数，如果是列名则对所有列值不为空的记录计数。

因为 Products 表共有 25 条记录，所以返回结果为 25。

（2）在查询窗口中执行如下 SQL 语句，结果如图 8-38 所示。

```
SELECT COUNT(ProductID) FROM Products
```

| | (无列名) |
|---|---|
| 1 | 25 |

图 8-38　COUNT(ProductID)）

因为 ProductID 列的值都不为空，所以返回结果仍然为 25。

（3）在查询窗口中执行如下 SQL 语句，结果如图 8-39 所示。

```
SELECT COUNT(Description) FROM Products
```

| | (无列名) |
|---|---|
| 1 | 23 |

图 8-39　COUNT(Description)

因为有 2 条记录 Description 列的值为空，所以返回结果仍然为 25-2=23。

（4）查询用户 ID 为“zjh”的用户曾经使用过多少个收货地址。

在查询窗口中执行如下 SQL 语句，结果如图 8-40 所示。

```
SELECT COUNT(Address) FROM Orders WHERE UserID='zjh'
```

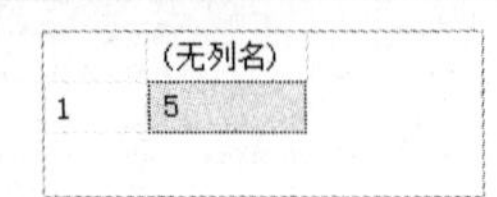

| | (无列名) |
|---|---|
| 1 | 5 |

图 8-40 COUNT(Description)

使用 COUNT(Address)，将计算 Orders 表中 UserID='zjh'的 Address 不为空的数量，即使地址重复也会累加计数，所以结果为 5。

我们的目标是曾经使用过多少个收货地址，当然不需要重复的地址，所以可以配合 DISTINCT 使用，在查询窗口中执行如下 SQL 语句，结果如图 8-41 所示。

```
SELECT COUNT(DISTINCT Address) FROM Orders WHERE UserID='zjh'
```

| | (无列名) |
|---|---|
| 1 | 2 |

图 8-41 COUNT(DISTINCT Address)

**【演练 8.10】**使用聚合函数 MAX 获取最大值。

（1）查询所有商品中最高的价格是多少。

在查询窗口中执行如下 SQL 语句，结果如图 8-42 所示。

```
SELECT MAX(Price) FROM Products
```

| | (无列名) |
|---|---|
| 1 | 12000.00 |

图 8-42 MAX

（2）MAX 综合应用：查询所有商品中价格最高的商品是什么。

在查询窗口中执行如下 SQL 语句，结果如图 8-43 所示。

```
SELECT * FROM Products WHERE Price=(SELECT MAX(Price) FROM Products)
```

| | ProductID | SupplierID | ProductName | Color | ProductImage | Price | Description |
|---|---|---|---|---|---|---|---|
| 1 | 000011 | 03 | 三星（SAMSUNG）B9120 3G | 钛灰色 | photos/三星（SAMSUNG）B9120 3G手机（钛灰色）.jpg | 12000.00 | 很有质感 |

图 8-43 MAX 综合应用

**【演练 8.11】**使用聚合函数 MIN 获取最小值。

查询所有商品中最低的价格是多少。

在查询窗口中执行如下 SQL 语句，结果如图 8-44 所示。

```
SELECT MIN(Price) FROM Products
```

| | (无列名) |
|---|---|
| 1 | 900.00 |

图 8-44 MIN

**【演练 8.12】**使用聚合函数 AVG 获取平均值。

（1）查询所有商品中最低的价格是多少。

在查询窗口中执行如下 SQL 语句，结果如图 8-45 所示。

```
SELECT AVG(Price) FROM Products
```

| | (无列名) |
|---|---|
| 1 | 3571.920000 |

图 8-45　AVG

（2）AVG 综合应用：查询所有价格高于平均价格的商品。

在查询窗口中执行如下 SQL 语句，结果如图 8-46 所示。

```
SELECT * FROM Products WHERE Price>(SELECT AVG(Price) FROM Products)
```

| | ProductID | SupplierID | ProductName | Color | ProductImage | Price | Description | Onh |
|---|---|---|---|---|---|---|---|---|
| 1 | 000001 | 01 | 苹果（APPLE）iPhone 6S 16G版 | 黑色 | photos/苹果（APPLE）iPhone 4S 16G版 3G手机（黑色）.jpg | 4799.00 | 很好 | 10( |
| 2 | 000002 | 01 | 苹果（APPLE）iPhone 6S 16G版 | 白色 | photos/苹果（APPLE）iPhone 4S 16G版 3G手机（白色）.jpg | 4799.00 | 很好 | 20( |
| 3 | 000004 | 01 | 苹果（APPLE）iPhone 6S 64G版 | 黑色 | photos/苹果（APPLE）iPhone 4S 64G版 3G手机（黑色）.jpg | 7000.00 | 很好 | 10( |
| 4 | 000009 | 02 | Lumia 950 | 云... | photos/Lumia 950.jpg | 4000.00 | 不错 | 30( |
| 5 | 000010 | 02 | Lumia 950XL | 白色 | photos/Lumia 950XL.jpg | 5000.00 | 不错 | 30( |
| 6 | 000011 | 03 | 三星（SAMSUNG）B9120 | 钛... | photos/三星（SAMSUNG）B9120 3G手机（钛灰色）.jpg | 12000.00 | 不错 | 10( |
| 7 | 000012 | 03 | 三星（SAMSUNG）Galaxy SII... | 云... | photos/三星（SAMSUNG）Galaxy SIII I9300 3G手机（云... | 5000.00 | good | 10( |
| 8 | 000013 | 03 | 三星（SAMSUNG）Galaxy S3 ... | 青... | photos/三星（SAMSUNG）Galaxy S3 I9308 3G手机（青玉... | 4600.00 | good | 10( |
| 9 | 000014 | 03 | 三星（SAMSUNG）I929 | 红色 | photos/三星（SAMSUNG）I929 3G手机 （金属灰）.jpg | 4300.00 | good | 10( |
| 10 | 000015 | 03 | 三星（SAMSUNG）I9100G 至... | 黑色 | photos/三星（SAMSUNG）I9100G 至尊版（双电）3G手机（... | 3700.00 | good | 10( |
| 11 | 000021 | 05 | 索尼（SONY）LT26w | 白色 | photos/索尼（SONY）LT26w 3G手机（白色）.jpg | 4300.00 | nice | 10( |

图 8-46　AVG 综合应用

### 8.2.4　统计汇总：GROUP BY、HAVING 子句

【GROUP BY】

从字面上理解就是“根据（BY）一定的规则进行分组（GROUP）”。

它的作用是通过一定的规则将一个数据集划分成若干个小的区域，然后针对若干个小区域进行数据处理。

GROUP BY 经常与聚合函数一起使用。

【HAVING】

HAVING 子句和 WHERE 子句都可以用来设定条件以使查询结果满足一定的条件限制。

HAVING 用于对聚合函数进行筛选，而 WHERE 子句中不能使用聚集函数。

**【演练 8.13】**GROUP BY、HAVING 子句示例。

（1）查询每个生产厂家的平均价格。

在查询窗口中执行如下 SQL 语句，结果如图 8-47 所示。

```
SELECT SupplierID,AVG(Price) FROM Products GROUP BY SupplierID
```

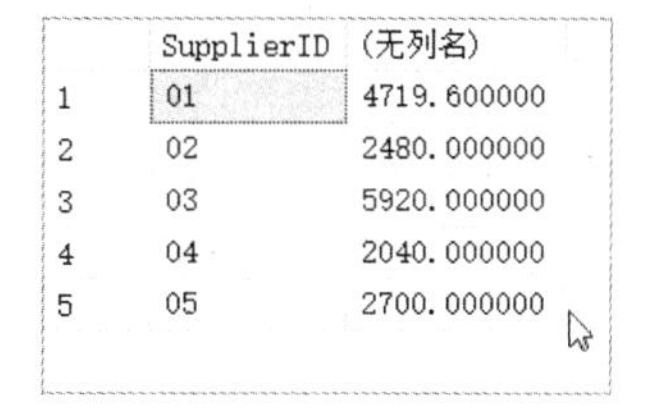

| | SupplierID | (无列名) |
|---|---|---|
| 1 | 01 | 4719.600000 |
| 2 | 02 | 2480.000000 |
| 3 | 03 | 5920.000000 |
| 4 | 04 | 2040.000000 |
| 5 | 05 | 2700.000000 |

图 8-47　GROUP BY

（2）查询每个生产厂家的平均价格，但只显示平均价格>3000 以上的。

在查询窗口中执行如下 SQL 语句，结果如图 8-48 所示。

```
SELECT SupplierID,AVG(Price) FROM Products GROUP BY SupplierID HAVING
AVG(Price)>3000
```

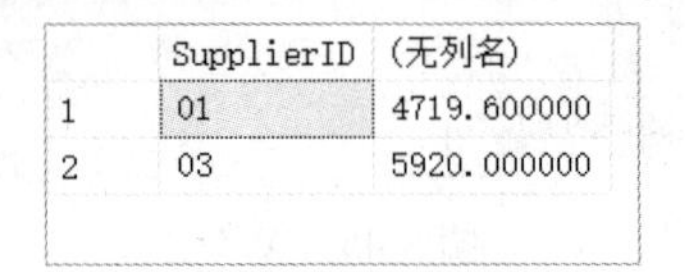

| | SupplierID | (无列名) |
|---|---|---|
| 1 | 01 | 4719.600000 |
| 2 | 03 | 5920.000000 |

图 8-48　HAVING

**【注意】**以上条件不能用 WHERE，如在查询窗口中执行如下 SQL 语句，结果如图 8-49 所示。

```
SELECT SupplierID,AVG(Price) FROM Products WHERE AVG(Price)>3000
GROUP BY SupplierID
```

消息 147，级别 15，状态 1，第 1 行
聚合不应出现在 WHERE 子句中，除非该聚合位于 HAVING 子句或选择列表所包含的子查询中，并且要对其进行聚合的列是外部引用。

100 %

图 8-49　错误使用能用 WHERE

（3）查询每个生产厂家的商品颜色为黑色的平均价格，但只显示平均价格>3000 以上的，并按平均价格由高到低排序。

在查询窗口中执行如下 SQL 语句，结果如图 8-50 所示。

```
SELECT SupplierID,AVG(Price) FROM Products
WHERE Color='黑色'
GROUP BY SupplierID
HAVING AVG(Price)>3000
ORDER BY AVG(Price) DESC
```

注意：WHERE、HAVING、GROUP BY、ORDER BY 的顺序，WHERE 条件、HAVING 条件。

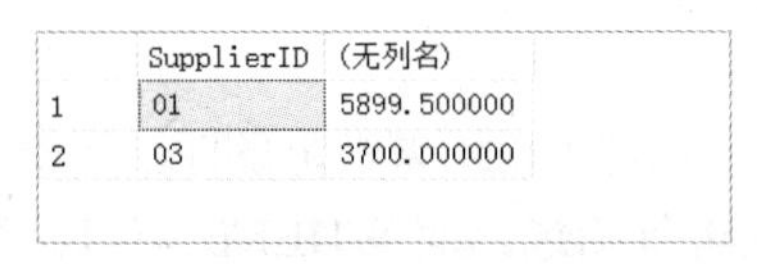

| | SupplierID | (无列名) |
|---|---|---|
| 1 | 01 | 5899.500000 |
| 2 | 03 | 3700.000000 |

图 8-50　综合应用

（4）统计所有订单中每种商品的销售总数量、销售总金额。

在查询窗口中执行如下 SQL 语句，结果如图 8-51 所示。

```
SELECT ProductID,SumJe=SUM(Amount*Price) FROM OrderItems GROUP BY
ProductID
```

| | ProductID | SumJe |
|---|---|---|
| 1 | 000001 | 9598.00 |
| 2 | 000002 | 14397.00 |
| 3 | 000003 | 10500.00 |
| 4 | 000006 | 28800.00 |
| 5 | 000008 | 1200.00 |
| 6 | 000010 | 5000.00 |
| 7 | 000012 | 10000.00 |
| 8 | 000017 | 1300.00 |
| 9 | 000021 | 8600.00 |

图 8-51　GROUP BY 综合应用

### 8.2.5　多表查询

为避免数据冗余、保持数据的一致性，经常通过代码来获取其相关信息。

如 Products 表中有 SupplierID（供应商代码），那么我们可以通过在 Suppliers 表中查找对应的 SupplierID 获取 SupplierName（供应商名称）等信息。

这样如果需要显示 Products 表中的所有信息和 SupplierName（供应商名称）的话，就需要从 Products、Suppliers 两张表中进行查询。所以叫做多表查询。

多表查询在项目开发中非常普遍，3、4 张表甚至更多的表进行连接查询都很常见，希望读者用心掌握。不过，万变不离其宗，初学者可先掌握好 2 张表的多表查询。

**【演练 8.14】**查询 Products 表中的所有信息并显示其对应的 SupplierName（供应商名称）。

（1）在查询窗口中执行如下 SQL 语句，结果如图 8-52 所示。

```
SELECT Products.*,SupplierName
FROM Products,Suppliers
WHERE Products.SupplierID=Suppliers.SupplierID
```

| | roductID | SupplierID | ProductName | Color | ProductImage | Price | Description | Onhand | SupplierName |
|---|---|---|---|---|---|---|---|---|---|
| 1 | 00001 | 01 | 苹果（APPLE）iPhone 6S 16G版 | 黑色 | photos/苹果（APPLE）iPhone 4S 16G版 3G手机（黑色）.jpg | 4799.00 | 很好 | 100 | 苹果 |
| 2 | 00002 | 01 | 苹果（APPLE）iPhone 6S 16G版 | 白色 | photos/苹果（APPLE）iPhone 4S 16G版 3G手机（白色）.jpg | 4799.00 | 很好 | 200 | 苹果 |
| 3 | 00003 | 01 | 苹果（APPLE）iPhone 5 8G版 WCDMA GSM | 白色 | photos/苹果（APPLE）iPhone 4 8G版 3G手机（白色）WCDMA GSM.jpg | 3500.00 | 很好 | 300 | 苹果 |
| 4 | 00004 | 01 | 苹果（APPLE）iPhone 6S 64G版 | 黑色 | photos/苹果（APPLE）iPhone 4S 64G版 3G手机（黑色）.jpg | 7000.00 | 很好 | 100 | 苹果 |
| 5 | 00005 | 01 | 苹果（APPLE）iPhone 6S 64G版 | 白色 | photos/苹果（APPLE）iPhone 4S 32G版 3G手机（白色）.jpg | 3500.00 | 很好 | 100 | 苹果 |
| 6 | 00006 | 02 | Lumia 640 | 黑色 | photos/Lumia 640.jpg | 900.00 | 很好 | 140 | 微软 |
| 7 | 00007 | 02 | Lumia 640 XL | 钛灰色 | photos/Lumia 640 XL.jpg | 1300.00 | 不错 | 200 | 微软 |
| 8 | 00008 | 02 | Lumia 650 | 红色 | photos/Lumia 650.jpg | 1200.00 | 不错 | 300 | 微软 |
| 9 | 00009 | 02 | Lumia 950 | 云石白 | photos/Lumia 950.jpg | 4000.00 | 不错 | 300 | 微软 |
| 10 | 00010 | 02 | Lumia 950XL | 白色 | photos/Lumia 950XL.jpg | 5000.00 | 不错 | 300 | 微软 |
| 11 | 00011 | 03 | 三星（SAMSUNG）B9120 | 钛灰色 | photos/三星（SAMSUNG）B9120 3G手机（钛灰色）.jpg | 1200... | 不错 | 100 | 三星 |
| 12 | 00012 | 03 | 三星（SAMSUNG）Galaxy SIII I9300 | 云石白 | photos/三星（SAMSUNG）Galaxy SIII I9300 3G手机（云石白）.jpg | 5000.00 | good | 100 | 三星 |
| 13 | 00013 | 03 | 三星（SAMSUNG）Galaxy S3 I9308 | 青玉蓝 | photos/三星（SAMSUNG）Galaxy S3 I9308 3G手机（青玉蓝）.jpg | 4600.00 | good | 100 | 三星 |
| 14 | 00014 | 03 | 三星（SAMSUNG）I929 | 红色 | photos/三星（SAMSUNG）I929 3G手机（金属灰）.jpg | 4300.00 | good | 100 | 三星 |
| 15 | 00015 | 03 | 三星（SAMSUNG）I9100G 至尊版（双电 | 黑色 | photos/三星（SAMSUNG）I9100G 至尊版（双电）3G手机（黑色）.jpg | 3700.00 | good | 100 | 三星 |
| 16 | 00016 | 04 | 摩托罗拉（Motorola）RAZR 锋芒 XT91... | 黑色 | photos/摩托罗拉（Motorola）RAZR 锋芒 XT910 MAXX 劲量版 3G... | 2800.00 | NULL | 100 | 摩托罗拉 |
| 17 | 00017 | 04 | 摩托罗拉（Motorola）XT535 3G WCDMA... | 云石白 | photos/摩托罗拉（Motorola）XT535 3G手机（黑色）WCDMA GSM.jpg | 1300.00 | NULL | 100 | 摩托罗拉 |
| 18 | 00018 | 04 | 摩托罗拉（Motorola）Razr XT910 | 黑色 | photos/摩托罗拉（Motorola）Razr XT910 3G手机（桀骜黑）.jpg | 2300.00 | | 100 | 摩托罗拉 |
| 19 | 00019 | 04 | 摩托罗拉（Motorola）ME865 | 白色 | photos/摩托罗拉（Motorola）ME865 3G手机（白色）.jpg | 2000.00 | nice | 100 | 摩托罗拉 |
| 20 | 00020 | 04 | 摩托罗拉（Motorola）XT760 | 钛灰色 | photos/摩托罗拉（Motorola）XT760 3G手机（炫视黑）.jpg | 1800.00 | nice | 100 | 摩托罗拉 |

图 8-52　显示商品表中对应的供应商名称

（2）使用别名简化代码：Products 使用别名 P，则在所有引用 Products 的地方都改用 P。Suppliers 使用别名 S，则在所有引用 Suppliers 的地方都改用 S。

别名的好处是在复杂的多表查询中可简化代码书写。

在查询窗口中执行如下 SQL 语句，结果和图 8-52 一样。

```
SELECT P.*,SupplierName
FROM Products P,Suppliers S
WHERE P.SupplierID=S.SupplierID
```

**【演练 8.15】**较复杂的多表查询：从 Orders OrderItems Products 表中查询订单详细信息。

在查询窗口中执行如下 SQL 语句，结果如图 8-53 所示。

```
SELECT O.*,ProductName,Color,Amount,OI.Price,Je=Amount*OI.Price
FROM Orders O,OrderItems OI,Products P
WHERE O.OrderID=OI.OrderID AND OI.ProductID=P.ProductID
ORDER BY OrderID
```

| | OrderID | OrderDate | UserID | Consignee | Tel | Address | ProductName | Color | Amount | Price | Je |
|---|---|---|---|---|---|---|---|---|---|---|---|
| 1 | 6714f7ec-daa3-4e71-a9fa-f2022f76cf7b | 2016-07-16 09:42:06.917 | zjh | 曾建华 | 13600000000 | 深圳南山 | 苹果（APPLE）iPhone 6S 16G版 | 黑色 | 1 | 4799.00 | 4799.00 |
| 2 | 7672EC54-6B5B-4DED-8EB3-0F757669DE89 | 2016-09-29 13:55:09.170 | test | 测试用户 | 13300000000 | 深圳福田 | 索尼（SONY）LT26w | 白色 | 2 | 4300.00 | 8600.00 |
| 3 | 7672EC54-6B5B-4DED-8EB3-0F757669DE89 | 2016-09-29 13:55:09.170 | test | 测试用户 | 13300000000 | 深圳福田 | 三星（SAMSUNG）Galaxy SIII I9300 | 云石白 | 1 | 5000.00 | 5000.00 |
| 4 | 87aaa3af-3161-4953-90dc-b3fdac919dc4 | 2015-12-02 14:54:24.000 | zjh | 曾建华 | 13600000000 | 深圳福田 | Lumia 650 | 红色 | 1 | 1200.00 | 1200.00 |
| 5 | 87aaa3af-3161-4953-90dc-b3fdac919dc4 | 2015-12-02 14:54:24.000 | zjh | 曾建华 | 13600000000 | 深圳福田 | Lumia 950XL | 白色 | 1 | 5000.00 | 5000.00 |
| 6 | b3a15937-48b1-40e4-bd35-bae765d24750 | 2016-08-31 11:17:11.240 | zjh | 曾建华 | 13600000000 | 深圳南山 | Lumia 640 | 黑色 | 2 | 900.00 | 1800.00 |
| 7 | b3a15937-48b1-40e4-bd35-bae765d24750 | 2016-08-31 11:17:11.240 | zjh | 曾建华 | 13600000000 | 深圳南山 | 三星（SAMSUNG）Galaxy SIII I9300 | 云石白 | 1 | 5000.00 | 5000.00 |
| 8 | cc5961bb-83b1-407d-a521-d316045a217c | 2016-05-21 09:43:31.980 | zjh | 曾建华 | 13600000000 | 深圳南山 | 苹果（APPLE）iPhone 6S 16G版 | 黑色 | 1 | 4799.00 | 4799.00 |
| 9 | d025d90b-6560-4f39-ae88-87f1b13cb061 | 2015-11-25 21:33:40.763 | zjh | 曾建华 | 13600000000 | 深圳南山 | 摩托罗拉（Motorola）XT535 3G WCDMA GSM | 云石白 | 1 | 1300.00 | 1300.00 |
| 10 | EB40E98C-11A2-40E6-B32C-3DC039D82C8D | 2016-11-29 08:55:54.623 | test | 测试用户 | 13300000000 | 深圳福田 | Lumia 640 | 黑色 | 10 | 900.00 | 9000.00 |

图 8-53　订单详细信息

【演练 8.16】多表查询、统计汇总综合应用：统计每种产品的累计销售金额。

（1）在查询窗口中执行如下 SQL 语句，结果如图 8-54 所示。

```
    SELECT Products.ProductID,ProductName,Color,SumJe=SUM(Amount*OrderItems.
Price)
    FROM OrderItems,Products
    WHERE OrderItems.ProductID=Products.ProductID
    GROUP BY Products.ProductID,ProductName,Color
```

| | ProductID | ProductName | Color | SumJe |
|---|---|---|---|---|
| 1 | 000001 | 苹果（APPLE）iPhone 6S 16G版 | 黑色 | 9598.00 |
| 2 | 000002 | 苹果（APPLE）iPhone 6S 16G版 | 白色 | 14397.00 |
| 3 | 000003 | 苹果（APPLE）iPhone 5 8G版　WCDMA GSM | 白色 | 10500.00 |
| 4 | 000006 | Lumia 640 | 黑色 | 28800.00 |
| 5 | 000008 | Lumia 650 | 红色 | 1200.00 |
| 6 | 000010 | Lumia 950XL | 白色 | 5000.00 |
| 7 | 000012 | 三星（SAMSUNG）Galaxy SIII I9300 | 云石白 | 10000.00 |
| 8 | 000017 | 摩托罗拉（Motorola）XT535 3G WCDMA GSM | 云石白 | 1300.00 |
| 9 | 000021 | 索尼（SONY）LT26w | 白色 | 8600.00 |

图 8-54　统计每种产品的累计销售金额

（2）WHERE 等价于 JOIN：在查询窗口中执行如下 SQL 语句，结果仍然如图 8-54 所示。

```
    SELECT Products.ProductID,ProductName,Color,SumJe=SUM(Amount*OrderItems.
Price)
    FROM Products join OrderItems ON
Products.ProductID=OrderItems.ProductID
    GROUP BY Products.ProductID,ProductName,Color
```

（3）LEFT JOIN：汇总各商品的销售额，即使该商品没有任何销售记录。

在查询窗口中执行如下 SQL 语句，结果如图 8-55 所示。注意观察，LEFT 保证了 Products 表中的数据都出现在结果中，即使 SumJe 为 NULL。

```
    SELECT Products.ProductID,ProductName,Color,SumJe=SUM(Amount*OrderItems.
Price)
    FROM Products left join OrderItems ON Products.ProductID=OrderItems.
ProductID
    GROUP BY Products.ProductID,ProductName,Color
```

（4）RIGHT JOIN 和 LEFT JOIN 对称交换位置后实质上是一样的，通常 LEFT JOIN 更适合我们观察数据的习惯。

使用 RIGHT JOIN 汇总各商品的销售额，即使该商品没有任何销售记录。

在查询窗口中执行如下 SQL 语句，结果仍然如图 8-55 所示。

|  | ProductID | ProductName | Color | SumJe |
|---|---|---|---|---|
| 1 | 000001 | 苹果（APPLE）iPhone 6S 16G版 | 黑色 | 9598.00 |
| 2 | 000002 | 苹果（APPLE）iPhone 6S 16G版 | 白色 | 14397.00 |
| 3 | 000003 | 苹果（APPLE）iPhone 5 8G版 WCDMA GSM | 白色 | 10500.00 |
| 4 | 000004 | 苹果（APPLE）iPhone 6S 64G版 | 黑色 | NULL |
| 5 | 000005 | 苹果（APPLE）iPhone 6S 64G版 | 白色 | NULL |
| 6 | 000006 | Lumia 640 | 黑色 | 28800.00 |
| 7 | 000007 | Lumia 640 XL | 钛灰色 | NULL |
| 8 | 000008 | Lumia 650 | 红色 | 1200.00 |
| 9 | 000009 | Lumia 950 | 云石白 | NULL |
| 10 | 000010 | Lumia 950XL | 白色 | 5000.00 |
| 11 | 000011 | 三星（SAMSUNG）B9120 | 钛灰色 | NULL |
| 12 | 000012 | 三星（SAMSUNG）Galaxy SIII I9300 | 云石白 | 10000.00 |
| 13 | 000013 | 三星（SAMSUNG）Galaxy S3 I9308 | 青玉蓝 | NULL |
| 14 | 000014 | 三星（SAMSUNG）I929 | 红色 | NULL |
| 15 | 000015 | 三星（SAMSUNG）I9100G 至尊版（双电 | 黑色 | NULL |
| 16 | 000016 | 摩托罗拉（Motorola）RAZR 锋芒 XT91... | 黑色 | NULL |
| 17 | 000017 | 摩托罗拉（Motorola）XT535 3G WCDMA... | 云石白 | 1300.00 |
| 18 | 000018 | 摩托罗拉（Motorola）Razr XT910 | 黑色 | NULL |

图 8-55　使用 left join 统计每种产品的累计销售金额

```
    SELECT Products.ProductID,ProductName,Color,SumJe=SUM(Amount*OrderItems.
Price)
    FROM OrderItems right join Products ON
Products.ProductID=OrderItems.ProductID
    GROUP BY Products.ProductID,ProductName,Color
```

【代码异同对比】

```
    LEFT JOIN:  Products LEFT JOIN OrderItems
    RIGHT JOIN: OrderItems RIGHT JOIN Products
```

### 8.2.6　公用表表达式（CTE）

指定临时命名的结果集，这个结果集称为公用表表达式 (CTE)。

语法如下：

```
    WITH 临时结果集变量名 AS
    (
        SELECT 语句
    )
```

【演练 8.17】查询 Products 表中按颜色分组商品数量大于等于 3 种的颜色。

在查询窗口中执行如下 SQL 语句，结果如图 8-56 所示。

|  | Color | 数量 |
|---|---|---|
| 1 | 白色 | 8 |
| 2 | 黑色 | 7 |
| 3 | 红色 | 3 |
| 4 | 钛灰色 | 3 |
| 5 | 云石白 | 3 |

图 8-56　查询 Products 表中按颜色分组商品数量大于等于 3 种的颜色

```
    WITH tempColor AS
    (
      SELECT Color,数量=COUNT(*) FROM Products GROUP BY Color
    )
    SELECT * FROM tempColor WHERE 数量>=3
```

【说明】本例可能不太体现 CTE 的优势。但是，特别在复杂查询中灵活使用 CTE 可简化代码并增强代码的可读性，希望读者能在实际开发中慢慢体会。

### 8.2.7　即席查询分页（分页查询）

考虑如下情形，某 SELECT 语句返回结果为几十万条数据，如果将这么大量的数据一次性下载到客户端将导致：① 服务器负担加重；② 客户端响应速度变慢甚至是不能容忍的。实际上用户一次性看到的数据也就几十上百条左右，所以我们可根据情况单次只查询部分数据，然后以分页的方式获取所需的全部数据。通常称为“分页查询”。

【演练 8.18】查询 Products 表中的部分数据，从第 11 行开始取 5 行。

在查询窗口中执行如下 SQL 语句，结果如图 8-57 所示。

```
SELECT * FROM Products
ORDER BY ProductID
OFFSET 10 ROWS  --相对于首行偏移10行，相当于从第11行开始
FETCH NEXT 5 ROWS ONLY  --取5行数据
```

| | ProductID | SupplierID | ProductName | Color | ProductImage | Price | Description | Onhand |
|---|---|---|---|---|---|---|---|---|
| 1 | 000011 | 03 | 三星（SAMSUNG）B9120 | 钛灰色 | photos/三星（SAMSUNG）B9120 3G手机（钛灰色）.jpg | 12000.00 | 不错 | 100 |
| 2 | 000012 | 03 | 三星（SAMSUNG）Galaxy SIII I9300 | 云石白 | photos/三星（SAMSUNG）Galaxy SIII I9300 3G手机（云石白）.jpg | 5000.00 | good | 100 |
| 3 | 000013 | 03 | 三星（SAMSUNG）Galaxy S3 I9308 | 青玉蓝 | photos/三星（SAMSUNG）Galaxy S3 I9308 3G手机（青玉蓝）.jpg | 4600.00 | good | 100 |
| 4 | 000014 | 03 | 三星（SAMSUNG）I929 | 红色 | photos/三星（SAMSUNG）I929 3G手机 （金属灰）.jpg | 4800.00 | good | 100 |
| 5 | 000015 | 03 | 三星（SAMSUNG）I9100G 至尊版（双电 | 黑色 | photos/三星（SAMSUNG）I9100G 至尊版（双电）3G手机（黑色）.jpg | 3700.00 | good | 100 |

图 8-57 即席查询分页

【说明】本例虽然简单，后续章节将配合变量演练实用的分页查询。

## 实 训

【实训 1】查询 Employees 表中的所有信息，写出 SQL 语句。

【实训 2】查询 Employees 表中姓名中包含“华”的所有员工信息，写出 SQL 语句。

【实训 3】查询 Employees 表的所有员工信息，包括员工所属的部门名称，查询结果如下图所示，写出 SQL 语句。

| EmployeeID | EmployeeName | DepartID | DepartName |
|---|---|---|---|
| 000001 | 张三 | 01 | 财务部 |
| 000002 | 李四 | 01 | 财务部 |
| 000003 | 黄磊 | 01 | 财务部 |
| 000004 | 朱丽 | 02 | 销售部 |
| 000005 | 杨华 | 02 | 销售部 |
| 000006 | 艾锋 | 03 | 技术部 |

【实训 4】统计各部门人数，写出 SQL 语句。

| DepartID | DepartName | 人数 |
|---|---|---|
| 01 | 财务部 | 3 |
| 02 | 销售部 | 2 |
| 03 | 技术部 | 1 |

【实训 5】显示人数最多的部门的员工信息，如财务部人数最多，将显示结果如下，写出 SQL 语句。

| | DepartID | DepartName |
|---|---|---|
| 1 | 01 | 财务部 |

# 第 9 章　SQL 编程、函数

【学习目标】

- 理解为了处理更复杂的情形，SQL 也提供了强大的编程功能
- 熟练掌握 IF、WHILE 等语句
- 理解函数的作用
- 熟练使用常用系统函数
- 学会如何创建和使用自定义函数

## 9.1　SQL 编程

### 9.1.1　概述

本节主要讲述 SQL 编程中的：定义变量、变量赋值、IF 条件语句、WHILE 循环语句。虽然是最基本的几条命令，但配合 SELECT、INSERT、UPDATE、DELETE 命令可以编程完成非常强大的功能。

### 9.1.2　编程实例

下面我们通过一个例子来学习 SQL 编程常用的基本语法：注释、变量、IF 语句、WHILE 语句。

【演练 9.1】利用 WHILE 语句逐一 PRINT 每一条商品代码、名称、价格。

在查询窗口中执行如下 SQL 语句，结果如图 9-1 所示。

```
--定义变量，变量以@符号开头，语法格式为DECLARE @变量名 数据类型，又如：
DECLARE @i int,@COUNT int
--赋值语句也可写为SELECT @i=1
SET @i=1
SET @COUNT=(SELECT COUNT(*) FROM Products)
IF @COUNT>100
BEGIN
  PRINT '商品数量好多啊！'
END else
BEGIN
  PRINT '商品数量不够丰富哦！'
END
--WHILE循环语句，内容以BEGIN END开始结束
WHILE @i<=@COUNT
BEGIN
  PRINT '这是第'+str(@I,6)+' 记录！'
```

```
    SET @i=@i+1
  END
```

虽然只是一个简单的例子，希望读者能够掌握基本的编程语法并在以后的实际开发中灵活使用。

图 9-1 演练 9.1 结果

# 9.2 函数

## 9.2.1 系统函数

1. 字符串函数

表 9-1 列出了常用的字符串函数。

表 9-1 字符串函数

| 函数 | 功能 |
|---|---|
| space(整型表达式) | 返回 n 个空格组成的字符串，n 是整型表达式的值 |
| len(字符表达式) | 返回字符表达式的字符（而不是字节）个数 |
| datalength(expressiON ) | 返回表达式所占用的字节数 |
| right (字符表达式，整型表达式) | 从字符表达式中返回最右边的 n 个字符，n 是整型表达式的值 |
| left (字符表达式，整型表达式) | 从字符表达式中返回最左边的 n 个字符，n 是整型表达式的值 |
| SUBSTRING(字符表达式，起始点，n) | 返回字符串表达式中从“起始点”开始的 n 个字符 |
| str(浮点表达式[，长度[，小数]]) | 将浮点表达式转换为给定长度的字符串，小数点后的位数由给出的“小数”决定 |
| ltrim(字符表达式) | 去掉字符表达式的前导空格 |
| rtrim(字符表达式) | 去掉字符表达式的尾部空格 |
| lower(字符表达式) | 将字符表达式的字母转换为小写字母 |
| upper(字符表达式) | 将字符表达式的字母转换为大写字母 |
| reverse(字符表达式) | 返回字符表达式的逆序 |
| charindex(字符表达式 1，字符表达式 2，[开始位置]) | 返回字符表达式 1 在字符表达式 2 的开始位置，可从所给出的“开始位置”进行查找，如果没指定开始位置，或者指定为负数或 0，则默认从字符表达式 2 的开始位置查找 |
| replicate (字符表达式，整型表达式) | 将字符表达式重复多次，整数表达式给出重复的次数 |

【演练 9.2】通过实例学习字符串函数。

在查询窗口中执行如下 SQL 语句。

```
--space(n)，产生n个空格
SELECT '1'+space(10)+'1'
--获取字符串的字符个数，英文“abc”=3
SELECT len('abc')
--获取字符串的字符个数，中文“计算机”=3
SELECT len('计算机')
--获取字符串的占用的字节数，英文“abc”=3
```

```
SELECT datalength('abc')
--获取字符串的占用的字节数，中文“计算机”=6
SELECT datalength('计算机')
--“abcedf”的左边两个字符=“ab”
SELECT left('abcdef',2)
--“abcedf”的右边两个字符=“ef”
SELECT right('abcdef',2)
--“123456”从第3个位置开始取2个字符=“34”，sql中字符位置从1（不是0）开始
SELECT SUBSTRING('123456',3,2)
--将字符串“12345.678”转换为长度为10，小数位数2位的数字（四舍五入）
SELECT str('12345.678',10,2)
--将字符串“12345.678”转换为长度为10，小数位数1位的数字（四舍五入）SELECT
str('12345.678',10,1)
SELECT str('12345.678',3,1)
--ltrim去掉左边空格
SELECT '1'+ltrim('   abc   ')+'1'
--rtrim去掉右边空格
SELECT '1'+rtrim('   abc   ')+'1'
--想去掉左右两边空格ltrim联合rtrim使用
SELECT '1'+ltrim(rtrim('   abc   '))+'1'
--转换为小写
SELECT lower('aBCdef')
--转换为大写
SELECT upper('aBCdef')
--反转“abc”="cba"
SELECT reverse('abc')
--重复“ab”3次
SELECT replicate('ab',3)
--从最开始查找“ab”在“abc123abc456”中第一次出现的位置
SELECT charindex('ab','abc123abc456',0)
--从位置3开始查找“ab”在“abc123abc456”中第一次出现的位置
SELECT charindex('ab','abc123abc456',3)
```

2. 数学函数

表 9-2 列出了常用的数学函数。

**表 9-2　数学函数**

| 函数 | 功能 |
| --- | --- |
| abs(数值表达式) | 返回表达式的绝对值（正值） |
| pi( ) | 返回π的值 3.141 592 653 589 793 1 |
| power(数字表达式，幂) | 返回数字表达式值的指定次幂的值 |
| round(数值表达式，整型表达式) | 将数值表达式四舍五入为整型表达式所给定的精度 |
| sqrt(浮点表达式) | 返回一个浮点表达式的平方根 |

**【演练 9.3】**通过实例学习数学函数。

在查询窗口中执行如下 SQL 语句。

```
--“-3”和“3”的绝对值
SELECT abs(-3),abs(3)
--π
SELECT pi()
--3的2次方
SELECT power(3,2)
--4的2次方
SELECT power(4,2)
--4的3次方
SELECT power(4,3)
--4的平方根
SELECT sqrt(4)
--到小数点后1位处四舍五入
SELECT round(12345.678,1)
--到小数点后2位处四舍五入
SELECT round(12345.678,2)
--到小数点前2位处四舍五入
SELECT round(12345.678,-2)
```

3. 日期函数

表 9-3 列出了常用的日期函数，表 9-4 列出了日期元素及其缩写。

表 9-3 日期函数

| 函数 | 功能 |
|---|---|
| GETDATE () | 返回服务器的当前系统日期和时间 |
| dataepart(日期元素，日期) | 返回指定日期的一部分，以整数返回 |
| dateADD (日期元素，数值，日期) | 将日期元素加上日期产生新的日期 |
| year(日期) | 返回年份（整数） |
| month(日期) | 返回月份（整数） |
| day(日期) | 返回某月几号的整数值 |

表 9-4 日期元素及其缩写和取值范围

| 日期元素 | 缩写 | 取值范围 |
|---|---|---|
| year | yy | 1 753~9 999 |
| month | mm | 1~ 12 |
| day | dd | 1~ 31 |
| day of year | dy | 1~ 366 |
| week | wk | 0~ 52 |
| weekday | dw | 1-7 |
| hour | hh | 0~ 23 |
| MINute | mi | 0~ 59 |
| second | ss | 0~ 59 |
| millisecond | ms | 0~ 999 |

【演练 9.4】通过实例学习日期函数。

在查询窗口中执行如下 SQL 语句。

```
--获取当前日期时间
SELECT GETDATE()
--获取指定日期的年
SELECT datepart(yy,'2016-02-28 14:27:02')
--获取指定日期的月
SELECT datepart(mm,'2016-02-28 14:27:02')
--获取指定日期的日
SELECT datepart(dd,'2016-02-28 14:27:02')
--获取当前日期的日
SELECT datepart(dd,GETDATE())
--指定日期+6年
SELECT dateadd(yy,6,'2016-02-28 14:27:02')
--指定日期+6天（6天后）
SELECT dateadd(dd,6,'2016-02-28 14:27:02')
--指定日期-6天（6天前）
SELECT dateadd(dd,-6,'2016-02-28 14:27:02')
--当前日期+6天
SELECT dateadd(dd,6,GETDATE())
--获取指定日期的年
SELECT year('2016-02-28 14:27:02')
--获取指定日期的月
SELECT month('2016-02-28 14:27:02')
--获取指定日期的日
SELECT day('2016-02-28 14:27:02')
--获取当前日期的日
SELECT day(GETDATE())
```

4. 系统函数

表 9-5 列出了常用的系统函数。

表 9-5　系统函数

| 系统函数 | 功能 |
|---|---|
| CASE 表达式 | 计算条件列表，并返回表达式的多个可能结果之一 |
| cASt(expressiON AS data_type) | 将表达式显式转换为另一种数据类型 |
| convert(data_type[(length)], expressiON [, style]) | 将表达式显式转换为另一种数据类型。CAST 和 convert 提供相似的功能 |
| ISNULL(CHECK_expression,replacement_value) | 表达式值为 NULL 时，用指定的替换值进行替换 |
| NEWID() | 生成全局唯一标识符 |

【演练 9.5】

通过实例学习系统函数。

在查询窗口中执行如下 SQL 语句。

```
--将数字“10”转换为字符串（长度为2）
```

```
SELECT cASt(10 AS nvarchar(2))
--数字和字符串相加需进行类型转换
SELECT '合计金额是:'+cASt(10 AS nvarchar(2))+'元'
SELECT '合计金额是:'+cASt(10 AS nvarchar(8))+'元'
--将数字转换为自己定义的长度
SELECT AVG(Price),cASt(AVG(Price) AS decimal(10,2)) FROM Products
--将字符串转化为数字后进行运算
SELECT cASt('10' AS int)*0.9
--将数字转换为字符串
SELECT convert(nvarchar(8),10)
--将数字转换为字符串后和其他字符串连接
SELECT '合计金额是:'+convert(nvarchar(2),10)+'元'
--NEWID()生成全局唯一标识符
SELECT NEWID()
--3不为空，结果为3，NULL为空，结果为0
SELECT ISNULL(3,0),ISNULL(NULL,0)
--空值运算需要注意的问题3+NULL=NULL
SELECT 3+NULL
--如果不希望上述结果，可改写为
SELECT 3+ISNULL(NULL,0)
```

**【演练 9.6】**统计每种产品的销售总金额，如果没有任何销量则显示为 0。

在查询窗口中执行如下 SQL 语句，结果如图 9-2 所示。

```
SELECT Products.ProductID,ProductName,Color,SumJe=ISNULL(SUM(Amount*
OrderItems.Price),0)
FROM Products left join OrderItems ON Products.ProductID=OrderItems.
ProductID
GROUP BY Products.ProductID,ProductName,Color ORDER BY SumJe desc
```

| | ProductID | ProductName | Color | SumJe |
|---|---|---|---|---|
| 1 | 000006 | Lumia 640 | 黑色 | 28800.00 |
| 2 | 000002 | 苹果（APPLE）iPhone 6S 16G版 | 白色 | 14397.00 |
| 3 | 000003 | 苹果（APPLE）iPhone 5 8G版 WCDMA GSM | 白色 | 10500.00 |
| 4 | 000012 | 三星（SAMSUNG）Galaxy SIII I9300 | 云石白 | 10000.00 |
| 5 | 000001 | 苹果（APPLE）iPhone 6S 16G版 | 黑色 | 9598.00 |
| 6 | 000021 | 索尼（SONY）LT26w | 白色 | 8600.00 |
| 7 | 000010 | Lumia 950XL | 白色 | 5000.00 |
| 8 | 000017 | 摩托罗拉（Motorola）XT535 3G WCDMA GSM | 云石白 | 1300.00 |
| 9 | 000008 | Lumia 650 | 红色 | 1200.00 |
| 10 | 000009 | Lumia 950 | 云石白 | 0.00 |
| 11 | 000007 | Lumia 640 XL | 钛灰色 | 0.00 |
| 12 | 000004 | 苹果（APPLE）iPhone 6S 64G版 | 黑色 | 0.00 |

图 9-2　使用 ISNULL 将 NULL 转换为 0

**【演练 9.7】**对比以下 SQL 语句，体会不要忘记处理空值的情形。

在查询窗口中执行如下 SQL 语句，结果如图 9-3 所示。

```
SELECT * FROM Products WHERE Description='' or Description is NULL
SELECT * FROM Products WHERE Description=''
SELECT * FROM Products WHERE Description is NULL
```

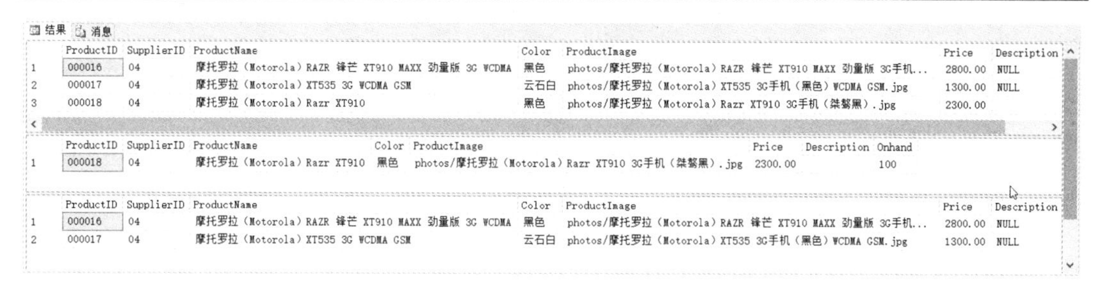
结果　消息

| | ProductID | SupplierID | ProductName | Color | ProductImage | Price | Description |
|---|---|---|---|---|---|---|---|
| 1 | 000016 | 04 | 摩托罗拉（Motorola）RAZR 锋芒 XT910 MAXX 劲量版 3G WCDMA | 黑色 | photos/摩托罗拉（Motorola）RAZR 锋芒 XT910 MAXX 劲量版 3G手机... | 2800.00 | NULL |
| 2 | 000017 | 04 | 摩托罗拉（Motorola）XT535 3G WCDMA GSM | 云石白 | photos/摩托罗拉（Motorola）XT535 3G手机（黑色）WCDMA GSM.jpg | 1300.00 | NULL |
| 3 | 000018 | 04 | 摩托罗拉（Motorola）Razr XT910 | 黑色 | photos/摩托罗拉（Motorola）Razr XT910 3G手机（桀骜黑）.jpg | 2300.00 | |

| | ProductID | SupplierID | ProductName | Color | ProductImage | Price | Description | Onhand |
|---|---|---|---|---|---|---|---|---|
| 1 | 000018 | 04 | 摩托罗拉（Motorola）Razr XT910 | 黑色 | photos/摩托罗拉（Motorola）Razr XT910 3G手机（桀骜黑）.jpg | 2300.00 | | 100 |

| | ProductID | SupplierID | ProductName | Color | ProductImage | Price | Description |
|---|---|---|---|---|---|---|---|
| 1 | 000016 | 04 | 摩托罗拉（Motorola）RAZR 锋芒 XT910 MAXX 劲量版 3G WCDMA | 黑色 | photos/摩托罗拉（Motorola）RAZR 锋芒 XT910 MAXX 劲量版 3G手机... | 2800.00 | NULL |
| 2 | 000017 | 04 | 摩托罗拉（Motorola）XT535 3G WCDMA GSM | 云石白 | photos/摩托罗拉（Motorola）XT535 3G手机（黑色）WCDMA GSM.jpg | 1300.00 | NULL |

图 9-3　对比体会不要忘记处理空值的情形

**【总结：使用空值注意事项】**

（1）若要在 SQL 语句中测试某列是否为空值，可以在 WHERE 子句中使用 IS NULL 或 IS NOT NULL 语句。

（2）如果包含空值列，某些计算（如平均值）可能达不到预期的结果，所以在执行计算时要根据需要消除空值，或者根据需要对空值进行相应替换。

**【建议】**由于空值会导致查询时变得稍微复杂，所以为了减少 SQL 语句的复杂性，建议在允许的情形下不要允许空值。

**【演练 9.8】**掌握 CASE 语句。

（1）CASE 的值为字符串类型时：应用在查询窗口中执行如下 SQL 语句，结果如图 9-4 所示。

```
SELECT *, ColorKind = CASE Color
     WHEN '白色'    THEN '浅色系'
     WHEN '金属灰'  THEN '浅色系'
     WHEN '黑色'    THEN '深色系'
     WHEN '桀骜黑'  THEN '深色系'
     WHEN '炫视黑'  THEN '深色系'
     ELSE '其他'
  END
FROM Products
```

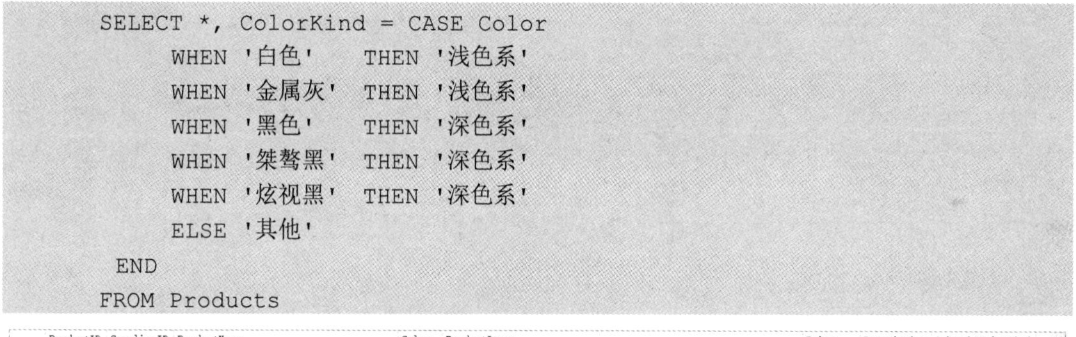

| | ProductID | SupplierID | ProductName | Color | ProductImage | Price | Description | Onhand | ColorKind |
|---|---|---|---|---|---|---|---|---|---|
| 1 | 000001 | 01 | 苹果（APPLE）iPhone 6S 16G版 | 黑色 | photos/苹果（APPLE）iPhone 4S 16G版 3G手机（黑色）.jpg | 4799.00 | 很好 | 100 | 深色系 |
| 2 | 000002 | 01 | 苹果（APPLE）iPhone 6S 16G版 | 白色 | photos/苹果（APPLE）iPhone 4S 16G版 3G手机（白色）.jpg | 4799.00 | 很好 | 200 | 浅色系 |
| 3 | 000003 | 01 | 苹果（APPLE）iPhone 5 8G版 WCDMA GSM | 白色 | photos/苹果（APPLE）iPhone 4 8G版 3G手机（白色）WCDMA GSM.jpg | 3500.00 | 很好 | 300 | 浅色系 |
| 4 | 000004 | 01 | 苹果（APPLE）iPhone 6S 64G版 | 黑色 | photos/苹果（APPLE）iPhone 4S 64G版 3G手机（黑色）.jpg | 7000.00 | 很好 | 100 | 深色系 |
| 5 | 000005 | 01 | 苹果（APPLE）iPhone 6S 64G版 | 白色 | photos/苹果（APPLE）iPhone 4S 32G版 3G手机（白色）.jpg | 3500.00 | 很好 | 100 | 浅色系 |
| 6 | 000006 | 02 | Lumia 640 | 黑色 | photos/Lumia 640.jpg | 900.00 | 很好 | 140 | 深色系 |
| 7 | 000007 | 02 | Lumia 640 XL | 钛灰色 | photos/Lumia 640 XL.jpg | 1300.00 | 不错 | 200 | 其他 |
| 8 | 000008 | 02 | Lumia 650 | 红色 | photos/Lumia 650.jpg | 1200.00 | 不错 | 300 | 其他 |
| 9 | 000009 | 02 | Lumia 950 | 云石白 | photos/Lumia 950.jpg | 4000.00 | 不错 | 300 | 其他 |
| 10 | 000010 | 02 | Lumia 950XL | 白色 | photos/Lumia 950XL.jpg | 5000.00 | 不错 | 300 | 浅色系 |
| 11 | 000011 | 03 | 三星（SAMSUNG）B9120 | 钛灰色 | photos/三星（SAMSUNG）B9120 3G手机（钛灰色）.jpg | 12000.00 | 不错 | 100 | 其他 |
| 12 | 000012 | 03 | 三星（SAMSUNG）Galaxy SIII I9300 | 云石白 | photos/三星（SAMSUNG）Galaxy SIII I9300 3G手机（云石白）.jpg | 5000.00 | good | 100 | 其他 |

图 9-4　CASE 的值为字符串类型时

（2）对比观察上面语句注释掉 ELSE 后的结果：应用在查询窗口中执行如下 SQL 语句，结果如图 9-5 所示。

```
SELECT *, ColorKind = CASE Color
     WHEN '白色'    THEN '浅色系'
     WHEN '金属灰'  THEN '浅色系'
     WHEN '黑色'    THEN '深色系'
     WHEN '桀骜黑'  THEN '深色系'
     WHEN '炫视黑'  THEN '深色系'
```

```
        --ELSE '其他'
    END
  FROM Products
```

| | ProductID | SupplierID | ProductName | Color | ProductImage | Price | Description | Onhand | ColorKind |
|---|---|---|---|---|---|---|---|---|---|
| 1 | 000001 | 01 | 苹果（APPLE）iPhone 6S 16G版 | 黑色 | photos/苹果（APPLE）iPhone 4S 16G版 3G手机（黑色）.jpg | 4799.00 | 很好 | 100 | 深色系 |
| 2 | 000002 | 01 | 苹果（APPLE）iPhone 6S 16G版 | 白色 | photos/苹果（APPLE）iPhone 4S 16G版 3G手机（白色）.jpg | 4799.00 | 很好 | 200 | 浅色系 |
| 3 | 000003 | 01 | 苹果（APPLE）iPhone 5 8G版 WCDMA GSM | 白色 | photos/苹果（APPLE）iPhone 4 8G版 3G手机（白色）WCDMA GSM.jpg | 3500.00 | 很好 | 300 | 浅色系 |
| 4 | 000004 | 01 | 苹果（APPLE）iPhone 6S 64G版 | 黑色 | photos/苹果（APPLE）iPhone 4S 64G版 3G手机（黑色）.jpg | 7000.00 | 很好 | 100 | 深色系 |
| 5 | 000005 | 01 | 苹果（APPLE）iPhone 6S 64G版 | 白色 | photos/苹果（APPLE）iPhone 4S 32G版 3G手机（白色）.jpg | 3500.00 | 很好 | 100 | 浅色系 |
| 6 | 000006 | 02 | Lumia 640 | 黑色 | photos/Lumia 640.jpg | 900.00 | 很好 | 140 | 深色系 |
| 7 | 000007 | 02 | Lumia 640 XL | 钛灰色 | photos/Lumia 640 XL.jpg | 1300.00 | 不错 | 200 | NULL |
| 8 | 000008 | 02 | Lumia 650 | 红色 | photos/Lumia 650.jpg | 1200.00 | 不错 | 300 | NULL |
| 9 | 000009 | 02 | Lumia 950 | 云石白 | photos/Lumia 950.jpg | 4000.00 | 不错 | 300 | NULL |
| 10 | 000010 | 02 | Lumia 950XL | 白色 | photos/Lumia 950XL.jpg | 5000.00 | 不错 | 300 | 浅色系 |
| 11 | 000011 | 03 | 三星（SAMSUNG）B9120 | 钛灰色 | photos/三星（SAMSUNG）B9120 3G手机（钛灰色）.jpg | 12000.00 | 不错 | 100 | NULL |
| 12 | 000012 | 03 | 三星（SAMSUNG）Galaxy SIII I9300 | 云石白 | photos/三星（SAMSUNG）Galaxy SIII I9300 3G手机（云石白）.jpg | 5000.00 | good | 100 | NULL |

图 9-5　对比观察注释掉 else 的结果

（3）CASE 的值为数字类型时：应用在查询窗口中执行如下 SQL 语句，结果如图 9-6 所示。

```
  SELECT *, Level = CASE
        WHEN Price>3000 THEN '高端'
        WHEN Price<1000 THEN '低端'
        ELSE '中端'
    END
  FROM Products
```

| | ProductID | SupplierID | ProductName | Color | ProductImage | Price | Description | Onhand | Level |
|---|---|---|---|---|---|---|---|---|---|
| 1 | 000001 | 01 | 苹果（APPLE）iPhone 6S 16G版 | 黑色 | photos/苹果（APPLE）iPhone 4S 16G版 3G手机（黑色）.jpg | 4799.00 | 很好 | 100 | 高端 |
| 2 | 000002 | 01 | 苹果（APPLE）iPhone 6S 16G版 | 白色 | photos/苹果（APPLE）iPhone 4S 16G版 3G手机（白色）.jpg | 4799.00 | 很好 | 200 | 高端 |
| 3 | 000003 | 01 | 苹果（APPLE）iPhone 5 8G版 WCDMA GSM | 白色 | photos/苹果（APPLE）iPhone 4 8G版 3G手机（白色）WCDMA GSM.jpg | 3500.00 | 很好 | 300 | 高端 |
| 4 | 000004 | 01 | 苹果（APPLE）iPhone 6S 64G版 | 黑色 | photos/苹果（APPLE）iPhone 4S 64G版 3G手机（黑色）.jpg | 7000.00 | 很好 | 100 | 高端 |
| 5 | 000005 | 01 | 苹果（APPLE）iPhone 6S 64G版 | 白色 | photos/苹果（APPLE）iPhone 4S 32G版 3G手机（白色）.jpg | 3500.00 | 很好 | 100 | 高端 |
| 6 | 000006 | 02 | Lumia 640 | 黑色 | photos/Lumia 640.jpg | 900.00 | 很好 | 140 | 低端 |
| 7 | 000007 | 02 | Lumia 640 XL | 钛灰色 | photos/Lumia 640 XL.jpg | 1300.00 | 不错 | 200 | 中端 |
| 8 | 000008 | 02 | Lumia 650 | 红色 | photos/Lumia 650.jpg | 1200.00 | 不错 | 300 | 中端 |
| 9 | 000009 | 02 | Lumia 950 | 云石白 | photos/Lumia 950.jpg | 4000.00 | 不错 | 300 | 高端 |
| 10 | 000010 | 02 | Lumia 950XL | 白色 | photos/Lumia 950XL.jpg | 5000.00 | 不错 | 300 | 高端 |
| 11 | 000011 | 03 | 三星（SAMSUNG）B9120 | 钛灰色 | photos/三星（SAMSUNG）B9120 3G手机（钛灰色）.jpg | 12000.00 | 不错 | 100 | 高端 |
| 12 | 000012 | 03 | 三星（SAMSUNG）Galaxy SIII I9300 | 云石白 | photos/三星（SAMSUNG）Galaxy SIII I9300 3G手机（云石白）.jpg | 5000.00 | good | 100 | 高端 |

图 9-6　CASE 的值为数字类型时

### 5. 排名函数

SQL Server 的排名函数能将查询结果按照所指定的列排出名次，可根据需要给出有间断的排名和没有间断的排名。表 9-6 列出了常用的排名函数。

**表 9-6 排名函数**

| 函数 | 功能 |
|---|---|
| ROW_NUMBER () OVER(order_by 列名 ) | 在查询结果中给出每行的序号。<br>其中“order_by 列名”为要排序的列 |
| RANK() OVER（order_by 列名 ） | 在查询结果中给出每行的排名，排名有可能会间断。<br>其中“order_by 列名”为要排序的列 |
| DENSE_RANK() OVER(order_by 列名 ） | 在查询结果中给出每行的排名，排名没有间断。<br>其中“order_by 列名”为要排序的列 |

**【演练 9.9】**查询 Products 表的所有信息，结果按照价格 Price 排名（分别使用 ROW_NUMBER 、RANK、DENSE_RANK 排名）。对比观察执行结果。

（1）在查询窗口中执行如下 SQL 语句：

```
  SELECT ROW_NUMBER() OVER(ORDER BY Price) AS '排名',* FROM Products
```

```
SELECT RANK() OVER(ORDER BY Price) AS '排名',* FROM Products
SELECT DENSE_RANK() OVER(ORDER BY Price) AS '排名',* FROM Products
```

（2）执行结果如图 9-7 所示。可以观察到：

ROW_NUMBER：连续排名（1、2、3、4、5、6、7、8。。。），Price 相同按主键排序。

RANK：间断排名（1、2、3、3、3、6、6、8。。。），Price 相同名次一样，但会占用后续名次。

DENSE_RANK：连续排名（1、2、3、3、3、4、4、5。。。），Price 相同名次一样，但不占用后续名次。

你可在实际开发中根据项目需求选择合适的排名函数。

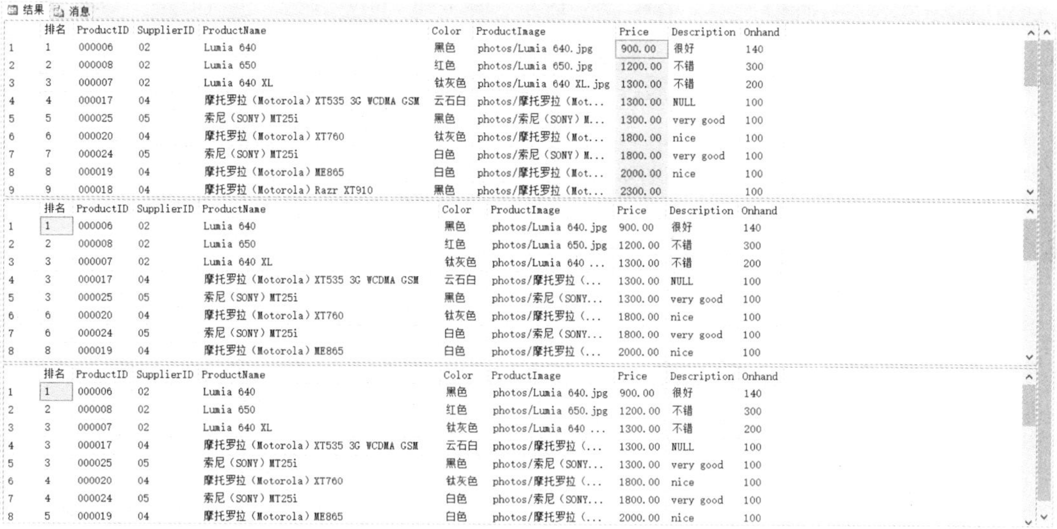

结果 消息

| | 排名 | ProductID | SupplierID | ProductName | Color | ProductImage | Price | Description | Onhand |
|---|---|---|---|---|---|---|---|---|---|
| 1 | 1 | 000006 | 02 | Lumia 640 | 黑色 | photos/Lumia 640.jpg | 900.00 | 很好 | 140 |
| 2 | 2 | 000008 | 02 | Lumia 650 | 红色 | photos/Lumia 650.jpg | 1200.00 | 不错 | 300 |
| 3 | 3 | 000007 | 02 | Lumia 640 XL | 钛灰色 | photos/Lumia 640 XL.jpg | 1300.00 | 不错 | 200 |
| 4 | 4 | 000017 | 04 | 摩托罗拉（Motorola）XT535 3G WCDMA GSM | 云石白 | photos/摩托罗拉（Mot... | 1300.00 | NULL | 100 |
| 5 | 5 | 000025 | 05 | 索尼（SONY）MT25i | 黑色 | photos/索尼（SONY）M... | 1300.00 | very good | 100 |
| 6 | 6 | 000020 | 04 | 摩托罗拉（Motorola）XT760 | 钛灰色 | photos/摩托罗拉（Mot... | 1800.00 | nice | 100 |
| 7 | 7 | 000024 | 05 | 索尼（SONY）MT25i | 白色 | photos/索尼（SONY）M... | 1800.00 | very good | 100 |
| 8 | 8 | 000019 | 04 | 摩托罗拉（Motorola）ME865 | 白色 | photos/摩托罗拉（Mot... | 2000.00 | nice | 100 |
| 9 | 9 | 000018 | 04 | 摩托罗拉（Motorola）Razr XT910 | 黑色 | photos/摩托罗拉（Mot... | 2300.00 | | 100 |

| | 排名 | ProductID | SupplierID | ProductName | Color | ProductImage | Price | Description | Onhand |
|---|---|---|---|---|---|---|---|---|---|
| 1 | 1 | 000006 | 02 | Lumia 640 | 黑色 | photos/Lumia 640.jpg | 900.00 | 很好 | 140 |
| 2 | 2 | 000008 | 02 | Lumia 650 | 红色 | photos/Lumia 650.jpg | 1200.00 | 不错 | 300 |
| 3 | 3 | 000007 | 02 | Lumia 640 XL | 钛灰色 | photos/Lumia 640 ... | 1300.00 | 不错 | 200 |
| 4 | 3 | 000017 | 04 | 摩托罗拉（Motorola）XT535 3G WCDMA GSM | 云石白 | photos/摩托罗拉（... | 1300.00 | NULL | 100 |
| 5 | 3 | 000025 | 05 | 索尼（SONY）MT25i | 黑色 | photos/索尼（SONY... | 1300.00 | very good | 100 |
| 6 | 6 | 000020 | 04 | 摩托罗拉（Motorola）XT760 | 钛灰色 | photos/摩托罗拉（... | 1800.00 | nice | 100 |
| 7 | 6 | 000024 | 05 | 索尼（SONY）MT25i | 白色 | photos/索尼（SONY... | 1800.00 | very good | 100 |
| 8 | 8 | 000019 | 04 | 摩托罗拉（Motorola）ME865 | 白色 | photos/摩托罗拉（... | 2000.00 | nice | 100 |

| | 排名 | ProductID | SupplierID | ProductName | Color | ProductImage | Price | Description | Onhand |
|---|---|---|---|---|---|---|---|---|---|
| 1 | 1 | 000006 | 02 | Lumia 640 | 黑色 | photos/Lumia 640.jpg | 900.00 | 很好 | 140 |
| 2 | 2 | 000008 | 02 | Lumia 650 | 红色 | photos/Lumia 650.jpg | 1200.00 | 不错 | 300 |
| 3 | 3 | 000007 | 02 | Lumia 640 XL | 钛灰色 | photos/Lumia 640 ... | 1300.00 | 不错 | 200 |
| 4 | 3 | 000017 | 04 | 摩托罗拉（Motorola）XT535 3G WCDMA GSM | 云石白 | photos/摩托罗拉（... | 1300.00 | NULL | 100 |
| 5 | 3 | 000025 | 05 | 索尼（SONY）MT25i | 黑色 | photos/索尼（SONY... | 1300.00 | very good | 100 |
| 6 | 4 | 000020 | 04 | 摩托罗拉（Motorola）XT760 | 钛灰色 | photos/摩托罗拉（... | 1800.00 | nice | 100 |
| 7 | 4 | 000024 | 05 | 索尼（SONY）MT25i | 白色 | photos/索尼（SONY... | 1800.00 | very good | 100 |
| 8 | 5 | 000019 | 04 | 摩托罗拉（Motorola）ME865 | 白色 | photos/摩托罗拉（... | 2000.00 | nice | 100 |

图 9-7 对比观察排名函数

【分组函数】

将结果按照所指定的列分为若干组，见表 9-7。

表 9-7 分组函数

| 函数 | 功能 |
|---|---|
| NTILE(组数) OVER(ORDER BY 列名 ) | 将有序分区中的行分发到指定数目的组中。<br>各个组有编号，编号从 1 开始。<br>对于每一个行，NTILE 将返回此行所属的组的编号。 |

按照 OVER 子句指定的顺序分组，如果不能平分，数量较大的组排在较小的组前面。

例如，如果总行数是 25，组数是 3，则每组个数分别为 9、8、8。

例如，如果总行数为 25，组数是 2，则每组个数分别为 13、12。

**【演练 9.10】**使用 NTILE 函数将 Products 表按价格分为 3 组。

操作步骤如下：

（1）在查询窗口中执行如下 SQL 语句：

```
SELECT *,NTILE(3) OVER(ORDER BY Price) FROM Products
```

（2）执行结果如图 9-8 所示。可以观察到：总行数是 25，组号为 1 的有 9 行，组号为

2 的有 8 行，组号为 3 的也是 8 行。

| | ProductID | SupplierID | ProductName | Color | ProductImage | Price | Description | Onhand | (无列名) |
|---|---|---|---|---|---|---|---|---|---|
| 1 | 000006 | 02 | Lumia 640 | 黑色 | photos/Lumia 640.jpg | 900.00 | 很好 | 140 | 1 |
| 2 | 000008 | 02 | Lumia 650 | 红色 | photos/Lumia 650.jpg | 1200.00 | 不错 | 300 | 1 |
| 3 | 000007 | 02 | Lumia 640 XL | 钛灰色 | photos/Lumia 640 XL.jpg | 1300.00 | 不错 | 200 | 1 |
| 4 | 000017 | 04 | 摩托罗拉（Motorola）XT535 3G WCDMA GSM | 云石白 | photos/摩托罗拉（Motorola）XT535 3G手机（黑色）WCDMA GSM.jpg | 1300.00 | NULL | 100 | 1 |
| 5 | 000025 | 05 | 索尼（SONY）MT25i | 黑色 | photos/索尼（SONY）MT25i 3G手机（黑色）.jpg | 1300.00 | very good | 100 | 1 |
| 6 | 000020 | 04 | 摩托罗拉（Motorola）XT760 | 钛灰色 | photos/摩托罗拉（Motorola）XT760 3G手机（炫视黑）.jpg | 1800.00 | nice | 100 | 1 |
| 7 | 000024 | 05 | 索尼（SONY）MT25i | 白色 | photos/索尼（SONY）MT25i 3G手机（白色）.jpg | 1800.00 | very good | 100 | 1 |
| 8 | 000019 | 04 | 摩托罗拉（Motorola）ME865 | 白色 | photos/摩托罗拉（Motorola）ME865 3G手机（白色）.jpg | 2000.00 | nice | 100 | 1 |
| 9 | 000018 | 04 | 摩托罗拉（Motorola）Razr XT910 | 黑色 | photos/摩托罗拉（Motorola）Razr XT910 3G手机（桀骜黑）.jpg | 2300.00 | | 100 | 1 |
| 10 | 000023 | 05 | 索尼（SONY）LT22i | 红色 | photos/索尼（SONY）LT22i 3G手机（红色）.jpg | 2600.00 | very good | 100 | 2 |
| 11 | 000016 | 04 | 摩托罗拉（Motorola）RAZR 锋芒 XT910 ... | 黑色 | photos/摩托罗拉（Motorola）RAZR 锋芒 XT910 MAXX 劲量版 3G手机... | 2800.00 | NULL | 100 | 2 |
| 12 | 000005 | 01 | 苹果（APPLE）iPhone 6S 64G版 | 白色 | photos/苹果（APPLE）iPhone 4S 32G版 3G手机（白色）.jpg | 3500.00 | 很好 | 100 | 2 |
| 13 | 000003 | 01 | 苹果（APPLE）iPhone 5 8G版 WCDMA GSM | 白色 | photos/苹果（APPLE）iPhone 4 8G版 3G手机（白色）WCDMA GSM.jpg | 3500.00 | 很好 | 300 | 2 |
| 14 | 000022 | 05 | 索尼（SONY）LT26i | 白色 | photos/索尼（SONY）LT26i 3G手机（白色）.jpg | 3500.00 | very good | 100 | 2 |
| 15 | 000015 | 03 | 三星（SAMSUNG）I9100G 至尊版（双电 | 黑色 | photos/三星（SAMSUNG）I9100G 至尊版（双电）3G手机（黑色）.jpg | 3700.00 | good | 100 | 2 |
| 16 | 000009 | 02 | Lumia 950 | 云石白 | photos/Lumia 950.jpg | 4000.00 | 不错 | 300 | 2 |
| 17 | 000014 | 03 | 三星（SAMSUNG）I929 | 红色 | photos/三星（SAMSUNG）I929 3G手机 （金属灰）.jpg | 4300.00 | good | 100 | 2 |
| 18 | 000021 | 05 | 索尼（SONY）LT26w | 白色 | photos/索尼（SONY）LT26w 3G手机（白色）.jpg | 4300.00 | nice | 100 | 3 |
| 19 | 000013 | 03 | 三星（SAMSUNG）Galaxy S3 I9308 | 青玉蓝 | photos/三星（SAMSUNG）Galaxy S3 I9308 3G手机（青玉蓝）.jpg | 4600.00 | good | 100 | 3 |
| 20 | 000001 | 01 | 苹果（APPLE）iPhone 6S 16G版 | 黑色 | photos/苹果（APPLE）iPhone 4S 16G版 3G手机（黑色）.jpg | 4799.00 | 很好 | 100 | 3 |
| 21 | 000002 | 01 | 苹果（APPLE）iPhone 6S 16G版 | 白色 | photos/苹果（APPLE）iPhone 4S 16G版 3G手机（白色）.jpg | 4799.00 | 很好 | 200 | 3 |
| 22 | 000010 | 02 | Lumia 950XL | 白色 | photos/Lumia 950XL.jpg | 5000.00 | 不错 | 300 | 3 |
| 23 | 000012 | 03 | 三星（SAMSUNG）Galaxy SIII I9300 | 云石白 | photos/三星（SAMSUNG）Galaxy SIII I9300 3G手机（云石白）.jpg | 5000.00 | good | 100 | 3 |
| 24 | 000004 | 01 | 苹果（APPLE）iPhone 6S 64G版 | 黑色 | photos/苹果（APPLE）iPhone 4S 64G版 3G手机（黑色）.jpg | 7000.00 | 很好 | 100 | 3 |
| 25 | 000011 | 03 | 三星（SAMSUNG）B9120 | 钛灰色 | photos/三星（SAMSUNG）B9120 3G手机（钛灰色）.jpg | 12000.00 | 不错 | 100 | 3 |

图 9-8　对比观察排名函数

### 9.2.2　自定义函数之标量值函数

**【标量值语法】**

```
CREATE FUNCTION 函数名称(参数)
RETURNS 返回数据类型
AS
BEGIN
  SQL 语句
END
```

**【演练 9.11】**通过具体演练来说明如何创建和使用自定义函数。

（1）创建一函数 CalcScore 来计算某单词对应的分数，在查询窗口中执行如下 SQL 语句：

```
CREATE FUNCTION CalcScore(@s nvarchar(100))
RETURNS int
AS
BEGIN
  SET @s=UPPER(@s)
  DECLARE @i int,@j int,@SUM int
  SET @i=1
  SET @SUM=0

  WHILE @i<=LEN(@s)
  BEGIN
    SET @j=ASCII(SUBSTRING(@s,@i,1))-64
    IF (@j>=1 AND @j<=26)
      SET @SUM+=@j
    SET @i=@i+1
  END
```

```
  RETURN @SUM
END
```

（2）调用函数 CalcScore 计算单词对应的分数，在查询窗口中执行如下 SQL 语句，运行结果如图 9-9 所示。

```
SELECT dbo.CalcScore('Attitude'),dbo.CalcScore('Hard work')
```

**【注意】**调用函数时写明：dbo.函数名

（3）为演练方便，本章 eShop 数据库有一单词表 Words，你可先看看该表的结构和数据，调用函数 CalcScore 计算单词表中所有单词对应的分数，在查询窗口中执行如下 SQL 语句，运行结果如图 9-10 所示。

| | (无列名) | (无列名) |
|---|---|---|
| 1 | 100 | 98 |

图 9-9　调用函数

```
SELECT *,dbo.CalcScore(Word) FROM Words
```

| | Word | 词性 | 英文释义 | 中文释义 | (无列名) |
|---|---|---|---|---|---|
| 1 | a handful of | n. | a few | 小撮；一把 | 88 |
| 2 | a setback to | n. | a check to the progress of | 挫折；障碍 | 97 |
| 3 | abandon | v. | give up | 放弃;抛弃 | 51 |
| 4 | abbreviate | v. | short | 缩写;节略 | 85 |
| 5 | abhorrent | a. | distasteful | 讨厌的;不合口味的 | 101 |
| 6 | abiding | a. | enduring | 持续的;永久的 | 46 |
| 7 | ablaze | a. | radiant | 闪耀的;绚丽的 | 47 |
| 8 | abnormally | ad. | exceptionally | 反常地;异常地 | 113 |
| 9 | abolish | v. | eliminate | 取消;废除 | 66 |
| 10 | abound in | v. | be full of | 充满;盛满 | 80 |
| 11 | abroad | ad. | in other countries | 在国外;到国外 | 41 |
| 12 | abrupt | a. | sudden | 突然的;意外的 | 78 |

图 9-10　调用函数 CalcScore 计算单词表中所有单词对应的分数

（4）调用函数 CalcScore 找出单词表中分数=100 的单词，在查询窗口中执行如下 SQL 语句，运行结果如图 9-11 所示。

```
SELECT *,dbo.CalcScore(Word) FROM Words
WHERE dbo.CalcScore(Word)=100
```

| | Word | 词性 | 英文释义 | 中文释义 | (无列名) |
|---|---|---|---|---|---|
| 1 | accumulate | v. | pile up | 堆积;积累 | 100 |
| 2 | annually | ad. | yearly | 每年;年度 | 100 |
| 3 | attitude | n. | a complex mental state involving beliefs and fe... | 态度 | 100 |
| 4 | boundary | n. | border | 边界；分界线 | 100 |
| 5 | congenital | a. | present at birth | 先天的；天生的 | 100 |
| 6 | culture | n. | civilization | 文化；文明 | 100 |
| 7 | cut down | v. | reduce | 削减 | 100 |
| 8 | discipline | n. | field of study | 学科；细目 | 100 |
| 9 | elsewhere | ad. | in another place | 在别处 | 100 |
| 10 | good-size | a. | big | 大型的；大号的 | 100 |
| 11 | interfere | v. | disrupt | 妨碍；抵触 | 100 |
| 12 | likelihood | n. | predictability | 可能性 | 100 |

图 9-11　调用函数 CalcScore 找出单词表中分数=100 的单词

（5）如图 9-12 所示，创建的函数 CalcScore 可在图中鼠标位置处找到。如果没有看到可右击“标量值函数”，选择“刷新”后再查看。

图 9-12　标量值函数 CalcScore 所在的位置

# 实　训

编写函数 fsum，计算从 a～b 之间的所有整数之和。如执行 SELECT dbo.fsum(2,6)的结果为 20。

# 第 10 章　视图

【学习目标】

- 理解视图的作用
- 熟练掌握如何创建和使用视图
- 在实际开发中能根据需要设计视图

## 10.1　视图简介

### 10.1.1　什么是视图

视图是基于 SELECT 语句的结果集的可视化的表。从数据库系统内部来看，视图是由 SELECT 语句组成的查询定义的虚拟表。视图并不在数据库中以存储的数据值集形式存在。行和列数据来自由定义视图的查询所引用的表，并且在引用视图时动态生成。

从用户角度来看，视图包含行和列，就像一个真实的表。视图中的字段来自一个或多个表中的字段。就像这些数据来自于某个单一的表一样。

### 10.1.2　视图作用

（1）安全原因：视图可以隐藏一些数据，如：社会保险基金表，可以用视图只显示姓名，地址，而不显示社会保险号和工资等。

（2）可使复杂的查询易于理解和使用。视图不仅可以简化用户对数据的理解，也可以简化他们的操作。那些被经常使用的查询可以被定义为视图，从而使得用户不必为以后的操作每次指定全部的条件。

## 10.2　创建、修改、删除视图

### 10.2.1　创建视图

创建视图的基本语法如下：

```
CREATE VIEW 视图名称
AS
SELECT 语句
```

【演练 10.1】创建视图：显示商品信息，包括供应商名称。

在查询窗口中执行如下 SQL 语句：

```
CREATE VIEW V1
```

```
AS
SELECT Products.*,SupplierName FROM Products,Suppliers
WHERE Products.SupplierID=Suppliers.SupplierID
```

【演练 10.2】使用视图，并观察视图结果。

在查询窗口中执行如下 SQL 语句，结果如图 10-1 所示。

```
SELECT * FROM V1
```

| | ProductID | SupplierID | ProductName | Color | ProductImage | Price | Description | Onh: |
|---|---|---|---|---|---|---|---|---|
| 1 | 000001 | 01 | 苹果（APPLE）iPhone 6S 16G版 | 黑色 | photos/苹果（APPLE）iPhone 4S 16G版 3G手机（黑色）.jpg | 4799.00 | 很好 | 100 |
| 2 | 000002 | 01 | 苹果（APPLE）iPhone 6S 16G版 | 白色 | photos/苹果（APPLE）iPhone 4S 16G版 3G手机（白色）.jpg | 4799.00 | 很好 | 200 |
| 3 | 000003 | 01 | 苹果（APPLE）iPhone 5 8G版 WCDMA GSM | 白色 | photos/苹果（APPLE）iPhone 4 8G版 3G手机（白色）WCDMA GSM.jpg | 3500.00 | 很好 | 300 |
| 4 | 000004 | 01 | 苹果（APPLE）iPhone 6S 64G版 | 黑色 | photos/苹果（APPLE）iPhone 4S 64G版 3G手机（黑色）.jpg | 7000.00 | 很好 | 100 |
| 5 | 000005 | 01 | 苹果（APPLE）iPhone 6S 64G版 | 白色 | photos/苹果（APPLE）iPhone 4S 32G版 3G手机（白色）.jpg | 3500.00 | 很好 | 100 |
| 6 | 000006 | 02 | Lumia 640 | 黑色 | photos/Lumia 640.jpg | 900.00 | 很好 | 140 |
| 7 | 000007 | 02 | Lumia 640 XL | 钛灰色 | photos/Lumia 640 XL.jpg | 1300.00 | 不错 | 200 |
| 8 | 000008 | 02 | Lumia 650 | 红色 | photos/Lumia 650.jpg | 1200.00 | 不错 | 300 |
| 9 | 000009 | 02 | Lumia 950 | 云石白 | photos/Lumia 950.jpg | 4000.00 | 不错 | 300 |
| 10 | 000010 | 02 | Lumia 950XL | 白色 | photos/Lumia 950XL.jpg | 5000.00 | 不错 | 300 |
| 11 | 000011 | 03 | 三星（SAMSUNG）B9120 | 钛灰色 | photos/三星（SAMSUNG）B9120 3G手机（钛灰色）.jpg | 12000.00 | 不错 | 100 |
| 12 | 000012 | 03 | 三星（SAMSUNG）Galaxy SIII I9300 | 云石白 | photos/三星（SAMSUNG）Galaxy SIII I9300 3G手机（云石白）.jpg | 5000.00 | good | 100 |
| 13 | 000013 | 03 | 三星（SAMSUNG）Galaxy S3 I9308 | 青玉蓝 | photos/三星（SAMSUNG）Galaxy S3 I9308 3G手机（青玉蓝).jpg | 4600.00 | good | 100 |
| 14 | 000014 | 03 | 三星（SAMSUNG）I929 | 红色 | photos/三星（SAMSUNG）I929 3G手机（金属灰）.jpg | 4300.00 | good | 100 |

图 10-1　观察视图结果

【演练 10.3】使用 SSMS 观察视图结果。

（1）如图 10-2 所示，在“对象资源管理器”中展开“eShop”数据库，再展开“视图”。右击“dbo.V1”，在弹出的快捷菜单中单击“编辑所有行”。

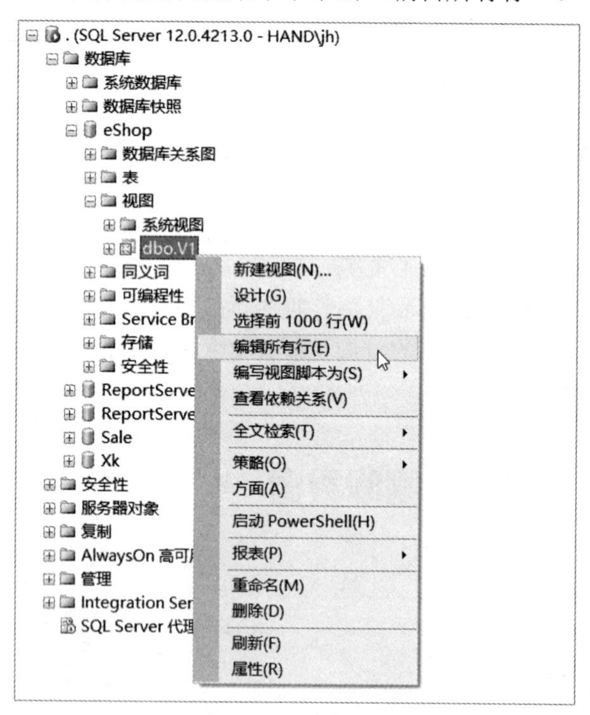


图 10-2　编辑视图所有行

（2）执行结果如图 10-3 所示。

（3）可以在视图中修改数据，本质上修改的是视图对应的基础表中的数据。如图 10-4 所示，将第一行的 Color 修改为“黑色 111”。该操作实际上修改的是 Products 表中的数据，读者可自行查看 Products 表进行验证。

| | ProductID | SupplierID | ProductN... | Color | ProductI... | Price | Description | Onhand | SupplierN... |
|---|---|---|---|---|---|---|---|---|---|
| ▸ | 000001 | 01 | 苹果（APP... | 黑色 | photos/苹... | 4799.00 | 很好 | 100 | 苹果 |
| | 000002 | 01 | 苹果（APP... | 白色 | photos/苹... | 4799.00 | 很好 | 200 | 苹果 |
| | 000003 | 01 | 苹果（APP... | 白色 | photos/苹... | 3500.00 | 很好 | 300 | 苹果 |
| | 000004 | 01 | 苹果（APP... | 黑色 | photos/苹... | 7000.00 | 很好 | 100 | 苹果 |
| | 000005 | 01 | 苹果（APP... | 白色 | photos/苹... | 3500.00 | 很好 | 100 | 苹果 |
| | 000006 | 02 | Lumia 640 | 黑色 | photos/Lu... | 900.00 | 很好 | 140 | 微软 |
| | 000007 | 02 | Lumia 640 ... | 钛灰色 | photos/Lu... | 1300.00 | 不错 | 200 | 微软 |
| | 000008 | 02 | Lumia 650 | 红色 | photos/Lu... | 1200.00 | 不错 | 300 | 微软 |
| | 000009 | 02 | Lumia 950 | 云石白 | photos/Lu... | 4000.00 | 不错 | 300 | 微软 |
| | 000010 | 02 | Lumia 950... | 白色 | photos/Lu... | 5000.00 | 不错 | 300 | 微软 |
| | 000011 | 03 | 三星（SA... | 钛灰色 | photos/三... | 12000.00 | 不错 | 100 | 三星 |
| | 000012 | 03 | 三星（SA... | 云石白 | photos/三... | 5000.00 | good | 100 | 三星 |
| | 000013 | 03 | 三星（SA... | 青玉蓝 | photos/三... | 4600.00 | good | 100 | 三星 |
| | 000014 | 03 | 三星（SA... | 红色 | photos/三... | 4300.00 | good | 100 | 三星 |
| | 000015 | 03 | 三星（SA... | 黑色 | photos/三... | 3700.00 | good | 100 | 三星 |
| | 000016 | 04 | 摩托罗拉（... | 黑色 | photos/摩... | 2800.00 | NULL | 100 | 摩托罗拉 |
| | 000017 | 04 | 摩托罗拉（... | 云石白 | photos/摩... | 1300.00 | NULL | 100 | 摩托罗拉 |
| | 000018 | 04 | 摩托罗拉（... | 黑色 | photos/摩... | 2300.00 | | 100 | 摩托罗拉 |
| | 000019 | 04 | 摩托罗拉（... | 白色 | photos/摩... | 2000.00 | nice | 100 | 摩托罗拉 |
| | 000020 | 04 | 摩托罗拉（... | 钛灰色 | photos/摩... | 1800.00 | nice | 100 | 摩托罗拉 |
| | 000021 | 05 | 索尼（SON... | 白色 | photos/索... | 4300.00 | nice | 100 | 索尼 |
| | 000022 | 05 | 索尼（SON... | 白色 | photos/索... | 3500.00 | very good | 100 | 索尼 |

图 10-3　观察视图结果

| | ProductID | SupplierID | ProductN... | Color | ProductI... | Price | Description | Onhand | SupplierName |
|---|---|---|---|---|---|---|---|---|---|
| ▸ | 000001 | 01 | 苹果（APP... | 黑色111 | photos/苹... | 4799.00 | | 100 | 苹果 |
| | 000002 | 01 | 苹果（APP... | 白色 | photos/苹... | 4799.00 | | 200 | 苹果 |
| | 000003 | 01 | 苹果（APP... | 白色 | photos/苹... | 3500.00 | | 300 | 苹果 |
| | 000004 | 01 | 苹果（APP... | 黑色 | photos/苹... | 7000.00 | | 100 | 苹果 |
| | 000005 | 01 | 苹果（APP... | 白色 | photos/苹... | 3500.00 | | 100 | 苹果 |
| | 000006 | 02 | Lumia 640 | 黑色 | photos/Lu... | 1300.00 | | 140 | 微软 |
| | 000007 | 02 | Lumia 640 ... | 黑色 | photos/Lu... | 1600.00 | | 200 | 微软 |
| | 000008 | 02 | Lumia 535 | 蓝色 | photos/Lu... | 700.00 | | 300 | 微软 |
| | 000009 | 02 | Lumia 535 | 品红色 | photos/Lu... | 700.00 | | 300 | 微软 |

图 10-4　在视图中修改数据

（4）如图 10-5 所示，将第一行的 SupplierName 修改为“苹果 111”。该操作实际上修改的是 Suppliers 表中的数据，读者可自行查看 Suppliers 表进行验证。

| | ProductID | SupplierID | ProductN... | Color | ProductI... | Price | Description | Onhand | SupplierName |
|---|---|---|---|---|---|---|---|---|---|
| ▸ | 000001 | 01 | 苹果（APP... | 黑色111 | photos/苹... | 4799.00 | | 100 | 苹果111 |
| | 000002 | 01 | 苹果（APP... | 白色 | photos/苹... | 4799.00 | | 200 | 苹果 |
| | 000003 | 01 | 苹果（APP... | 白色 | photos/苹... | 3500.00 | | 300 | 苹果 |
| | 000004 | 01 | 苹果（APP... | 黑色 | photos/苹... | 7000.00 | | 100 | 苹果 |
| | 000005 | 01 | 苹果（APP... | 白色 | photos/苹... | 3500.00 | | 100 | 苹果 |
| | 000006 | 02 | Lumia 640 | 黑色 | photos/Lu... | 1300.00 | | 140 | 微软 |
| | 000007 | 02 | Lumia 640 ... | 黑色 | photos/Lu... | 1600.00 | | 200 | 微软 |
| | 000008 | 02 | Lumia 535 | 蓝色 | photos/Lu... | 700.00 | | 300 | 微软 |
| | 000009 | 02 | Lumia 535 | 品红色 | photos/Lu... | 700.00 | | 300 | 微软 |

图 10-5　在视图中修改数据

（5）单击工具栏上的“!”刷新数据，如图 10-6 所示，可以看到“SupplierName”为“苹果”的都变成了“苹果 111”。

因为 SupplierID=01 的数据已修改，所以视图中 SupplierID=01 对应的 SupplierName 所有数据同步产生变化。

| ProductID | SupplierID | ProductN... | Color | ProductI... | Price | Description | Onhand | SupplierName |
|---|---|---|---|---|---|---|---|---|
| 000001 | 01 | 苹果（APP... | 黑色111 | photos/苹... | 4799.00 | | 100 | 苹果111 |
| 000002 | 01 | 苹果（APP... | 白色 | photos/苹... | 4799.00 | | 200 | 苹果111 |
| 000003 | 01 | 苹果（APP... | 白色 | photos/苹... | 3500.00 | | 300 | 苹果111 |
| 000004 | 01 | 苹果（APP... | 黑色 | photos/苹... | 7000.00 | | 100 | 苹果111 |
| 000005 | 01 | 苹果（APP... | 白色 | photos/苹... | 3500.00 | | 100 | 苹果111 |
| 000006 | 02 | Lumia 640 | 黑色 | photos/Lu... | 1300.00 | | 140 | 微软 |
| 000007 | 02 | Lumia 640 ... | 黑色 | photos/Lu... | 1600.00 | | 200 | 微软 |
| 000008 | 02 | Lumia 535 | 蓝色 | photos/Lu... | 700.00 | | 300 | 微软 |
| 000009 | 02 | Lumia 535 | 品红色 | photos/Lu... | 700.00 | | 300 | 微软 |

图 10-6 观察视图结果

【演练 10.4】使用 SSMS 查看视图脚本。

（1）如图 10-7 所示，在“对象资源管理器”中展开“eShop”数据库，再展开“视图”。右击“dbo.V1”，在弹出的快捷菜单中选择“编辑视图脚本为”→“ALTER 到”→“新查询编辑器窗口”。

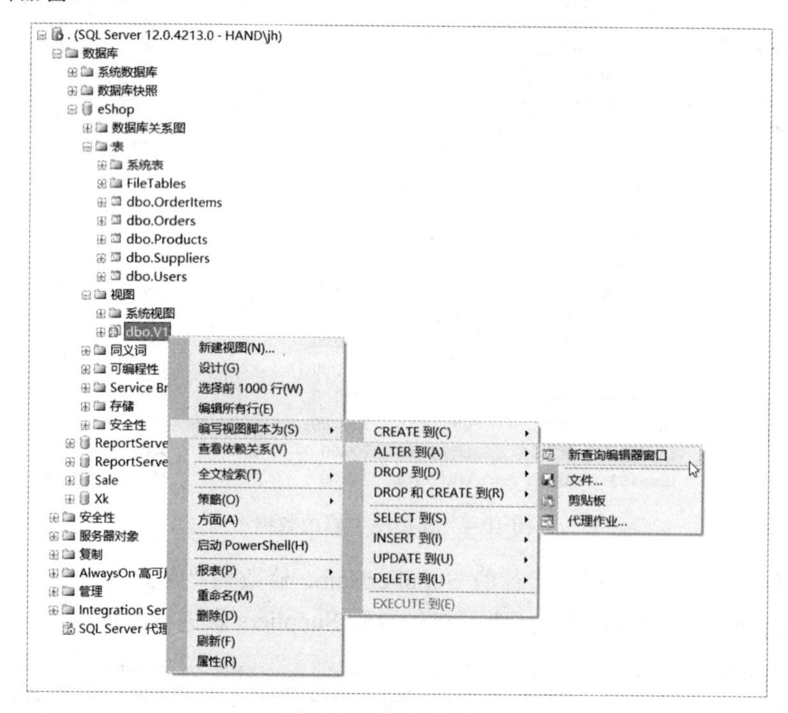


图 10-7 查看视图脚本

（2）如图 10-8 所示，可以看到视图脚本。

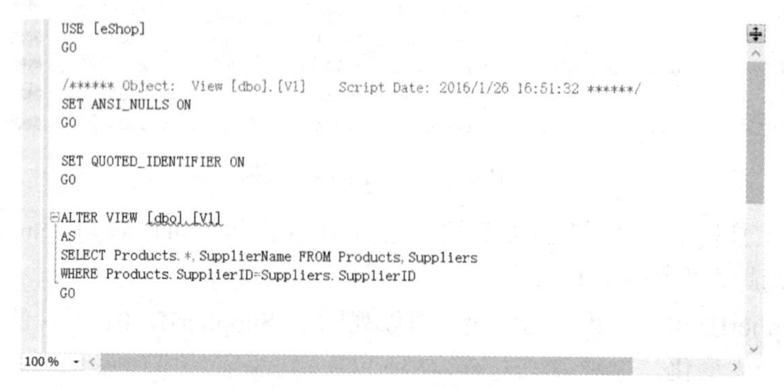

```
USE [eShop]
GO

/****** Object:  View [dbo].[V1]    Script Date: 2016/1/26 16:51:32 ******/
SET ANSI_NULLS ON
GO

SET QUOTED_IDENTIFIER ON
GO

ALTER VIEW [dbo].[V1]
AS
SELECT Products.*, SupplierName FROM Products, Suppliers
WHERE Products.SupplierID=Suppliers.SupplierID
GO
```

图 10-8 视图脚本

### 10.2.2 修改视图

修改视图的基本语法如下：

```
ALTER VIEW 视图名称
AS
SELECT 语句
```

【演练 10.5】修改视图。

在查询窗口中执行如下 SQL 语句：

```
ALTER VIEW V1
AS
SELECT ProductID,Products.SupplierID,SupplierName,ProductName FROM
Products,Suppliers
WHERE Products.SupplierID=Suppliers.SupplierID
```

【演练 10.6】修改并加密视图。

在查询窗口中执行如下 SQL 语句：

```
ALTER VIEW V1
WITH ENCRYPTION
AS
SELECT ProductID,Products.SupplierID,SupplierName,ProductName FROM
Products,Suppliers
WHERE Products.SupplierID=Suppliers.SupplierID
```

【说明】也可在 CREATE VIEW 时使用 WITH ENCRYPTION 加密视图。

【演练 10.7】加密的是脚本，不是数据内容。

（1）在“对象资源管理器”中展开“eShop”数据库，再展开“视图”。右击“dbo.V1”，在弹出的快捷菜单中单击“编辑所有行”。

（2）可正常观察到视图的数据。

（3）在“对象资源管理器”中展开“eShop”数据库，再展开“视图”。右击“dbo.V1”，在弹出的快捷菜单中选择“编辑视图脚本为”→“ALTER 到”→“新查询编辑器窗口”。

（4）如图 10-9 所示，提示“文本已加密”，不可查看，单击“确定”按钮返回。

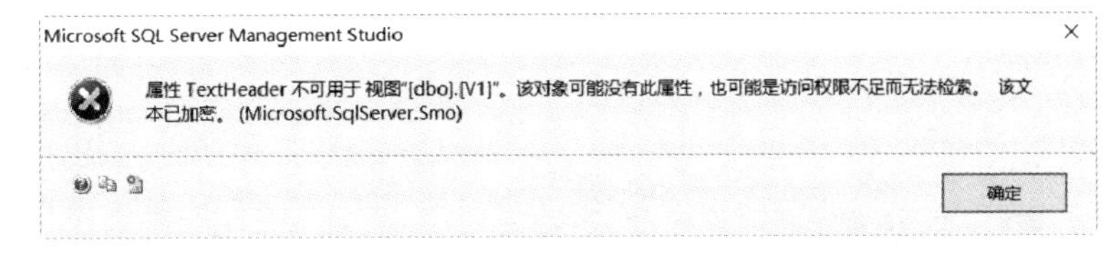


图 10-9 不可查看已加密的视图脚本

【注意】视图加密后，即使是系统管理员也无法查看原脚本内容，所以实际应用中加密的视图脚本应以其他方式自行保存，比如文本文件等形式。

### 10.2.3 删除视图

删除视图的基本语法如下：

```
DROP VIEW 视图名称
```

【演练 10.8】使用 SSMS 删除视图。

（1）如图 10-10 所示，在“对象资源管理器”中展开“eShop”数据库，再展开“视图”。右击“dbo.V1”，在弹出的快捷菜单中单击“编辑所有行”。

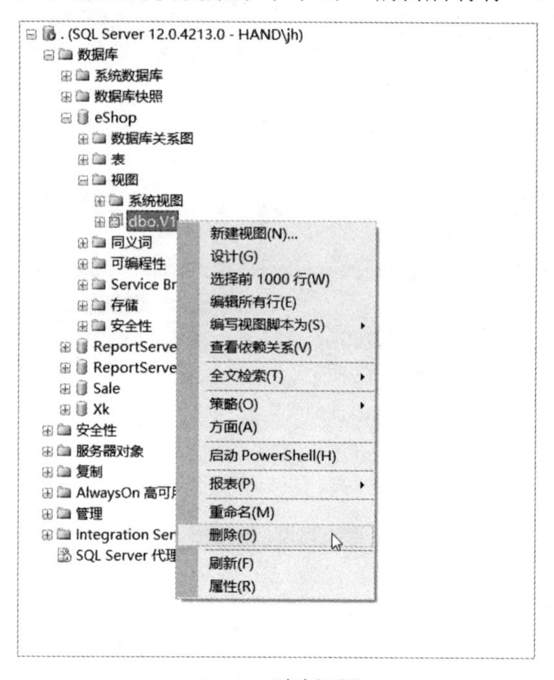


10-10　删除视图

（2）如图 10-11 所示，单击“确定”按钮即可删除该视图。这里我们就不单击“确定”按钮删除该视图了，单击“取消”按钮，留着使用命令的方式去删除。

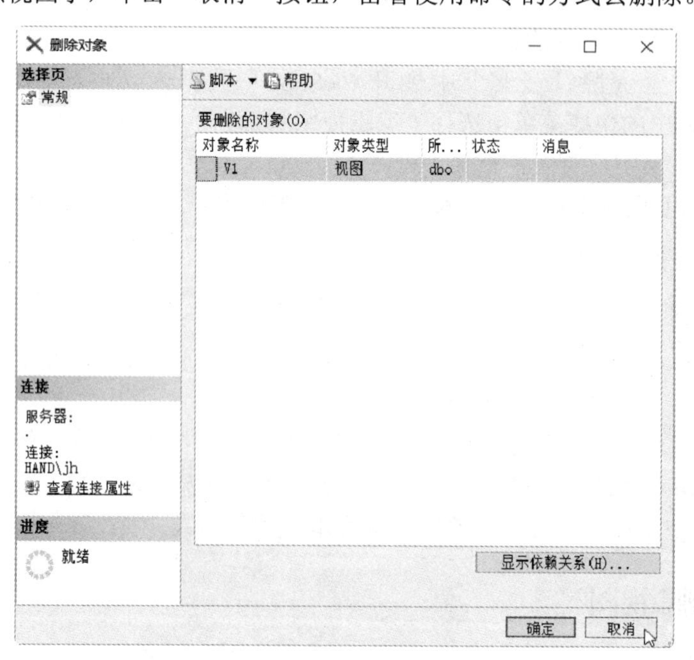


10-11　确定删除视图

【演练 10.9】删除视图 V1。

（1）在查询窗口中执行如下 SQL 语句：

```
DROP VIEW V1
```

# 10.3　视图作用案例

## 10.3.1　简化客户端编程

【演练 10.10】理解视图的作用：简化客户端编程

例如我们基于 eShop 数据库开发各类电子商务平台，如网页、基于 iOS、Android 的 App 等。需显示如图 10-12 所示的销售信息。

| | OrderDate | ProductID | ProductName | Price | Amount | Je |
|---|---|---|---|---|---|---|
| 1 | 2012-11-29 08:55:54.623 | 000003 | 苹果（APPLE）iPhone 4 8G版 3G WCDMA GSM | 3000.00 | 3 | 9000.00 |
| 2 | 2012-11-29 08:55:54.623 | 000006 | Lumia 640 | 1300.00 | 10 | 13000.00 |
| 3 | 2013-03-21 09:43:31.980 | 000001 | 苹果（APPLE）iPhone 4S 16G版 3G | 4799.00 | 1 | 4799.00 |
| 4 | 2013-03-31 11:17:11.240 | 000012 | 三星（SAMSUNG）Galaxy SIII I9300 3G | 5000.00 | 1 | 5000.00 |
| 5 | 2013-01-29 13:55:09.170 | 000021 | 索尼（SONY）LT26w 3G | 4000.00 | 2 | 8000.00 |
| 6 | 2012-12-02 14:54:24.000 | 000008 | Lumia 535 | 3200.00 | 1 | 3200.00 |
| 7 | 2012-11-29 08:55:54.623 | 000002 | 苹果（APPLE）iPhone 4S 16G版 3G | 4700.00 | 3 | 14100.00 |
| 8 | 2013-01-29 13:55:09.170 | 000012 | 三星（SAMSUNG）Galaxy SIII I9300 3G | 5000.00 | 1 | 5000.00 |
| 9 | 2013-03-25 21:33:40.763 | 000017 | 摩托罗拉（Motorola）XT535 3G WCDMA GSM | 1300.00 | 1 | 1300.00 |
| 10 | 2012-11-29 08:55:54.623 | 000006 | Lumia 640 | 1300.00 | 10 | 13000.00 |
| 11 | 2012-12-02 14:54:24.000 | 000010 | Lumia 535 | 2000.00 | 1 | 2000.00 |
| 12 | 2013-03-31 11:17:11.240 | 000006 | Lumia 640 | 3700.00 | 2 | 7400.00 |
| 13 | 2012-11-29 08:55:54.623 | 000006 | Lumia 640 | 1300.00 | 10 | 13000.00 |

图 10-12　销售信息

（1）我们需在网页、基于 iOS、Android 的 App 应用中调用如下 SQL 语句：

```
    SELECT OrderDate,OrderItems.ProductID,ProductName
    ,OrderItems.Price,Amount,Je=OrderItems.Price*Amount
    FROM Orders,OrderItems,Products
    WHERE Orders.OrderID=OrderItems.OrderID AND OrderItems.ProductID=
Products.ProductID
```

如果有更复杂的查询，各客户端则需要编写更为复杂的 SQL 语句，要求客户端编程人员对数据库有较为深入的理解，这样不利于分工合作。

（2）但是，如果我们编写如下视图之后，在查询窗口中执行如下 SQL 语句：

```
    CREATE VIEW V2
    AS
    SELECT OrderDate,OrderItems.ProductID,ProductName
    ,OrderItems.Price,Amount,Je=OrderItems.Price*Amount
    FROM Orders,OrderItems,Products
    WHERE Orders.OrderID=OrderItems.OrderID AND OrderItems.ProductID=
Products.ProductID
```

（3）则客户端程序员只需编写如下代码，在查询窗口中执行如下 SQL 语句：

```
    SELECT * FROM V2
```

很显然，客户端程序员无需了解数据库，只需按照总体设计编写基本语句即可，有利于分工合作，各种客户端的工作也都大为简化。

### 10.3.2 基于视图的统计查询语句更加精简

【演练 10.11】理解视图的作用：后续基于视图查询更加精简。

继续上面的讲解，如果需要显示如图 10-13 所示的销售统计信息，该统计结果显示各种商品的总销售数量、总销售金额。

图中四列分别对应：商品代码、商品名称、总销售数量、总销售金额。

| | ProductID | ProductName | TotalAmount | TotalJe |
|---|---|---|---|---|
| 1 | 000001 | 苹果（APPLE）iPhone 4S 16G版 3G | 1 | 4799.00 |
| 2 | 000002 | 苹果（APPLE）iPhone 4S 16G版 3G | 3 | 14100.00 |
| 3 | 000003 | 苹果（APPLE）iPhone 4 8G版 3G WCDMA GSM | 3 | 9000.00 |
| 4 | 000006 | Lumia 640 | 32 | 46400.00 |
| 5 | 000008 | Lumia 535 | 1 | 3200.00 |
| 6 | 000010 | Lumia 535 | 1 | 2000.00 |
| 7 | 000012 | 三星（SAMSUNG）Galaxy SIII I9300 3G | 2 | 10000.00 |
| 8 | 000017 | 摩托罗拉（Motorola）XT535 3G WCDMA GSM | 1 | 1300.00 |
| 9 | 000021 | 索尼（SONY）LT26w 3G | 2 | 8000.00 |

图 10-13 销售统计信息

（1）方案一：在客户端编写如下 SQL 语句：

```
SELECT OrderItems.ProductID,ProductName
,TotalAmount=SUM(Amount),TotalJe=SUM(Amount*OrderItems.Price)
FROM OrderItems,Products
WHERE OrderItems.ProductID=Products.ProductID
GROUP BY OrderItems.ProductID,ProductName
```

（2）方案二：在客户端编写如下 SQL 语句：

```
SELECT ProductID,ProductName,TotalAmount=SUM(Amount),TotalJe=SUM(Je)
FROM V2
GROUP BY ProductID,ProductName
```

很显然，方案二基于已有视图编写的统计语句更为简洁。

（3）方案三：在客户端创建如下视图，在查询窗口中执行如下 SQL 语句：

```
CREATE VIEW V3
AS
SELECT ProductID,ProductName,TotalAmount=SUM(Amount),TotalJe=SUM(Je)
FROM V2
GROUP BY ProductID,ProductName
```

则在客户端只需编写如下代码即可：

```
SELECT * FROM V3
```

可见，灵活利用视图可极大简化后续工作，实际情况确实如此，我们编写视图就是为了很多地方都需要使用这些视图，从而减少整体工作量，并方便维护。

### 10.3.3 创建视图注意事项

【演练 10.12】视图中各列必须有名字。

（1）在查询窗口中执行如下 SQL 语句，可正常执行：

```
SELECT ProductID,ProductName,SUM(Amount),SUM(Je)
FROM V2 GROUP BY ProductID,ProductName
```

（2）但是如果将上述语句变为视图，在查询窗口中执行如下 SQL 语句：

```
CREATE VIEW V4
AS
SELECT ProductID,ProductName,SUM(Amount),SUM(Je)
FROM V2 GROUP BY ProductID,ProductName
```

（3）如图 10-14 所示，将给出如下错误信息，因为没有为 SUM(Amount)、SUM(Je)指定列名。

可见即使 SQL 语句可正常执行，也未必满足视图的要求。

消息
消息 4511，级别 16，状态 1，过程 V4，第 3 行
创建视图或函数失败，因为没有为列 3 指定列名。
100 %

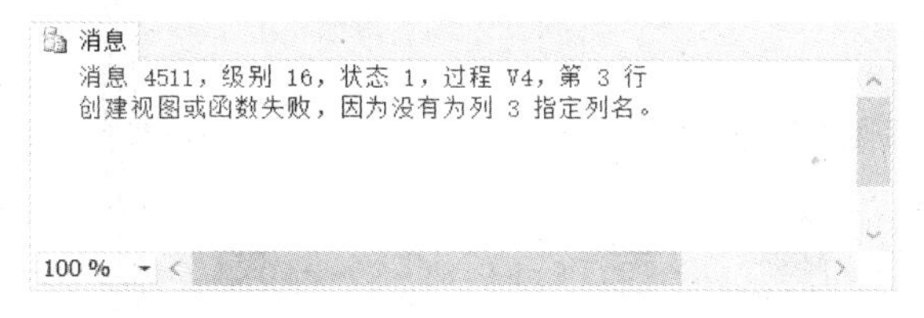

图 10-14　创建视图时没有指定列名给出的错误信息

（4）正确的处理方式是指定好列名，在查询窗口中执行如下 SQL 语句：

```
CREATE VIEW V4
AS
SELECT ProductID,ProductName,TotalAmount=SUM(Amount),TotalJe=SUM(Je)
FROM V2
GROUP BY ProductID,ProductName
```

**【演练 10.13】**视图中建议不要使用 ORDER BY 语句。

（1）在查询窗口中执行如下 SQL 语句：

```
CREATE VIEW V5
AS
SELECT ProductID,ProductName,TotalAmount=SUM(Amount),TotalJe=SUM(Je)
FROM V2
GROUP BY ProductID,ProductName
ORDER BY TotalJe
```

（2）将给出如图 10-15 所示错误信息，因为没有为 SUM(Amount)、SUM(Je)指定列名。

消息
消息 1033，级别 15，状态 1，过程 V5，第 6 行
除非另外还指定了 TOP、OFFSET 或 FOR XML，否则，ORDER BY 子句在视图、内联函数、派生表、子查询和公用表表达式中无效。
100 %

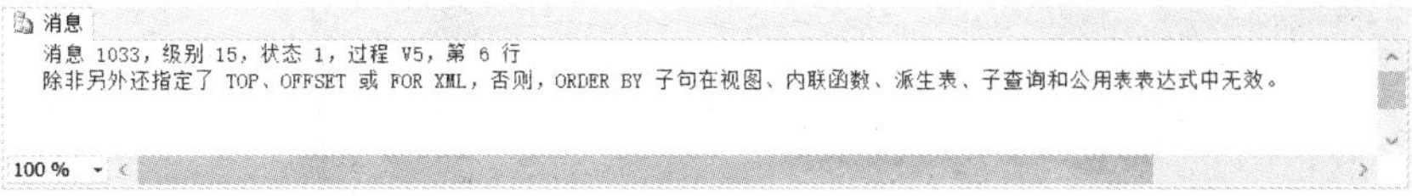

图 10-15　创建视图时使用 ORDER 关键字给出的错误信息

（3）建议：如果需要排序，我们可在客户端使用 ORDER 排序，不要在视图中排序，在查询窗口中执行如下 SQL 语句：

```
SELECT * FROM V3 ORDER BY TotalJe
```

执行结果如图 10-16 所示，可以看到已按总销售金额排序。

| | ProductID | ProductName | TotalAmount | TotalJe |
|---|---|---|---|---|
| 1 | 000017 | 摩托罗拉（Motorola）XT535 3G WCDMA GSM | 1 | 1300.00 |
| 2 | 000010 | Lumia 535 | 1 | 2000.00 |
| 3 | 000008 | Lumia 535 | 1 | 3200.00 |
| 4 | 000001 | 苹果（APPLE）iPhone 4S 16G版 3G | 1 | 4799.00 |
| 5 | 000021 | 索尼（SONY）LT26w 3G | 2 | 8000.00 |
| 6 | 000003 | 苹果（APPLE）iPhone 4 8G版 3G WCDMA... | 3 | 9000.00 |
| 7 | 000012 | 三星（SAMSUNG）Galaxy SIII I9300 3G | 2 | 10000.00 |
| 8 | 000002 | 苹果（APPLE）iPhone 4S 16G版 3G | 3 | 14100.00 |
| 9 | 000006 | Lumia 640 | 32 | 46400.00 |

图 10-16　客户端再排序

# 实　训

**【实训 1】**创建如下图所示的视图显示员工信息，视图名为 V1，写出相应的 SQL 语句。

| EmployeeID | EmployeeName | DepartID | DepartName |
|---|---|---|---|
| 000001 | 张三 | 01 | 财务部 |
| 000002 | 李四 | 01 | 财务部 |
| 000003 | 黄磊 | 01 | 财务部 |
| 000004 | 朱丽 | 02 | 销售部 |
| 000005 | 杨华 | 02 | 销售部 |
| 000006 | 艾锋 | 03 | 技术部 |

**【实训 2】**创建如下图所示的视图，能统计每个部门的员工人数，视图名为 V2。

| DepartID | DepartName | 人数 |
|---|---|---|
| 01 | 财务部 | 3 |
| 02 | 销售部 | 2 |
| 03 | 技术部 | 1 |

# 第 11 章　存储过程

【学习目标】

- 理解存储过程的作用
- 熟练掌握如何创建和使用存储过程
- 理解和熟练使用存储过程参数
- 在实际开发中能根据需要设计存储过程

## 11.1　存储过程简介

### 11.1.1　什么是存储过程

存储过程是存储在数据库中的过程，执行某些操作，有参数或无参数，可以通过前台程序调用，去执行一些较为复杂的数据库操作。

将常用的或很复杂的工作，预先用 SQL 语句写好并用一个存储过程保存起来, 那么以后只需调用该存储过程即可。

### 11.1.2　存储过程的作用

存储过程与一般的 SQL 语句有什么区别呢？存储过程的优点是什么呢？如下：

（1）存储过程只在创造时进行编译，以后每次执行存储过程都不需再重新编译，而一般 SQL 语句每执行一次就编译一次，所以使用存储过程可提高数据库的执行速度。

（2）当对数据库进行复杂操作时可将此复杂操作用存储过程封装起来，存储过程中还可与事务结合起来使用。

## 11.2　创建、修改、删除存储过程

### 11.2.1　创建存储过程

创建存储过程的基本语法如下：

```
CREATE PROCEDURE 存储过程名称
AS
SQL 语句
```

【演练 11.1】创建存储过程：显示所有商品信息。

在查询窗口中执行如下 SQL 语句：

```
CREATE PROCEDURE P1
AS
SELECT * FROM Products
```

【演练 11.2】执行存储过程，并观察存储过程执行结果。

执行存储过程的基本语法如下：

```
EXECUTE 存储过程名称
或
EXEC 存储过程名称
或
存储过程名称
```

在查询窗口中执行如下 SQL 语句，结果如图 11-1 所示。

```
EXECUTE P1
--或
EXEC P1
--或
P1
```

结果　消息

| | ProductID | SupplierID | ProductName | Color | ProductImage | Price | Description | Onhand |
|---|---|---|---|---|---|---|---|---|
| 1 | 000001 | 01 | 苹果（APPLE）iPhone 4S 16G版 3G | 黑色 | photos/苹果（APPLE）iPhone 4S 16G版 3G手机（黑色）.jpg | 4799.00 | | 100 |
| 2 | 000002 | 01 | 苹果（APPLE）iPhone 4S 16G版 3G | 白色 | photos/苹果（APPLE）iPhone 4S 16G版 3G手机（白色）.jpg | 4799.00 | | 200 |
| 3 | 000003 | 01 | 苹果（APPLE）iPhone 4 8G版 3G WCDMA GSM | 白色 | photos/苹果（APPLE）iPhone 4 8G版 3G手机（白色）WCDMA GSM.jpg | 3500.00 | | 300 |
| 4 | 000004 | 01 | 苹果（APPLE）iPhone 4S 64G版 3G | 黑色 | photos/苹果（APPLE）iPhone 4S 64G版 3G手机（黑色）.jpg | 7000.00 | | 100 |
| 5 | 000005 | 01 | 苹果（APPLE）iPhone 4S 32G版 3G | 白色 | photos/苹果（APPLE）iPhone 4S 32G版 3G手机（白色）.jpg | 3500.00 | | 100 |
| 6 | 000006 | 02 | Lumia 640 | 黑色 | photos/Lumia 640（黑色）.jpg | 1300.00 | | 140 |
| 7 | 000007 | 02 | Lumia 640 XL | 黑色 | photos/Lumia 640 XL（黑色）.jpg | 1600.00 | | 200 |
| 8 | 000008 | 02 | Lumia 535 | 蓝色 | photos/Lumia 535（蓝色）.jpg | 700.00 | | 300 |
| 9 | 000009 | 02 | Lumia 535 | 品红色 | photos/Lumia 535（品红色）.jpg | 700.00 | | 300 |
| 10 | 000010 | 02 | Lumia 535 | 白色 | photos/Lumia 535（白色）.jpg | 700.00 | | 300 |
| 11 | 000011 | 03 | 三星（SAMSUNG）B9120 3G | 钛灰色 | photos/三星（SAMSUNG）B9120 3G手机（钛灰色）.jpg | 12000.00 | | 100 |
| 12 | 000012 | 03 | 三星（SAMSUNG）Galaxy SIII I9300 3G | 云石白 | photos/三星（SAMSUNG）Galaxy SIII I9300 3G手机（云石白）.jpg | 5000.00 | | 100 |
| 13 | 000013 | 03 | 三星（SAMSUNG）Galaxy S3 I9308 3G | 青玉蓝 | photos/三星（SAMSUNG）Galaxy S3 I9308 3G手机（青玉蓝).jpg | 4600.00 | | 100 |
| 14 | 000014 | 03 | 三星（SAMSUNG）I929 3G | 金属灰 | photos/三星（SAMSUNG）I929 3G手机（金属灰）.jpg | 4300.00 | | 100 |
| 15 | 000015 | 03 | 三星（SAMSUNG）I9100G 至尊版（双电）3G | 黑色 | photos/三星（SAMSUNG）I9100G 至尊版（双电）3G手机（黑色）.jpg | 3700.00 | | 100 |
| 16 | 000016 | 04 | 摩托罗拉（Motorola）RAZR 锋芒 XT910 ... | 黑色 | photos/摩托罗拉（Motorola）RAZR 锋芒 XT910 MAXX 劲量版 3G... | 2800.00 | | 100 |
| 17 | 000017 | 04 | 摩托罗拉（Motorola）XT535 3G WCDMA GSM | 黑色 | photos/摩托罗拉（Motorola）XT535 3G手机（黑色）WCDMA GSM.jpg | 1300.00 | | 100 |
| 18 | 000018 | 04 | 摩托罗拉（Motorola）Razr XT910 3G | 桀骜黑 | photos/摩托罗拉（Motorola）Razr XT910 3G手机（桀骜黑）.jpg | 2300.00 | | 100 |
| 19 | 000019 | 04 | 摩托罗拉（Motorola）ME865 3G | 白色 | photos/摩托罗拉（Motorola）ME865 3G手机（白色）.jpg | 2000.00 | | 100 |
| 20 | 000020 | 04 | 摩托罗拉（Motorola）XT760 3G | 炫视黑 | photos/摩托罗拉（Motorola）XT760 3G手机（炫视黑）.jpg | 1800.00 | | 100 |

图 11-1　观察存储过程执行结果

**【演练 11.3】**使用 SSMS 观察存储过程结果。

（1）如图 11-2 所示，在“对象资源管理器”中展开“eShop”数据库，再展开“可编程性”下的“存储过程”。右击“dbo.P1”，在弹出的快捷菜单中单击“执行存储过程”。

图 11-2　执行存储过程

（2）如图 11-3 所示，如果存储过程有参数则需提供参数，本演练无参数，直接单击“确定”按钮即可。

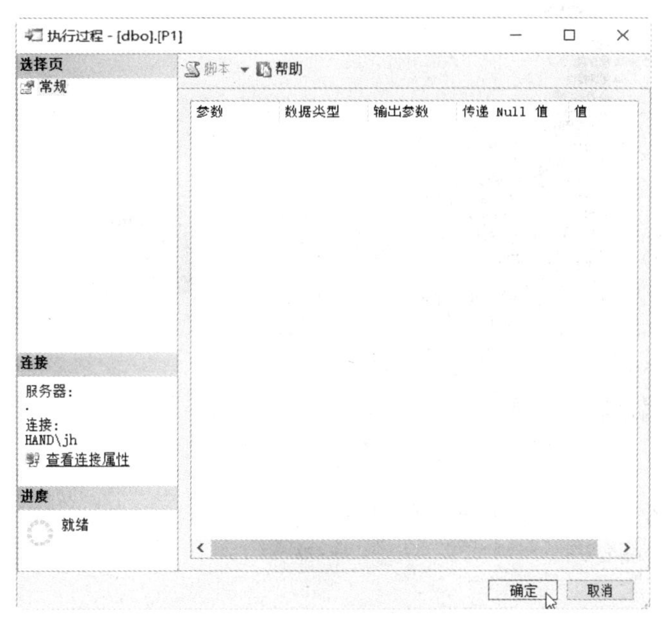


图 11-3　执行存储过程

（3）执行结果如图 11-4 所示。图中上部分为系统自动生成的执行脚本，下部分为执行结果。注意图中最左下方“Return Value”的值为 0。

【说明】*每个存储过程都有返回值，如果没有自定义返回值，则成功执行的返回值为“0”。存储过程 P1 没有定义返回值，所以这里成功执行就返回“0”。*

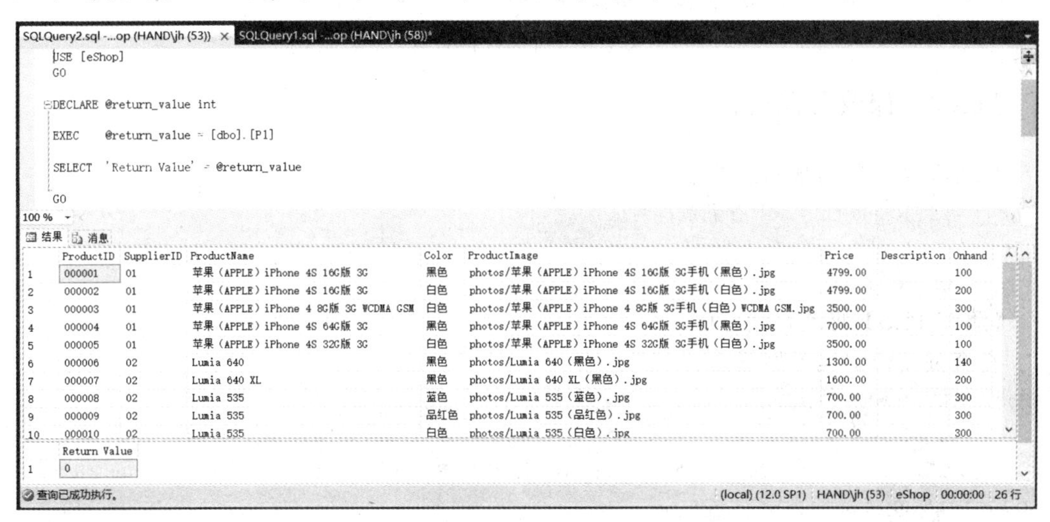


图 11-4　观察存储过程执行结果

**【演练 11.4】**使用 SSMS 查看存储过程脚本。

（1）如图 11-5 所示，在“对象资源管理器”中展开“eShop”数据库，再展开“可编程性”下的“存储过程”。右击“dbo.P1”，在弹出的快捷菜单中选择“编辑存储过程脚本为”→“ALTER 到”→“新查询编辑器窗口”。

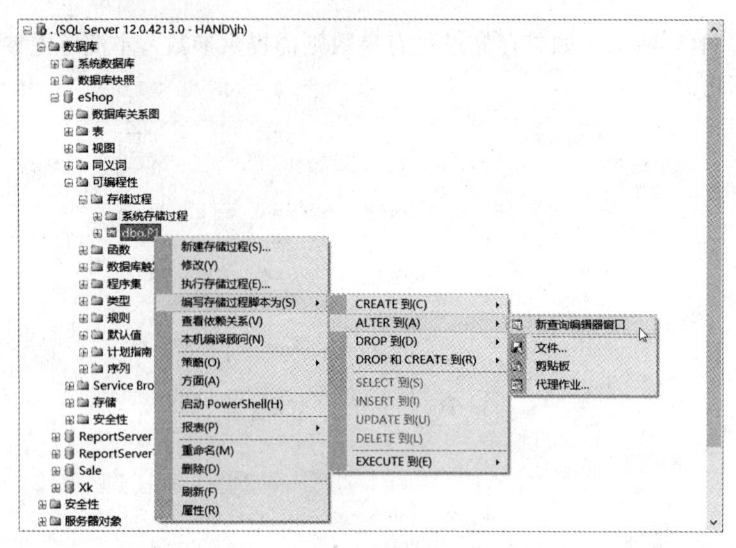


图 11-5　查看存储过程脚本

（2）如图 11-6 所示，可以看到存储过程脚本。

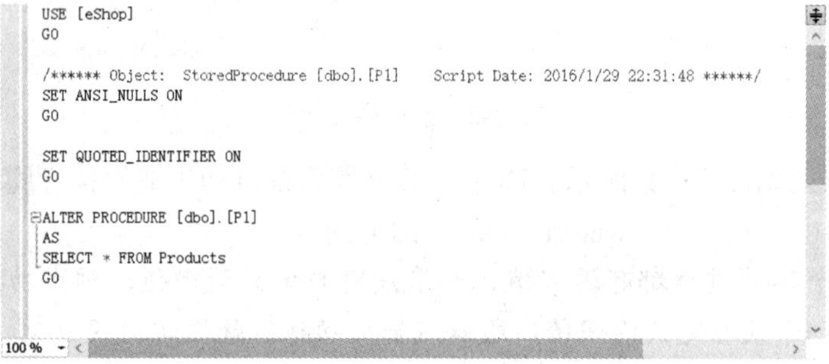

```
USE [eShop]
GO

/****** Object:  StoredProcedure [dbo].[P1]    Script Date: 2016/1/29 22:31:48 ******/
SET ANSI_NULLS ON
GO

SET QUOTED_IDENTIFIER ON
GO

ALTER PROCEDURE [dbo].[P1]
AS
SELECT * FROM Products
GO
```

100 %

图 11-6　存储过程脚本

### 11.2.2　修改存储过程

修改存储过程的基本语法如下：

```
ALTER PROCEDURE 存储过程名称
AS
SQL 语句
```

**【演练 11.5】**修改存储过程。

在查询窗口中执行如下 SQL 语句：

```
ALTER PROCEDURE P1
AS
SELECT ProductID,Products.SupplierID,SupplierName,ProductName FROM
Products,Suppliers
WHERE Products.SupplierID=Suppliers.SupplierID
```

**【演练 11.6】**修改并加密存储过程。

在查询窗口中执行如下 SQL 语句：

```
ALTER PROCEDURE P1
WITH ENCRYPTION
AS
```

```
        SELECT ProductID,Products.SupplierID,SupplierName,ProductName FROM
Products,Suppliers
        WHERE Products.SupplierID=Suppliers.SupplierID
```

**【说明】**也可在 CREATE PROCEDURE 时使用 WITH ENCRYPTION 加密视图。

**【演练 11.7】**加密的是脚本，不是数据内容，也不是执行结果。

（1）在“对象资源管理器”中展开“eShop”数据库，再展开“可编程性”下的“存储过程”。右击“dbo.P1”，在弹出的快捷菜单中单击“执行存储过程”。

（2）单击“确定”按钮，可正常执行存储过程。

（3）在“对象资源管理器”中展开“eShop”数据库，再展开“可编程性”下的“存储过程”。右击“dbo.P1”，在弹出的快捷菜单中选择“编辑存储过程脚本为”→“ALTER 到”→“新查询编辑器窗口”。

（4）如图 11-7 所示，提示“文本已加密”，不可查看，单击“确定”按钮返回。

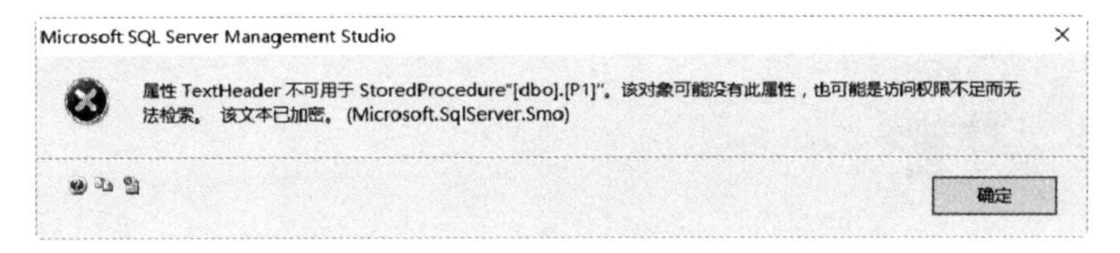


图 11-7　不可查看已加密的存储过程脚本

**【注意】**视图存储过程后，即使是系统管理员也无法查看原脚本内容，所以实际应用中加密的存储过程脚本应以其他方式自行保存，比如文本文件等形式。

### 11.2.3　删除存储过程

删除存储过程的基本语法如下：

```
        DROP PROCEDURE存储过程名称
```

**【演练 11.8】**使用 SSMS 删除存储过程。

（1）如图 11-8 所示，在“对象资源管理器”中展开“eShop”数据库，再展开“可编程性”下的“存储过程”。右击“dbo.P1”，在弹出的快捷菜单中选择“删除”。

11-8　删除存储过程

（2）如图 11-9 所示，单击“确定”按钮即可删除该存储过程。这里我们就不单击“确定”按钮删除该存储过程了，单击“取消”按钮，留着使用命令的方式去删除。

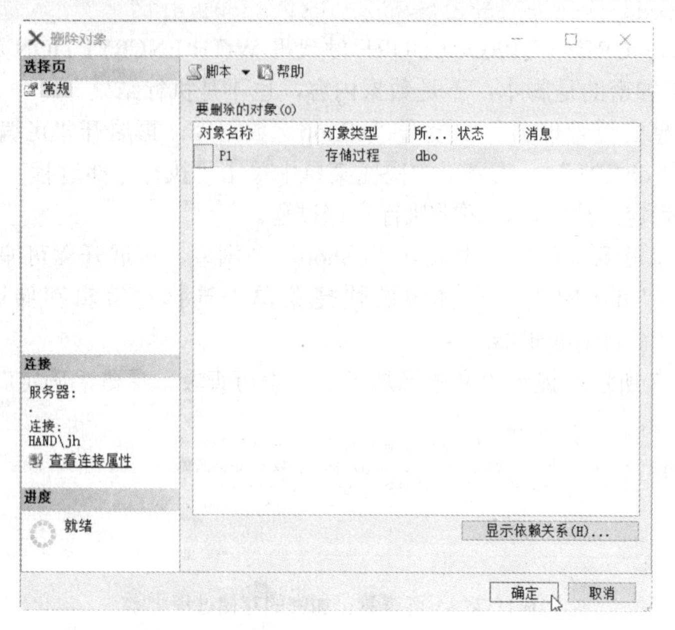


11-9 确定删除存储过程

【演练 11.9】使用 SQL 语句删除存储过程。

在查询窗口中执行如下 SQL 语句：

```
DROP PROCEDURE P1
```

# 11.3 存储过程应用示例

## 11.3.1 带参数的存储过程

【演练 11.10】带 1 个输入参数的存储过程演练：创建存储过程 P2 能根据指定的 SupplierID 查询该供应商的所有商品。

- 参数需要指定参数名称和数据类型
- 存储过程中参数规定以“@”符号开头
- 参数的数据类型通常与表中定义一致

本演练中按 SupplierID 查询，所以参数名为@X、@Y 都可以，通常取一个有意义的名字，就和字段名保持一致，这里参数名为@SupplierID，数据类型为 nvarchar(2)。

（1）在查询窗口中执行如下 SQL 语句：

```
CREATE PROCEDURE P2
--参数，注意参数名称以“@”符号开头，数据类型为nvarchar(2)
@SupplierID nvarchar(2)
AS
SELECT ProductID,Products.SupplierID,SupplierName,ProductName FROM
Products,Suppliers
```

```
WHERE Products.SupplierID=Suppliers.SupplierID
AND Products.SupplierID=@SupplierID
```

（2）调用带参数的存储过程需要给相应参数赋值，在查询窗口中执行如下 SQL 语句，执行结果如图 11-10 所示。

```
EXEC P2 '01'
--或
EXEC P2 @SupplierID='01'
```

表示调用存储过程 P2 查询 SupplierID='01'的所有商品。

| | ProductID | SupplierID | Supplier... | ProductName |
|---|---|---|---|---|
| 1 | 000001 | 01 | 苹果 | 苹果（APPLE）iPhone 6S 16G版 |
| 2 | 000002 | 01 | 苹果 | 苹果（APPLE）iPhone 6S 16G版 |
| 3 | 000003 | 01 | 苹果 | 苹果（APPLE）iPhone 5 8G版 WCDMA GSM |
| 4 | 000004 | 01 | 苹果 | 苹果（APPLE）iPhone 6S 64G版 |
| 5 | 000005 | 01 | 苹果 | 苹果（APPLE）iPhone 6S 64G版 |

11-10　执行带参数的存储过程

（3）在查询窗口中执行如下 SQL 语句，执行结果如图 11-11 所示。

```
EXEC P2 '02'
```

表示调用存储过程 P2 查询 SupplierID='02'的所有商品。

| | ProductID | SupplierID | Supplier... | ProductName |
|---|---|---|---|---|
| 1 | 000006 | 02 | 微软 | Lumia 640 |
| 2 | 000007 | 02 | 微软 | Lumia 640 XL |
| 3 | 000008 | 02 | 微软 | Lumia 650 |
| 4 | 000009 | 02 | 微软 | Lumia 950 |
| 5 | 000010 | 02 | 微软 | Lumia 950XL |

11-11　执行带参数的存储过程

**【总结】**可以看到，创建了带参数的存储过程后，我们可以根据客户的要求来查询指定条件的数据。

**【演练 11.11】**带多个输入参数的存储过程演练：创建存储过程 P3 能根据指定的 SupplierID 和商品名称模糊查询符合条件的商品。

（1）在查询窗口中执行如下 SQL 语句：

```
CREATE PROCEDURE P3
@SupplierID nvarchar(2),
@ProductName nvarchar(100)
AS
SELECT ProductID,Products.SupplierID,SupplierName,ProductName FROM
Products,Suppliers
WHERE Products.SupplierID=Suppliers.SupplierID
AND Products.SupplierID=@SupplierID AND ProductName LIKE
'%'+@ProductName+'%'
```

（2）在查询窗口中执行如下 SQL 语句，执行结果如图 11-12 所示。

```
EXEC P3 '01','16G'
--或
EXEC P3 @SupplierID='01',@ProductName='16G'
```

表示调用存储过程 P3 查询 SupplierID='01'而且商品名称中包含“16G”的所有商品。

| | ProductID | SupplierID | Supplier... | ProductName |
|---|---|---|---|---|
| 1 | 000001 | 01 | 苹果 | 苹果（APPLE）iPhone 6S 16G版 |
| 2 | 000002 | 01 | 苹果 | 苹果（APPLE）iPhone 6S 16G版 |

11-12 执行带参数的存储过程

**【演练 11.12】**带多个输入参数和输出参数的存储过程演练：创建存储过程 P4 能根据指定的 SupplierID 查询该供应商的所有商品，并返回符合条件的商品的数量。

输出参数可以将结果以变量的形式返回给调用者。本演练中输出参数@ProductCount 返回符合条件的商品的数量。

输出参数定义时需指明 OUTPUT 关键字。

（1）在查询窗口中执行如下 SQL 语句：

```
    CREATE PROCEDURE P4
    @SupplierID nvarchar(2),
    @ProductName nvarchar(100),
    --输出参数@ProductCount，需指明OUTPUT关键字
    @ProductCount int OUTPUT
    AS
    SELECT ProductID,Products.SupplierID,SupplierName,ProductName FROM
Products,Suppliers
    WHERE Products.SupplierID=Suppliers.SupplierID
    AND Products.SupplierID=@SupplierID AND ProductName LIKE
'%'+@ProductName+'%'

    SET @ProductCount=@@ROWCOUNT
```

（2）在查询窗口中执行如下 SQL 语句，执行结果如图 11-13 所示。

```
    DECLARE @ProductCount int
    EXEC P4 '01','16G',@ProductCount OUTPUT
    PRINT @ProductCount
```

表示调用存储过程 P4 指定条件的所有商品并获取符合条件的商品的数量。

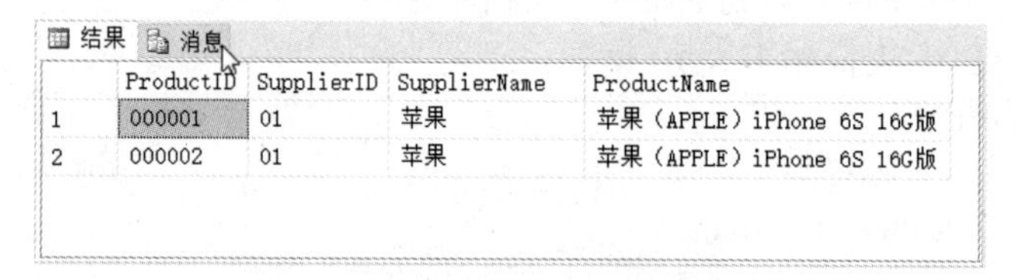


| | ProductID | SupplierID | SupplierName | ProductName |
|---|---|---|---|---|
| 1 | 000001 | 01 | 苹果 | 苹果（APPLE）iPhone 6S 16G版 |
| 2 | 000002 | 01 | 苹果 | 苹果（APPLE）iPhone 6S 16G版 |

11-13 执行带参数的存储过程

（3）在图 11-13 中单击“消息”，如图 11-14 所示，可以看到数字“2”，这里我们通过变量获取到该值后可供后续编程使用。

11-14 执行带参数的存储过程

### 11.3.2　存储过程综合应用

**【演练 11.13】**使用分页查询技术查询 Products 表指定页的数据，每页 2 行数据。

由于 Products 示例数据量小，所以本演练取每页 2 行，实际应用中通常每页数据在几十到几百之间。

（1）在查询窗口中执行如下 SQL 语句：

```
CREATE PROCEDURE P5
@Page int  --该参数指定查询第几页
AS
SELECT * FROM Products
ORDER BY ProductID
OFFSET (@Page-1)*2 ROWS  --每页2行
FETCH NEXT 2 ROWS ONLY
```

（2）测试：在查询窗口中执行如下 SQL 语句，执行结果如图 11-15 所示。

```
P5 1  --查询第1页
GO
P5 2  --查询第2页
```

结果　消息

| | ProductID | SupplierID | ProductName | Color | ProductImage | Price | Description | Onhand |
|---|---|---|---|---|---|---|---|---|
| 1 | 000001 | 01 | 苹果（APPLE）iPhone 6S 16G版 | 黑色 | photos/苹果（APPLE）iPhone 4S 16G版 3G手机（黑色）.jpg | 4799.00 | 很好 | 100 |
| 2 | 000002 | 01 | 苹果（APPLE）iPhone 6S 16G版 | 白色 | photos/苹果（APPLE）iPhone 4S 16G版 3G手机（白色）.jpg | 4799.00 | 很好 | 200 |

| | ProductID | SupplierID | ProductName | Color | ProductImage | Price | Desc |
|---|---|---|---|---|---|---|---|
| 1 | 000003 | 01 | 苹果（APPLE）iPhone 5 8G版　WCDMA GSM | 白色 | photos/苹果（APPLE）iPhone 4 8G版 3G手机（白色）WCDMA GSM.jpg | 3500.00 | 很好 |
| 2 | 000004 | 01 | 苹果（APPLE）iPhone 6S 64G版 | 黑色 | photos/苹果（APPLE）iPhone 4S 64G版 3G手机（黑色）.jpg | 7000.00 | 很好 |

11-15　分页查询结果

## 实　训

**【实训 1】**创建名为 P1 的存储过程，根据指定的员工代码查询该员工每次的工资信息，并给出调用该存储过程的示例。如指定查询员工代码为“000001”，则显示结果如下。

| EmployeeID | YearMonth | Je |
|---|---|---|
| 000001 | 201601 | 3000.00 |
| 000001 | 201602 | 4000.00 |

# 第 12 章　Transact-SQL 游标

【学习目标】

- 理解游标的作用
- 熟练掌握如何创建和使用游标
- 在实际开发中能根据需要在存储过程中使用游标

## 12.1　认识游标

本章讲述游标中最常用的 Transact-SQL 游标。

游标允许应用程序对查询语句 SELECT 返回的行结果集中每一行进行相同或不同的操作，而不是一次对整个结果集进行同一种操作，它还提供对基于游标位置而对表中数据进行删除或更新的能力。

- 利用游标可获取某行某列的值。
- Transact-SQL 游标主要用于存储过程中。
- Transact-SQL 游标以后简称为游标。

### 12.1.1　游标的作用

例如，由 SELECT 语句返回的行集包括满足该语句的 WHERE 子句中条件的所有行。

这种由语句返回的完整行集称为结果集。

应用程序除了需要获取结果集之外，有时也需要每次处理一行或一部分行。

游标就是提供这样一种机制以便每次处理一行或一部分行。

游标作用如下：

（1）允许定位在结果集的特定行。

（2）从结果集的当前位置检索一行或一部分行。

（3）支持对结果集中当前位置的行进行数据修改。

在数据库中，游标是一个十分重要的概念。游标提供了一种对从表中检索出的数据进行操作的灵活手段，就本质而言，游标实际上是一种能从包括多条数据记录的结果集中每次提取一条记录的机制。游标总是与一条 SQL 查询语句相关联。

### 12.1.2　如何使用游标

通常游标的使用步骤如下：

（1）DECLARE CURSOR：定义游标。将游标与 Transact-SQL 语句的结果集相关联。

语法：

```
DECLARE 游标名称 [ SCROLL ] CURSOR
    FOR select_statement
```

```
    [ FOR { READ ONLY | UPDATE} ]
```

其中：

SCROLL：指定所有的提取选项（FIRST、LAST、PRIOR、NEXT、RELATIVE、ABSOLUTE）均可用。

如果未指定 SCROLL，则 NEXT 是唯一支持的提取选项。

select_statement：定义游标结果集的标准 SELECT 语句。

READ ONLY：禁止通过该游标进行更新。在 UPDATE 或 DELETE 语句的 WHERE CURRENT OF 子句中不能引用游标。

UPDATE：定义游标可更新。

（2）OPEN CURSOR：填充结果集。

（3）FETCH：从结果集返回行。从游标中检索你想要查看的行。从游标中检索一行或一部分行的操作称为提取。

语法：

```
    FETCH
            [ NEXT | PRIOR | FIRST | LAST | ABSOLUTE { n } | RELATIVE
{ n } ]
    FROM CURSOR_name
    [ INTO @variable_name [ ,...n ] ]
```

其中：

NEXT：返回当前行的下一行。如果 FETCH NEXT 为对游标的第一次提取操作，则返回结果集中的第一行。NEXT 为默认的游标提取选项。

PRIOR：返回紧邻当前行前面的结果行，并且当前行递减为返回行。如果 FETCH PRIOR 为对游标的第一次提取操作，则没有行返回并且游标置于第一行之前。

FIRST：返回游标中的第一行并将其作为当前行。

LAST：返回游标中的最后一行并将其作为当前行。

ABSOLUTE { n}：如果 n 为正，则返回从游标起始处开始向后的第 n 行，并将返回行变成新的当前行。如果 n 为负，则返回从游标末尾处开始向前的第 n 行，并将返回行变成新的当前行。如果 n 为 0，则不返回行。

RELATIVE { n}：如果 n 为正，则返回从当前行开始向后的第 n 行，并将返回行变成新的当前行。如果 n 为负，则返回从当前行开始向前的第 n 行，并将返回行变成新的当前行。如果 n 为 0，则返回当前行。

在对游标进行第一次提取时，如果在将 n 设置为负数或 0 的情况下指定 FETCH RELATIVE，则不返回行。

INTO @ variable_name[ ,... n]：将提取操作的列数据放到局部变量中。

列表中的各个变量从左到右与游标结果集中的相应列相关联。

变量的数目必须与游标选择列表中的列数一致。

各变量的数据类型必须与相应的结果集列的数据类型匹配，或是结果集列数据类型所支持的隐式转换。

再介绍一个我们使用游标时常用的全局变量@@FETCH_STATUS：获取上一个 FETCH 语句的状态。其返回类型为 integer。

0：FETCH 语句成功。

-1：FETCH 语句失败或行不在结果集中。

-2：提取的行不存在。

由于@@FETCH_STATUS 对于在一个连接上的所有游标都是全局性的，所以要谨慎使用 @@FETCH_STATUS。

在此连接上出现任何提取操作之前，@@FETCH_STATUS 的值没有定义。

（4）根据需要，对游标中当前位置的行执行修改操作（更新或删除）。

（5）CLOSE CURSOR：关闭游标，释放与游标关联的当前结果集。

（6）DEALLOCATE CURSOR：释放游标所使用的资源。

## 12.2 游标演练

### 12.2.1 游标基本演练

**【演练 12.1】**声明 SCROLL 游标并使用 FETCH 选项（LAST、PRIOR、RELATIVE 和 ABSOLUTE）理解游标机制（游标实际上是一种能从包括多条数据记录的结果集中每次提取一条记录的机制）。

为观察执行效果，以下代码分段执行。

（1）在查询窗口中执行如下 SQL 语句：

```
--定义游标
DECLARE ProductsCursor SCROLL CURSOR FOR
SELECT ProductID,ProductName FROM Products ORDER BY ProductID
--填充结果集
OPEN ProductsCursor
```

（2）在查询窗口中执行如下 SQL 语句，如图 12-1 所示，获取 LAST，可观察到 ProductID=“000001”。

```
--从结果集返回行。第一次提取操作，返回结果集中的第一行
FETCH NEXT FROM ProductsCursor
```

（3）在查询窗口中执行如下 SQL 语句，执行结果如图 12-2 所示。

```
--ProductID=“000001”的NEXT为“000002”
FETCH NEXT FROM ProductsCursor
--FETCH成功@@FETCH_STATUS=0
SELECT @@FETCH_STATUS
```

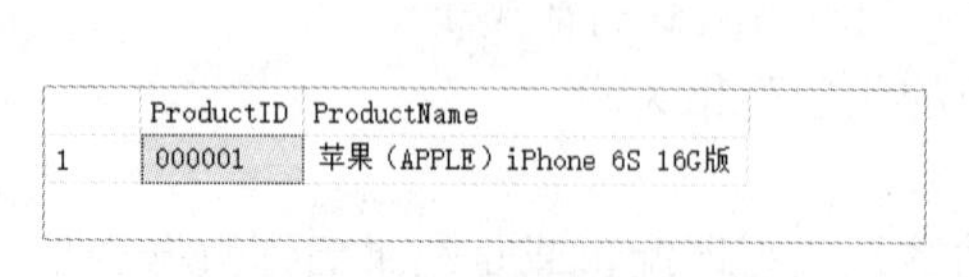

| | ProductID | ProductName |
|---|---|---|
| 1 | 000001 | 苹果（APPLE）iPhone 6S 16G版 |

图 12-1 观察 FETCH 结果

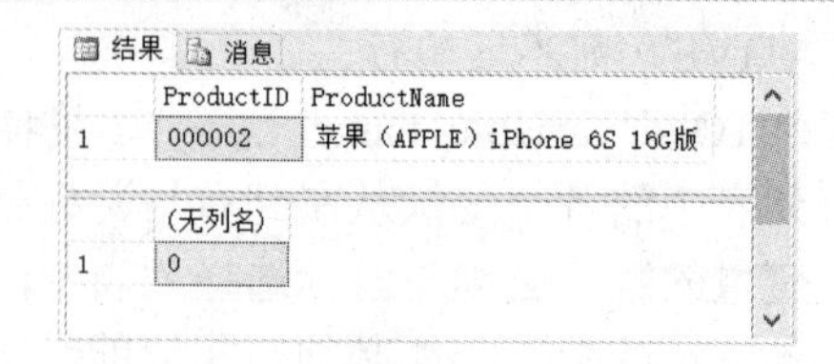



| | ProductID | ProductName |
|---|---|---|
| 1 | 000002 | 苹果（APPLE）iPhone 6S 16G版 |

| | (无列名) |
|---|---|
| 1 | 0 |

图 12-2 观察 FETCH 结果

（4）在查询窗口中执行如下 SQL 语句，执行结果如图 12-3 所示。

```
--ProductID=“000002”的PRIOR为“000001”
FETCH PRIOR FROM ProductsCursor
--FETCH成功@@FETCH_STATUS=0
```

```
SELECT @@FETCH_STATUS
```

（5）在查询窗口中执行如下 SQL 语句，执行结果如图 12-4 所示。

```
--FETCH FIRSTR的ProductID=“000001”
FETCH FIRST FROM ProductsCursor
--FETCH LAST 的ProductID=“000025”
FETCH LAST FROM ProductsCursor
--FETCH成功@@FETCH_STATUS=0
SELECT @@FETCH_STATUS
```

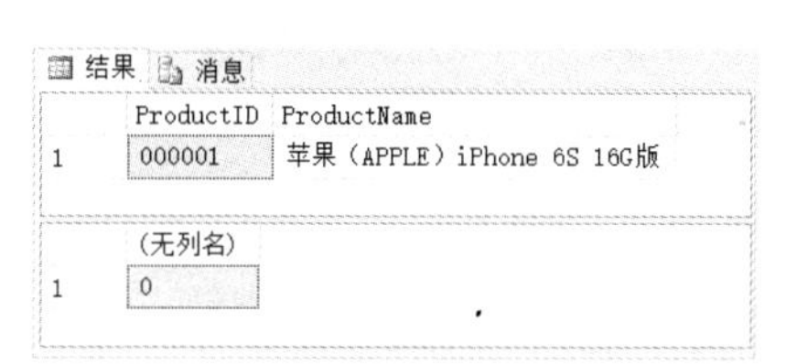

图 12-3　观察 FETCH 结果

图 12-4　观察 FETCH 结果

（6）在查询窗口中执行如下 SQL 语句，执行结果如图 12-5 所示。

```
--FETCH NEXT ProductID=“000025”的NEXT已经无数据了
FETCH NEXT FROM ProductsCursor
--FETCH失败@@FETCH_STATUS=-1
SELECT @@FETCH_STATUS
```

（7）在查询窗口中执行如下 SQL 语句，如图 12-6 所示，获取绝对第 2 行，可观察到 ProductID=“000002”。

```
FETCH ABSOLUTE 2 FROM ProductsCursor
```

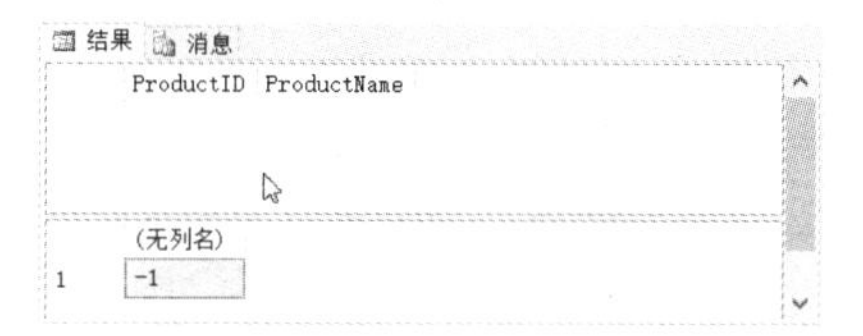

图 12-5　观察 FETCH 结果

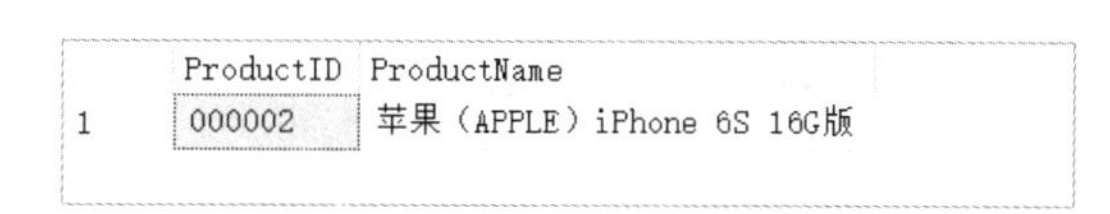

图 12-6　FETCH ABSOLUTE

（8）在查询窗口中执行如下 SQL 语句，如图 12-7 所示，获取当前行 ProductID=“000002”的后 3 行，可观察到 ProductID=“000005”。

```
FETCH RELATIVE 3 FROM ProductsCursor
```

（9）在查询窗口中执行如下 SQL 语句，如图 12-8 所示，获取当前行 ProductID=“000005”的前 2 行，可观察到 ProductID=“000003”。

```
FETCH RELATIVE -2 FROM ProductsCursor
```

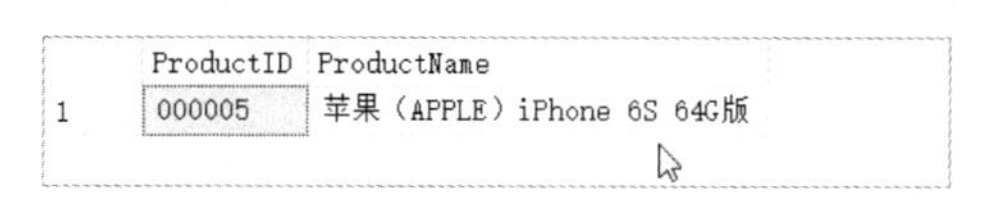

图 12-7　FETCH RELATIVE 3

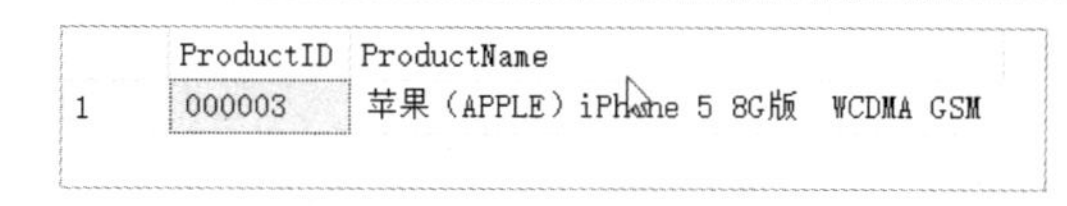

图 12-8　FETCH RELATIVE -2

（10）在查询窗口中执行如下 SQL 语句，关闭和释放游标。

```
--关闭游标
CLOSE ProductsCursor
--释放游标所使用的资源
```

```
DEALLOCATE ProductsCursor
```

**【演练 12.2】** 利用@@FETCH_STATUS 遍历游标。

（1）在查询窗口中执行如下 SQL 语句：

```
DECLARE ProductsCursor CURSOR FOR
SELECT ProductID,ProductName FROM Products
ORDER BY ProductID

OPEN ProductsCursor

FETCH NEXT FROM ProductsCursor

--通过@@FETCH_STATUS = 0判断是否还有更多的行
WHILE @@FETCH_STATUS = 0
BEGIN
   --获取当前行的下一行
   FETCH NEXT FROM ProductsCursor
END

CLOSE ProductsCursor
DEALLOCATE ProductsCursor
```

（2）执行结果如图 12-9 所示。

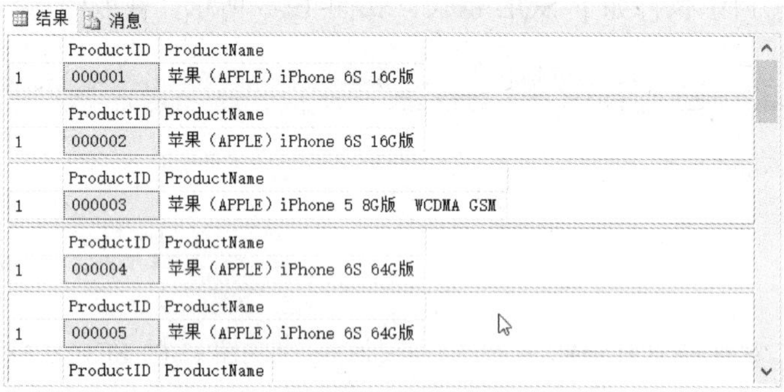

结果 消息

| | ProductID | ProductName |
|---|---|---|
| 1 | 000001 | 苹果（APPLE）iPhone 6S 16G版 |

| | ProductID | ProductName |
|---|---|---|
| 1 | 000002 | 苹果（APPLE）iPhone 6S 16G版 |

| | ProductID | ProductName |
|---|---|---|
| 1 | 000003 | 苹果（APPLE）iPhone 5 8G版 WCDMA GSM |

| | ProductID | ProductName |
|---|---|---|
| 1 | 000004 | 苹果（APPLE）iPhone 6S 64G版 |

| | ProductID | ProductName |
|---|---|---|
| 1 | 000005 | 苹果（APPLE）iPhone 6S 64G版 |

| | ProductID | ProductName |
|---|---|---|

图 12-9 简单游标示例

**【演练 12.3】** 使用 FETCH 将值存入变量。

（1）在查询窗口中执行如下 SQL 语句：

```
DECLARE @ProductID nvarchar(6),@ProductName nvarchar(100)
DECLARE ProductsCursor CURSOR FOR
SELECT ProductID,ProductName FROM Products
ORDER BY ProductID
OPEN ProductsCursor
--将获取到的行对应的数据分别赋值给变量@ProductID和@ProductName
FETCH NEXT FROM ProductsCursor INTO @ProductID,@ProductName
WHILE @@FETCH_STATUS = 0
BEGIN
  --使用PRINT测试获取的变量
  PRINT '商品代码 ' + @ProductID + ' 商品名称：' +  @ProductName
  FETCH NEXT FROM ProductsCursor INTO @ProductID,@ProductName
```

```
END
CLOSE ProductsCursor
DEALLOCATE ProductsCursor
```

（2）执行结果如图 12-10 所示。

```
消息
商品代码 000001 商品名称：苹果（APPLE）iPhone 6S 16G版
商品代码 000002 商品名称：苹果（APPLE）iPhone 6S 16G版
商品代码 000003 商品名称：苹果（APPLE）iPhone 5 8G版  WCDMA GSM
商品代码 000004 商品名称：苹果（APPLE）iPhone 6S 64G版
商品代码 000005 商品名称：苹果（APPLE）iPhone 6S 64G版
商品代码 000006 商品名称：Lumia 640
商品代码 000007 商品名称：Lumia 640 XL
商品代码 000008 商品名称：Lumia 650
商品代码 000009 商品名称：Lumia 950
商品代码 000010 商品名称：Lumia 950XL
商品代码 000011 商品名称：三星（SAMSUNG）B9120
商品代码 000012 商品名称：三星（SAMSUNG）Galaxy SIII I9300
商品代码 000013 商品名称：三星（SAMSUNG）Galaxy S3 I9308
商品代码 000014 商品名称：三星（SAMSUNG）I929
商品代码 000015 商品名称：三星（SAMSUNG）I9100G 至尊版（双电
100 %
```

图 12-10 使用 FETCH 将值存入变量

### 12.2.2 游标综合演练

【演练 12.4】在存储过程中使用游标，并学习如何更新当前游标行的数据。

更新当前游标行数据的示例语法如下：

```
UPDATE 表 SET 字段1=值1,字段2=值2,。。。WHERE CURRENT OF 游标名称
```

为演练方便，本章 eShop 数据库有一收支流水表，如图 12-11 所示，其中 ID 为主键。为方便教学说明，且该表仅在本例使用，其余各字段直接用中文命名（项目开发中不建议使用中文命名）。

现希望创建一存储过程 Paccount，根据指定的账号，重新计算结余，并显示该账号的收支明细和结余。如执行 EXEC Paccount '001'，则结果如图 12-12 所示，显示账号 001 的收支流水表。

| | ID | 账号 | 收入 | 支出 | 结余 |
|---|---|---|---|---|---|
| | 1 | 001 | 100.00 | NULL | NULL |
| | 2 | 001 | NULL | 10.00 | NULL |
| | 3 | 002 | 200.00 | NULL | NULL |
| | 4 | 001 | NULL | 20.00 | NULL |
| | 5 | 001 | 200.00 | NULL | NULL |
| | 6 | 002 | 100.00 | NULL | NULL |
| ▸ | 7 | 002 | NULL | 50.00 | NULL |
| | 8 | 001 | 160.00 | NULL | NULL |
| * | NULL | NULL | NULL | NULL | NULL |

图 12-11 收支流水表

| | ID | 账号 | 收入 | 支出 | 结余 |
|---|---|---|---|---|---|
| 1 | 1 | 001 | 100.00 | NULL | 100.00 |
| 2 | 2 | 001 | NULL | 10.00 | 90.00 |
| 3 | 4 | 001 | NULL | 20.00 | 70.00 |
| 4 | 5 | 001 | 200.00 | NULL | 270.00 |
| 5 | 8 | 001 | 160.00 | NULL | 430.00 |

图 12-12 账号 001 的收支流水表

（1）在查询窗口中执行如下 SQL 语句创建存储过程 Paccount。

```
CREATE PROCEDURE Paccount
@账号 nvarchar(10)
AS
DECLARE @收入 decimal(12,2),@支出 decimal(12,2),@结余 decimal(12,2)
SET @结余=0
DECLARE YhCursor CURSOR FOR
SELECT 收入,支出 FROM Yh WHERE 账号=@账号 ORDER BY ID
```

```
OPEN YhCursor
FETCH NEXT FROM YhCursor INTO @收入,@支出
WHILE @@FETCH_STATUS=0
BEGIN
  --本次结余=上次结余+本次收入-本次支出
  SET @结余=ISNULL(@结余,0)+ISNULL(@收入,0)-ISNULL(@支出,0)
  --更新当前游标行的数据UPDATE ... WHERE CURRENT OF 游标名称
  UPDATE Yh SET 结余=@结余 WHERE CURRENT OF YhCursor
  FETCH NEXT FROM YhCursor INTO @收入,@支出
END
CLOSE YhCursor
DEALLOCATE YhCursor
SELECT * FROM Yh WHERE 账号=@账号
```

（2）在查询窗口中执行如下 SQL 语句执行存储过程 Paccount。

```
EXEC Paccount '001'
```

执行结果如图 12-13 所示，显示账号 001 的收支流水表。

（3）在查询窗口中执行如下 SQL 语句执行存储过程 Paccount。

```
EXEC Paccount '002'
```

执行结果如图 12-14 所示，显示账号 002 的收支流水表。

| | ID | 账号 | 收入 | 支出 | 结余 |
|---|---|---|---|---|---|
| 1 | 1 | 001 | 100.00 | NULL | 100.00 |
| 2 | 2 | 001 | NULL | 10.00 | 90.00 |
| 3 | 4 | 001 | NULL | 20.00 | 70.00 |
| 4 | 5 | 001 | 200.00 | NULL | 270.00 |
| 5 | 8 | 001 | 160.00 | NULL | 430.00 |

图 12-13　账号 001 的收支流水表

| | ID | 账号 | 收入 | 支出 | 结余 |
|---|---|---|---|---|---|
| 1 | 3 | 002 | 200.00 | NULL | 200.00 |
| 2 | 6 | 002 | 100.00 | NULL | 300.00 |
| 3 | 7 | 002 | NULL | 50.00 | 250.00 |

图 12-14　账号 002 的收支流水表

# 实　训

利用游标编写程序，遍历 Employees 表，输出如下信息。

```
员工代码：000001 姓名：张三
员工代码：000002 姓名：李四
员工代码：000003 姓名：黄磊
员工代码：000004 姓名：朱丽
员工代码：000005 姓名：杨华
员工代码：000006 姓名：艾锋
```

# 第 13 章　事务

【学习目标】

- 理解事务的作用
- 熟练掌握如何使用事务
- 理解事务提交、回滚的作用
- 在实际开发中能根据需要在必要的地方使用事务
- 理解各种事务隔离级别

## 13.1　事务简介

### 13.1.1　事务是什么

事务是并发控制的单位，是用户定义的一个操作序列。这些操作要么都做，要么都不做，是一个不可分割的工作单位。通过事务，SQL Server 能将逻辑相关的一组操作绑定在一起，以便服务器保持数据的完整性。

在数据库中，一个事务可以是一条 SQL 语句，一组 SQL 语句或整个程序。

事务具有 4 个属性：原子性、一致性、隔离性、持久性。这四个属性通常称为 ACID 特性。

（1）原子性（atomicity）。一个事务是一个不可分割的工作单位，事务中包括的诸操作要么都做，要么都不做。

（2）一致性（consistency）。事务必须是使数据库从一个一致性状态变到另一个一致性状态。一致性与原子性是密切相关的。

（3）隔离性（isolation）。一个事务的执行不能被其他事务干扰。即一个事务内部的操作及使用的数据对并发的其他事务是隔离的，并发执行的各个事务之间不能互相干扰。

（4）持久性（durability）。持久性也称永久性（permanence），指一个事务一旦提交，它对数据库中数据的改变就应该是永久性的。接下来的其他操作或故障不应该对其有任何影响。

### 13.1.2　事务的作用

比如当你要同时修改数据库中两个不同表的数据的时候，如果它们不是一个事务的话，可能出现第一个表修改成功，可是第二表未能修改的情况。

而当你把它们设定为一个事务的时候，当第一个表修改完，可是第二个表改修时出现了异常而没能修改的情况下，第一个表和第二个表都要回到未修改的状态！这就是所谓的事务回滚。

例如，在将资金从一个账户转移到另一个账户的银行应用中，一个账户将一定的金额贷记到一个数据库表中，同时另一个账户将相同的金额借记到另一个数据库表中。由于计算机可能会因停电、网络中断等而出现故障，因此有可能更新了一个表中的行，但没有更新另一个表中的行。如果数据库支持事务，则可以将数据库操作组成一个事务，以防止因这些事件而使数据库出现不一致。如果事务中的某个点发生故障，则所有更新都可以回滚到事务开始之前的状态。如果没有发生故障，则通过以完成状态提交事务来完成更新。

## 13.2 事务演练

### 13.2.1 事务基本演练

**【演练 13.1】**事务提交 COMMIT 简单观察。创建一事务，向 Suppliers 表录入两条数据并提交。

（1）在查询窗口中执行如下 SQL 语句：

```
--开始事务
BEGIN TRAN
INSERT Suppliers VALUES('07','魅族')
INSERT Suppliers VALUES('08','华为')
--提交事务
COMMIT TRAN
```

（2）验证提交观察即结果：在查询窗口中执行如下 SQL 语句，如图 13-1 所示，可看到数据已提交。

```
SELECT * FROM Suppliers
```

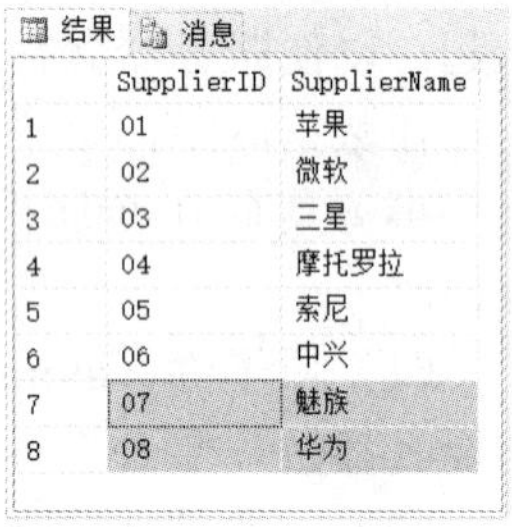

|  | SupplierID | SupplierName |
|---|---|---|
| 1 | 01 | 苹果 |
| 2 | 02 | 微软 |
| 3 | 03 | 三星 |
| 4 | 04 | 摩托罗拉 |
| 5 | 05 | 索尼 |
| 6 | 06 | 中兴 |
| 7 | 07 | 魅族 |
| 8 | 08 | 华为 |

图 13-1 观察事物提交结果

（3）删除测试数据，在查询窗口中执行如下 SQL 语句：

```
DELETE Suppliers WHERE SupplierID='07'
DELETE Suppliers WHERE SupplierID='08'
```

**【演练 13.2】**事务回滚 ROLLBACK 简单观察。创建一事务，向 Suppliers 表录入两条数据并回滚。

（1）在查询窗口中执行如下 SQL 语句：

```
--开始事务
BEGIN TRAN
INSERT Suppliers VALUES('07','魅族')
INSERT Suppliers VALUES('08','华为')
--回滚事务
ROLLBCK TRAN
```

（2）验证提交观察即结果：在查询窗口中执行如下 SQL 语句，如图 13-2 所示，可看到数据并没有提交。

```
SELECT * FROM Suppliers
```

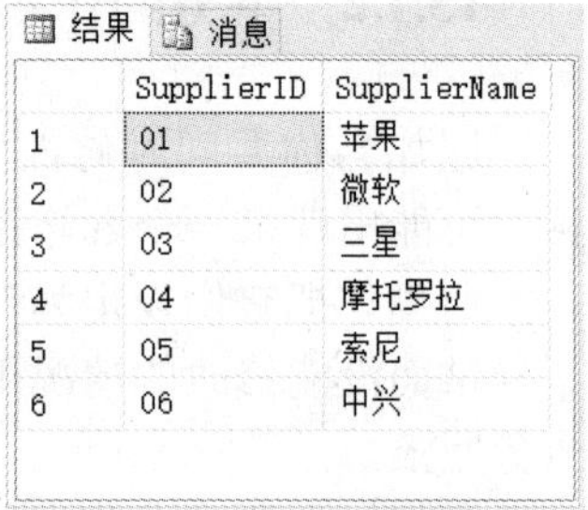

|  | SupplierID | SupplierName |
|---|---|---|
| 1 | 01 | 苹果 |
| 2 | 02 | 微软 |
| 3 | 03 | 三星 |
| 4 | 04 | 摩托罗拉 |
| 5 | 05 | 索尼 |
| 6 | 06 | 中兴 |

图 13-2 观察事物回滚结果

**【演练 13.3】**观察事物执行过程中数据对其他用户的可见性。

**【注意】**查询窗口 1、查询窗口 2 分别表示不同的查询窗口，后续不再说明。

（1）在查询窗口中 1 执行如下 SQL 语句：

```
BEGIN TRAN
```

```
INSERT Suppliers VALUES('07','魅族')
INSERT Suppliers VALUES('08','华为')
```

（2）新建一查询窗口 2（一个新的查询窗口其实就是另一个连接用户），在新的查询窗口中执行如下 SQL 语句，执行结果如图 13-3 所示，可以看到能够正常查看除了 SupplierID 为“07”、“08”的数据。

```
SELECT * FROM Suppliers WHERE SupplierID<='06'
```

（3）继续在查询窗口 2 中执行如下 SQL 语句，如图 13-4 所示，注意观察图中左下角，可以看到执行一直处于正在执行状态，因为 SupplierID 为“07”、“08”的数据既没有提交，也没有回滚，对其他用户而言需要等待提交或回滚才可见。

```
SELECT * FROM Suppliers WHERE SupplierID>'06'
```

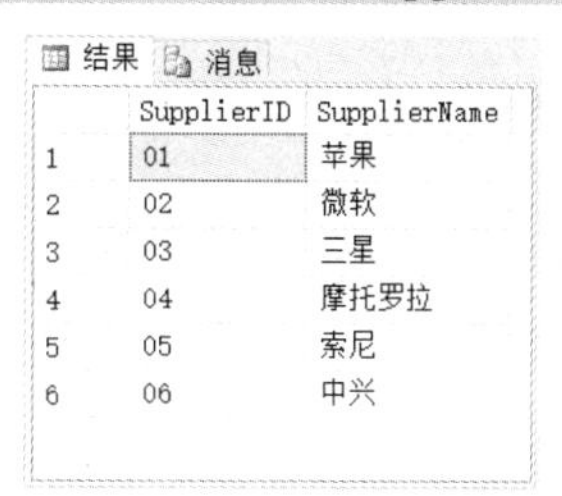


| | SupplierID | SupplierName |
|---|---|---|
| 1 | 01 | 苹果 |
| 2 | 02 | 微软 |
| 3 | 03 | 三星 |
| 4 | 04 | 摩托罗拉 |
| 5 | 05 | 索尼 |
| 6 | 06 | 中兴 |

图 13-3　事务执行过程中可正常查看其他数据

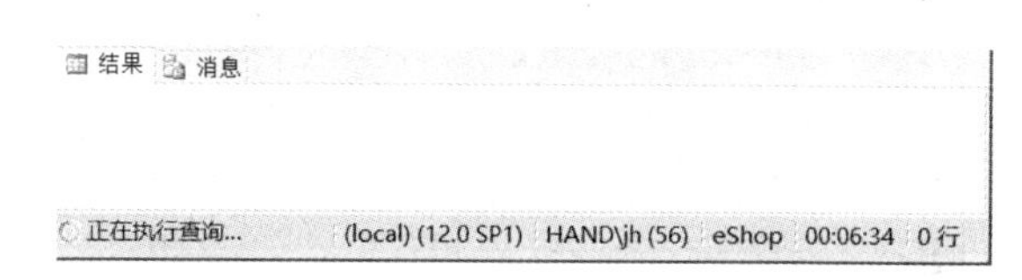


图 13-4　执行一直处于正在执行状态

（4）回到第一个查询窗口，执行如下 SQL 语句：

```
COMMIT TRAN
```

（5）切换到第二个查询窗口，可观察到结果如图 13-5 所示，因为事务已提交，可观察到 SupplierID 为“07”、“08”的数据。

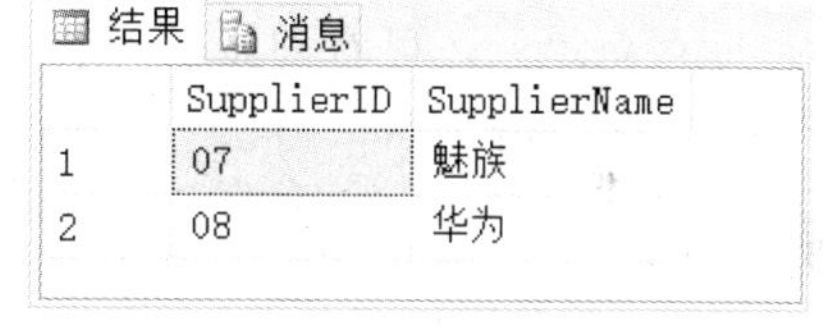


| | SupplierID | SupplierName |
|---|---|---|
| 1 | 07 | 魅族 |
| 2 | 08 | 华为 |

图 13-5　事务已提交观察到的结果

### 13.2.2　事务综合演练

【演练 13.4】根据项目需求综合应用 COMMIT 和 ROLLBACK。

一般情况下，产品有足够的库存量时才允许销售该产品。创建一存储过程，该存储过程完成录入订单的功能，并且在录入订单后检查是否有足够库存。如果有则提交订单，否则撤销订单。

该存储过程还可通过输出参数告知订单是否成功录入。

本演练从学习事务的角度出发，录入订单进行一定的简化，仅向 OrderItems 表录入数据。然后检查 Products 表的库存 Onhand。如果 Onhand>=0，则 COMMIT，否则 ROLLBACK。

（1）在查询窗口，执行如下 SQL 语句创建存储过程 InsertOrderItems 完成演练要求的功能：

```
    CREATE PROCEDURE InsertOrderItems
    @OrderID nvarchar(50), @ProductID nvarchar(6), @Amount decimal(10,0),
@Price decimal(6,2)
    ,@Ret int OUTPUT
    AS
    BEGIN TRAN
```

```
    INSERT OrderItems (OrderID, ProductID, Amount, Price)
    VALUES (@OrderID, @ProductID, @Amount, @Price)

    UPDATE Products SET Onhand=Onhand-@Amount WHERE ProductID=@ProductID

    IF (SELECT OnhAND FROM Products WHERE ProductID=@ProductID )<0
    BEGIN
      SET @Ret=-1
      ROLLBACK TRAN
    END
    ELSE BEGIN
      SET @Ret=0
      COMMIT TRAN
    END
```

（2）在查询窗口，执行如下 SQL 语句先记住 ProductID 为“000006”的库存，执行结果如图 13-6 所示，可看到现库存数量为 140。

```
    SELECT * FROM Products WHERE ProductID='000006'
```

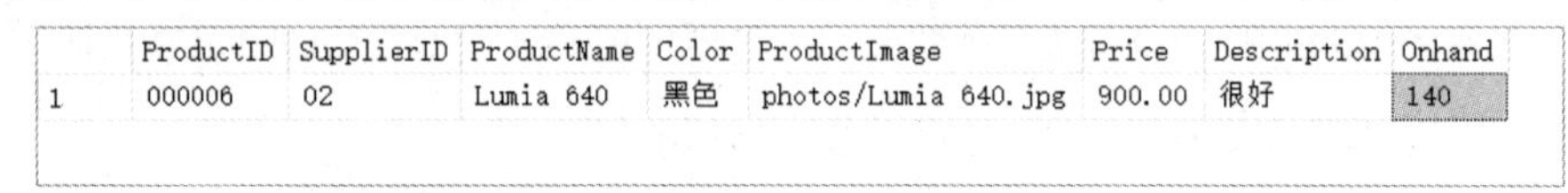

| | ProductID | SupplierID | ProductName | Color | ProductImage | Price | Description | Onhand |
|---|---|---|---|---|---|---|---|---|
| 1 | 000006 | 02 | Lumia 640 | 黑色 | photos/Lumia 640.jpg | 900.00 | 很好 | 140 |

图 13-6　ProductID 为“000006”的库存

（3）在查询窗口，执行如下 SQL 语句调用存储过程 InsertOrderItems（该订单数量为 10，库存充足），可看到显示“录入成功！”。

```
    DECLARE @Ret int
    EXEC InsertOrderItems 'EB40E98C-11A2-40E6-B32C-
3DC039D82C8D','000006',10,1300,@Ret OUTPUT
    IF @Ret=0
      PRINT '录入成功！'
    ELSE
      PRINT '录入失败！'
```

（4）在查询窗口，执行如下 SQL 语句再次观察 ProductID 为“000006”的库存，可看到现库存数量为 130。

```
    SELECT * FROM Products WHERE ProductID='000006'
```

（5）在查询窗口，执行如下 SQL 语句调用存储过程 InsertOrderItems（该订单数量为 1000，库存不足），可看到显示“录入失败！”。

```
    DECLARE @Ret int
    EXEC InsertOrderItems 'EB40E98C-11A2-40E6-B32C-
3DC039D82C8D','000006',1000,1300,@Ret OUTPUT
    IF @Ret=0
      PRINT '录入成功！'
    ELSE
      PRINT '录入失败！'
```

（6）在查询窗口，执行如下 SQL 语句再次观察 ProductID 为“000006”的库存，可看到现库存数量没有发生变化。

```
SELECT * FROM Products WHERE ProductID='000006'
```

### 13.2.3　事务隔离级别演练

事务隔离级别控制到 SQL Server 的连接发出的 Transact-SQL 语句的锁定行为和行版本控制行为。

一个事务的隔离级别控制了它怎么样影响其他事务和被其他事务所影响。

【演练 13.5】事务隔离级别之 READ UNCOMMITTED 演练。

READ UNCOMMITTED 隔离级别：指定语句可以读取已由其他事务修改但尚未提交的行，这种读取称为脏读。

（1）在查询窗口 1，执行如下 SQL 语句。

```
BEGIN TRAN Query1
--在事务中修改
UPDATE Products SET Price = 1000
--等待20秒，期间事务2运行
WAITFOR DELAY '00:00:20'
--不提交修改，回滚事务
ROLLBACK TRAN Query1
```

（2）请在 20 秒内开启查询窗口 2，并执行如下 SQL 语句，执行结果如图 13-7 所示。

```
SET TRANSACTION ISOLATION LEVEL READ UNCOMMITTED
BEGIN TRAN Query2
SELECT '事务2开始并发执行，读取到了事务1修改了但没有提交的数据，是脏读'
SELECT * FROM Products
SELECT '事务2等待20秒，让事务1执行完'
WAITFOR DELAY '00:00:20'
SELECT '两次读取的结果不一致，是不可重复读'
SELECT * FROM Products
COMMIT TRAN Query2
```

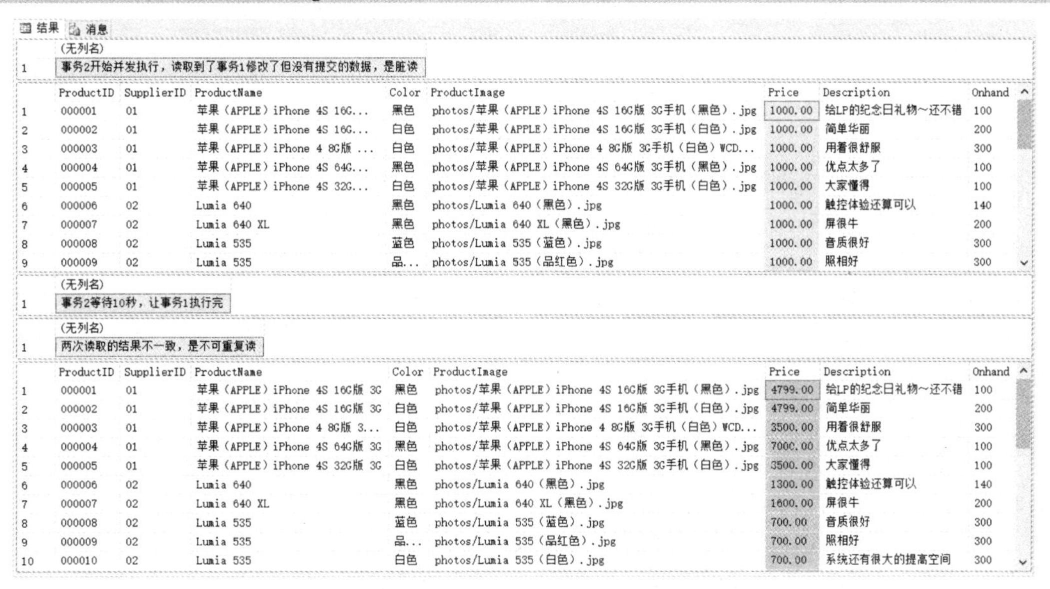

结果　消息

| | (无列名) |
|---|---|
| 1 | 事务2开始并发执行，读取到了事务1修改了但没有提交的数据，是脏读 |

| | ProductID | SupplierID | ProductName | Color | ProductImage | Price | Description | Onhand |
|---|---|---|---|---|---|---|---|---|
| 1 | 000001 | 01 | 苹果（APPLE）iPhone 4S 16G... | 黑色 | photos/苹果（APPLE）iPhone 4S 16G版 3G手机（黑色）.jpg | 1000.00 | 给LP的纪念日礼物~还不错 | 100 |
| 2 | 000002 | 01 | 苹果（APPLE）iPhone 4S 16G... | 白色 | photos/苹果（APPLE）iPhone 4S 16G版 3G手机（白色）.jpg | 1000.00 | 简单华丽 | 200 |
| 3 | 000003 | 01 | 苹果（APPLE）iPhone 4 8G版 ... | 白色 | photos/苹果（APPLE）iPhone 4 8G版 3G手机（白色）WCD... | 1000.00 | 用着很舒服 | 300 |
| 4 | 000004 | 01 | 苹果（APPLE）iPhone 4S 64G... | 黑色 | photos/苹果（APPLE）iPhone 4S 64G版 3G手机（黑色）.jpg | 1000.00 | 优点太多了 | 100 |
| 5 | 000005 | 01 | 苹果（APPLE）iPhone 4S 32G... | 白色 | photos/苹果（APPLE）iPhone 4S 32G版 3G手机（白色）.jpg | 1000.00 | 大家懂得 | 100 |
| 6 | 000006 | 02 | Lumia 640 | 黑色 | photos/Lumia 640（黑色）.jpg | 1000.00 | 触控体验还算可以 | 140 |
| 7 | 000007 | 02 | Lumia 640 XL | 黑色 | photos/Lumia 640 XL（黑色）.jpg | 1000.00 | 屏很牛 | 200 |
| 8 | 000008 | 02 | Lumia 535 | 蓝色 | photos/Lumia 535（蓝色）.jpg | 1000.00 | 音质很好 | 300 |
| 9 | 000009 | 02 | Lumia 535 | 品... | photos/Lumia 535（品红色）.jpg | 1000.00 | 照相好 | 300 |

| | (无列名) |
|---|---|
| 1 | 事务2等待10秒，让事务1执行完 |

| | (无列名) |
|---|---|
| 1 | 两次读取的结果不一致，是不可重复读 |

| | ProductID | SupplierID | ProductName | Color | ProductImage | Price | Description | Onhand |
|---|---|---|---|---|---|---|---|---|
| 1 | 000001 | 01 | 苹果（APPLE）iPhone 4S 16G版 3G | 黑色 | photos/苹果（APPLE）iPhone 4S 16G版 3G手机（黑色）.jpg | 4799.00 | 给LP的纪念日礼物~还不错 | 100 |
| 2 | 000002 | 01 | 苹果（APPLE）iPhone 4S 16G版 3G | 白色 | photos/苹果（APPLE）iPhone 4S 16G版 3G手机（白色）.jpg | 4799.00 | 简单华丽 | 200 |
| 3 | 000003 | 01 | 苹果（APPLE）iPhone 4 8G版 3... | 白色 | photos/苹果（APPLE）iPhone 4 8G版 3G手机（白色）WCD... | 3500.00 | 用着很舒服 | 300 |
| 4 | 000004 | 01 | 苹果（APPLE）iPhone 4S 64G版 3G | 黑色 | photos/苹果（APPLE）iPhone 4S 64G版 3G手机（黑色）.jpg | 7000.00 | 优点太多了 | 100 |
| 5 | 000005 | 01 | 苹果（APPLE）iPhone 4S 32G版 3G | 白色 | photos/苹果（APPLE）iPhone 4S 32G版 3G手机（白色）.jpg | 3500.00 | 大家懂得 | 100 |
| 6 | 000006 | 02 | Lumia 640 | 黑色 | photos/Lumia 640（黑色）.jpg | 1300.00 | 触控体验还算可以 | 140 |
| 7 | 000007 | 02 | Lumia 640 XL | 黑色 | photos/Lumia 640 XL（黑色）.jpg | 1600.00 | 屏很牛 | 200 |
| 8 | 000008 | 02 | Lumia 535 | 蓝色 | photos/Lumia 535（蓝色）.jpg | 700.00 | 音质很好 | 300 |
| 9 | 000009 | 02 | Lumia 535 | 品... | photos/Lumia 535（品红色）.jpg | 700.00 | 照相好 | 300 |
| 10 | 000010 | 02 | Lumia 535 | 白色 | photos/Lumia 535（白色）.jpg | 700.00 | 系统还有很大的提高空间 | 300 |

图 13-7　事务隔离级别之 READ UNCOMMITTED 演练

结果显而易见，如果将事务隔离级别设置为未提交读，则会造成脏读和不可重复读的问题，在这几个事务隔离级别中是限制最小的一个，SQL Server 分配的资源也最小。

【演练 13.6】事务隔离级别之 READ COMMITTED 演练。

READ COMMITTED 隔离级别：指定语句不能读取已由其他事务修改但尚未提交的数据。这样可以避免脏读。

其他事务可以在当前事务的各个语句之间更改数据，从而产生不可重复读取和虚拟数据。

该选项是 SQL Server 的默认设置。

（1）在查询窗口 1，执行如下 SQL 语句。

```
SET TRANSACTION ISOLATION LEVEL READ COMMITTED
BEGIN TRAN Query3
--等待20秒，再修改数据
WAITFOR DELAY '00:00:20'
UPDATE Products SET Description = ''
COMMIT TRAN Query3
```

（2）请在 20 秒内开启查询窗口 2，并执行如下 SQL 语句，执行结果如图 13-8 所示。

```
SET TRANSACTION ISOLATION LEVEL READ COMMITTED
BEGIN TRAN Query4
SELECT '查到的是Query3没有提交前的数据'
SELECT * FROM Products
SELECT '让Query3执行完'
WAITFOR DELAY '00:00:20'
SELECT '再次查询，数据就变成Query3执行完后的数据了'
SELECT * FROM Products
COMMIT TRAN Query4
```

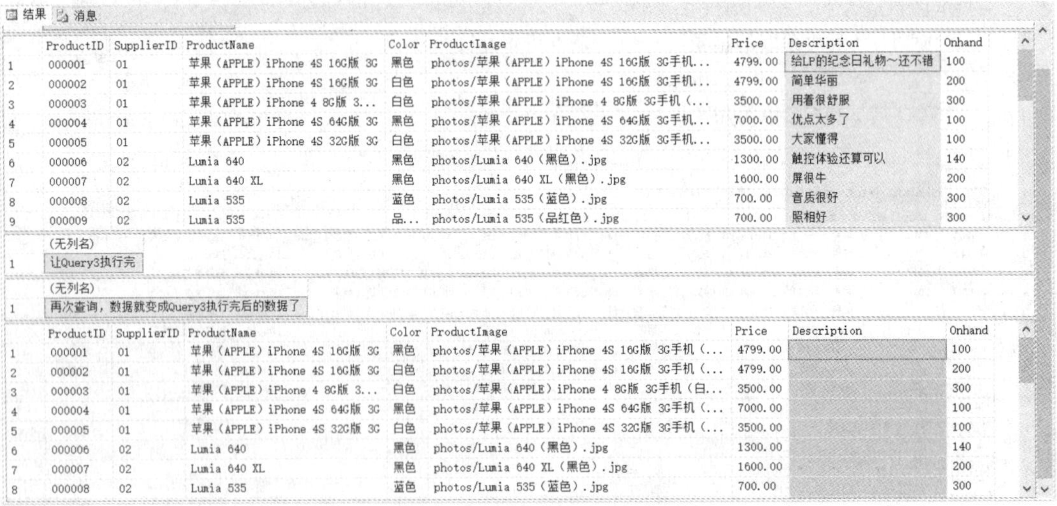

结果　消息

| | ProductID | SupplierID | ProductName | Color | ProductImage | Price | Description | Onhand |
|---|---|---|---|---|---|---|---|---|
| 1 | 000001 | 01 | 苹果（APPLE）iPhone 4S 16G版 3G | 黑色 | photos/苹果（APPLE）iPhone 4S 16G版 3G手机... | 4799.00 | 给LP的纪念日礼物~还不错 | 100 |
| 2 | 000002 | 01 | 苹果（APPLE）iPhone 4S 16G版 3G | 白色 | photos/苹果（APPLE）iPhone 4S 16G版 3G手机... | 4799.00 | 简单华丽 | 200 |
| 3 | 000003 | 01 | 苹果（APPLE）iPhone 4 8G版 3... | 白色 | photos/苹果（APPLE）iPhone 4 8G版 3G手机（... | 3500.00 | 用着很舒服 | 300 |
| 4 | 000004 | 01 | 苹果（APPLE）iPhone 4S 64G版 3G | 黑色 | photos/苹果（APPLE）iPhone 4S 64G版 3G手机... | 7000.00 | 优点太多了 | 100 |
| 5 | 000005 | 01 | 苹果（APPLE）iPhone 4S 32G版 3G | 白色 | photos/苹果（APPLE）iPhone 4S 32G版 3G手机... | 3500.00 | 大家懂得 | 100 |
| 6 | 000006 | 02 | Lumia 640 | 黑色 | photos/Lumia 640（黑色）.jpg | 1300.00 | 触控体验还算可以 | 140 |
| 7 | 000007 | 02 | Lumia 640 XL | 黑色 | photos/Lumia 640 XL（黑色）.jpg | 1600.00 | 屏很牛 | 200 |
| 8 | 000008 | 02 | Lumia 535 | 蓝色 | photos/Lumia 535（蓝色）.jpg | 700.00 | 音质很好 | 300 |
| 9 | 000009 | 02 | Lumia 535 | 品... | photos/Lumia 535（品红色）.jpg | 700.00 | 照相好 | 300 |

| | (无列名) |
|---|---|
| 1 | 让Query3执行完 |

| | (无列名) |
|---|---|
| 1 | 再次查询，数据就变成Query3执行完后的数据了 |

| | ProductID | SupplierID | ProductName | Color | ProductImage | Price | Description | Onhand |
|---|---|---|---|---|---|---|---|---|
| 1 | 000001 | 01 | 苹果（APPLE）iPhone 4S 16G版 3G | 黑色 | photos/苹果（APPLE）iPhone 4S 16G版 3G手机（... | 4799.00 | | 100 |
| 2 | 000002 | 01 | 苹果（APPLE）iPhone 4S 16G版 3G | 白色 | photos/苹果（APPLE）iPhone 4S 16G版 3G手机（... | 4799.00 | | 200 |
| 3 | 000003 | 01 | 苹果（APPLE）iPhone 4 8G版 3... | 白色 | photos/苹果（APPLE）iPhone 4 8G版 3G手机（白... | 3500.00 | | 300 |
| 4 | 000004 | 01 | 苹果（APPLE）iPhone 4S 64G版 3G | 黑色 | photos/苹果（APPLE）iPhone 4S 64G版 3G手机（... | 7000.00 | | 100 |
| 5 | 000005 | 01 | 苹果（APPLE）iPhone 4S 32G版 3G | 白色 | photos/苹果（APPLE）iPhone 4S 32G版 3G手机（... | 3500.00 | | 100 |
| 6 | 000006 | 02 | Lumia 640 | 黑色 | photos/Lumia 640（黑色）.jpg | 1300.00 | | 140 |
| 7 | 000007 | 02 | Lumia 640 XL | 黑色 | photos/Lumia 640 XL（黑色）.jpg | 1600.00 | | 200 |
| 8 | 000008 | 02 | Lumia 535 | 蓝色 | photos/Lumia 535（蓝色）.jpg | 700.00 | | 300 |

图 13-8　事务隔离级别之 READ COMMITTED 演练

结果就是 Query4 中的事务查询获得了在 Query3 提交后的数据，在同一事务中读取的数据不一致，造成了不可重复读。

【演练 13.7】事务隔离级别之 REPEATABLE READ 演练。

REPEATABLE READ 隔离级别：指定语句不能读取已由其他事务修改但尚未提交的

行，并且指定，其他任何事务都不能在当前事务完成之前修改由当前事务读取的数据。

可以防止其他事务修改当前事务读取的任何行，但不能防止新行的插入，所以会导致幻读。

（1）在查询窗口 1，执行如下 SQL 语句。

```
SET TRANSACTION ISOLATION LEVEL REPEATABLE READ
BEGIN TRAN Query5
--等待20秒，插入会导致其他事务幻读的数据
WAITFOR DELAY '00:00:20'
INSERT INTO Suppliers VALUES('99','华为')
COMMIT TRAN Query5
```

（2）请在 20 秒内开启查询窗口 2，并执行如下 SQL 语句，执行结果如图 13-9 所示。

```
SET TRANSACTION ISOLATION LEVEL REPEATABLE READ
BEGIN TRAN Query6
SELECT '开始查询的数据是没有第4行的'
SELECT * from Suppliers
WAITFOR DELAY '00:00:20'
SELECT '比刚才查询到的数据多了一行，幻读'
SELECT * from Suppliers
COMMIT TRAN Query6
```

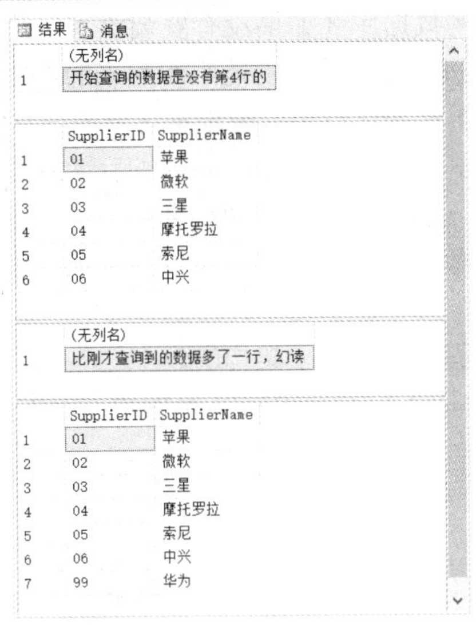


图 13-9　事务隔离级别之 REPEATABLE READ 演练

可以看到，即使设置为可重复读，仍然会导致在同一事务中查询的数据不一致的情况，即幻读。

# 实　训

将如下两条语句放在一个事务内执行，写出 SQL 语句。

```
INSERT Departments VALUES('06','部门6')
INSERT Departments VALUES('07','部门7')
```

# 第 14 章　架构与安全

【学习目标】

- 理解架构的意义
- 熟练掌握如何创建和使用架构
- 理解常用的安全机制
- 能熟练创建登录名、用户名及设置密码、权限

## 14.1　架构

### 14.1.1　架构概述

我们可以将架构想象成一个组织对象的容器。如图 14-1 所示，在对象资源管理器中看一下 AdventureWorks 示例数据库（如果没有安装该示例数据库，可自行从网上搜索下载）中的表，你会发现表是按照部门或者功能组织起来的，比如“HumanResources”或者“Production”。可以看到使用架构可以更清晰地描述表的一种归属关系。

使用架构可以简化表和其他的对象的权限管理，后续演练将具体说明。

每个架构都有其所有者，但是所有者和架构名是不绑定的。所以当一个用户拥有一个架构，并且这个用户必须从数据库中删除时，可以不用破坏任何代码而仅仅是将架构的所有者变一下。

不光表，视图、存储过程等都是基于架构的。

如图 14-2 所示，展示的是 AdventureWorks 示例数据库中的视图的架构。

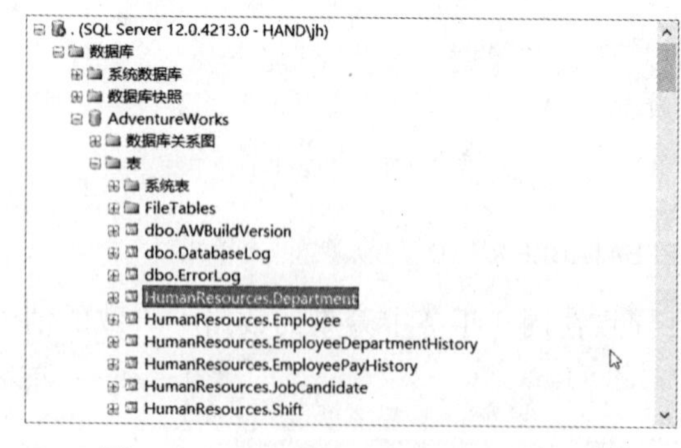


图 14-1　AdventureWorks 示例数据库中表的架构关系

图 14-2　AdventureWorks 示例数据库中视图的架构关系

如图 14-3 所示，展示的是 AdventureWorks 示例数据库中的存储过程的架构。

如果你不希望用复杂的架构来组织数据库中的对象，也可只用 dbo 架构即可。我们现在使用的 eShop 示例数据库就只用到 dbo 架构。

如图 14-4 所示，eShop 中所有表都在 dbo 架构下。

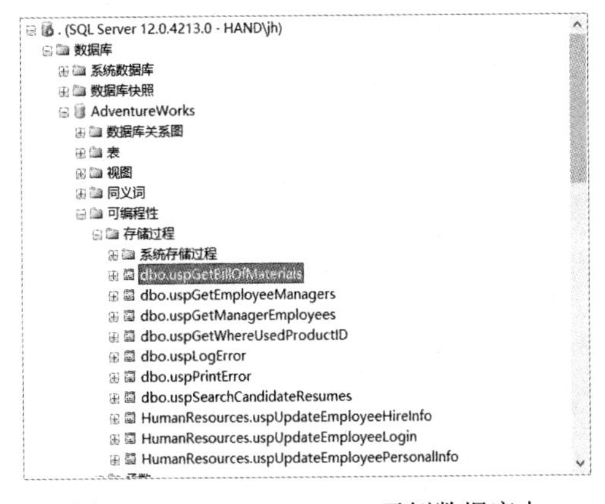


图 14-3　AdventureWorks 示例数据库中存储过程的架构关系

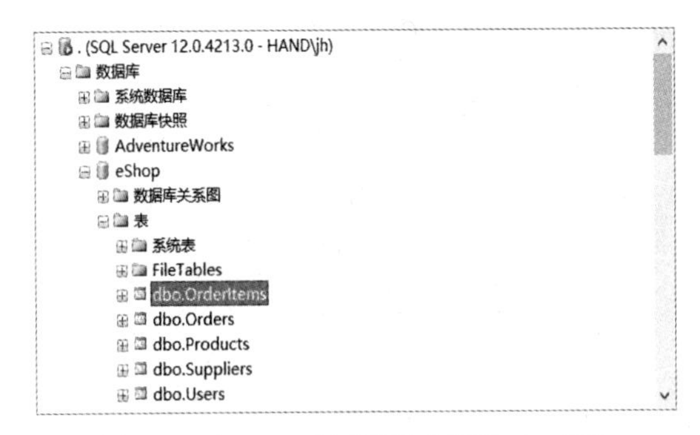


图 14-4　eShop 示例数据库只用 dbo 架构

### 14.1.2　架构演练

创建架构的基本语法如下：

```
CREATE SCHEMA 架构名称
```

创建表时指定该表属于某架构的基本语法如下：

```
CREATE TABLE 架构名称.表名（列定义）
```

**【演练 14.1】** 创建名为“School”的架构，并基于该架构创建表。

（1）在查询窗口中执行如下 SQL 语句：

```
USE eShop
GO
CREATE SCHEMA School
```

（2）如图 14-5 所示，在“对象资源管理器”中展开“eShop”数据库，再展开“安全性”下的“架构”，可以看到我们创建的架构 School（如果没有看到，可右击“架构”，单击“刷新”后再查看）。

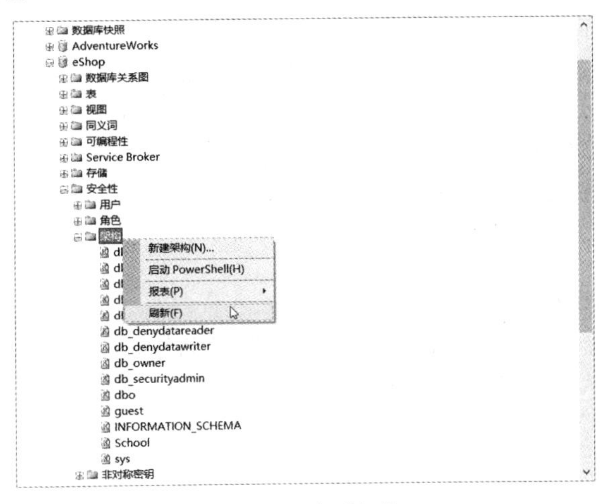


图 14-5　查看架构

（3）在查询窗口中执行如下 SQL 语句，该语句在 School 架构下创建 Teachers 表。

```
CREATE TABLE School.Teachers
(
 TeaName nvarchar(8)
 ,Sex nvarchar(1)
 ,Age int
)
```

（4）在查询窗口中执行如下 SQL 语句，该语句创建了 Students 表，因为没有指定架构，所以属于默认的 dbo 架构。

```
CREATE TABLE Students
(
StuName nvarchar(8)
,Sex nvarchar(1)
)
```

（5）如图 14-6 所示，在“对象资源管理器”中展开“eShop”数据库，再展开“表”，可以看到我们创建的 School 架构下的表 Teachers，显示为“School.Teachers”，dbo 架构下的表 Students，显示为“dbo.Students”（如果没有看到，可右击“表”，单击“刷新”后再查看）。

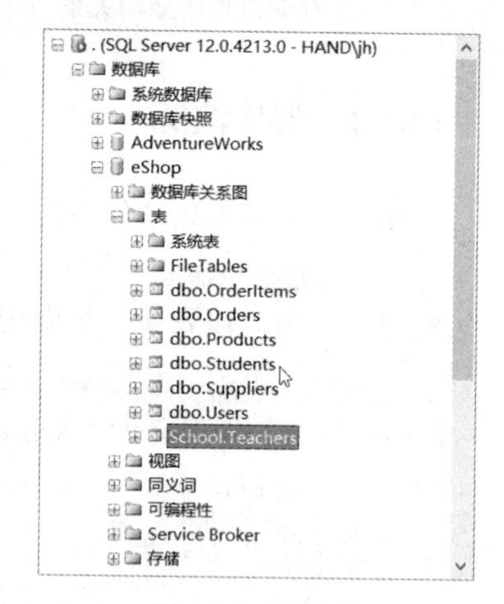


图 14-6 查看表

大多数用户在创建对象的时候习惯直接输入对象名而将对象的架构名称省略，用户如果没有对自己的默认架构做设置，那缺省架构就是 dbo，也就是说，这个表在数据库中的完整 名称是“dbo.表名”，

查找对象时如果没有指定架构，将先在默认架构下查找对象。

**【演练 14.2】**架构的使用。

（1）在查询窗口中执行如下 SQL 语句：

```
--指定架构名称
SELECT * FROM dbo.Students
```

（2）在查询窗口中执行如下 SQL 语句：

```
--没有指定架构，因为默认架构是dbo，所以相当于执行SELECT * FROM dbo.Students，可正常执行
SELECT * FROM Students
```

（3）在查询窗口中执行如下 SQL 语句：

```
--指定架构名称
SELECT * FROM School.Teachers
```

（4）在查询窗口中执行如下 SQL 语句：

```
--没有指定架构，因为默认架构是dbo，所以相当于执行SELECT * FROM dbo.Teachers，执行失败
SELECT * FROM Teachers
```

# 14.2　安全

使某用户具备使用数据库某些权限的步骤大致如下：

（1）创建登录名。

（2）使登录名称为某数据库的用户。

（3）赋予该用户具体权限。

## 14.2.1　登录名

如图 14-7 所示，我们每次连接到数据库服务器时身份验证可以使用两种方式：一种是 Windows 身份验证，一种是 SQL Serer 身份验证。

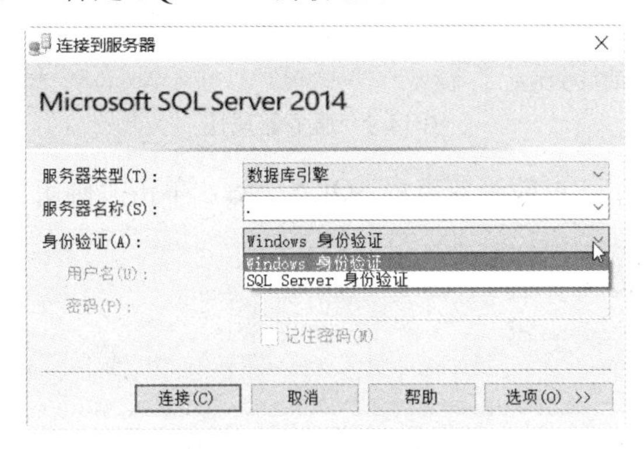


图 14-7　连接到服务器

【演练 14.3】配置数据库服务器身份验证方式。

（1）要使 SQL Serer 身份验证有效，需检查一下数据库设置，如图 14-8 所示，在对象资源管理器中右击“服务器”，单击“属性”。

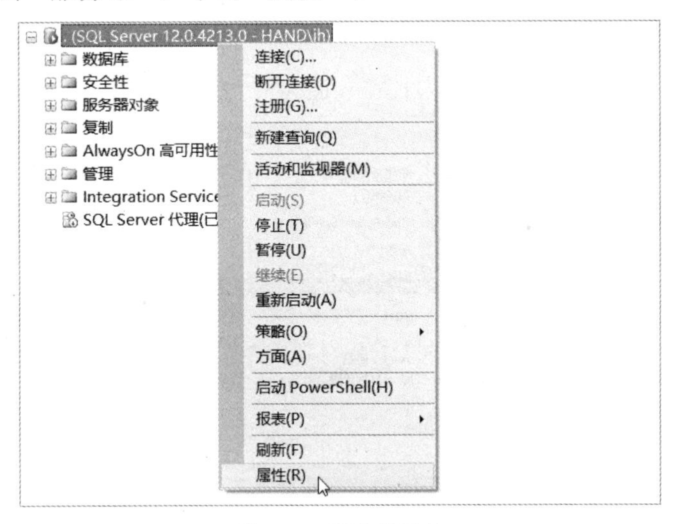


图 14-8　服务器属性

（2）如图 14-9 所示，在“选择页”中单击“安全性”，选中“SQL Server 和 Windows 身份验证模式”单选按钮，单击“确定”按钮。

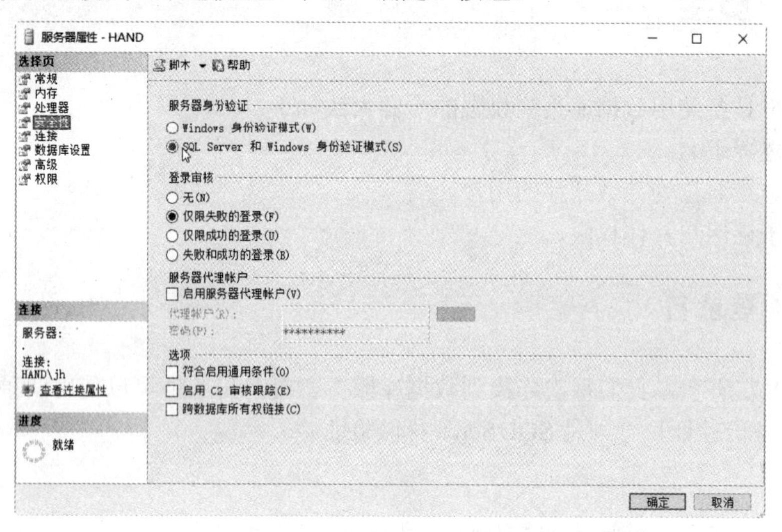


图 14-9 服务器属性

（3）如图 14-10 所示，可能需要重启 SQL Server，单击“确定”按钮即可。

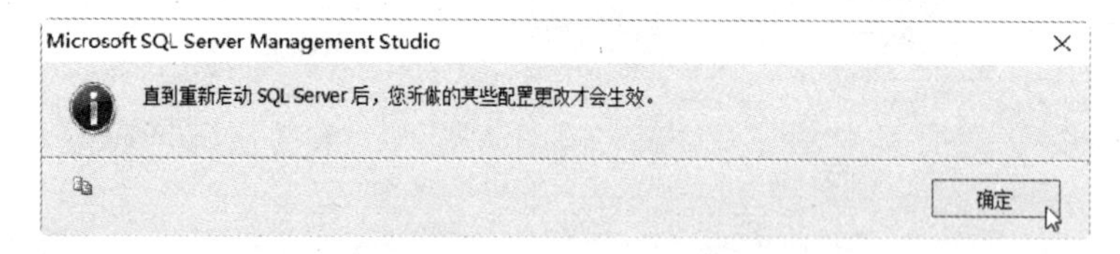


图 14-10 重启 SQL Server

【演练 14.4】使用 SSMS 创建 SQL Server 身份认证的登录名“Student01”，密码为“111”。

具体操作步骤如下：

（1）如图 14-11 所示，在“对象资源管理器”中单击“安全性”，右击“登录名”，选择“新建登录名”。

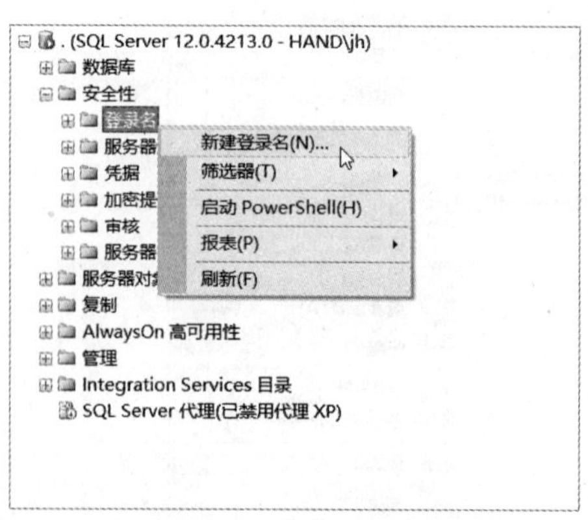


图 14-11 新建登录名

（2）出现如图 14-12 所示对话框。

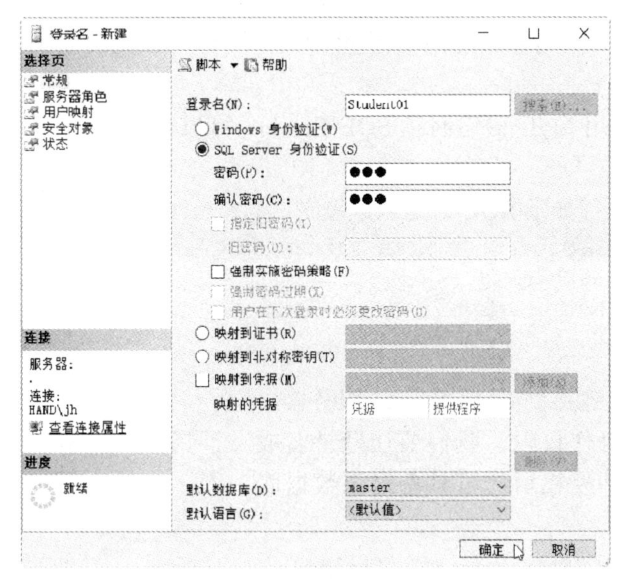


图 14-12　“登录名-新建”对话框

（3）选中“SQL Server 身份验证”单选按钮，在“登录名”文本框中，输入 SQL Server 登录名，这里输入“Student01”。

（4）在“密码”文本框中输入密码，这里输入“111”。

（5）在“确认密码”文本框中输入确认密码，这里输入“111”。

（6）作为练习，为简化操作，取消对“强制实施密码策略”复选框的选中。

（7）单击“确定”按钮完成操作。

（8）如图 14-13 所示，在“对象资源管理器”中单击“安全性”，再单击“登录名”，可以看到我们刚创建的登录名“Student01”。

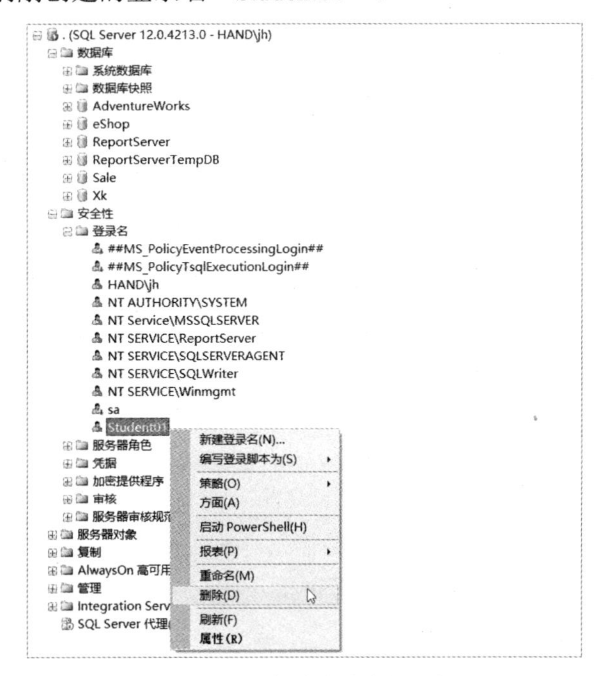


图 14-13　查看或删除登录名

如果想删除，右击“Student01”，选择“删除”即可。为后续练习方便，这里我们就不删除了。

【演练 14.5】使用 SQL 语句创建 SQL Server 身份认证的登录名“Student02”，密码为“222”。

在查询窗口中执行如下 SQL 语句创建登录名。

```
CREATE LOGIN Student02 WITH PASSWORD='222'
```

### 14.2.2 用户

有了登录名可以连接到 SQL Server 服务器，但还不具备具体的操作权限。我们要让登录名成为某数据库的用户并授权后才可具备对该数据库的相应权限。

【演练 14.6】使用 SSMS 让登录名“Student01”成为 eShop 数据库的用户。

具体操作步骤如下：

（1）如图 14-14 所示，在“对象资源管理器”中展开“eShop”数据库，单击“安全性”，右击“用户”，选择“新建用户”。

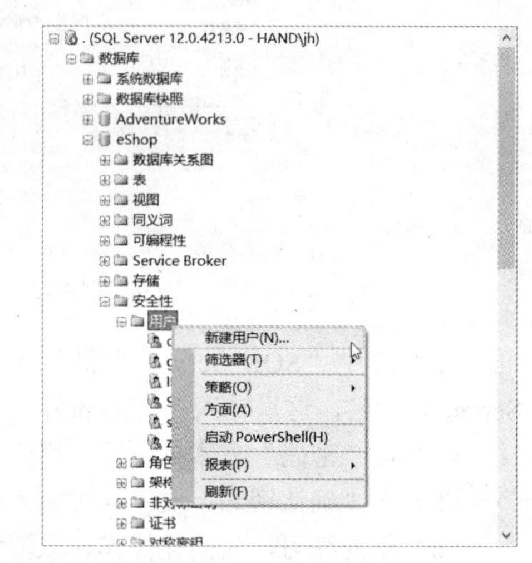

图 14-14 新建用户

（2）如图 14-15 所示，在“用户名”和“登录名”中都输入“Student01”，单击“确定”按钮。

【说明】登录名中的 Student01 是我们已经创建好的登录名，要保证存在；用户名实际上可以随意输入，但通常保持和登录名同名以方便记忆。

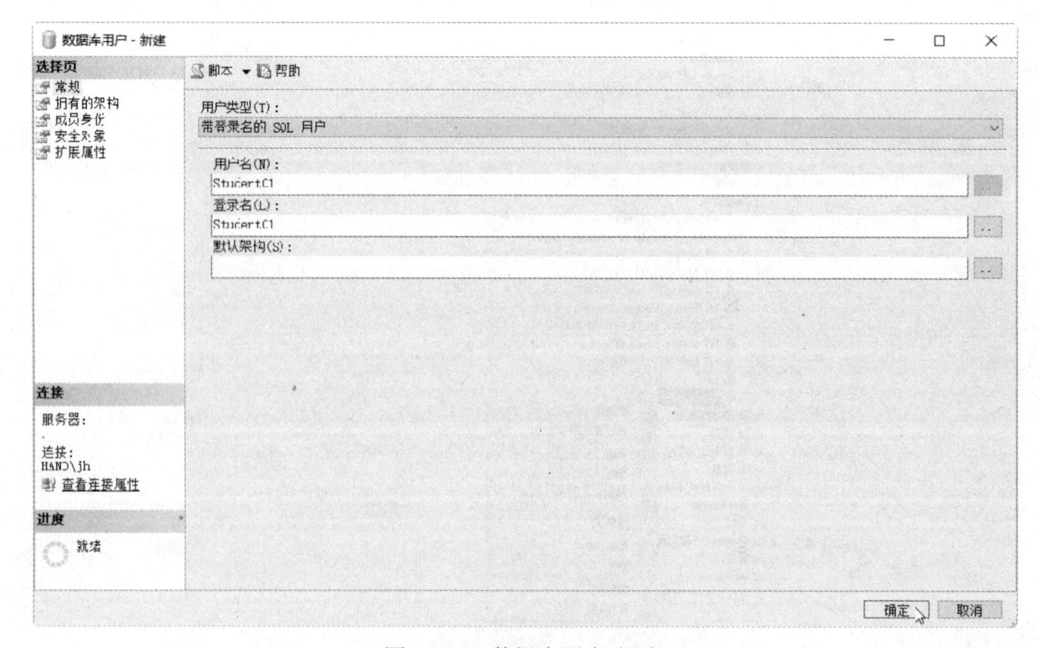

图 14-15 数据库用户-新建

（3）如图 14-16 所示，在“对象资源管理器”中展开“eShop”数据库，单击“安全性”，再单击“用户”，可以看到我们刚新建的用户“Student01”。

如果想删除，右击“Student01”，选择“删除”即可。为后续练习方便，这里我们就不删除了。

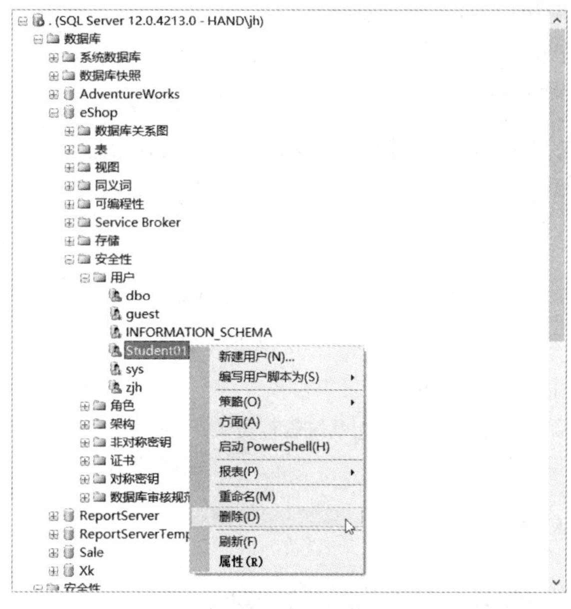


图 14-16　删除用户

**【演练 14.7】**使用 SQL 语句让登录名“Student02”成为 eShop 数据库的用户，用户名为“Student02”。

在查询窗口中执行如下语句。

```
USE eShop
GO
CREATE USER Student02 FOR LOGIN Student02
```

【知识点：SETUSER 模拟其他用户的标识】

为测试其他用户的权限，sysadmin 固定服务器角色的成员或 db_owner 固定数据库角色的成员可以使用 SETUSER 来模拟其他用户的标识。

语法如下：

```
SETUSER [ username]
```

参数：

username：*当前数据库中被模拟的 SQL Server 用户名或 Windows 用户名。*

如果未指定 username，将重置模拟用户的系统管理员或数据库所有者的原始标识。

如果使用 SETUSER 来模拟其他用户的标识，则进行模拟的用户创建的任何对象均由被模拟的用户所有。

例如，如果数据库所有者模拟了用户 Student01 的标识并创建了一个名为 Information 的表，则 Information 表将归 Student01 所有，而不归系统管理员所有。

SETUSER 一直保持有效，直到发出其他 SETUSER 语句或用 USE 语句更改当前数据库为止。

**【演练 14.8】**使用 SETUSER 测试其他用户的权限。

（1）在查询窗口中执行如下语句。

```
--初始为系统管理员
USE eShop
GO
--可正常执行
SELECT * FROM Products
```

（2）在查询窗口中执行如下语句，执行结果如图 14-17 所示。

```
--模拟用户Student01
SETUSER 'Student01'
--Student01虽然已是eShop的用户，但还没有任何实质权限，无权限执行
SELECT * FROM Products
```

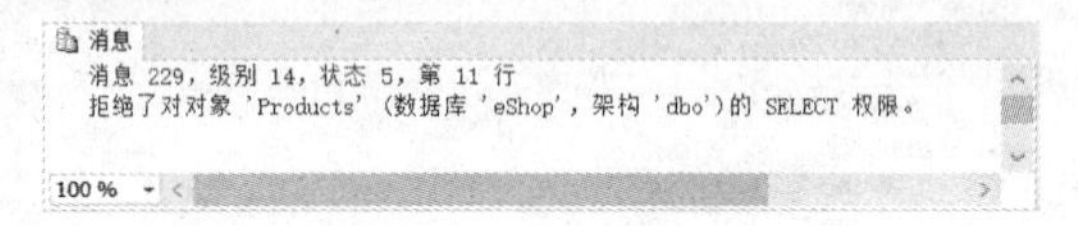


图 14-17 用户无执行权限

（3）在查询窗口中执行如下语句。

```
--重置为模拟用户前的用户，这里为系统管理员
SETUSER
--可正常执行
SELECT * FROM Products
```

### 14.2.3 基于表、视图等对象的安全演练

【演练 14.9】使用 SSMS 授予用户 Student01 对 Products 的选择（SELECT）权限、对 Teachers 表的插入（INSERT）、选择（SELECT）权限。

（1）在“对象资源管理器”中展开 eShop 数据库，单击“安全性”，再单击“用户”，右击“Student01”，在弹出的快捷菜单中选择“属性”选项。

（2）如图 14-18 所示，在左边的“选择页”中选择“安全对象”，单击“搜索”。

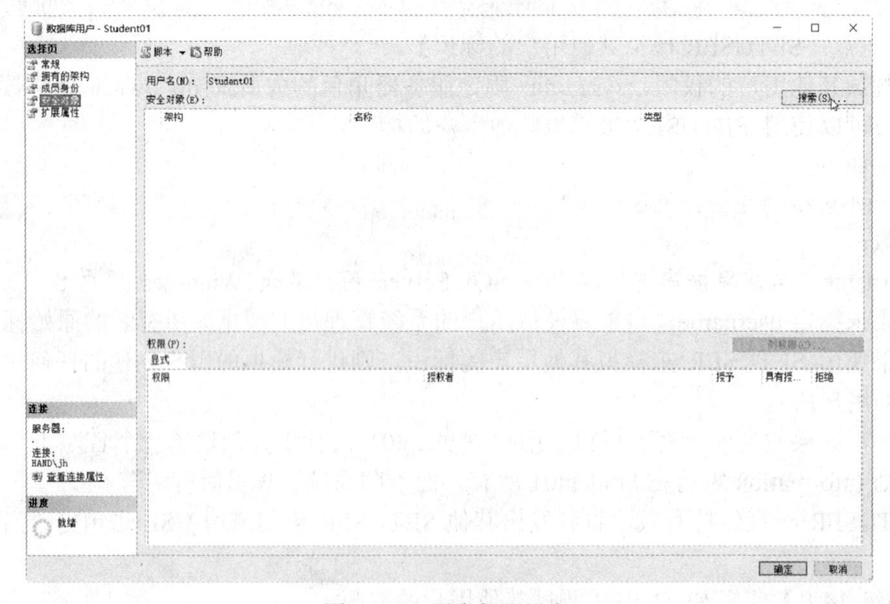


图 14-18 用户权限设定

（3）如图 14-19 所示，选中“特定对象”单选按钮，单击“确定”按钮。

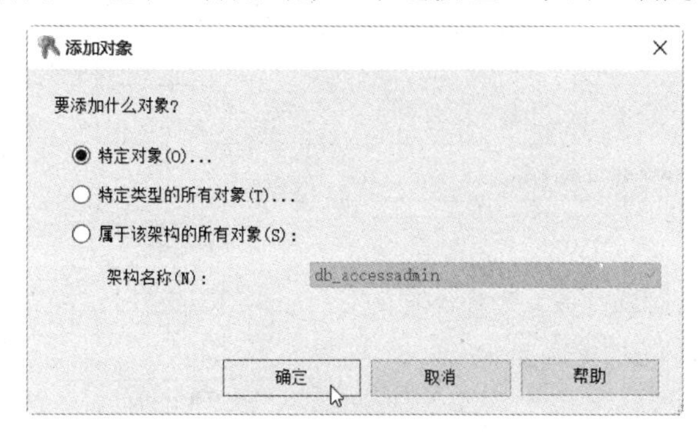


图 14-19 添加对象

（4）如图 14-20 所示，单击“对象类型”。

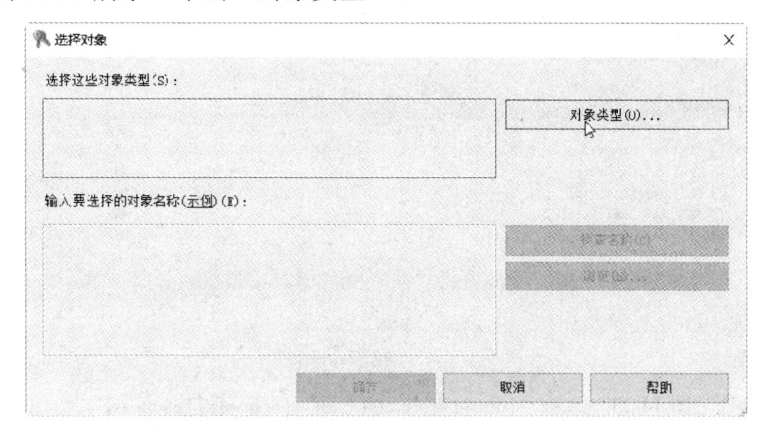


图 14-20 选择对象

（5）如图 14-21 所示，选中“表”，单击“确定”按钮。

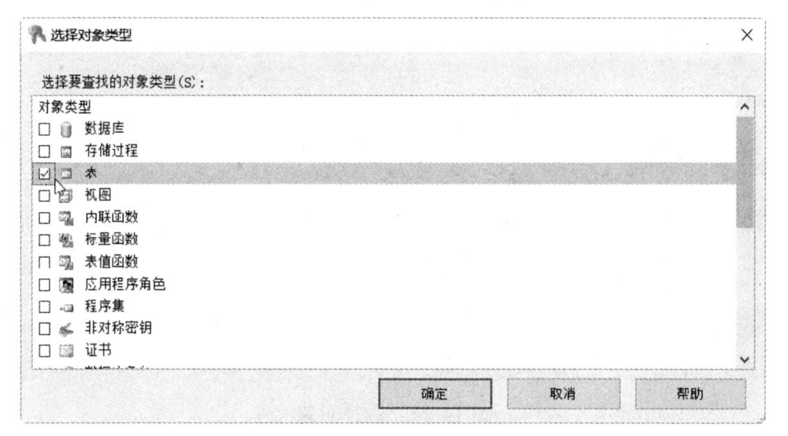


图 14-21 选中“表”

（6）如图 14-22 所示，单击“浏览”按钮。

（7）如图 14-23 所示，选中“[dbo].[Products]”和“[School].[Teachers]”，单击“确定”按钮。

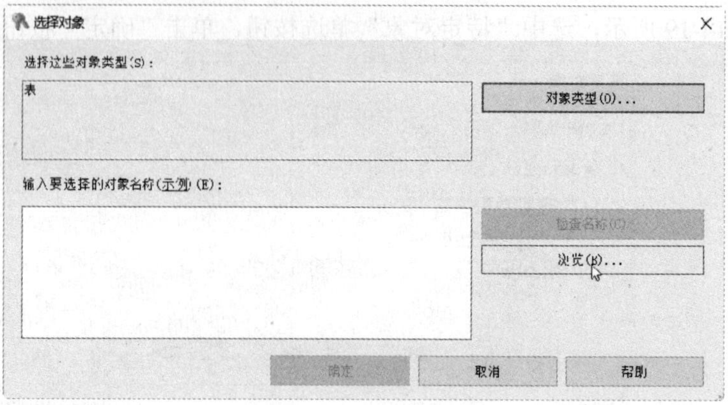

图 14-22　单击“浏览”

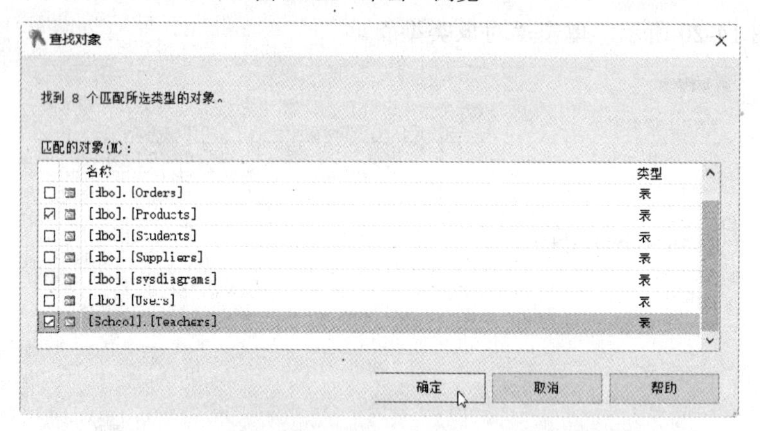


图 14-23　选中“[dbo].[Products]”和“[School].[Teachers]”

（8）如图 14-24 所示，单击“确定”按钮。

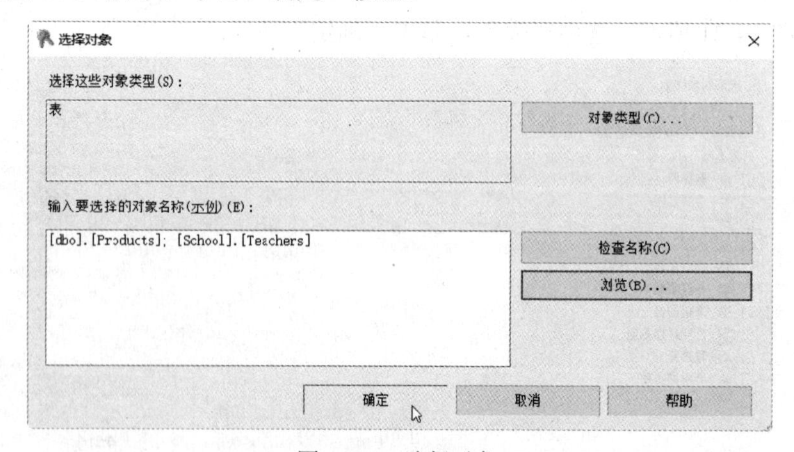


图 14-24　选择对象

（9）如图 14-25 所示，在安全对象列表中选中“Products”，注意图中鼠标位置，选中“授予”和“选择”交汇处的复选框。

（10）如图 14-26 所示，在安全对象列表中选中“Teachers”，选中“授予”和“插入”交汇处的复选框，再选中“授予”和“选择”交汇处的复选框，单击“确定”按钮完成操作。

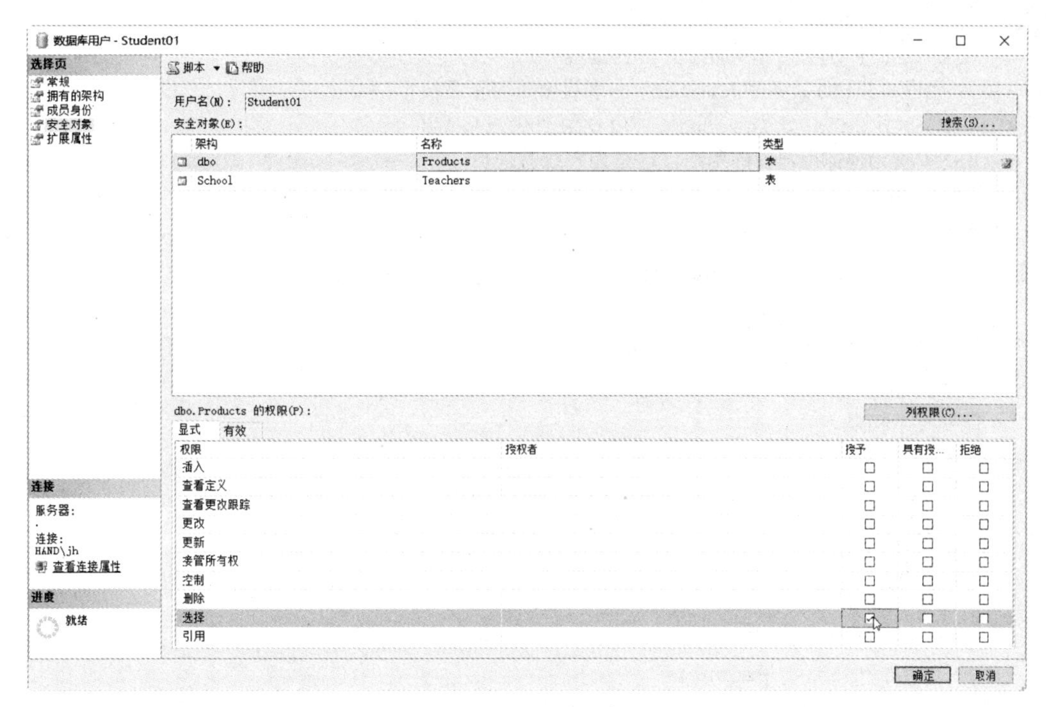

图 14-25　权限设置

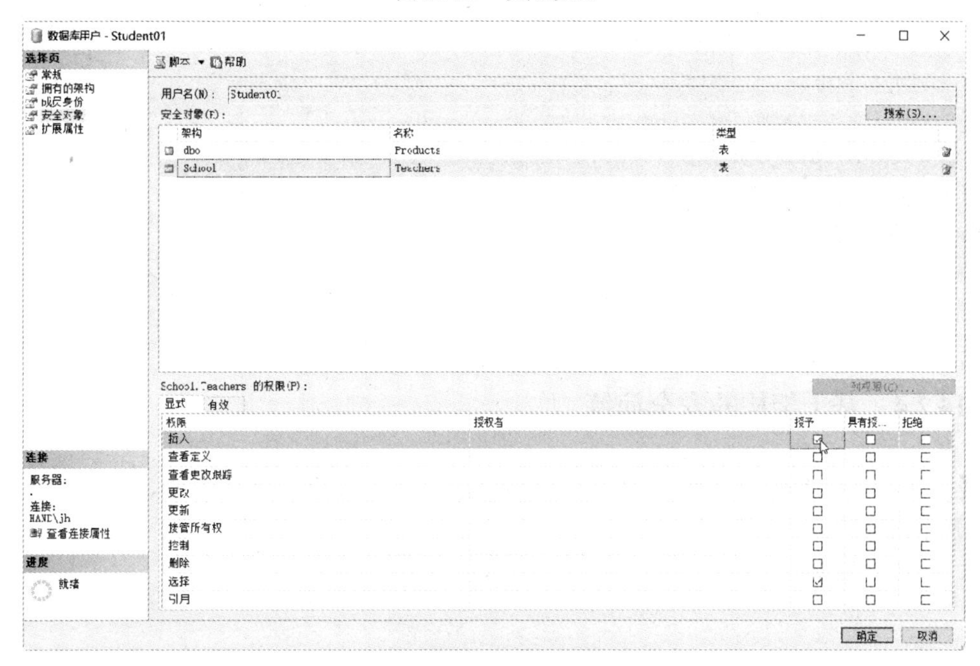

图 14-26　权限设置

（11）权限测试：在查询窗口中执行如下语句。

```
--模拟用户Student01
SETUSER 'Student01'
--Student01具备选择Products表权限，可正常执行
SELECT * FROM Products
```

```
    --Student01具备选择Teachers表权限，可正常执行，因为Student01默认架构为dbo，所以使用School架构下的Teachers表时要指定School.Teachers
    SELECT * FROM School.Teachers
    --Student01具备插入Teachers表权限，可正常执行
    INSERT School.Teachers VALUES('张三','男',30)
    --重置为模拟用户前的用户，这里为系统管理员
    SETUSER
```

**【演练 14.10】**使用 SQL 语句授予、收回用户 Student02 对 Products 的选择（SELECT）权限、对 Teachers 表的插入（INSERT）、选择（SELECT）权限。

（1）由系统管理员授权，在查询窗口中执行如下语句。

```
    --切换到系统管理员
    SETUSER
    --授予权限
    GRANT SELECT ON Products TO Student02
    GRANT INSERT,SELECT ON School.Teachers TO Student02
```

（2）模拟用户 Student02 测试权限，在查询窗口中执行如下语句。

```
    --模拟用户Student02
    SETUSER 'Student02'
    ----Student02具备选择Products表权限，可正常执行
    SELECT * FROM Products
```

（3）由系统管理员收回权限，在查询窗口中执行如下语句。

```
    --切换到系统管理员
    SETUSER
    --收回权限
    REVOKE SELECT ON Products TO Student02
    REVOKE INSERT,SELECT ON School.Teachers TO Student02
```

（4）模拟用户 Student02 测试权限，在查询窗口中执行如下语句。

```
    --模拟用户Student02
    SETUSER 'Student02'
    --Student02没有选择Products表权限，执行失败
    SELECT * FROM Products
```

### 14.2.4　基于架构的安全演练

**【演练 14.11】**综合演练：学习基于架构授权、更改用户默认架构、更改表所属架构、删除架构。

（1）在查询窗口中执行如下语句。

```
    USE eShop
    GO
    SETUSER
```

（2）【架构授权】在查询窗口中执行如下语句。

```
    --赋予Student02用户查询School架构中的对象的权限.
    GRANT SELECT ON SCHEMA::School TO Student02
    GO
    --切换用户Student02
```

```
SETUSER 'Student02'
--可以查询School架构下的Teachers表，如果School架构还有其他对象，也可以查询
SELECT * FROM School.Teachers
GO
```

（3）【更改用户默认架构】在查询窗口中执行如下语句。

```
SETUSER
--指定Student02用户默认架构为School
ALTER USER Student02 WITH DEFAULT_SCHEMA=School
GO
--切换Student02
SETUSER 'Student02'
-- 此时不需要指定School 也可以
SELECT * FROM Teachers
GO
```

（4）【更改表所属架构】在查询窗口中执行如下语句。

```
SETUSER
GO
--修改对象的架构，将Students表的架构由dbo转移到School
ALTER SCHEMA School TRANSFER dbo.Students
GO
--切换用户为Student02
SETUSER 'Student02'
--由于Students的架构由dbo变为了School，所以Student02就可以查询Students了
SELECT * FROM Students
GO
```

（5）【删除架构】当架构下还有对象时不能删除该架构，在查询窗口中执行如下语句，出现如图 14-27 所示错误信息。

```
SETUSER
GO
--执行出错：无法对 'School' 执行 drop schema，因为对象 'Students' 正引用它
DROP SCHEMA School
```

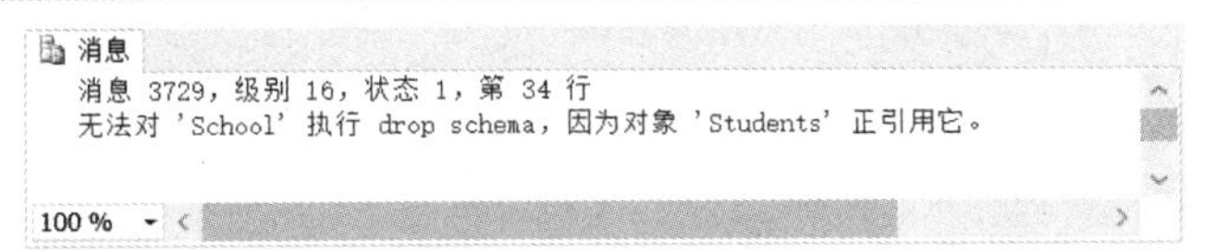


图 14-27　删除架构出错

（6）【删除架构】当架构下无对象时可删除该架构，在查询窗口中执行如下语句。

```
--将School架构下的对象转移到dbo架构
ALTER SCHEMA dbo TRANSFER School.Students
ALTER SCHEMA dbo TRANSFER School.Teachers
--School架构下已无对象，可正常删除架构School。
DROP SCHEMA School
```

（7）【删除用户和登录名】注意，建议先删除用户，再删除登录名，在查询窗口中执行如下语句。

```
---删除用户
```

```
DROP USER Student01
DROP USER Student02
---删除登录名
DROP LOGIN Student01
DROP LOGIN Student02
```

（8）【如果想重新练习，恢复本例执行环境】在查询窗口中执行如下语句。

```
CREATE LOGIN Student01 WITH PASSWORD='111'
CREATE USER Student01 FOR LOGIN Student01
GO
CREATE LOGIN Student02 WITH PASSWORD='222'
CREATE USER Student02 FOR LOGIN Student02
GO
CREATE SCHEMA School
GO
ALTER SCHEMA School TRANSFER dbo.Teachers
```

**【总结】**

用户与架构（SCHEMA）分开，让数据库内各对象不再绑在某个用户账号上，可以解决“用户离开公司”问题，也就是在拥有该对象的用户离开公司，或离开该职务时，不必要大费周章地更改该用户所有的对象属于新的用户所有，只需更改用户对架构的权限，因为通常一个架构下拥有很多对象，所以更改架构权限比逐个更改对象权限方便很多。

程序易读性：在单一数据库内，不同部门或目的的对象，可以通过架构区分不同的对象命名原则与权限。

## 实　训

**【实训 1】** 创建一个登录名 abc，密码为 123；使 abc 成为 Pay 的用户；授予 abc 权限，使其对表 Employees 可以进行 Select 操作。

**【实训 2】** 先收回 abc 对表 Employees 进行 Select 操作的权限，然后删除用户 abc 和登录名 abc。

# 第 15 章　数据库系统开发常用操作

【学习目标】

- 熟练掌握多种数据维护方式
- 理解和使用透明数据加密
- 理解和使用列级数据加密
- 理解和熟练使用链接服务器、同义词

## 15.1　数据维护

### 15.1.1　导入导出 Excel 数据

导入数据：为某高校开发排课系统，原学校已有大量数据以 Excel 的形式存在，如课程信息、教师信息等等。刚开发完准备上线的排课系统应充分利用已有数据，而不是让用户重新录入。这时我们就可以利用 SQL Server 的导入功能将 Excel 数据导入到 SQL Server 中。本章以 Excel 数据进行讲解，其实很多其他类型数据源，如 Access 都可使用类似功能。

导出数据：排课系统运行过程中，用户可通过网站等各种形式进行课表查询，由于用户需要，还要求将课表以 Excel 形式发送给教师。所以我们需要将 SQL Server 中的数据转换为 Excel 数据。

【演练 15.1】将一英语单词表 Excel 文件导入到 SQL Server 中。

（1）如图 15-1 所示，在“对象资源管理器”中右击“eShop”，在弹出的快捷菜单中选择“任务”→“导入数据”。

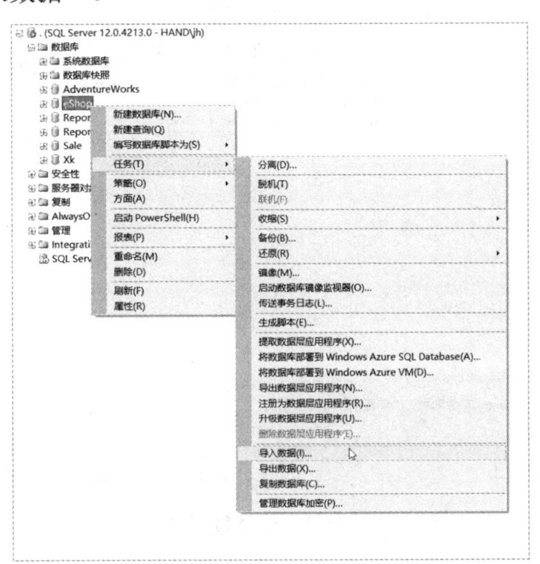


图 15-1　导入数据

（2）如图 15-2 所示，单击“下一步”按钮。

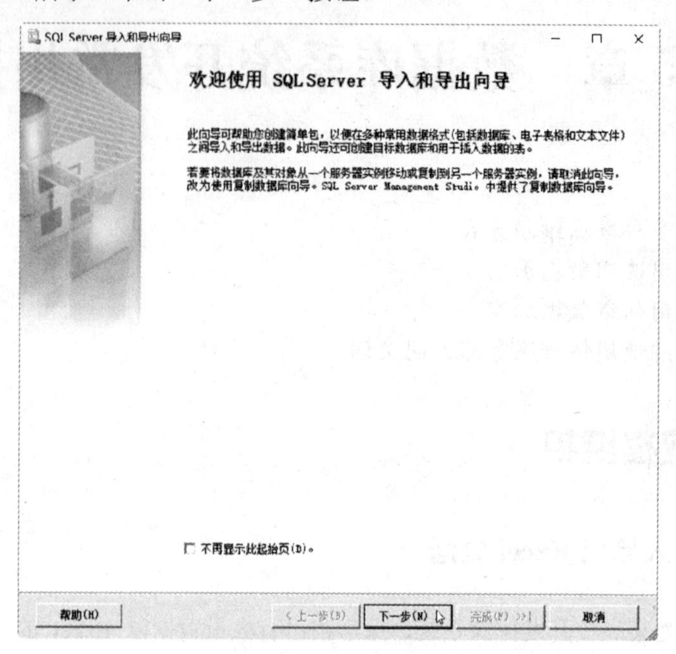


图 15-2　导入和导出向导

（3）如图 15-3 所示，在数据源下拉列表中选择“Microsoft Excel”。

数据源是我们要导入的数据。本例演示导入 Excel 数据，大家也可以看到还支持很多其他数据类型。

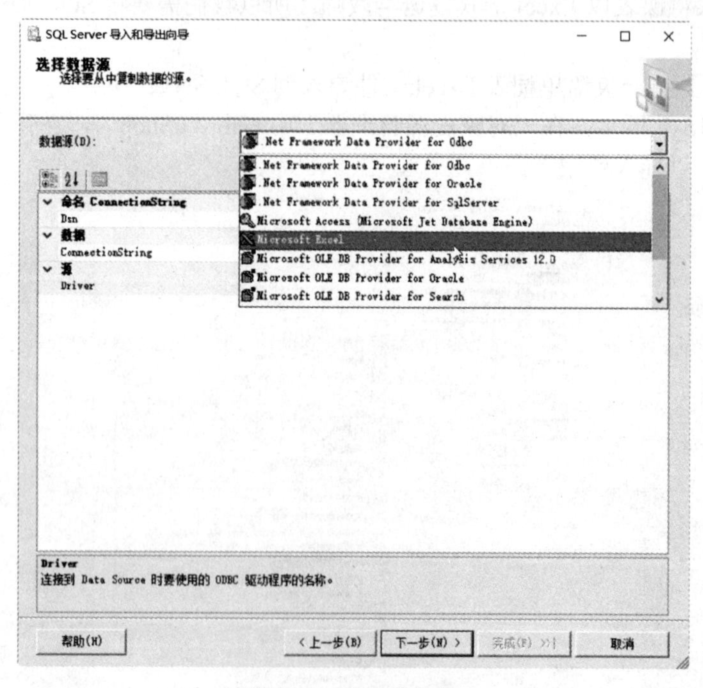


图 15-3　选择数据源

（4）如图 15-4 所示，在“Excel 文件路径”中根据自己的环境输入正确的文件路径，如“D:\单词.xls”（本章配套资源下有该 Excel 文件）,单击“下一步”按钮。

本书配套资料中对应章节带有该 Excel 文件。

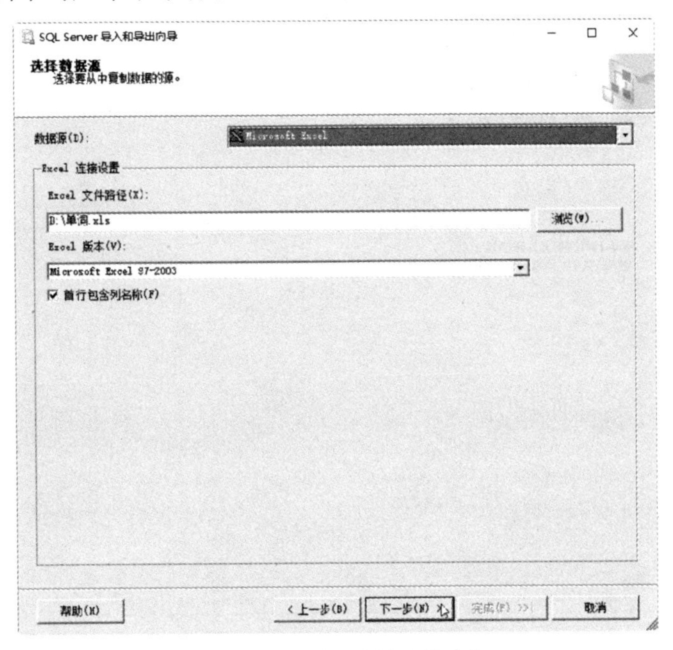


图 15-4　输入正确的文件路径

（5）如图 15-5 所示，在“目标”下拉列表中选择“SQL Server Native Client 11.0”，目标数据库是“eShop”（本教材从学习角度出发，就用 eShop 数据库来演练），单击“下一步”按钮。

目标是将数据导入到哪里，我们是将 Excel 数据导入到 SQL Server，所以目标这里选择“SQL Server Native Client 11.0”，前面数据源下拉列表中选择的是“Microsoft Excel”。

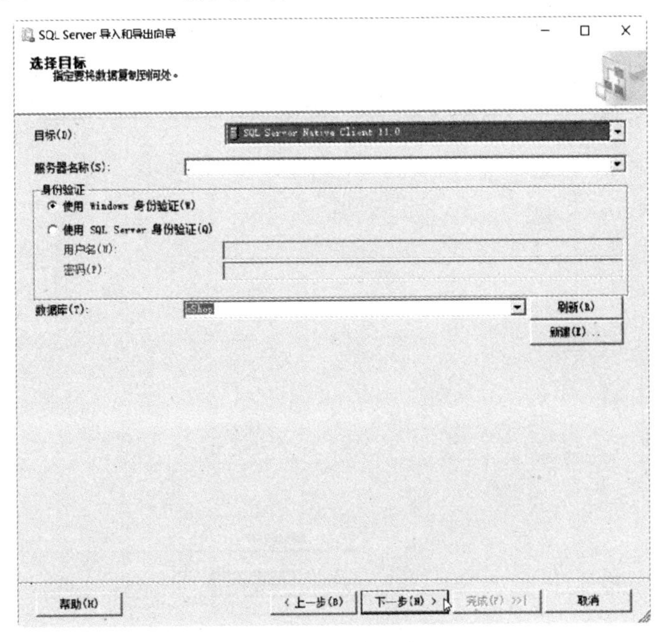


图 15-5　选择目标

（6）如图 15-6 所示，保持默认选项，单击“下一步”按钮。

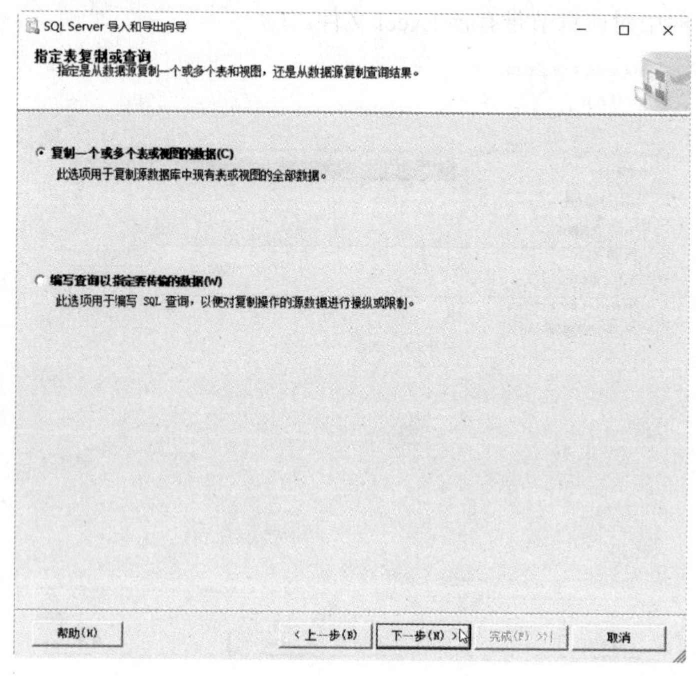


图 15-6　指定表复制或查询

（7）如图 15-7 所示，选中“Sheet1$”，在目标中输入“单词”，单击“下一步”按钮。

一般 Excel 有 3 个工作表，分别为 Sheet1、Sheet2、Sheet3，我们的数据放在 Sheet1 中，Sheet2、Sheet3 并无内容，所以选择“Sheet1$”。

目标输入“单词”的意思是导入的数据将会保存在 eShop 中名为“单词”的表中。

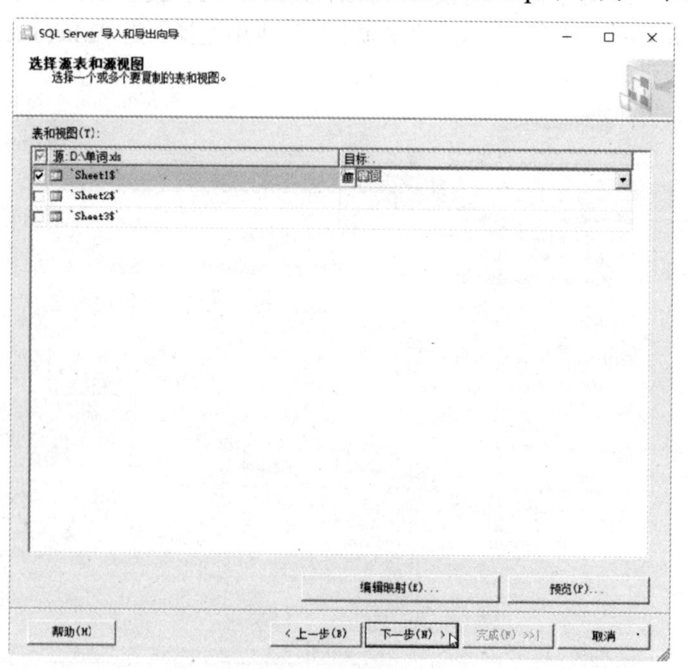


图 15-7　选择源表和目标

（8）如图 15-8 所示，保持默认选中的“立即运行”，单击“下一步”按钮。

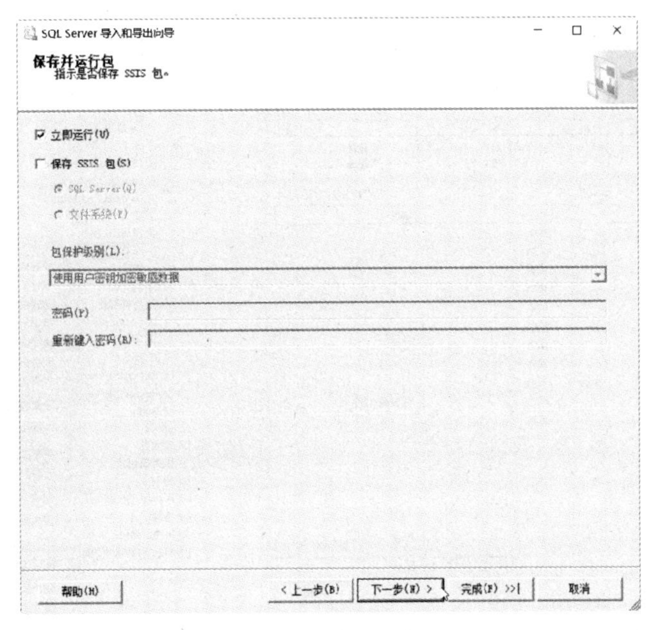


图 15-8　立即运行

（9）如图 15-9 所示，单击“完成”按钮。

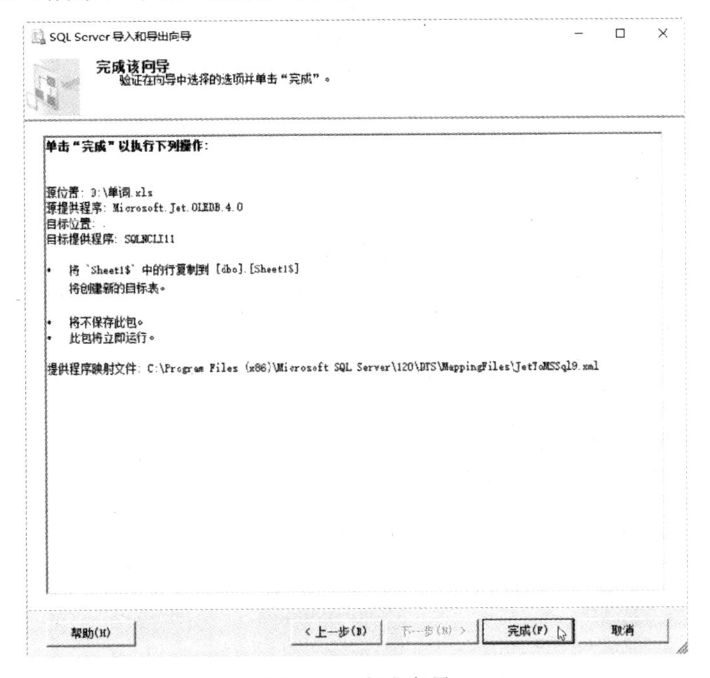


图 15-9　完成向导

（10）如图 15-10 所示，执行成功，单击“完成”按钮。

（11）验证导入结果如图 15-11 所示，在“对象资源管理器”中展开“eShop”，再展开表，可以看到多了一张表，名为“单词”（如果看不到，可刷新一下）。可右击“单词”，选择“编辑所以行”查看数据。

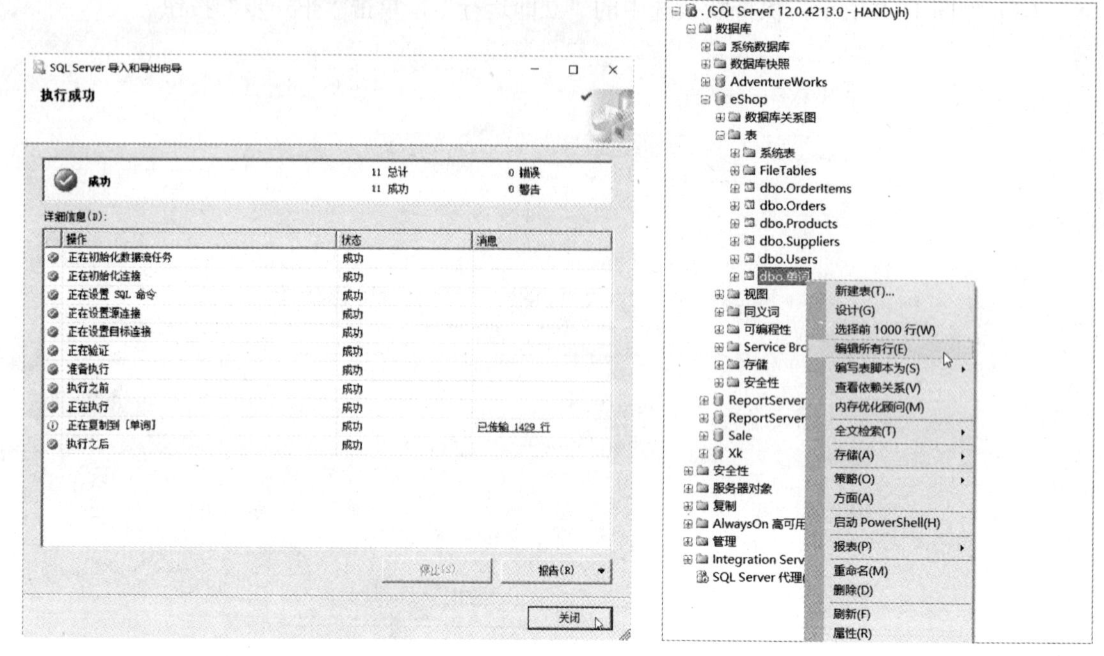


图 15-10　执行成功　　　　　　　　图 15-11　验证导入结果

【演练 15.2】将 eShop 数据库中的 Suppliers 表导出到 Excel 文件中。

（1）如图 15-12 所示，在“对象资源管理器”中右击“eShop”，在弹出的快捷菜单中选择“任务”下的“导出数据”。

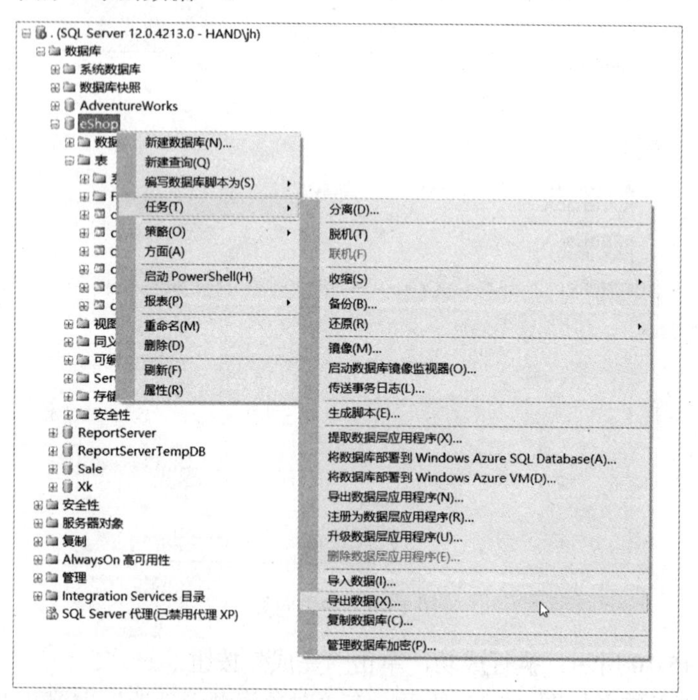


图 15-12　导出数据

（2）如图 15-13 所示，单击“下一步”按钮。

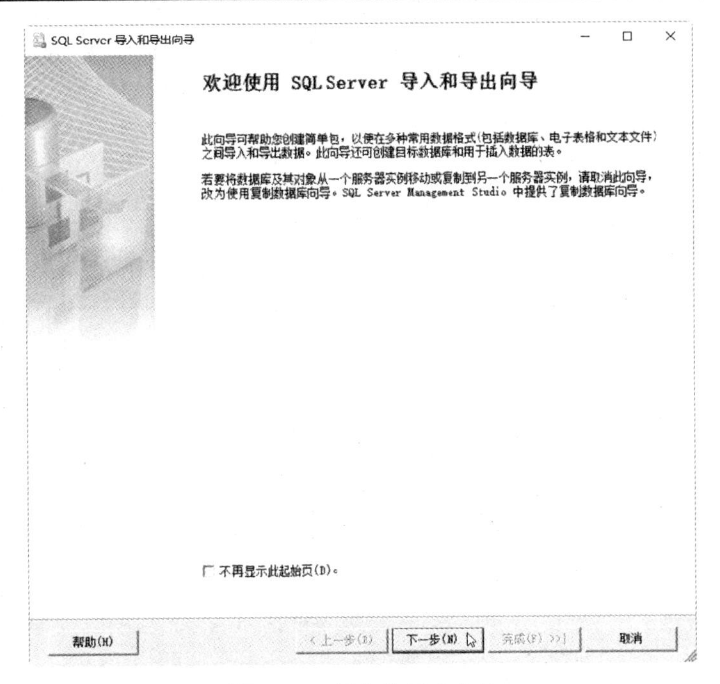


图 15-13　导入和导出向导

（3）如图 15-14 所示，在“数据源”下拉列表中选择“SQL Server Native Client 11.0”，目标数据库是“eShop”，单击“下一步”按钮。

我们是将 SQL Server 数据导出到 Excel，所以数据源这里选择“SQL Server Native Client 11.0”。

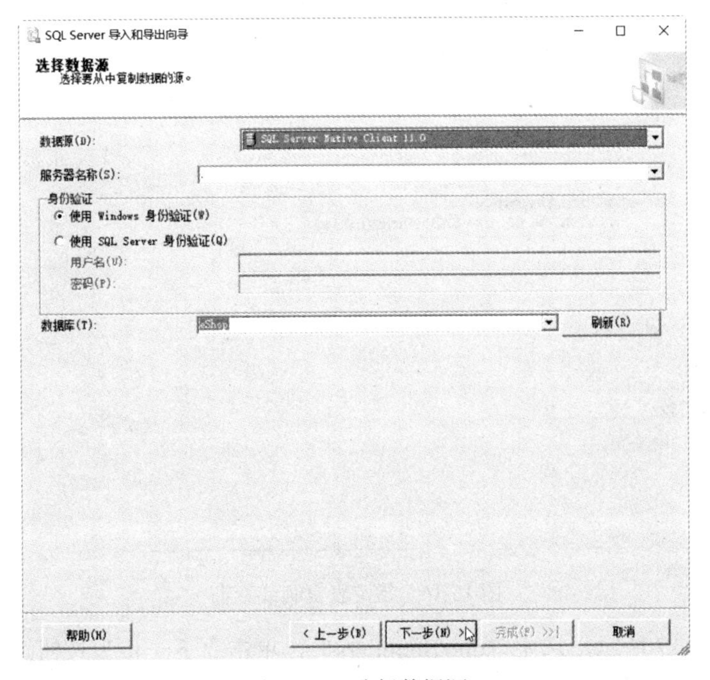


图 15-14　选择数据源

（4）如图 15-15 所示，在目标下拉列表中选择“Microsoft Excel”。在“Excel 文件路径”中根据自己的环境输入正确的文件路径，如“D:\供应商.xls”，单击“下一步”按钮。

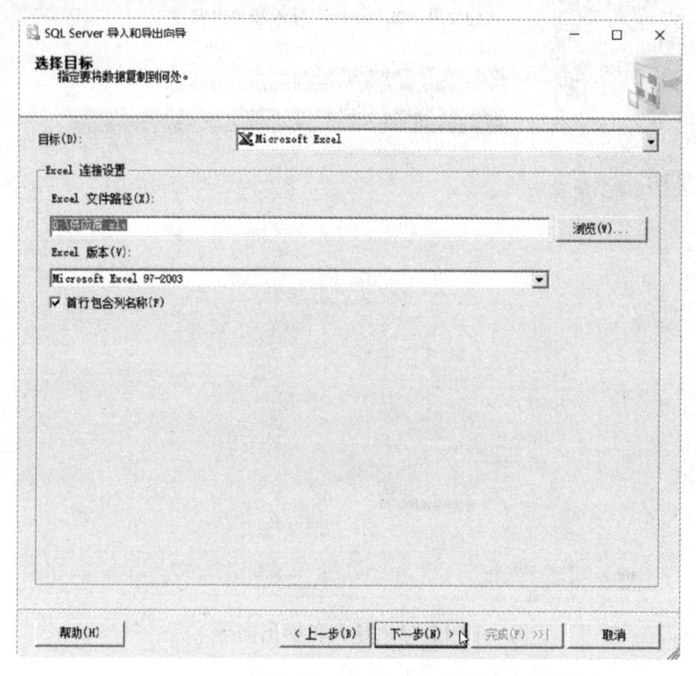


图 15-15　选择目标

（5）如图 15-16 所示，保持默认选项，单击“下一步”按钮。

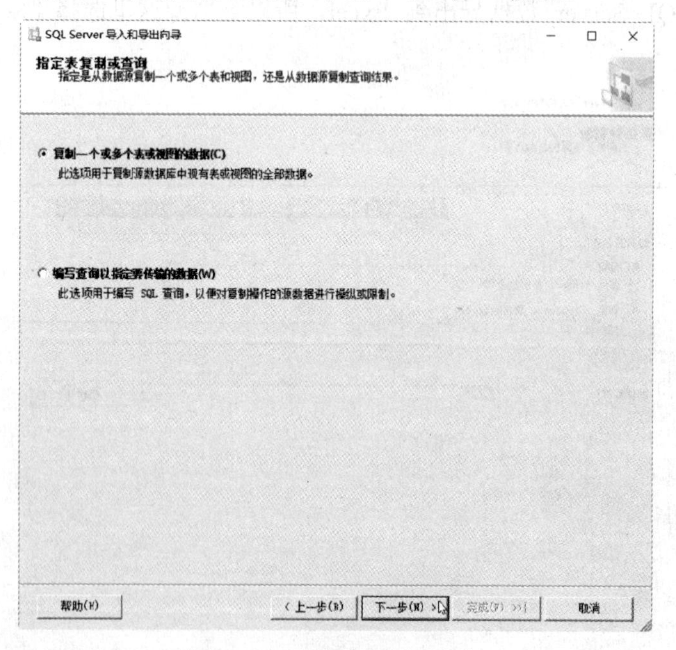


图 15-16　指定表复制或查询

（6）如图 15-17 所示，选中“dbo.Suppliers”，单击“下一步”按钮。

因为我们要导出的是 eShop 中的供应商表，故选择“dbo.Suppliers”。也可根据情况多选一次导出多张表。

图 15-17　选择源表和目标

（7）如图 15-18 所示，单击“下一步”按钮。

图 15-18　查看数据类型映射

（8）如图 15-19 所示，保持默认选中的“立即运行”，单击“下一步”按钮。

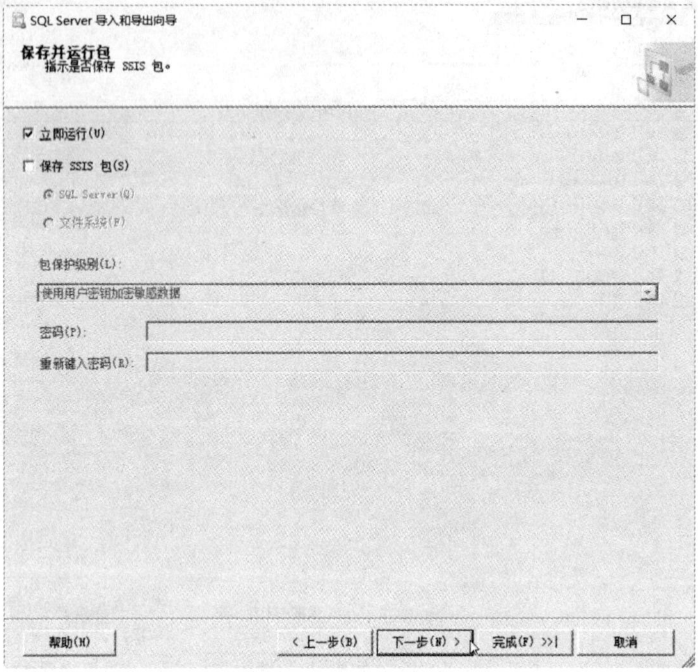

图 15-19　立即运行

（9）如图 15-20 所示，单击“完成”按钮。

图 15-20　完成向导

（10）如图 15-21 所示，执行成功，单击“关闭”按钮。

（11）验证导出结果。编者这里可打开文件“D:\供应商.xls”进行验证。

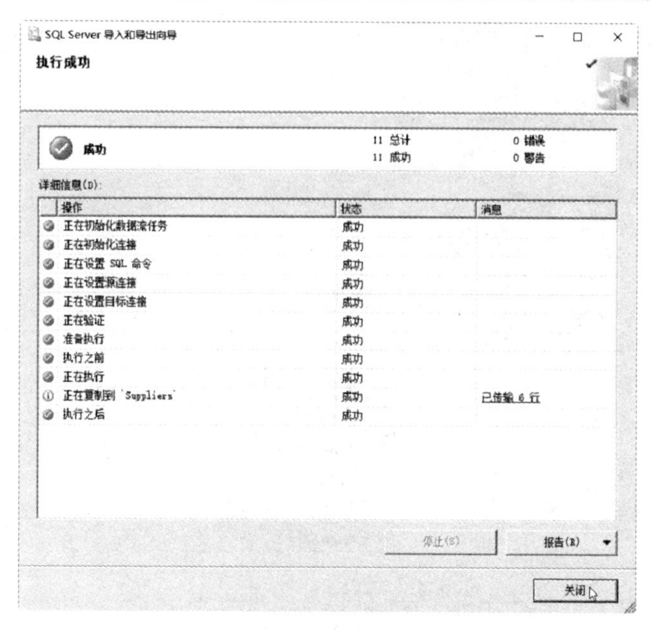


图 15-21　执行成功

### 15.1.2　联机与脱机、分离与附加数据库

数据库系统开发初期，数据库经常变化，如增加表、创建了新的视图、存储过程等。又由于时间紧，需在公司工作和家里加班工作。这时就要将数据库的最新状态带到公司或家里。最简单的处理方式之一就是使用联机与脱机功能或分离与附加数据库。

适合开发场景：初期数据量小，或大多为测试数据，所以数据库也较小方便携带。个人项目，无需多人协同。

**【演练 15.3】**通过脱机与联机移动最新数据库进行工作。

适合开发场景及步骤：

在办公室工作了一整天，数据库有所变化，将数据库复制到 U 盘，带回家晚上继续工作（复制前需使数据库处于脱机状态）。

（1）在办公室使数据库脱机。

（2）在办公室复制数据库文件到 U 盘。

回到家里，继续工作，将 U 盘的数据库文件粘贴到家里的电脑中（粘贴前也需使数据库处于脱机状态），然后联机继续开发工作。适合家里已有 eShop 数据库的情形。

（3）在家里使数据库脱机。

（4）在家里将 U 盘数据库文件复制到家里电脑。

（5）在家里使数据库联机。

演练操作步骤如下：

（1）在办公室使数据库脱机。

① 如图 15-22 所示，在“对象资源管理器”中右击“eShop”，在弹出的快捷菜单中选择“任务”→“脱机”。

**【注意】**脱机操作要求数据库处于单用户状态，没有其他连接使用数据库（比如当前数据库为 eShop 的查询窗口），否则该操作将长时间处于等待状态。

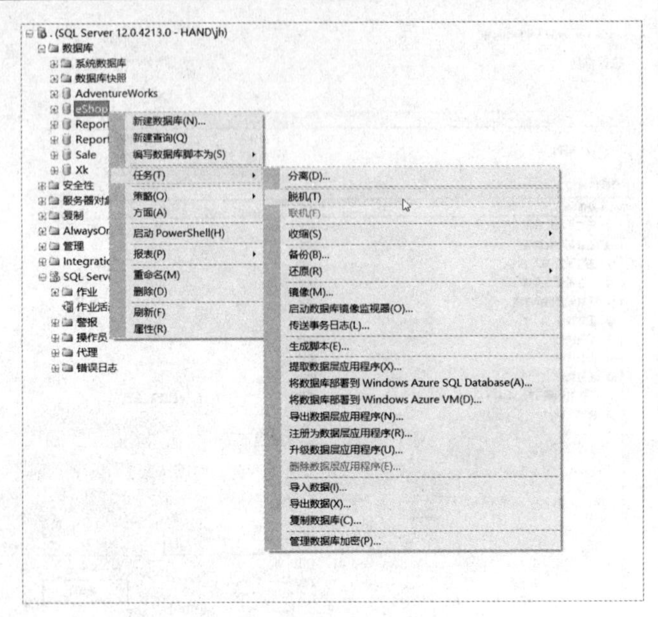


图 15-22　脱机

② 如图 15-23 所示，脱机操作成功，单击“关闭”按钮。

③ 如图 15-24 所示，eShop 数据库显示脱机。

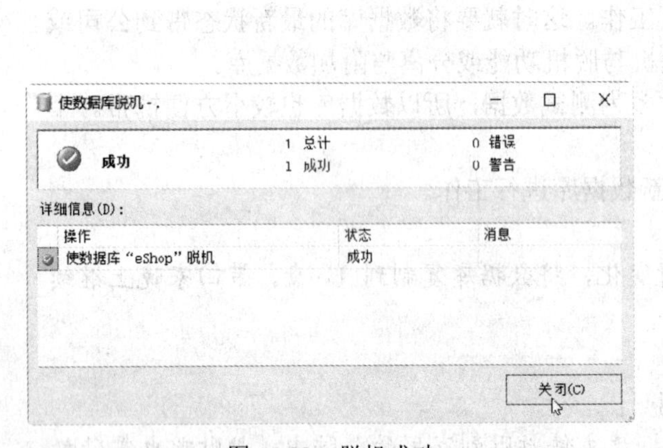


图 15-23　脱机成功

图 15-24　脱机后的数据库状态

（2）如图 15-25 所示，在办公室复制数据库文件到 U 盘：找到 eShop 数据库文件所在的路径，将其复制到 U 盘。

（3）回到家里，和前面的操作类似，确保家里电脑中的 eShop 数据库处于脱机状态。

（4）在家里将 U 盘数据库文件复制到家里的电脑中。

① 如图 15-26 所示，在家里将 U 盘数据库文件复制到家里电脑 eShop 数据库所在的路径下。

② 如图 15-27 所示，选择“替换目标中的文件”。

（5）在家里使数据库联机。

① 如图 15-28 所示，在“对象资源管理器”中右击“eShop”，在弹出的快捷菜单中选择“任务”→“联机”。

图 15-25　复制数据库文件到 U 盘

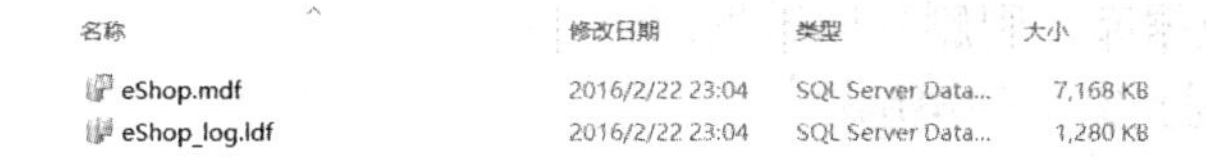


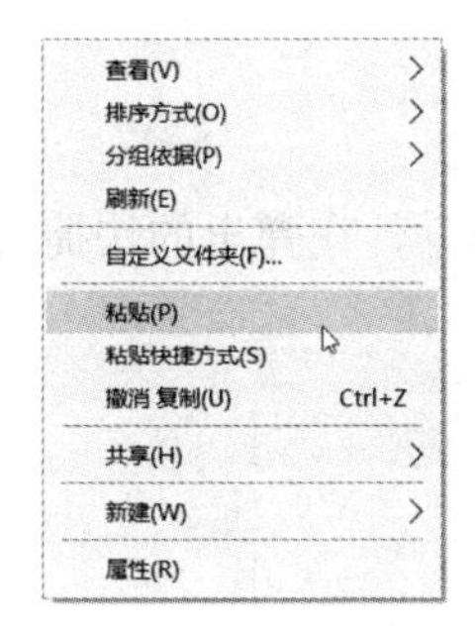


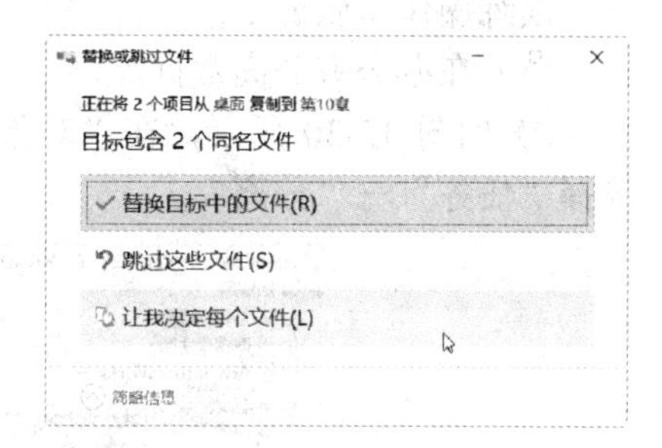


图 15-26　复制文件　　　　图 15-27　替换目标中的文件

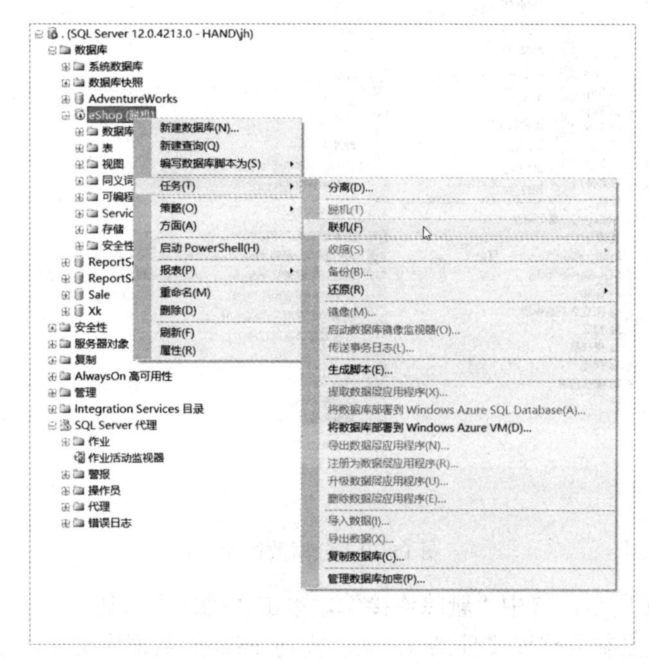


图 15-28　联机操作

② 如图 15-29 所示，联机操作成功，单击“关闭”按钮。现在家里电脑的 eShop 数据库和办公室的一样了，继续开发工作。

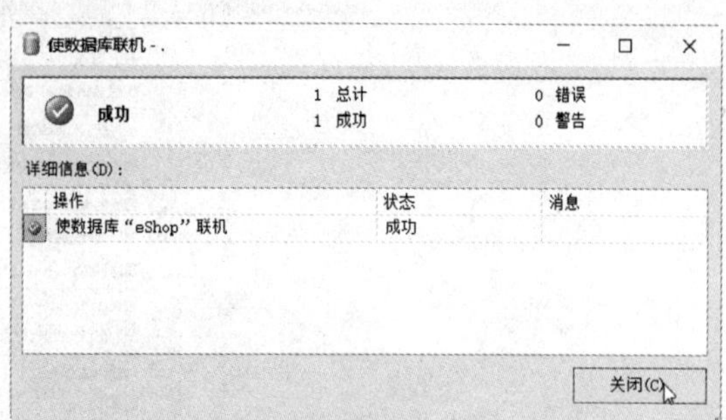


图 15-29　联机操作成功

【演练 15.4】通过分离与附加移动最新数据库进行工作。

适合开发场景及步骤：

在办公室工作了一整天，数据库有所变化，将数据库复制到 U 盘，带回家晚上继续工作。

（1）在办公室分离数据库。

（2）在办公室复制数据库文件到 U 盘。

回到家里继续工作，将 U 盘的数据库文件粘贴到家里电脑并附加数据库。

（3）如果家里已有旧版本 eShop 数据库，则删除旧数据库。

（4）在家里将 U 盘数据库文件复制到家里的电脑中。

（5）在家里附加数据库。

演练操作步骤如下：

（1）在办公室分离数据库。

① 如图 15-30 所示，在“对象资源管理器”中右击“eShop”，在弹出的快捷菜单中选择“任务”→“分离”。

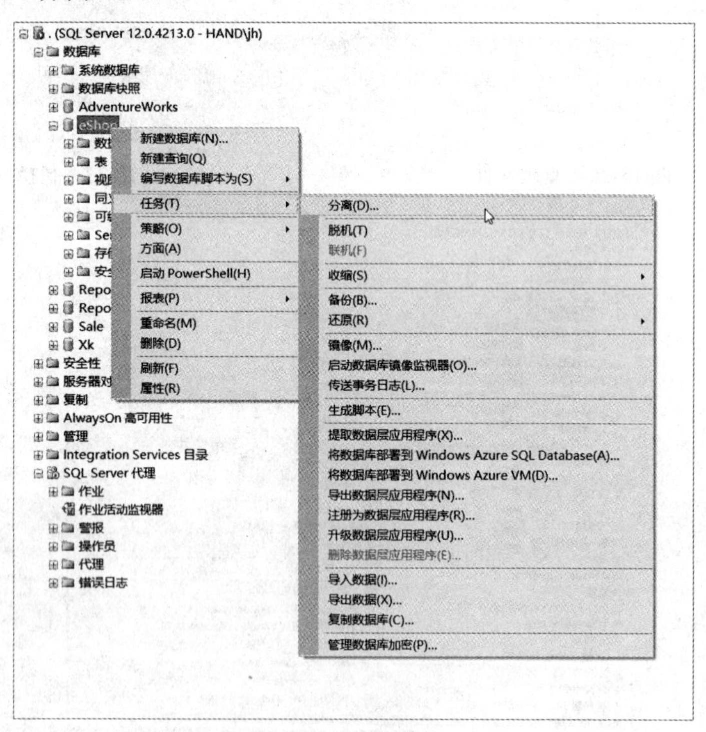


图 15-30　分离数据库

② 如图 15-31 所示，选中“删除连接”，单击“确定”按钮。

（2）在办公室复制数据库文件到 U 盘：找到 eShop 数据库文件所在的路径，将其复制到 U 盘。

（3）回到家里，如果家里已有旧版本 eShop 数据库，则删除旧数据库。

（4）在家里将 U 盘数据库文件复制到家里的电脑中。

（5）在家里附加数据库。

① 如图 15-32 所示，在“对象资源管理器”中右击“数据库”，在弹出的快捷菜单中选择“附加”。

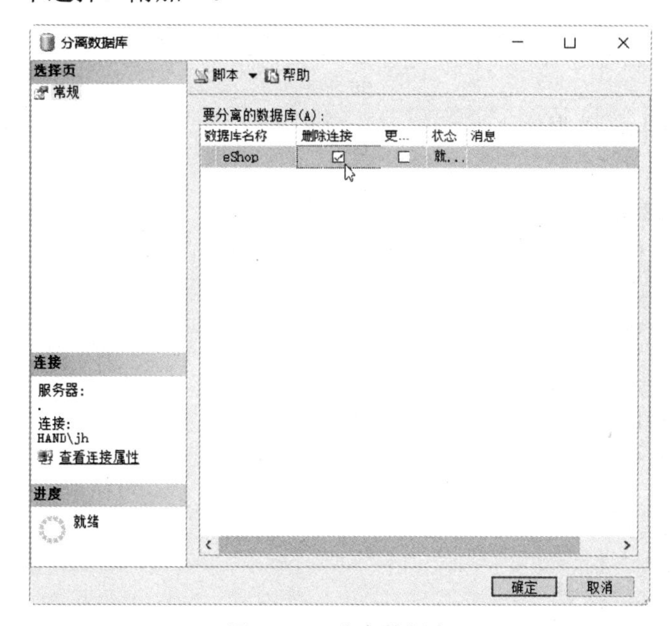


图 15-31　分离数据库

图 15-32　附加数据库

② 如图 15-33 所示，单击“添加”按钮，选择数据库文件位置。

③ 定位好 eShop 数据库文件所在路径，单击“确定”按钮。

④ 再次单击“确定”按钮完成附加数据库操作。

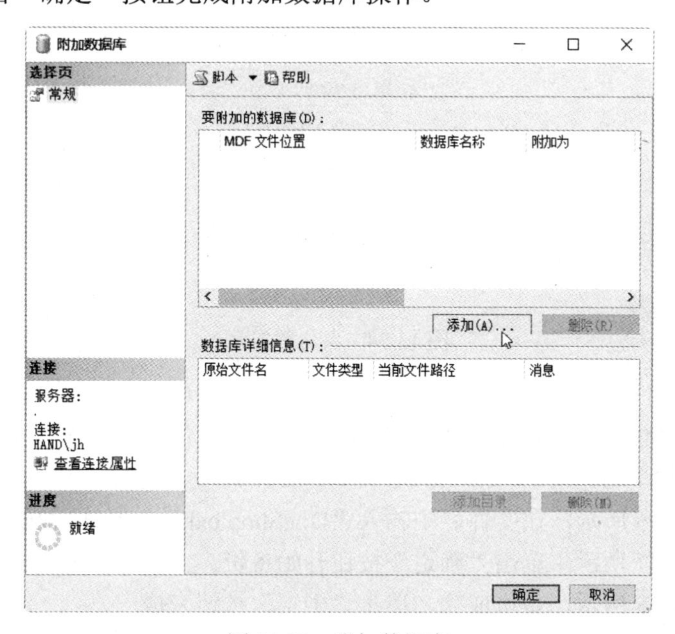


图 15-33　附加数据库

### 15.1.3　备份与恢复数据库

备份数据库是防止系统灾难的必备操作。

备份数据库功能提供了在线备份数据的功能，与备份数据库对应的是恢复数据库，恢复数据库通常是无奈情形下进行的操作。

联机与脱机、分离与附加数据库要求系统离线。对于在线运行的系统有时是不能容忍这种情况出现的，比如银行系统。

【演练 15.5】使用 SSMS 备份 eShop 数据库。

备份数据库主要明确两点：

（1）备份哪个数据库，本例为 eShop。

（2）备份到哪里，本例的备份目标为 D:\eShop.bak，这称为备份设备。

具体操作如下：

（1）如图 15-34 所示，在“对象资源管理器”中右击“数据库”，在弹出的快捷菜单中选择“任务”下的“备份”。

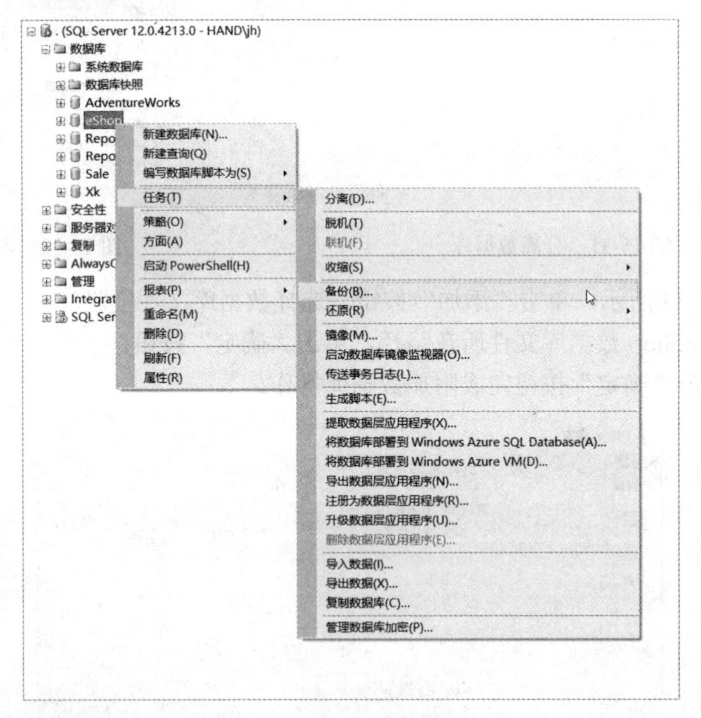


图 15-34　备份数据库

（2）如图 15-35 所示，默认备份路径为“C:\Program Files\Microsoft SQL Server\MSSQL12.MSSQLSERVER\MSSQL\Backup\”，我们更改一下，先单击“删除”按钮，再单击“添加”按钮。

（3）如图 15-36 所示，在文件名中输入“D:\eShop.bak”，单击“确定”按钮。

（4）如图 15-37 所示，单击“确定”按钮开始备份。

（5）如图 15-38 所示，备份成功，单击“确定”按钮完成。

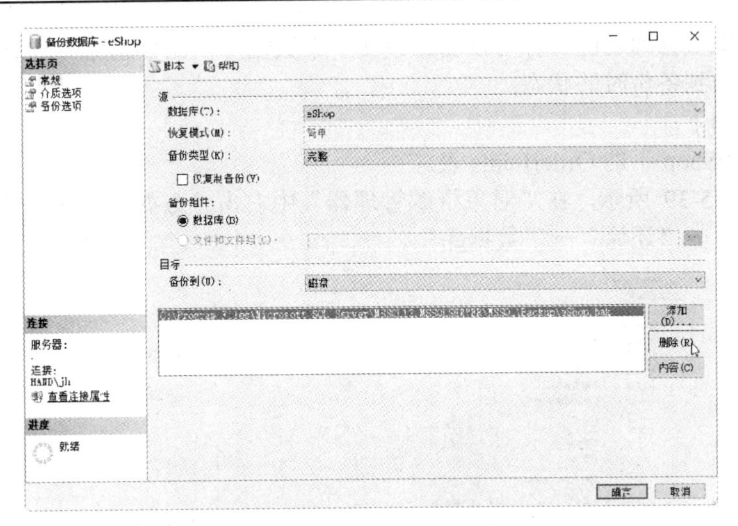


图 15-35　删除原备份目标

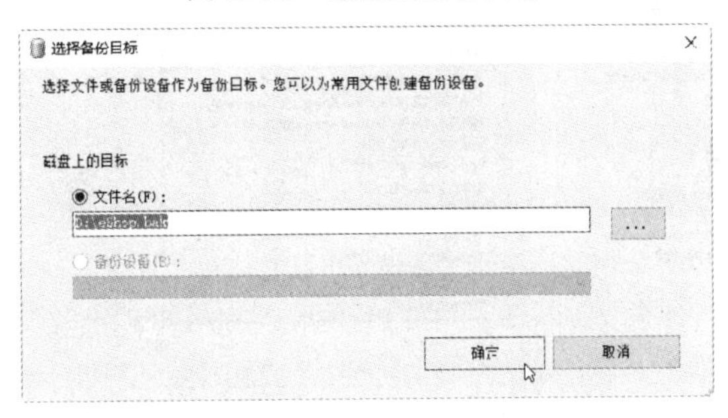


图 15-36　输入新的备份目标

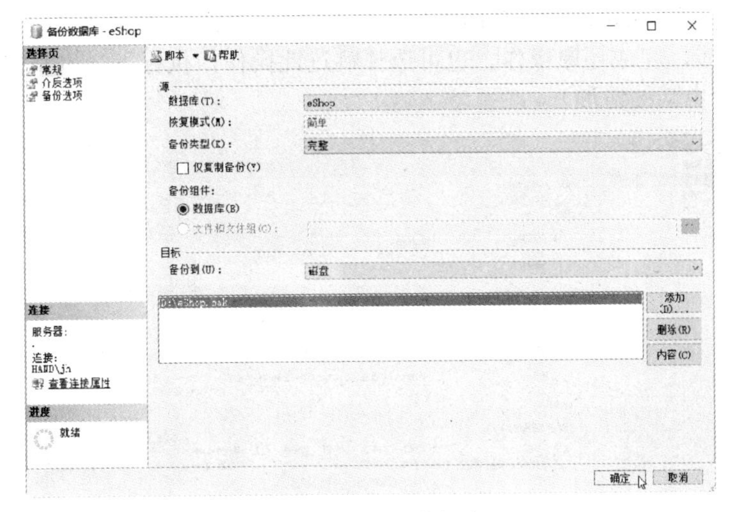


图 15-37　备份数据库

图 15-38　备份数据库成功

**【演练 15.6】**使用 SSMS 还原 eShop 数据库。

为验证还原数据库功能，你可以随意改变一下数据库，比如删除 OrderItems 表，还原后再验证是否回到备份时的状态。

具体操作如下：

（1）删除 eShop 下的 OrderItems 表。

（2）如图 15-39 所示，在“对象资源管理器”中右击“数据库”，在弹出的快捷菜单中选择“任务”→“还原”→“数据库”。

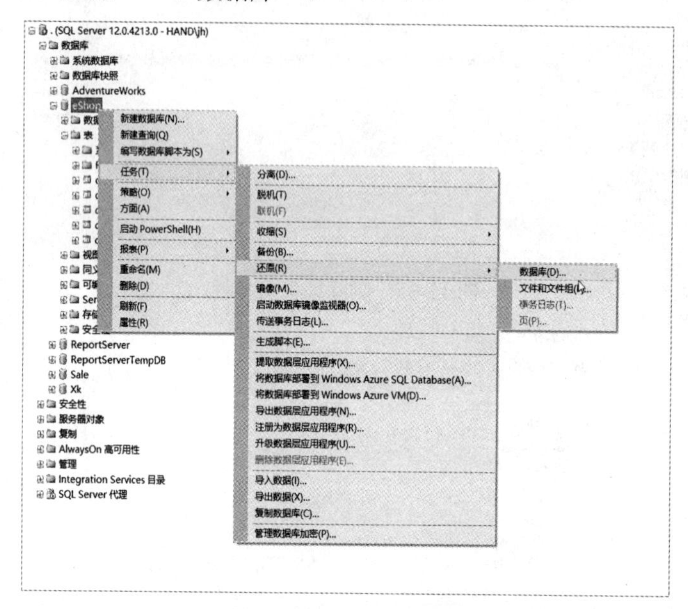


图 15-39　还原数据库

（3）如图 15-40 所示，如果在还原和备份为同一台电脑，单击“确定”按钮即可，直接跳到第（8）步，完成还原操作。也可选择跳过此操作，执行下一步操作（适合还原和备份不是同一台电脑的情形）。

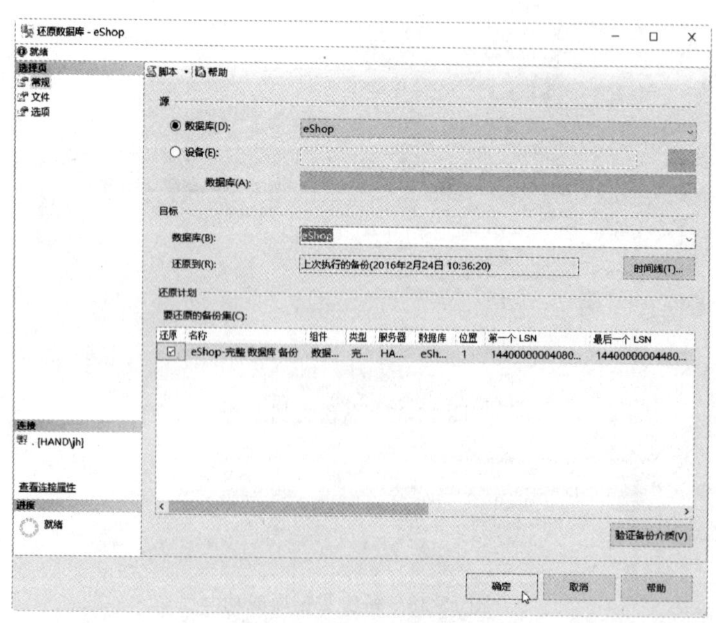


图 15-40　还原数据库

（4）如图 15-41 所示，自行设置还原的备份设备，单击“设备”右侧的“...”。

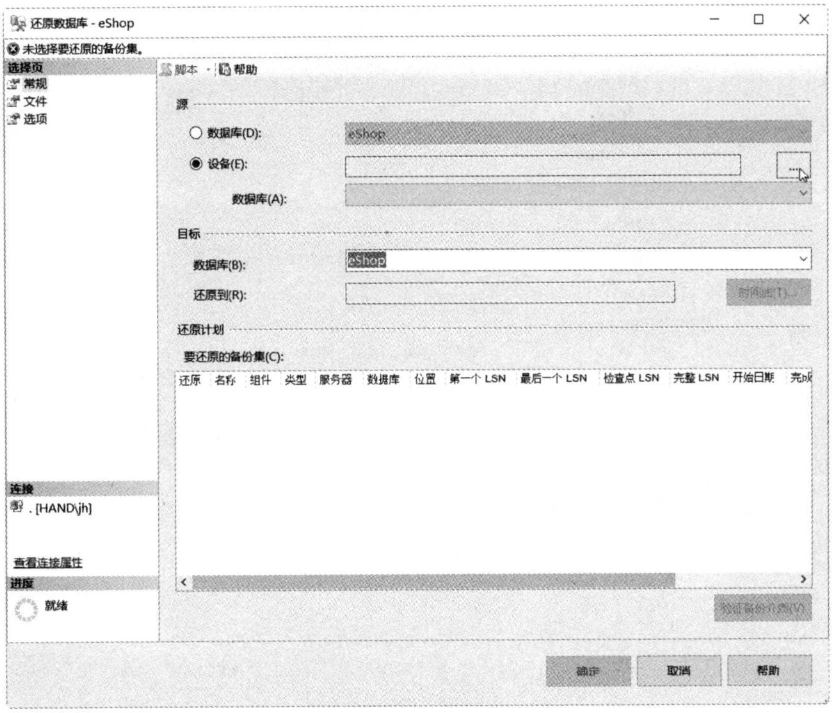

图 15-41　设置还原的源设备

（5）如图 15-42 所示，单击“添加”按钮，然后定位好自己的备份设备，本例为“D:\eShop.bak”，再单击“确定”按钮。

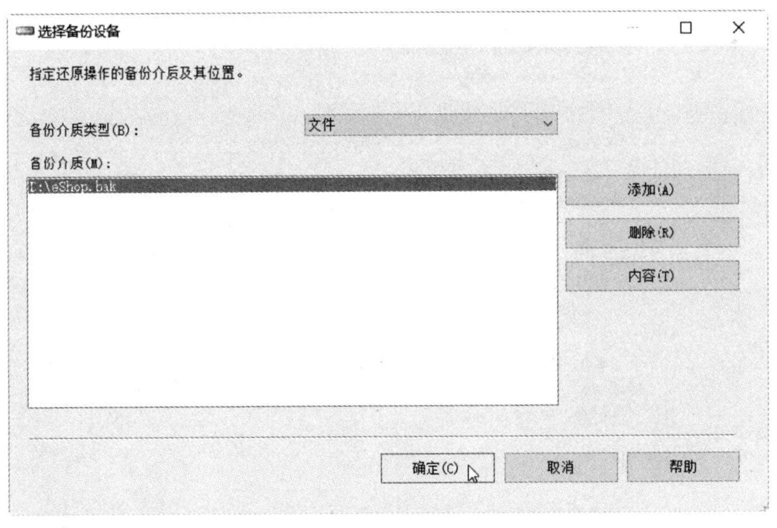


图 15-42　设置还原的源设备

（6）回到如图 15-43 所示对话框，在图中左侧单击“选项”。

（7）如图 15-44 所示，选中“覆盖现有数据库”复选框，单击“确定”按钮开始还原。

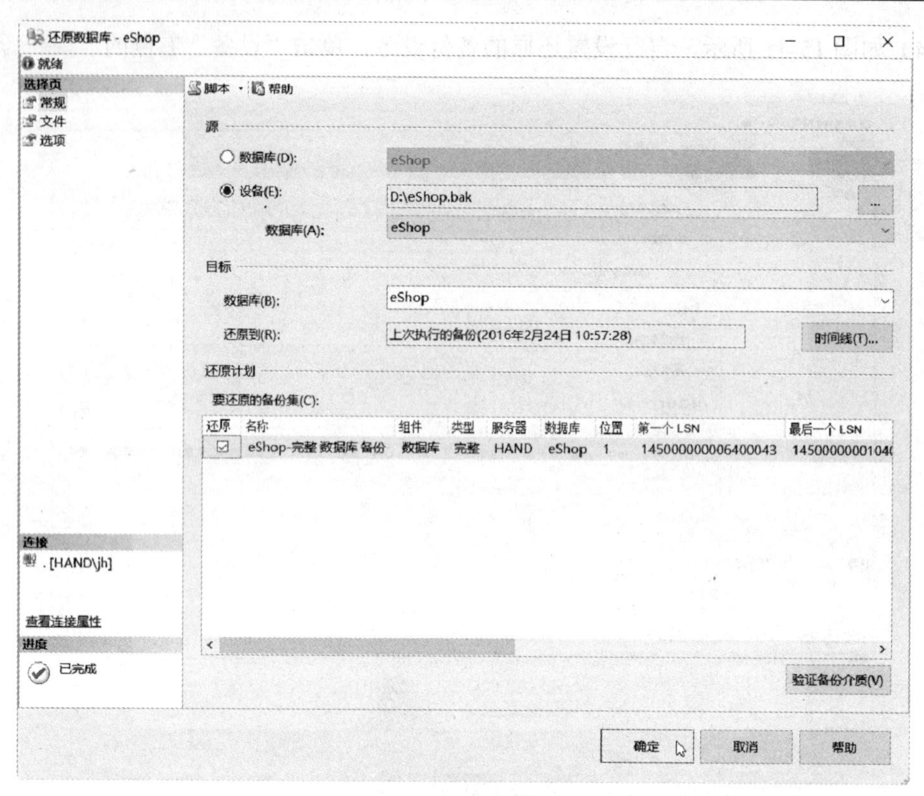


图 15-43　还原数据库选项

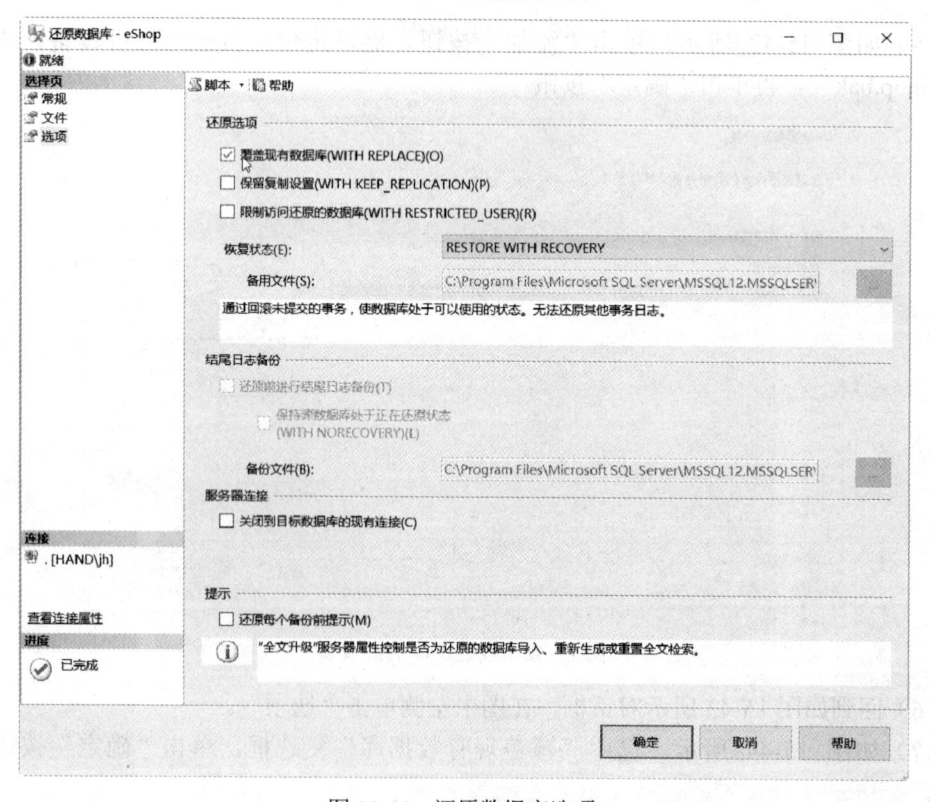


图 15-44　还原数据库选项

（8）如图 15-45 所示，还原成功，单击“确定”按钮完成操作。

（9）验证：为方便测试而删除的 OrderItems 表又出现了。

图 15-45　成功还原数据库

【演练 15.7】使用 BACKUP DATABASE 语句备份 eShop 数据库到 D:\eShop2.bak，备份设备名为 eShop2。

在查询窗口中执行如下 SQL 语句：

```
USE master
GO
--使用sp_addumpdevice创建备份设备，备份设备为磁盘（disk），对应物理文件为D:\eShop2.bak，设备的逻辑名为eShop2。
EXEC sp_addumpdevice 'disk', 'eShop2','D:\eShop2.bak'
-- 使用BACKUP DATABASE备份数据库，此处使用备份设备的逻辑名称eShop2
BACKUP DATABASE eShop TO eShop2
```

【演练 15.8】使用 RESTORE DATABASE 语句从备份设备 eShop2 还原 eShop 数据库。

在查询窗口中执行如下 SQL 语句：

```
--WITH REPLACE选项意思为“覆盖现有数据库”
USE master
GO
RESTORE DATABASE eShop FROM DISK='D:\eShop2.bak' WITH REPLACE
```

【演练 15.9】显示所有备份设备。

```
SELECT * FROM sys.backup_devices
```

【演练 15.10】删除备份设备 eShop2。

```
EXEC sp_dropdevice eShop2
```

### 15.1.4　日常调度

比如排课系统要求每周对数据库进行备份，那么是不是由人员每周进行一次操作呢？当然不用，对于这种周期性的固定操作，我们可交由代理进行调度自动完成。

【演练 15.11】使用 SSMS 设置每周一凌晨 1 点自动备份 eShop 数据库。

首先保证启动了代理服务，具体操作如下：

（1）如图 15-46 所示，在“对象资源管理器”中右击“SQL Server 代理”，单击“启动”。

（2）如图 15-47 所示，单击“是”按钮完成操作。

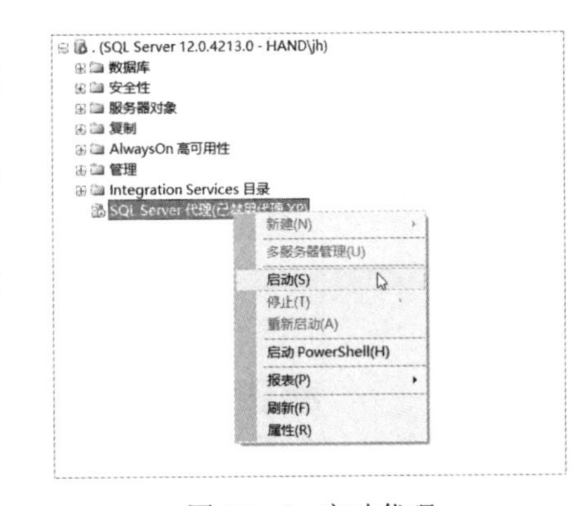

图 15-46　启动代理

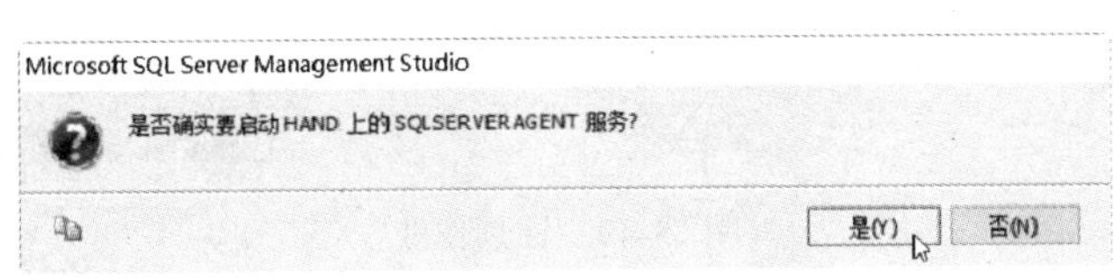

图 15-47　确认启动代理

自动备份操作如下：

（1）在“对象资源管理器”中右击“数据库”，在弹出的快捷菜单中选择“任务”下的“备份”。

（2）设置好备份目标，编者这里为“D:\eShop.bak”，如图 15-48 所示，单击“脚本”下的“将操作脚本保存到作业”。

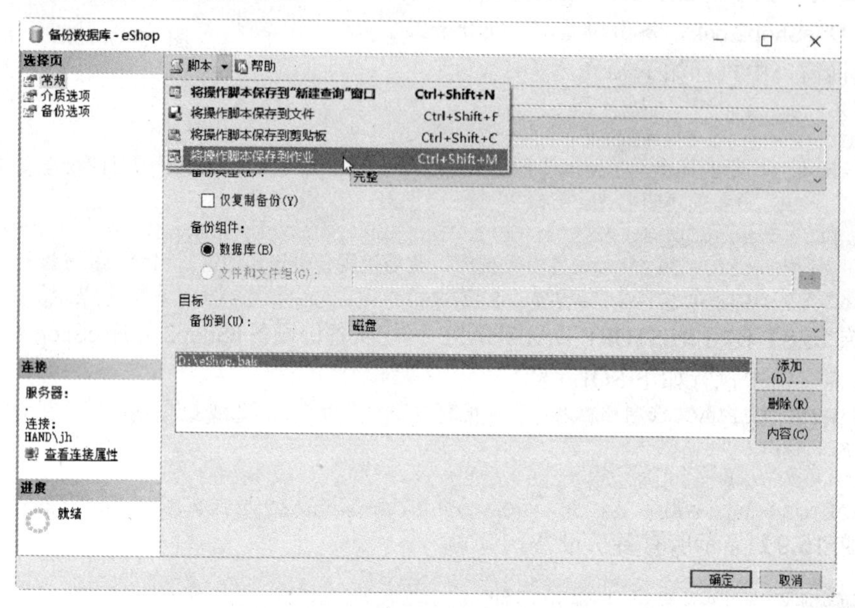


图 15-48　将操作脚本保存到作业

（3）出现如图 15-49 所示对话框，单击“计划”。

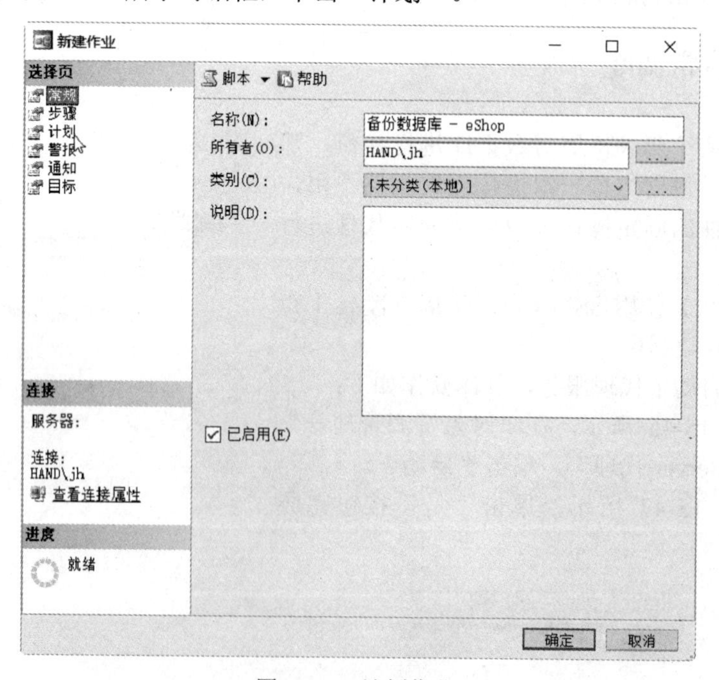


图 15-49　计划作业

（4）如图 15-50 所示，单击“新建”按钮，新建计划。

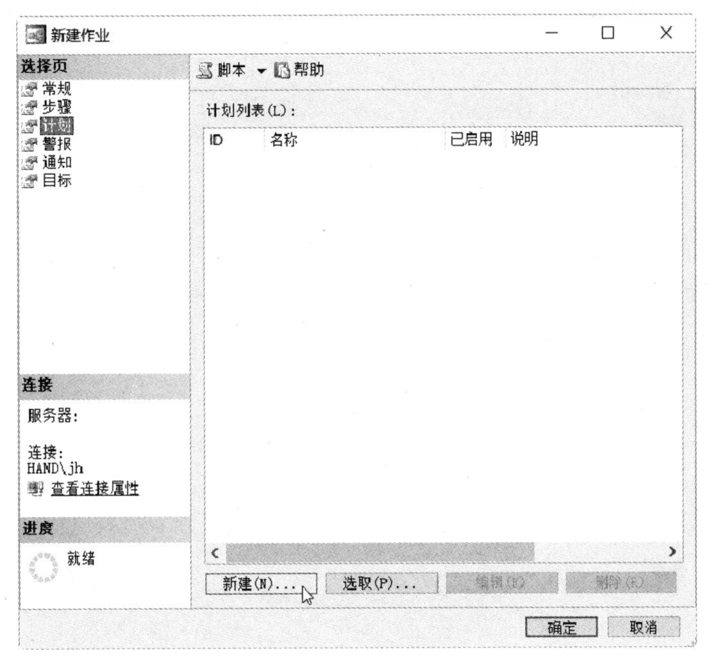


图 15-50　新建计划

（5）如图 15-51 所示，在名称中输入“每周一 1 点备份 eShop 数据库”，执行间隔为每 1 周，选中“星期一”，将“执行一次，时间为”设置为“1:00:00”，单击“确定”按钮。

大家可根据具体情况设置适合自己的备份计划。

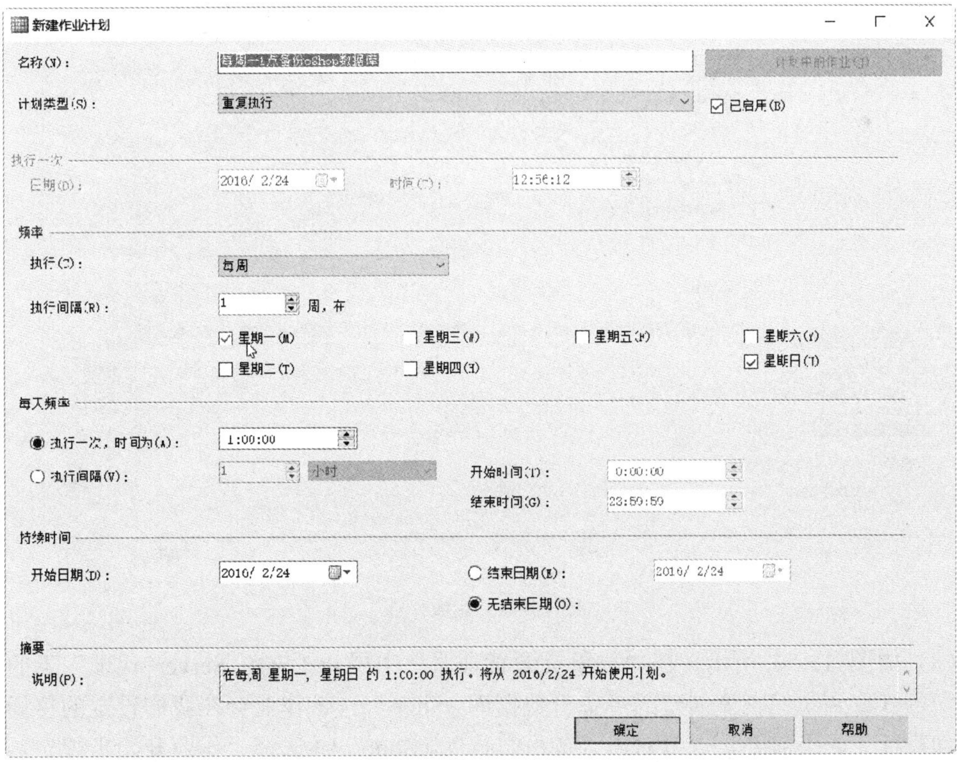

图 15-51　设置计划

（6）如图 15-52 所示，单击“确定”按钮完成作业设置。

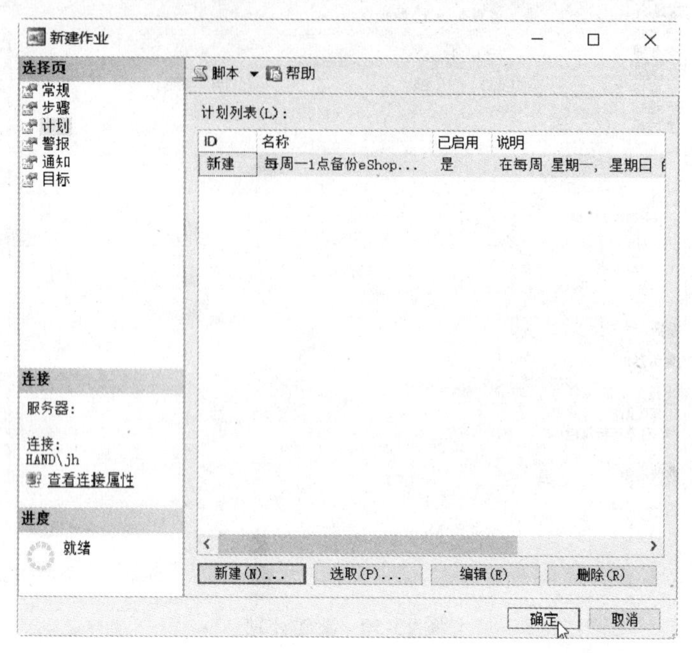


图 15-52　完成作业

（7）如图 15-53 所示，不需要立即备份的话，单击“取消”按钮即可。

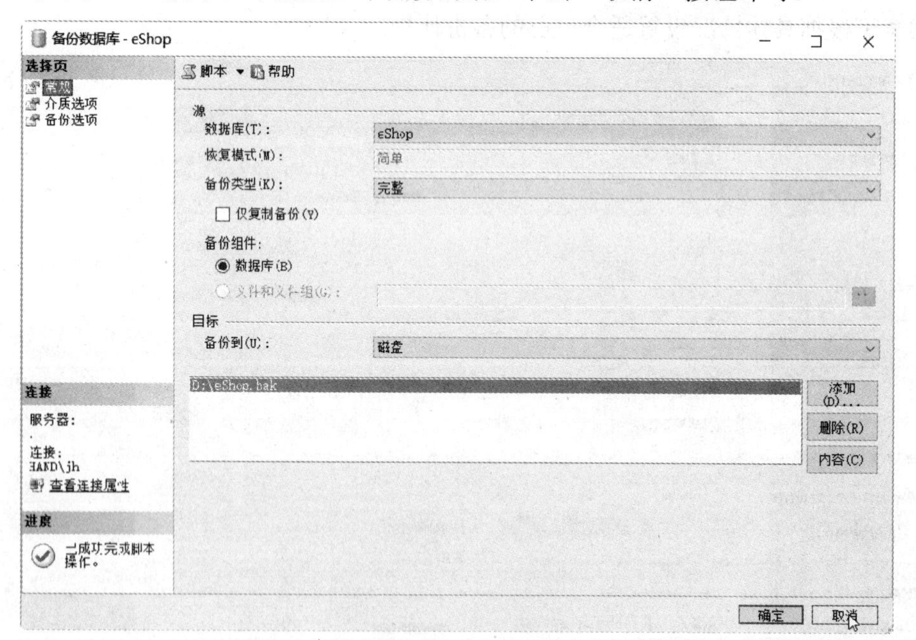


图 15-53　完成作业

（8）如图 15-54 所示，在“对象资源管理器”中展开“SQL Server 代理”下的“作业”，可以看到我们刚才创建的“备份数据库-eShop”，该作业会在我们设定的每周一 1 点自动执行。如果需要，也可右击“备份数据库-eShop”并选择“作业开始步骤”，立即执行该作业。

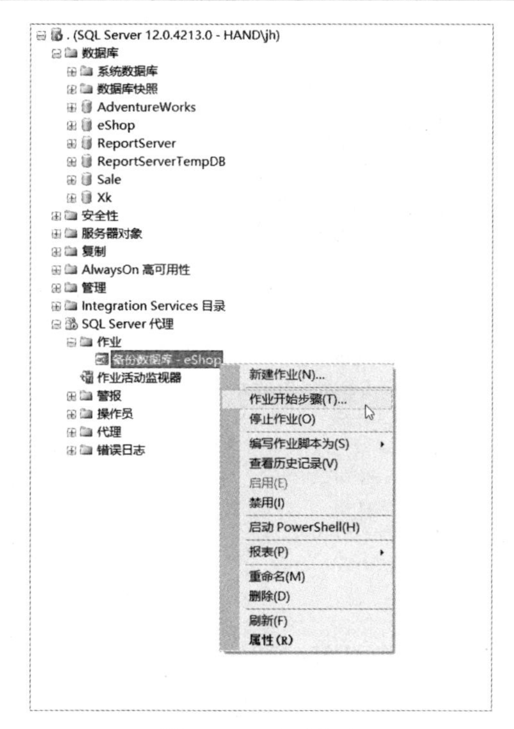


图 15-54　查看作业

### 15.1.5　数据库快照

数据库快照是 SQL Server 数据库（源数据库）的只读静态视图。 自创建快照那刻起，数据库快照在事务上与源数据库一致。 数据库快照始终与其源数据库位于同一服务器实例上。 当源数据库更新时，数据库快照也将更新。 因此，数据库快照存在的时间越长，就越有可能用完其可用磁盘空间。给定源数据库中可以存在多个快照。

**【演练 15.12】**创建 eShop 数据库快照，利用数据库快照恢复数据库、删除数据库快照。

在查询窗口执行如下命令，操作步骤如下：

（1）创建数据库快照

```
--数据库快照名称eShop_dbss1800，数据库快照物理文件名称D:\eShop_data_1800.ss
USE eShop
GO
CREATE DATABASE eShop_dbss1800 ON
( NAME = eShop, FILENAME =
'D:\eShop_data_1800.ss' )
AS SNAPSHOT OF eShop;
GO
```

（2）使用 SSMS 查看数据库快照。如图 15-55 所示，在“对象资源管理器”中展开“数据库”下的“数据库快照”，可以看到我们刚才创建的“eShop_dbss1800”。

**【注意】**数据库快照是只读的，不可修改数据库快照。

（3）如何使用数据库快照

```
USE eShop_dbss1800
GO
```

```
select * from users
```

图 15-55 查看数据库快照

【说明】可以看到，数据库快照的使用方法和数据库相同，切换到数据库快照即可。只不过数据库快照是只读的。

（4）利用数据库快照恢复数据库

如果联机数据库中的数据损坏，在某些情况下，将数据库恢复到发生损坏之前的数据库快照可能是一种合适的替代方案，替代从备份中还原数据库。例如，通过恢复数据库可能会有助于从最近出现的严重用户错误（如删除的表）中恢复。但是，在该快照创建以后进行的所有更改都会丢失。

```
USE master;
GO
RESTORE DATABASE eShop from
DATABASE_SNAPSHOT = 'eShop_dbss1800';
GO
```

【注意】数据库当前只有一个数据库快照时才可恢复数据库，否则需要删除多余的数据库快照。

（5）删除数据库快照

```
USE master
GO
DROP DATABASE eShop_dbss1800
```

## 15.2 透明数据加密

### 15.2.1 透明数据加密简介

透明数据加密（Transparent Data EncryptiON，以下简称 TDE），之所以叫透明数据加密，是因为这种加密在使用数据库的程序或用户看来，就好像没有加密一样。TDE 加密是数据库级别的。数据的加密和解密以页为单位，由数据引擎执行。在写入时进行加密，在读出时进行解密。客户端程序完全不用做任何操作。

TDE 的主要作用是防止数据库备份或数据文件被偷了以后，偷数据库备份或文件的人在没有数据加密密钥的情况下是无法恢复或附加数据库的。

### 15.2.2　透明数据加密演练

**【演练 15.13】**使用 TDE 加密 eShop 数据库，并验证没有证书的计算机即使拿到数据库也无法使用。

使用 TDE 加密 eShop 数据库，具体操作如下：

（1）创建一个 master key，在查询窗口执行如下命令。

```
--在master数据库中创建一个master key
USE master
GO
CREATE MASTER KEY ENCRYPTION BY PASSWORD = 'zjh'
GO
```

（2）创建一个由 master key 保护的证书，在查询窗口执行如下命令。

```
--使用masterkey创建证书eShopCert
CREATE CERTIFICATE eShopCert WITH SUBJECT = 'eShop的TDE证书'
GO
```

（3）使用证书创建一个 database 密钥，在查询窗口执行如下命令。

```
USE eShop
GO
--创建数据库eShop的加密key，使用eShopCert证书加密
CREATE DATABASE ENCRYPTION KEY WITH ALGORITHM = AES_128
ENCRYPTION BY SERVER CERTIFICATE eShopCert
GO
```

执行后将给出警告信息，建议为证书做一个备份，否则如果证书被破坏以后，我们自身都无法打开数据库。下一个例子我们将演练如何备份证书。

（4）将数据库设置为加密，在查询窗口执行如下命令。

```
ALTER DATABASE eShop SET ENCRYPTION ON
GO
```

所谓透明加密，就是数据库在本机和非加密状态下比较没什么区别。但如果将数据库文件或备份文件复制到其他机器则无法使用。你现在可尝试查看数据等一切正常。

验证没有证书的计算机即使拿到数据库也无法使用。

为方便使用同一台电脑进行演示。我们执行如下操作进行测试：

（1）分离 eShop 数据库。

（2）删除证书 eShopCert 和 master key，在查询窗口执行如下命令。

```
USE master
GO
--删除证书eShopCert
DROP CERTIFICATE eShopCert
```

```
GO
--删除master key
DROP MASTER KEY
GO
```

（3）附加 eShop 数据库，将出现如图 15-56 所示对话框。因为无证书，所以附加数据库失败，无法使用数据库。所以即使数据库被非法用户复制到其他机器也无法使用。

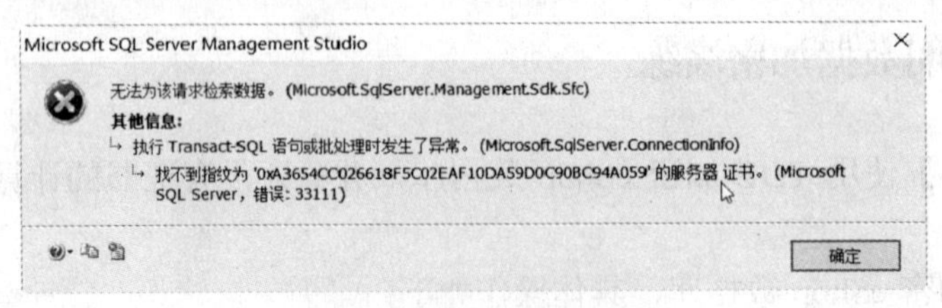


图 15-56　附加数据库失败

（4）由于证书已删除，已经无法使用 eShop 数据库了，即使是系统管理员也不可以。

**【演练 15.14】**学习如何备份、还原 master key 和证书。考虑到整体性，本演练将执行：创建、备份、删除、还原 master key 和证书。

具体操作如下：

（1）创建一个 master key 和证书，在查询窗口执行如下命令。

```
--在master数据库中创建一个master key
USE master
GO
CREATE MASTER KEY ENCRYPTION BY PASSWORD = 'zjh'
GO
--使用masterkey创建证书eShopCert
CREATE CERTIFICATE eShopCert WITH SUBJECT = 'eShop的TDE证书'
GO
```

（2）备份 master key 和证书，在查询窗口执行如下命令。

```
BACKUP MASTER KEY TO FILE = 'd:\masterkey' ENCRYPTION BY PASSWORD = 'zjh'
GO
BACKUP CERTIFICATE eShopCert TO FILE = 'd:\eShopCert'
GO
```

（3）删除证书和 master key，在查询窗口执行如下命令。

```
USE master
GO
--删除证书eShopCert
DROP CERTIFICATE eShopCert
GO
--删除master key
DROP MASTER KEY
GO
```

（4）还原 master key 和证书。

```
USE master
RESTORE MASTER KEY FROM FILE = 'd:\masterkey'
    DECRYPTION BY PASSWORD = 'zjh'
    ENCRYPTION BY PASSWORD = 'zjh'
```

```
GO
--还原证书
CREATE CERTIFICATE eShopCert FROM FILE = 'd:\eShopCert'
GO
```

# 15.3　列级数据加密

## 15.3.1　列级数据加密简介

列级数据加密使得加密可以对特定列执行，比如敏感的信用卡卡号、密码等。

通常来说，加密可以分为两大类，对称（Symmetric）加密和非对称（Asymmetric）加密。

对称加密是那些加密和解密使用同一个密钥的加密算法，就是加密密钥=解密密钥。

非对称加密是那些加密和解密使用不同密钥的加密算法，就是加密密钥!=解密密钥。用于加密的密钥称之为公钥，用于解密的密钥称之为私钥。

非对称加密安全性比对称加密高。但非对称加密算法比对称密钥复杂，因此会带来性能上的损失。

**【注意】**保存加密数据的列必须是 varbinary 类型。

## 15.3.2　列级数据加密演练

**【演练 15.15】**使用对称加密方法加密 Users 表中的 Pwd 列。

为演练方便，修改 Users 表，添加一列 Pwd_Enc，数据类型为 varbinary(max)，用来保存 Pwd 列加密后的数据。

当然，实际开发中，你可以直接使用 Pwd_Enc 列，而无须保留明文密码 Pwd 列。本演练为学习对照数据方便而同时使用明文密码和加密后的密码。

在查询窗口执行如下命令，具体操作如下：

修改 Users 表，添加一列 Pwd_Enc，数据类型为 varbinary(max)。

```
USE eShop
GO
ALTER TABLE Users ADD Pwd_Enc varbinary(max)
```

创建 MASTER KEY、证书、密钥。

在查询窗口执行如下命令，具体操作如下：

（1）创建一个 MASTER KEY，密钥需要 MASTER KEY。

```
CREATE MASTER KEY ENCRYPTION BY PASSWORD ='zjh'
GO
```

（2）创建证书，在查询窗口执行如下命令。

```
CREATE CERTIFICATE eShopCert WITH SUBJECT = 'eShop证书'
GO
```

（3）创建由 eShopCert 证书加密的对称密钥，对称密钥的名称为 PwdSymmetric。在查询窗口执行如下命令。

```
CREATE SYMMETRIC KEY PwdSymmetric  --创建对称密钥，名称为PwdSymmetric
    WITH ALGORITHM = AES_256  --加密算法 AES_256
    ENCRYPTION BY CERTIFICATE eShopCert  --由eShopCert证书加密
GO
```

如何加密数据：首先打开密钥，然后利用密钥加密指定列。

在查询窗口执行如下命令，具体操作如下：

（1）通过证书 eShopCert 打开对称密钥 PwdSymmetric。

```
OPEN SYMMETRIC KEY PwdSymmetric DECRYPTION BY CERTIFICATE eShopCert
```

（2）利用打开的对称密钥加密 Pwd 数据列，加密后的数据保存在 Pwd_Enc 列中。

```
UPDATE Users SET Pwd_Enc=EncryptByKey(KEY_GUID('PwdSymmetric'), Pwd)
```

（3）查看加密后 Pwd_Enc 列的数据，执行结果如图 15-57 所示。

```
SELECT * FROM Users
```

| | UserID | UserName | Sex | Pwd | EMail | Tel | UserImage | Pwd_Enc |
|---|---|---|---|---|---|---|---|---|
| 1 | test | 测试用户 | 女 | 123 | test@qq.com | 13300000000 | NULL | 0x00981EB6FFD0A94ABD33ABB6BE0533940100000048A604BF3A... |
| 2 | zjh | 曾建华 | 男 | 1 | 237021692@qq.com | 13600000000 | NULL | 0x00981EB6FFD0A94ABD33ABB6BE05339401000000513ABC6AFE... |

图 15-57　查看加密后 Pwd_Enc 列的数据

（4）关闭对称密钥 PwdSymmetric。

```
CLOSE SYMMETRIC KEY PwdSymmetric
```

如何解密数据：首先打开密钥，然后利用密钥解密指定列。

在查询窗口执行如下命令，具体操作如下：

（1）通过证书 eShopCert 打开对称密钥 PwdSymmetric

```
OPEN SYMMETRIC KEY PwdSymmetric DECRYPTION BY CERTIFICATE eShopCert;
```

（2）查看解密后的数据（无列名），执行结果如图 15-58 所示。

```
SELECT *,convert(nvarchar(25), DecryptByKey(Pwd_Enc)) FROM Users
```

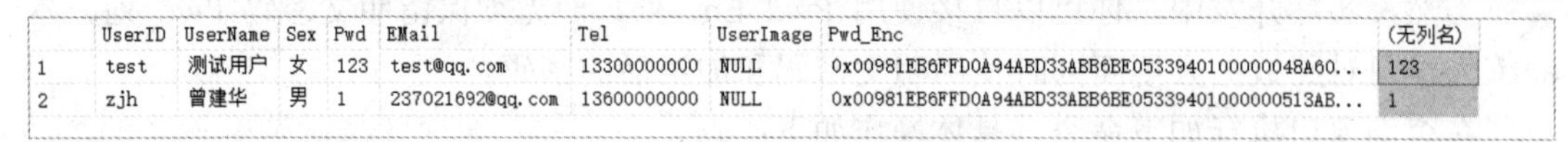

| | UserID | UserName | Sex | Pwd | EMail | Tel | UserImage | Pwd_Enc | (无列名) |
|---|---|---|---|---|---|---|---|---|---|
| 1 | test | 测试用户 | 女 | 123 | test@qq.com | 13300000000 | NULL | 0x00981EB6FFD0A94ABD33ABB6BE0533940100000048A60... | 123 |
| 2 | zjh | 曾建华 | 男 | 1 | 237021692@qq.com | 13600000000 | NULL | 0x00981EB6FFD0A94ABD33ABB6BE05339401000000513AB... | 1 |

图 15-58　查看解密后的数据

（3）关闭对称密钥 PwdSymmetric。

```
CLOSE SYMMETRIC KEY PwdSymmetric
```

删除对称密钥、证书、MASTER KEY 等操作。

在查询窗口执行如下命令，具体操作如下：

（1）删除对称密钥 PwdSymmetric

```
DROP SYMMETRIC KEY PwdSymmetric
```

（2）删除证书 eShopCert

```
DROP CERTIFICATE eShopCert
```

（3）删除 MASTER KEY

```
DROP MASTER KEY
```

（4）删除测试列 Pwd_Enc

```
    ALTER TABLE Users DROP COLUMN Pwd_Enc
```

**【演练 15.16】** 使用非对称加密方法加密 Users 表中的 Pwd 列。

非对称密钥包含数据库级的内部公钥和私钥，它可以用来加密和解密 SQL Server 数据库中的数据，它可以从外部文件或程序集中导入，也可以在 SQL Server 数据库中生成。它不像证书，不可以备份到文件。

这意味着一旦在 SQL Server 中创建了它，没有非常简单的方法在其他用户数据库中重用相同的密钥。

非对称密钥对于数据库加密属于高安全选项，因而需要更多的 SQL Server 资源。

在查询窗口执行如下命令，具体操作如下：

（1）为演练方便，修改 Users 表，添加一列 Pwd_Enc，数据类型为 varbinary(max)，用来保存 Pwd 列加密后的数据。

```
    USE eShop
    GO
    ALTER TABLE Users ADD Pwd_Enc varbinary(max)
```

（2）创建一个非对称密钥 PwdAsymmetric。

```
    CREATE ASYMMETRIC KEY PwdAsymmetric --创建非对称密钥名称
    WITH ALGORITHM = RSA_512 --加密安全类型
    ENCRYPTION BY PASSWORD = N'zjh' --密码
    GO
```

（3）使用 EncryptByAsymKey 方法加密数据，将 Pwd_Enc 分别设置为“123”（UserID 为 zjh）、“456”加密后的结果（UserID 为 test）。

```
    UPDATE Users SET
Pwd_Enc=EncryptByAsymKey(AsymKey_ID('PwdAsymmetric'),'123') WHERE
USerID='zjh'
    UPDATE Users SET
Pwd_Enc=EncryptByAsymKey(AsymKey_ID('PwdAsymmetric'),'456') WHERE
USerID='Test'
```

（4）使用 DecryptByAsymKey 方法解密数据，如图 15-59 所示，可以看到解密后 Pwd_Enc 列的值为加密前的“123”（UserID 为 zjh）、“456”（UserID 为 test）。

```
    SELECT *,
    cast
    (DecryptByAsymKey(AsymKey_ID('PwdAsymmetric'),Pwd_Enc,N'zjh')
    as varchar(MAX))
    FROM Users
```

| | UserID | UserName | Sex | Pwd | EMail | Tel | UserImage | Pwd_Enc | (无列名) |
|---|---|---|---|---|---|---|---|---|---|
| 1 | test | 测试用户 | 女 | 123 | test@qq.com | 13300000000 | NULL | 0x6595B3AD576ABFC9A819E9F3C78B493CF60906B6FCE46... | 456 |
| 2 | zjh | 曾建华 | 男 | 1 | 237021692@qq.com | 13600000000 | NULL | 0x3F47C168AC865CB9492CF6876EF386A320E9F30B1F070... | 123 |

图 15-59　查看解密后的数据

（5）删除非对称密钥 PwdAsymmetric。

```
    DROP ASYMMETRIC KEY PwdAsymmetric
```

（6）删除测试列 Pwd_Enc。

```
    ALTER TABLE Users DROP COLUMN Pwd_Enc
```

# 15.4 链接服务器和同义词

## 15.4.1 链接服务器概述

通常，配置链接服务器是为了支持数据库引擎在 SQL Server 实例或诸如 Oracle 等其他数据库产品上执行包含表的 Transact-SQL 语句。

许多类型的 OLE DB 数据源都可配置为链接服务器，包括 Microsoft Access 和 Excel。

链接服务器具有以下优点：

- 能够访问 SQL Server 之外的数据。
- 能够对企业内的异类数据源发出分布式查询、更新、命令和事务。
- 能够以相似的方式确定不同的数据源。

您可使用 SSMS 或 sp_addlinkedserver (Transact-SQL) 语句配置链接服务器。

## 15.4.2 同义词概述

同义词可以为存在于本地或远程服务器上的其他数据库对象（称为基对象）提供备用名称。如果对基对象的名称或位置进行更改，使用同义词可减小程序的维护工作（只需重新定义同义词即可）。

## 15.4.3 链接服务器和同义词演练

【演练 15.17】通过链接服务器访问远程数据库。

（1）如图 15-60 所示，在“对象资源管理器”中展开“服务器对象”，右击“链接服务器”，单击“新建链接服务器”。

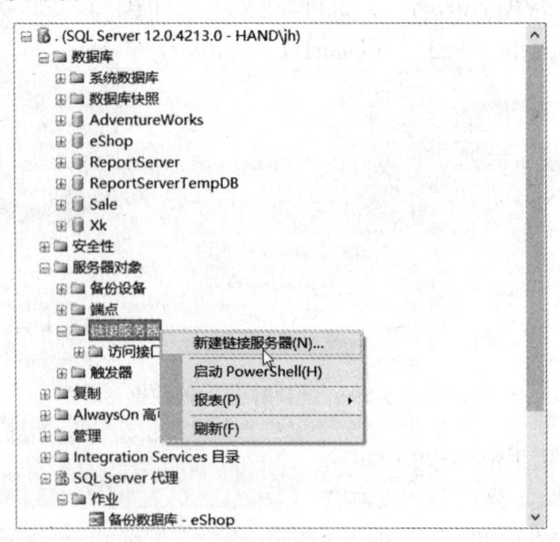


图 15-60 新建链接服务器

（2）如图 15-61 所示，在“链接服务器”中输入“192.168.1.105”（为学习方便，该地址就是本机的 IP 地址，用本机模拟远程服务器，你可根据自己机器环境输入），服务器类型选择“SQL Server”，然后单击左侧的“安全性”。

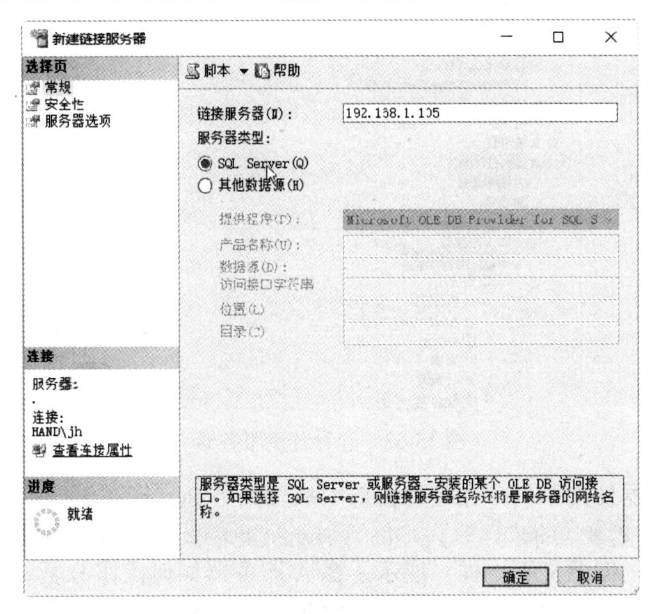


图 15-61　链接服务器：常规

（3）如图 15-62 所示，选中“使用此安全上下文建立连接”，在“远程登录”中输入“sa”，使用密码中输入“123”（读者应根据自己机器环境使用合适的登录名和密码），单击“确定”按钮。

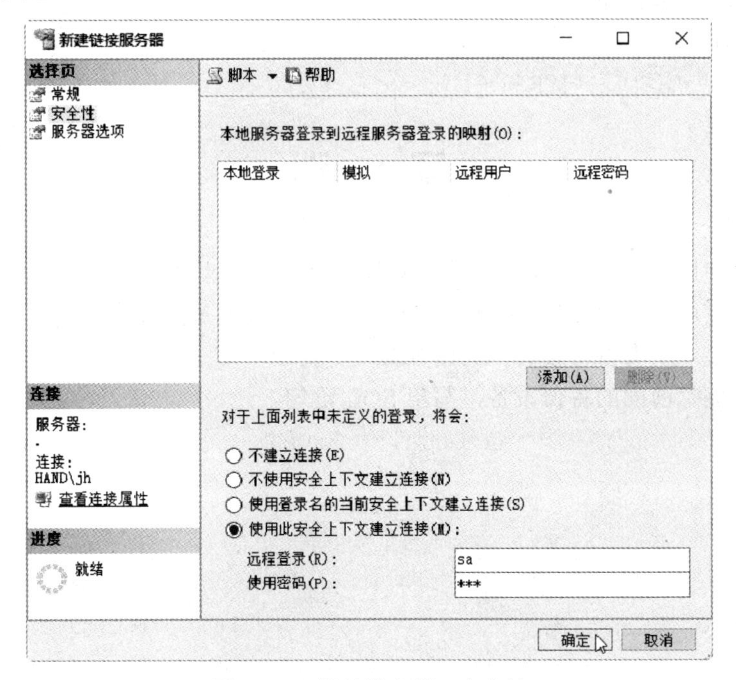


图 15-62　链接服务器：安全性

（4）如图 15-63 所示，可在“链接服务器”下看到“192.168.1.105”。

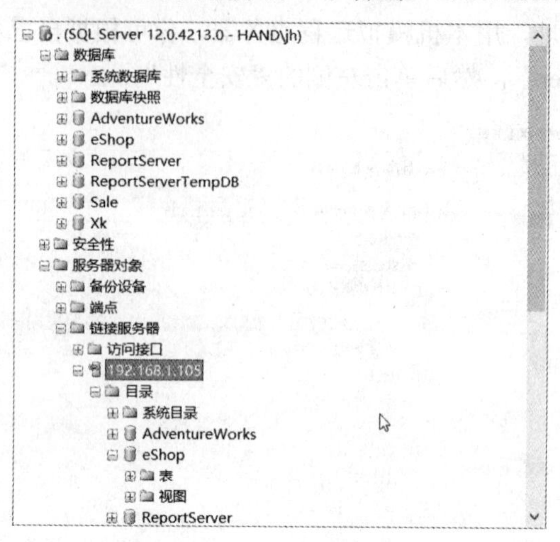


图 15-63　查看链接服务器

（5）链接服务器使用示例。在查询窗口中执行如下 SQL 语句：

```
SELECT * FROM [192.168.1.105].eShop.dbo.Products
```

语句虽然简单，但意义不一样，展示了在 A 服务器如何操作 B 数据库服务器。

（6）创建同义词，通过同义词访问链接服务器简化编程代码：

```
--创建同义词farProducts用来表示[192.168.1.105].eShop.dbo.Products
CREATE SYNONYM farProducts
FOR [192.168.1.105].eShop.dbo.Products
--使用同义词进行查询，简化代码编写
SELECT * FROM farProducts
--删除同义词
DROP SYNONYM farProducts
```

# 实　训

【实训 1】使用 BACKUP 命令备份 Pay 数据库，写出 SQL 语句。

【实训 2】使用 RESTORE 命令还原 Pay 数据库，写出 SQL 语句。

【实训 3】显示所有备份设备，写出 SQL 语句。

【实训 4】删除前面的备份设备，写出 SQL 语句。

# 附录 A　SQL Server 安装

## A.1　SQL Server 2014 版本介绍

SQL Server 2014 各版本如表 A-1 所示，表中从高可用性方面比较了各版本的差别。

表 A-1　SQL Server 2014 各版本高可用性比较

| 功能名称 | Enterprise | Business Intelligence | Standard | Web | Express with Advanced Services | Express with Tools | Express |
| --- | --- | --- | --- | --- | --- | --- | --- |
| Server Core 支持 1 | 是 | 是 | 是 | 是 | 是 | 是 | 是 |
| 日志传送 | 是 | 是 | 是 | 是 | | | |
| 数据库镜像 | 是 | 支持（仅支持“完全”安全级别） | 支持（仅支持“完全”安全级别） | 仅见证服务器 | 仅见证服务器 | 仅见证服务器 | 仅见证服务器 |
| 备份压缩 | 是 | 是 | 是 | | | | |
| 数据库快照 | 是 | | | | | | |
| AlwaysON 故障转移群集实例 | 是（节点支持：操作系统支持的最大值） | 是（节点支持：2） | 是（节点支持：2） | | | | |
| AlwaysON 可用性组 | 支持（最多 8 个辅助副本，包括 2 个同步辅助副本） | | | | | | |
| 联机页面和文件还原 | 是 | | | | | | |
| 联机索引 | 是 | | | | | | |
| 联机架构更改 | 是 | | | | | | |
| 快速恢复 | 是 | | | | | | |
| 镜像备份 | 是 | | | | | | |
| 数据库恢复顾问 | 是 | 是 | 是 | 是 | 是 | 是 | 是 |
| 加密备份 | 是 | 是 | 是 | | | | |
| 智能备份 | 是 | 是 | 是 | 是 | | | |

作为学习，我们可选择 Express 版本，该版本可从微软网站免费下载使用。

SQL Server 2014 可在 Windows 7、Windows 8、Windows 10、Windows Server 2012 等操作系统下安装使用。

## A.2 安装步骤

（1）运行安装程序 setup.exe，运行后如图 A-1 所示，在左侧单击“安装”，然后单击“全新 SQL Server 独立安装或向现有安装添加功能”。

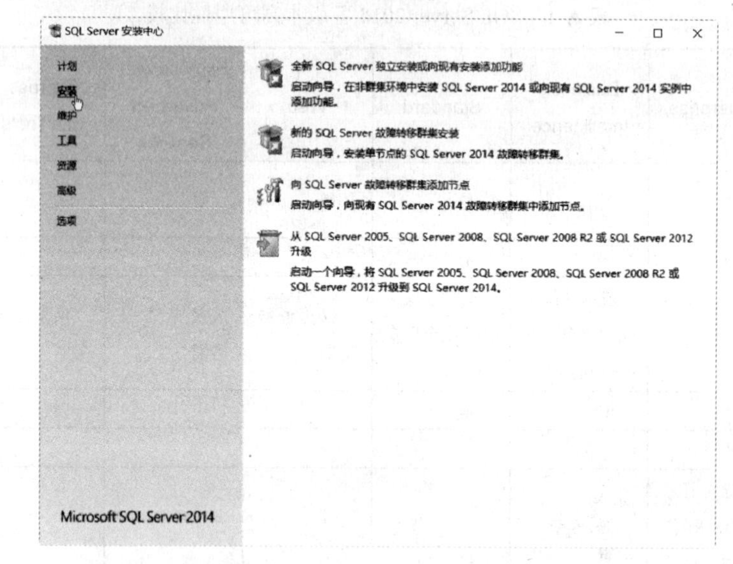


图 A-1 全新 SQL Server 独立安装或向现有安装添加功能

（2）如图 A-2 所示，等待安装安装程序文件。

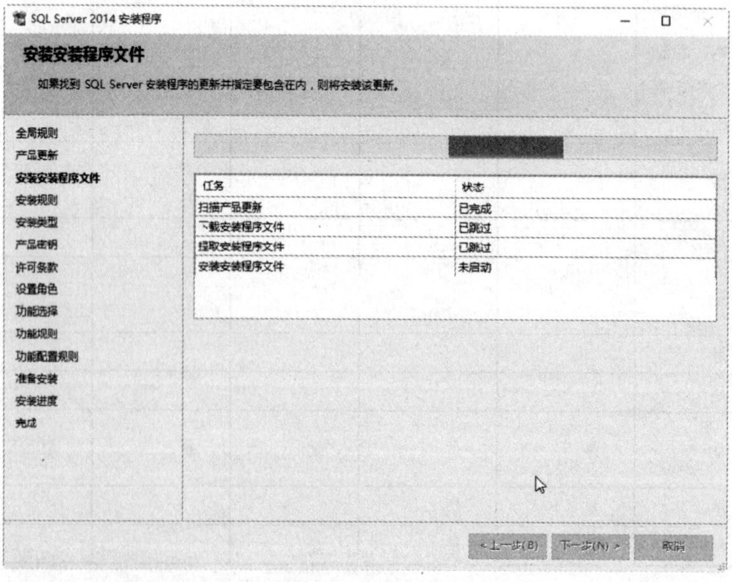

图 A-2 等待安装安装程序文件

（3）如图 A-3 所示，等待安装规则通过后（如果出现“Windows 防火墙”警告可无需理会），单击“下一步”按钮。

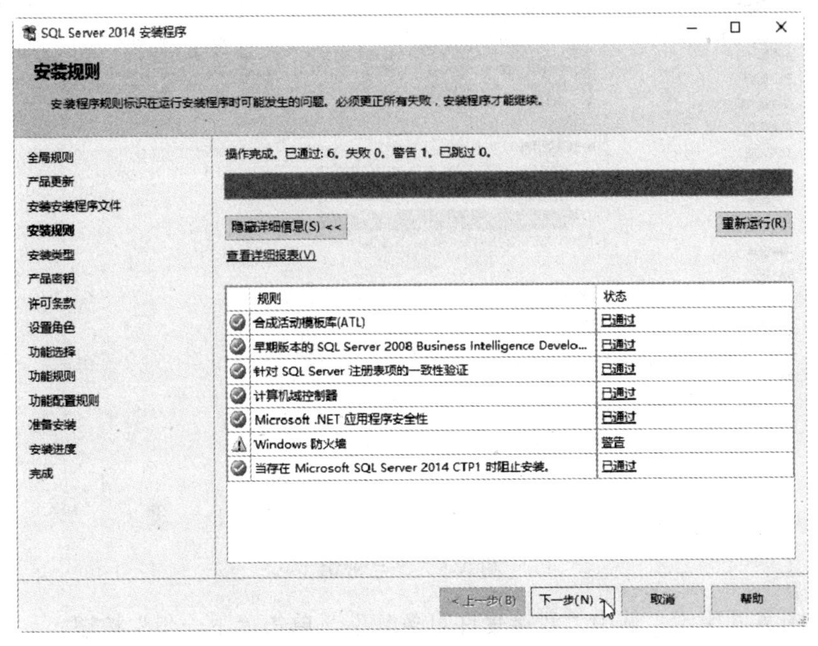


图 A-3　安装规则

（4）如图 A-4 所示，选择“执行 SQL Server 2014 的全新安装”，单击“下一步”按钮。

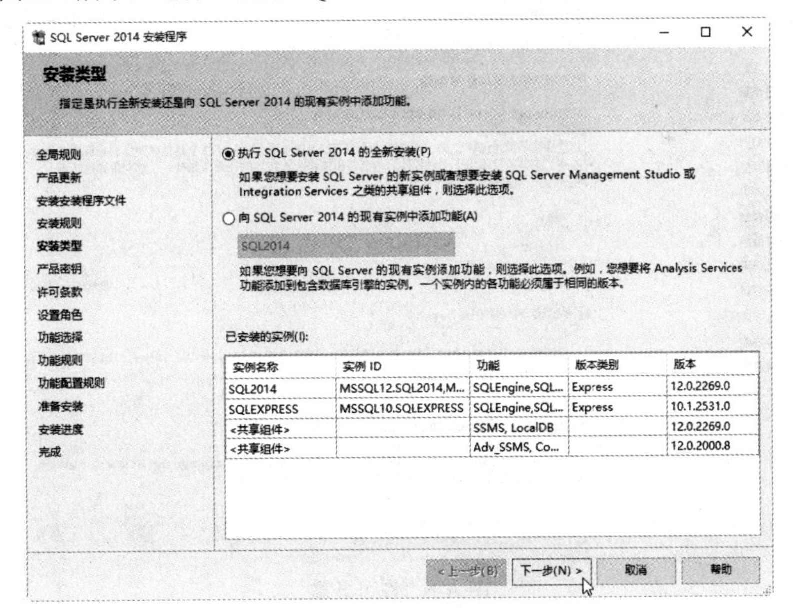


图 A-4　安装类型

（5）如图 A-5 所示，选择 SQL Server 的版本或输入产品密钥，单击“下一步”按钮。

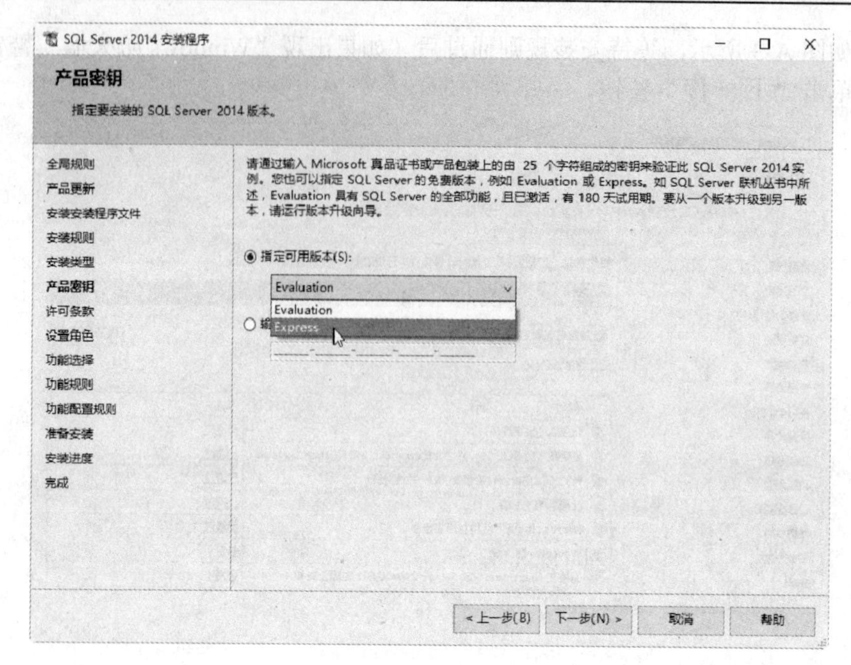


图 A-5　产品密钥

（6）如图 A-6 所示，选中“我接受许可条款”，单击“下一步”按钮。

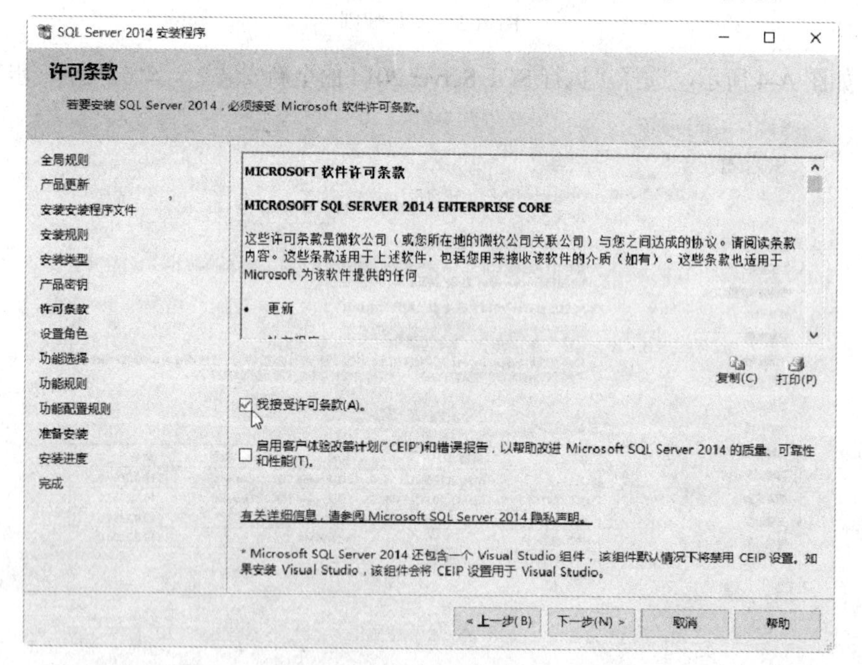


图 A-6　许可条款

（7）如图 A-7 所示，选择“SQL Server 功能安装”，单击“下一步”按钮。

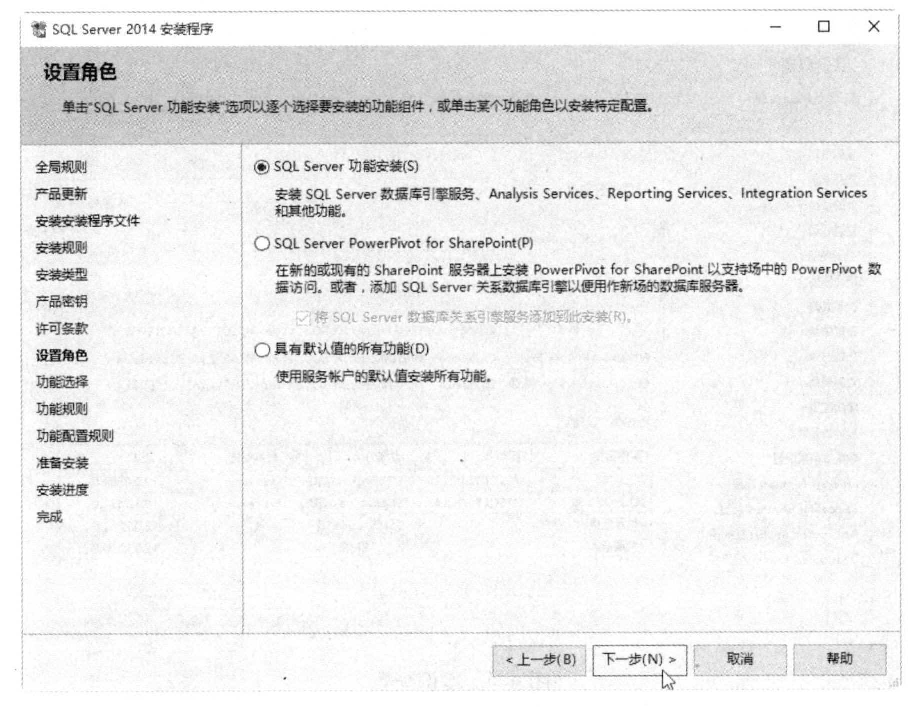


图 A-7　设置角色

（8）如图 A-8 所示，单击“全选”，再单击“下一步”按钮。

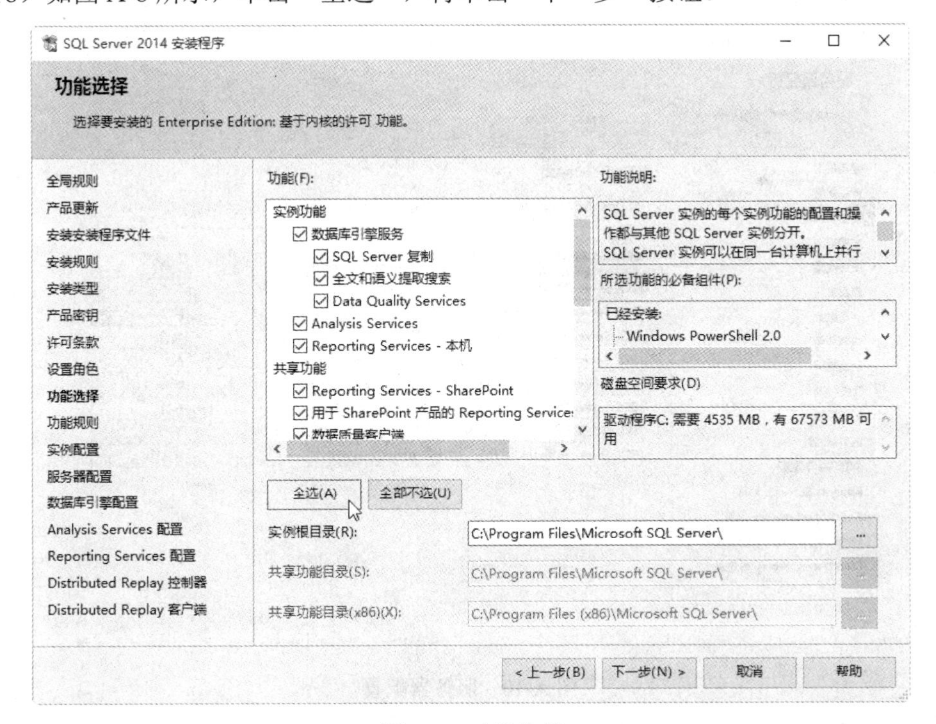


图 A-8　功能选择

（9）如图 A-9 所示，选中“默认实例”，单击“下一步”按钮。

若要安装命名实例，请选择“命名实例”并自行输入实例 ID。

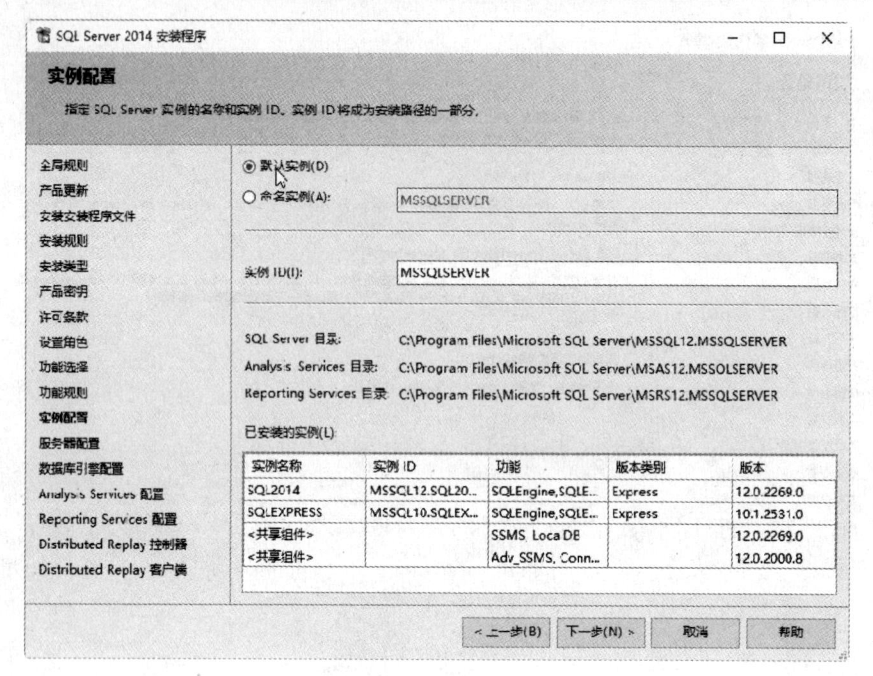


图 A-9　实例配置

（10）如图 A-10 所示，配置 SQL Server 相关服务的启动类型，保持默认值，单击“下一步”按钮。

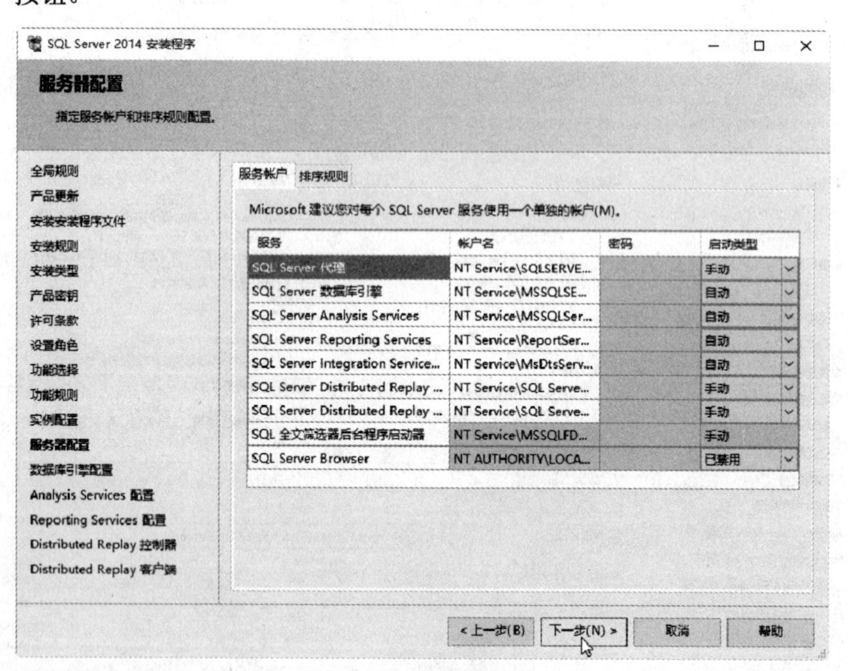


图 A-10　服务器配置

（11）如图 A-11 所示，身份验证模式保持默认选项“Windows 身份验证模式”，单击“添加当前用户”（当前 Windows 用户将成为 SQL Server 的管理员），再单击“下一步”按钮。

Windows 身份验证模式：用户可以通过 Windows 账户连接数据库服务器。

混合模式（SQL Server 身份验证和 Windows 身份验证）：用户可以使用 Windows 身份验证或 SQL Server 身份验证连接数据库服务器。

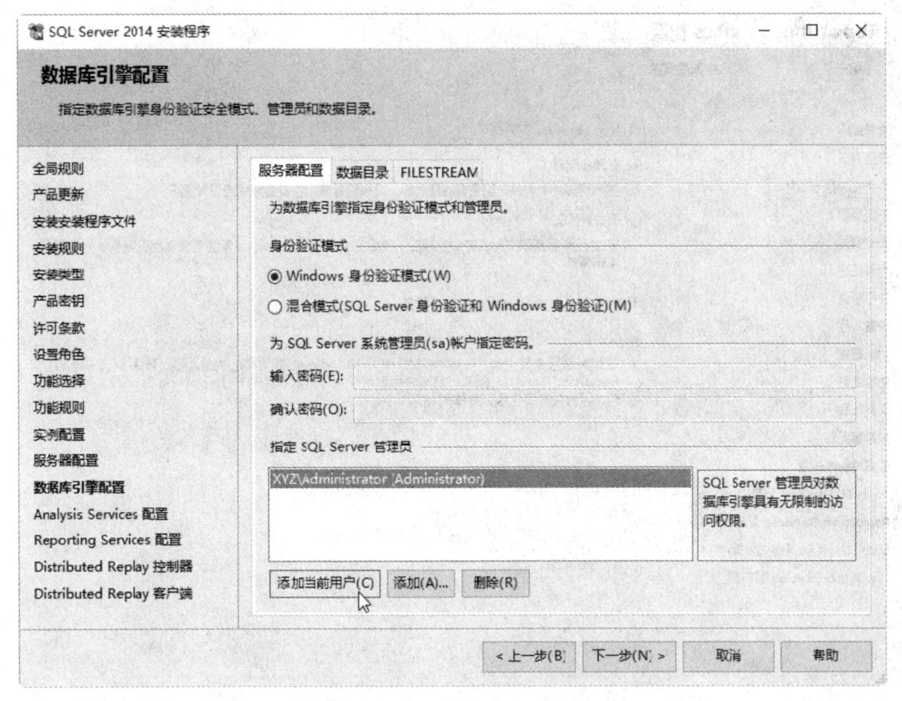

图 A-11 数据库引擎配置

（12）如图 A-12 所示，服务器模式保持默认选项“多维和数据挖掘模式”，单击“添加当前用户”指定 Analysis Services 管理员，再单击“下一步”按钮。

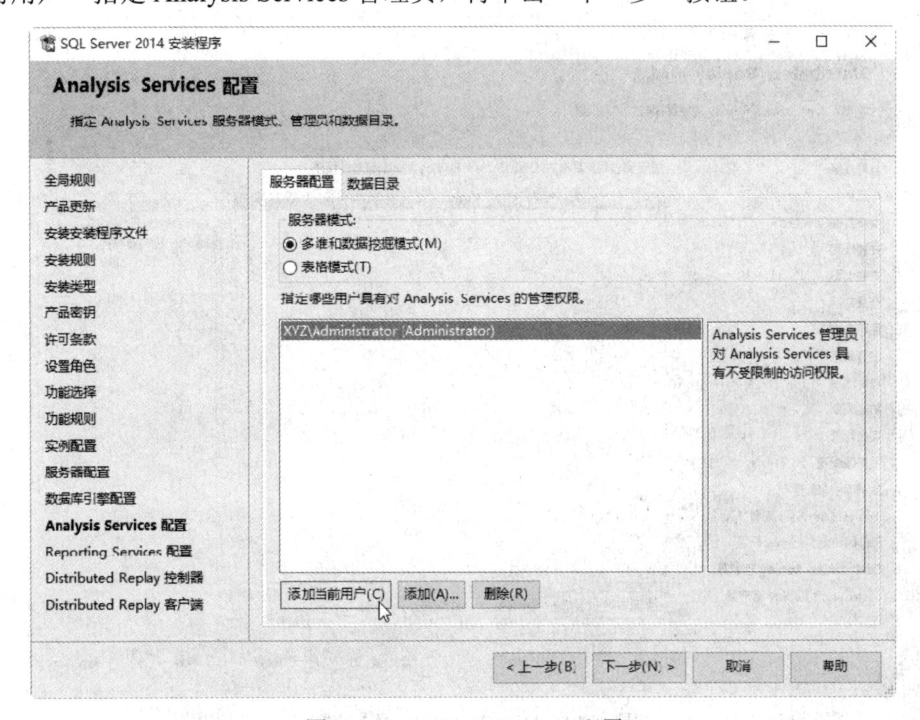

图 A-12 Analysis Services 配置

（13）如图 A-13 所示，Reporting Services 配置保持默认选项，单击“下一步”按钮指定。

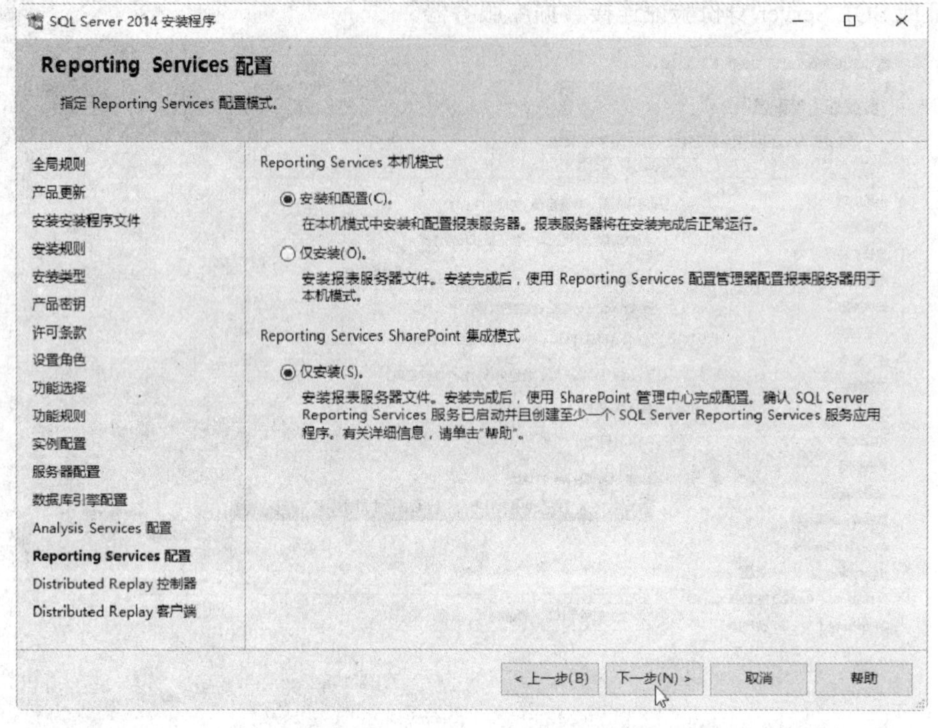


图 A-13　Reporting Services 配置

（14）如图 A-14 所示，指定 Distributed Replay 控制器服务的访问权限，单击“添加当前用户”，再单击“下一步”按钮。

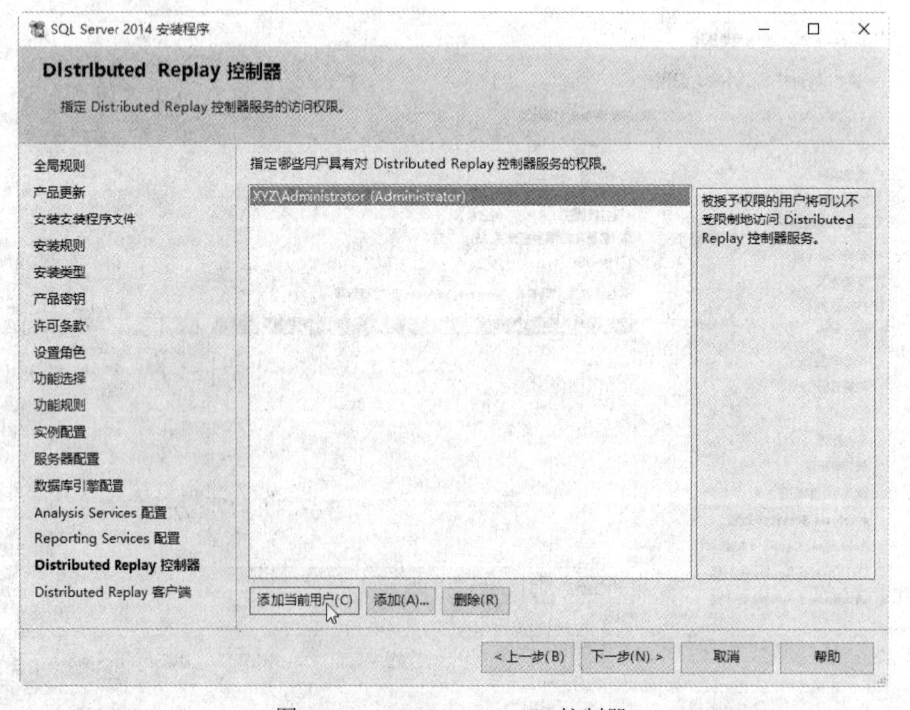


图 A-14　Distributed Replay 控制器

（15）如图 A-15 所示，为 Distributed Replay 客户端指定相应的控制器和数据目录，单击“下一步”按钮。

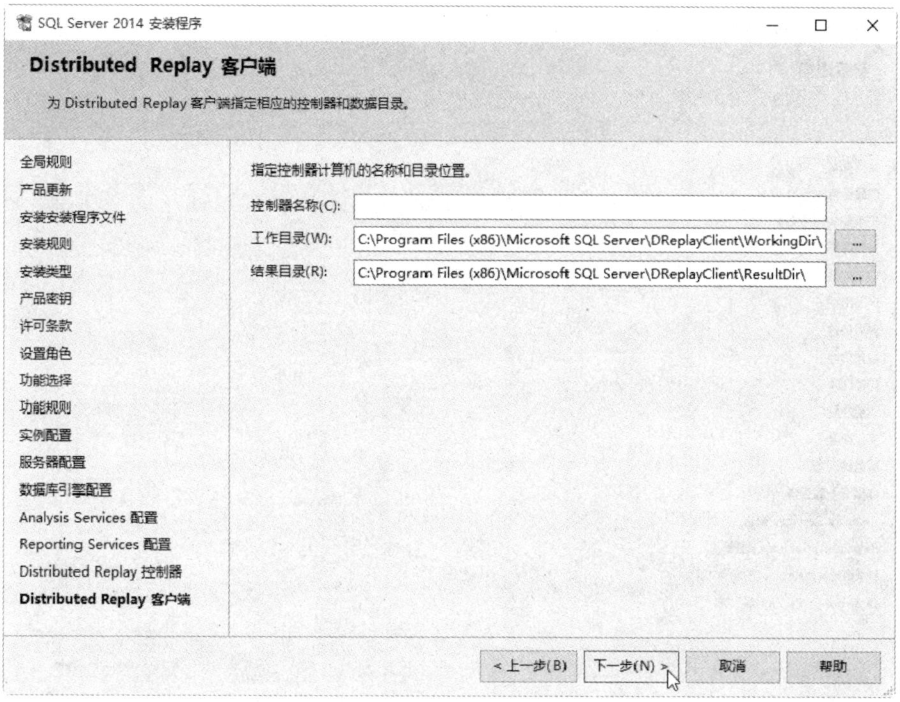

图 A-15 Distributed Replay 客户端

（16）如图 A-16 所示，单击“安装”按钮。

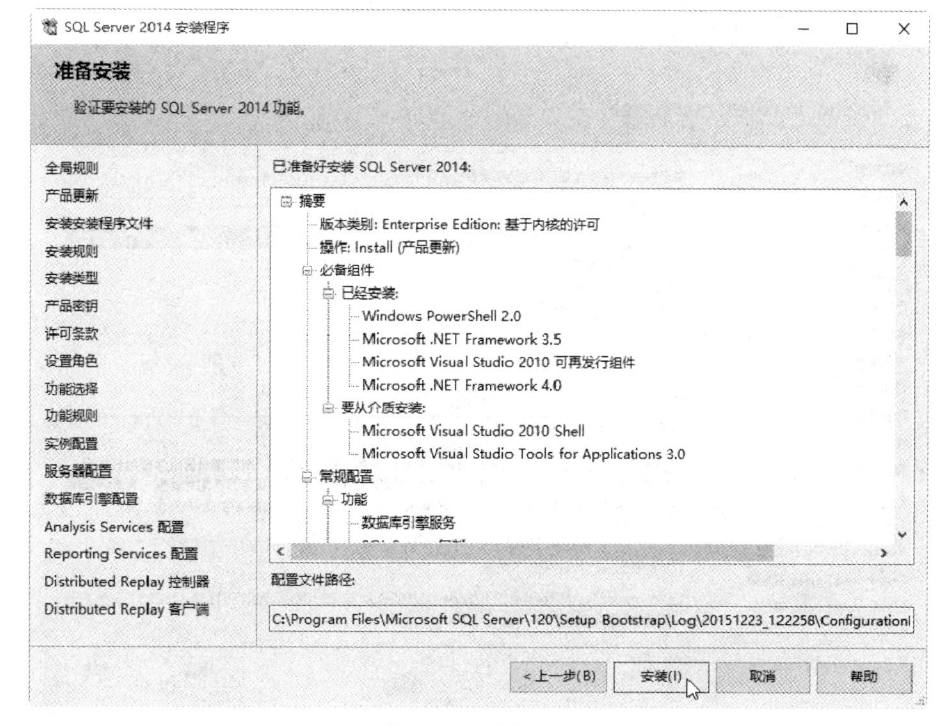


图 A-16 准备安装

（17）如图 A-17 所示显示安装进度。根据机器配置不同，等待时间可能不一样，这里请耐心等待。

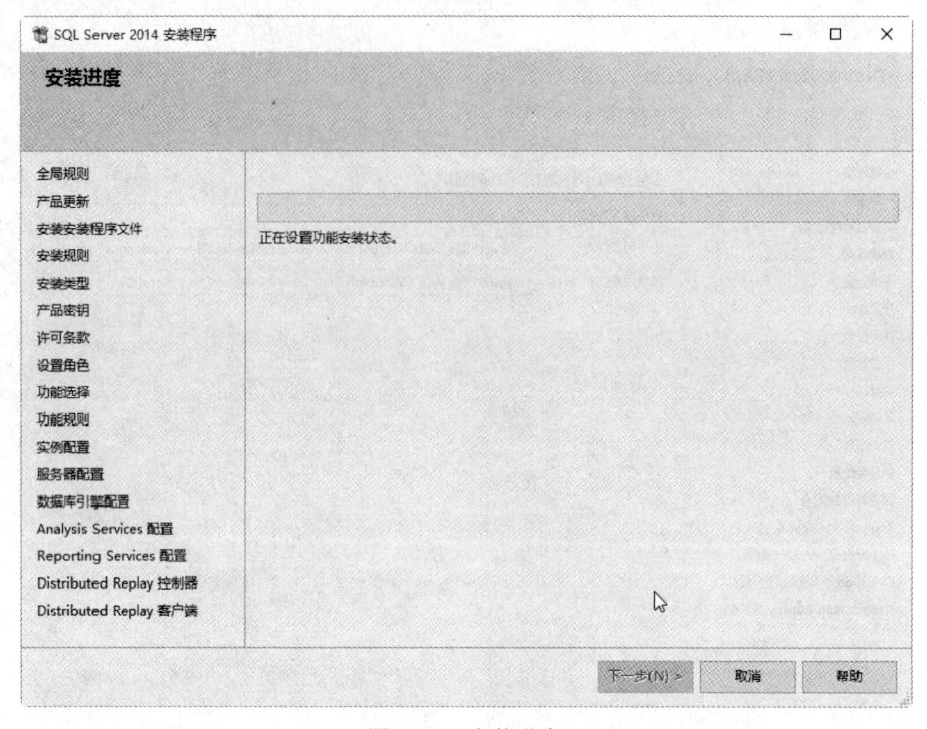


图 A-17　安装进度

（18）如图 A-18 所示，显示安装完成，单击“关闭”按钮。

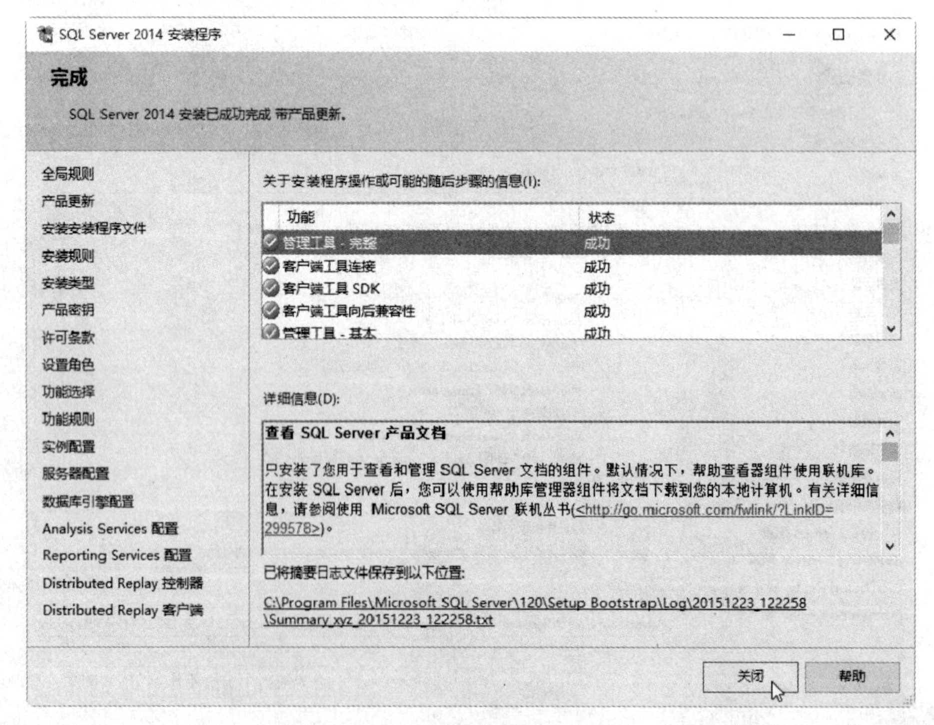


图 A-18　安装完成

（19）如果出现如图 A-19 所示对话框，则单击“确定”按钮（如果没出现，则无须理会该操作步骤），重启计算机后完成安装。

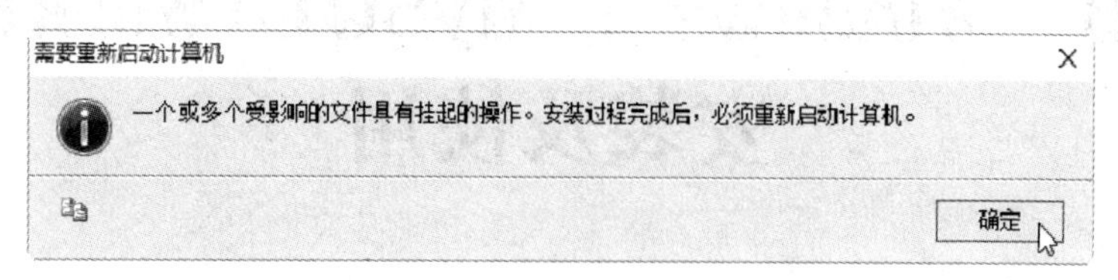


图 A-19　需要重新启动计算机

# 附录 B　Windows 上 MySQL+WorkBench 安装及使用

## B.1　MySQL 和 WorkBench 简介

MySQL 是一个关系型数据库管理系统，由瑞典 MySQL AB 公司开发，目前属于 Oracle 公司。

MySQL 是开源的，不需要支付额外的费用。

MySQL 支持大型的数据库。可以处理拥有上千万条记录的大型数据库。

MySQL 使用标准的 SQL 数据语言形式。

MySQL 可以用于多个系统上，并且支持多种语言。这些编程语言包括 C、C++、Python、Java、Perl、PHP、Eiffel、Ruby 和 Tcl 等。

MySQL 是可以定制的，采用了 GPL 协议，你可以修改源码来开发自己的 MySQL 系统。

WorkBench 是为 MySQL 提供的可视化管理工具。

## B.2　MySQL+WorkBench 安装

读者可前往 http://dev.mysql.com/get/Downloads/MySQLInstaller/mysql-installer-community-5.7.11.0.msi 下载适合自己的相应版本的安装包。

具体安装过程如下：

（1）双击安装程序，如图 B-1 所示，选中“I accept the license terms”，单击“Next”按钮。

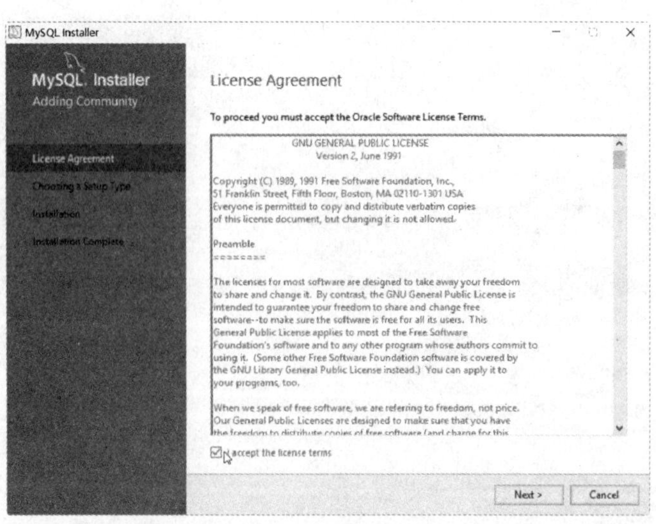


图 B-1　安装 MySQL

（2）如图 B-2 所示，保持默认值，单击“Next”按钮。

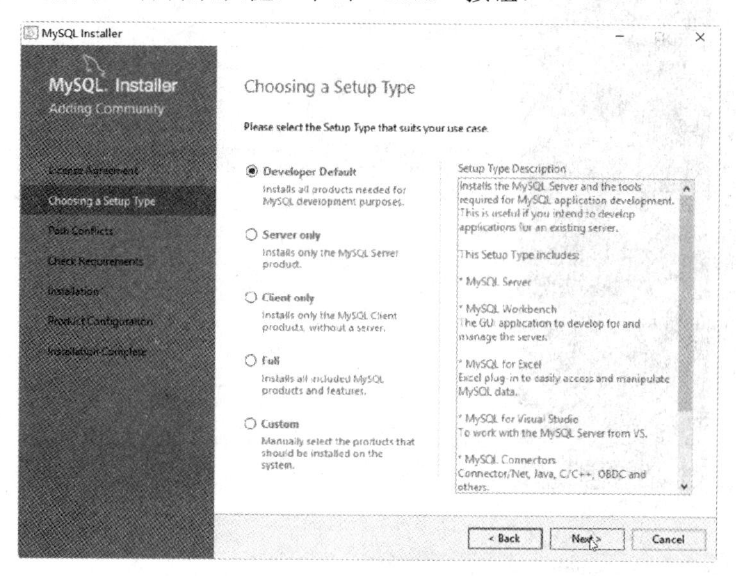


图 B-2　选择安装类型

（3）如图 B-3 所示，选择安装路径，安装目录和数据目录编者这里选择的分别是：“D:\Program Files\MySQL\MySQL Server 5.7”和“D:\ProgramData\MySQL\MySQL Server 5.7”，单击“Next”

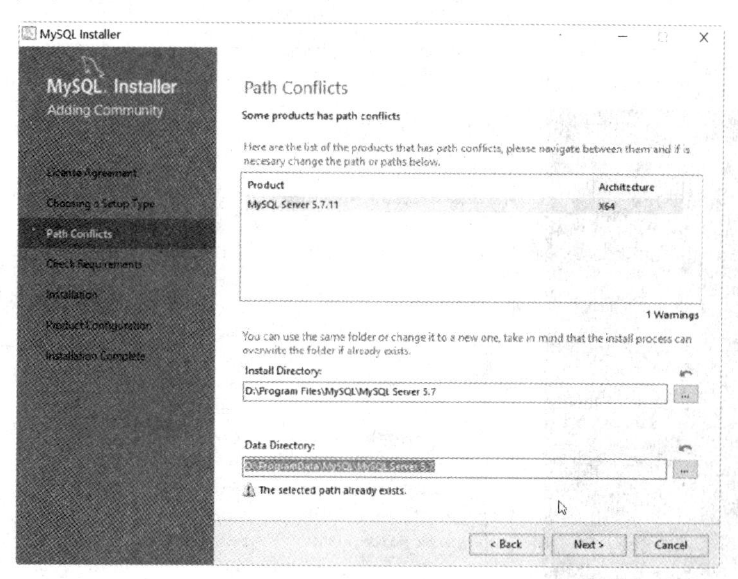


图 B-3　选择安装路径

（4）如图 B-4 所示，保持默认值，单击“Next”。

（5）可能出现如图 B-5 所示信息，单击“是”按钮。

（6）如图 B-6 所示，单击“Execute”按钮，准备安装。

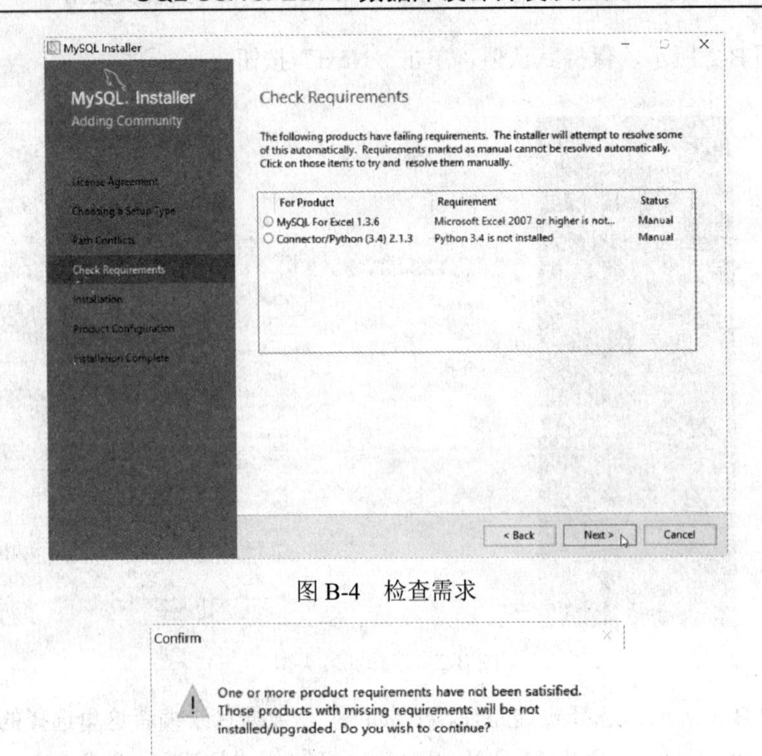


图 B-4 检查需求

Confirm

One or more product requirements have not been satisified. Those products with missing requirements will be not installed/upgraded. Do you wish to continue?

是(Y) 否(N)

图 B-5 提示信息

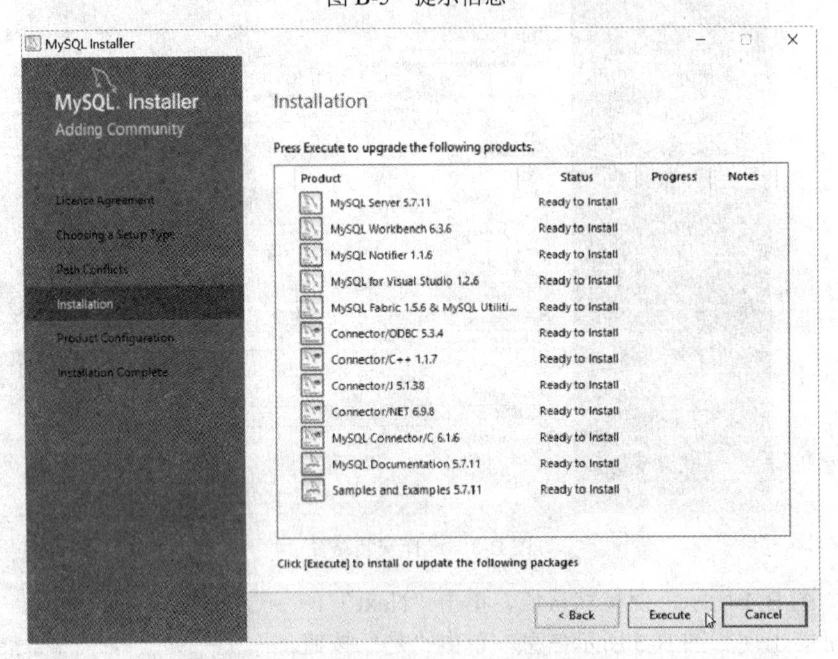


图 B-6 准备安装

（7）如图 B-7 所示，等待一段时间。

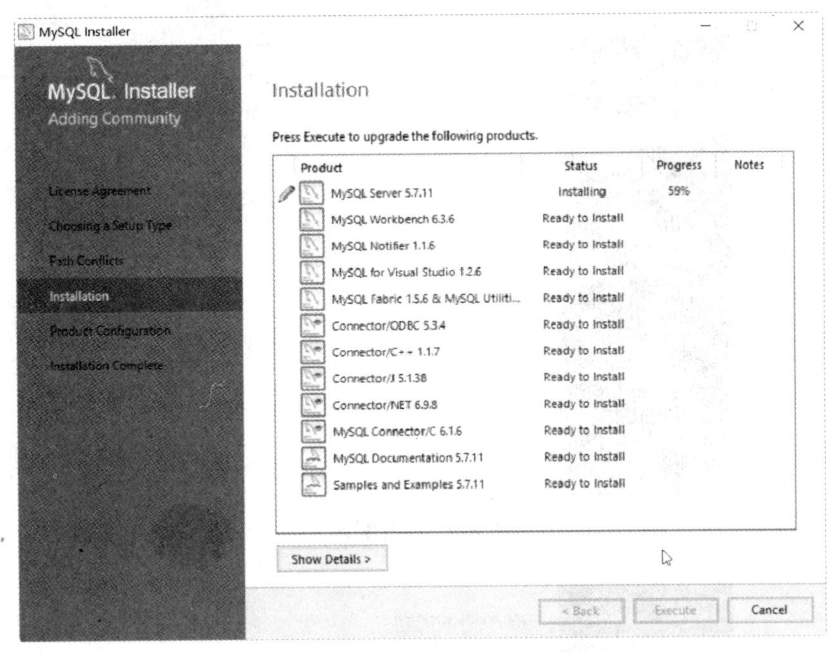


图 B-7　等待一段时间

（8）如图 B-8 所示，等待结束，单击“Next”按钮。

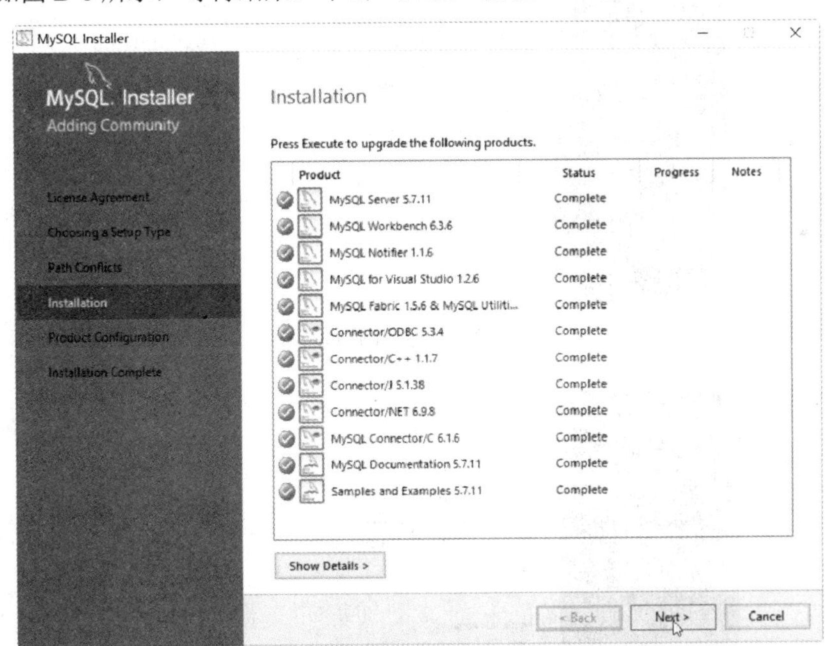


图 B-8　等待结束

（9）如图 B-9 所示，单击“Next”按钮，准备配置。

（10）如图 B-10 所示，单击“Next”按钮，设置类型和网络。

（11）如图 B-11 所示，输入密码，单击“Next”按钮。

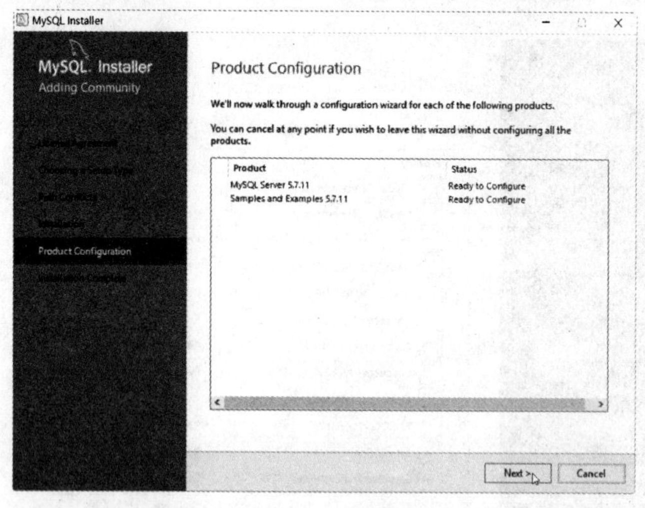


图 B-9 准备配置

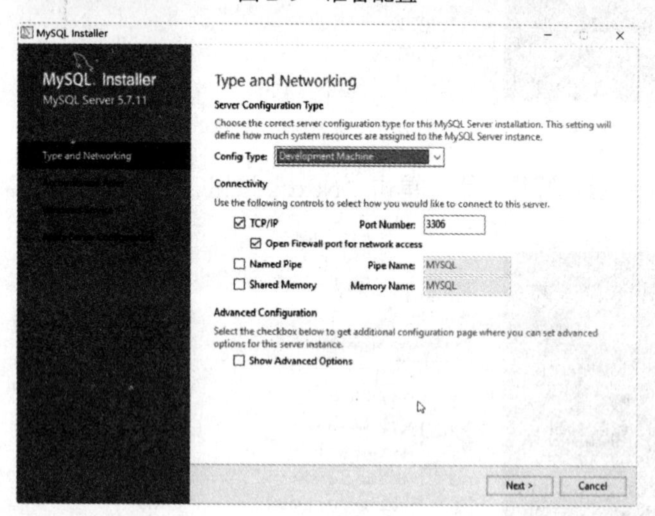


图 B-10 类型和网络设置

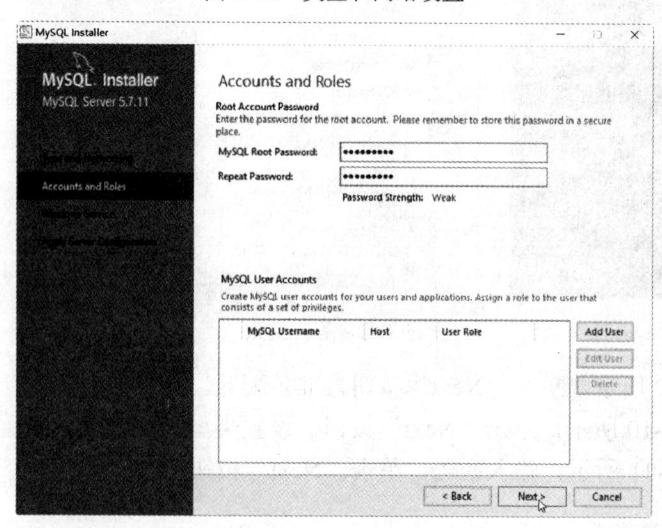


图 B-11 设置密码

（12）如图 B-12 所示，单击“Next”按钮，配置服务。

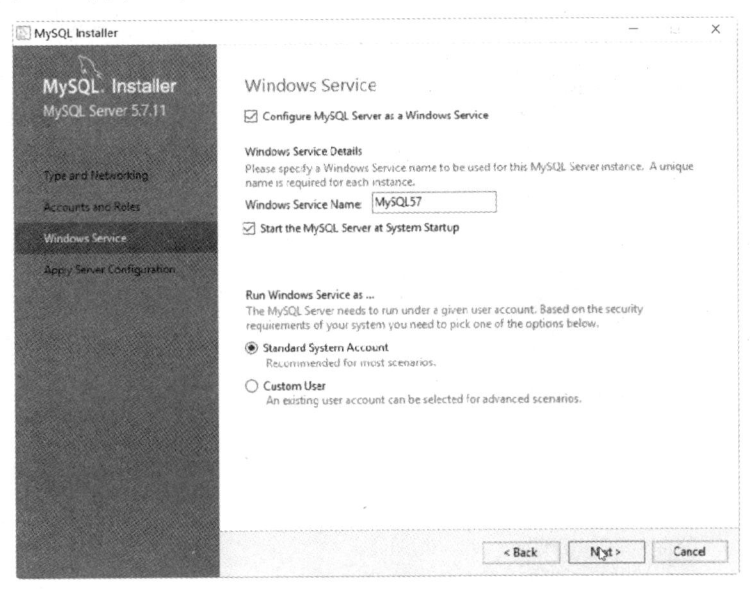


图 B-12　配置服务

（13）如图 B-13 所示，单击“Execute”按钮，应用服务设置。

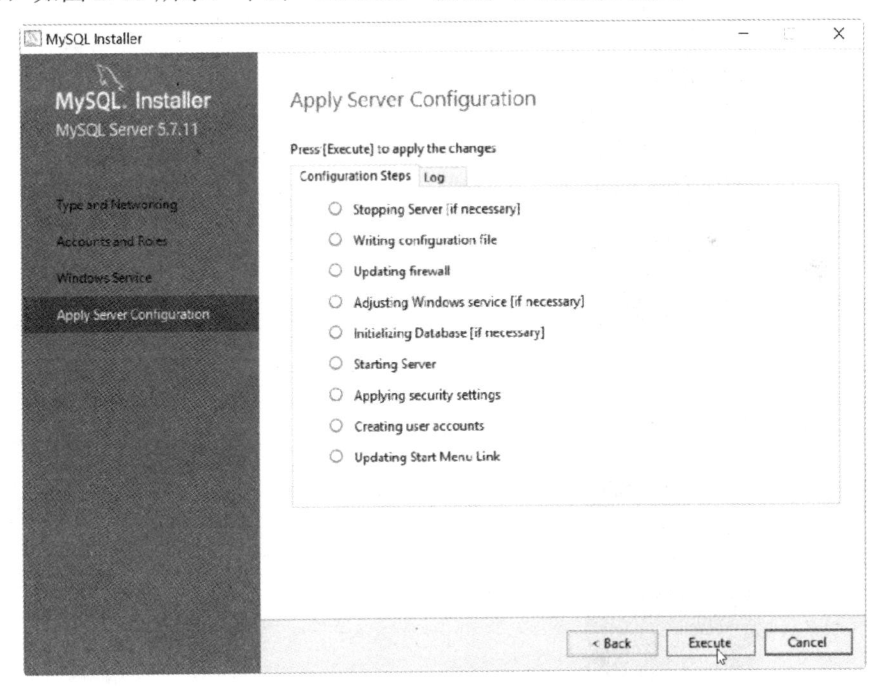


图 B-13　应用服务设置

（14）如图 B-14 所示，单击“Finish”按钮，应用服务设置成功。

（15）如图 B-15 所示，单击“Next”按钮。

（16）如图 B-16 所示，单击“Check”，再单击“Next”按钮，连接到 MySQL 服务。

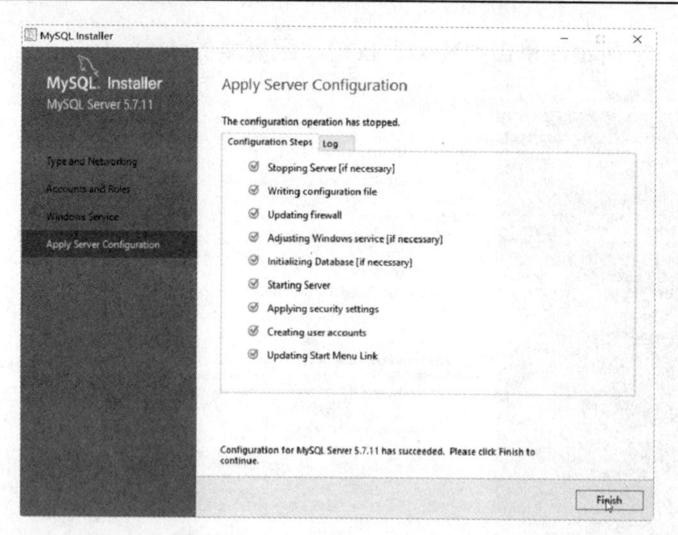


图 B-14　应用服务设置成功

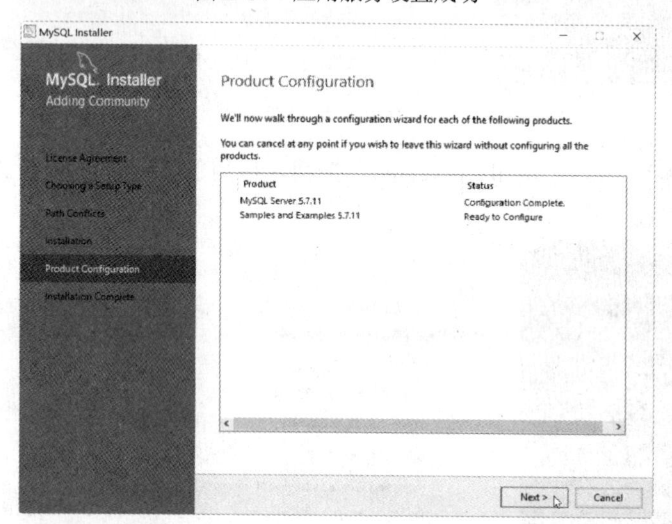


图 B-15　产品配置

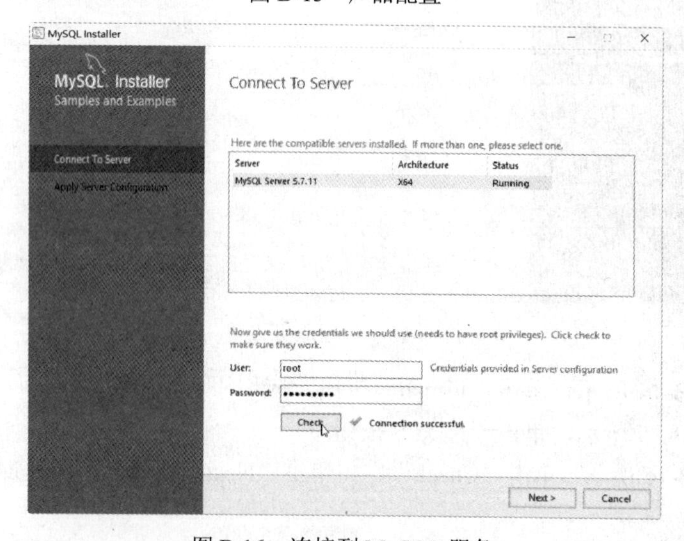


图 B-16　连接到 MySQL 服务

（17）如图 B-17 所示，单击“Execute”，应用服务设置。

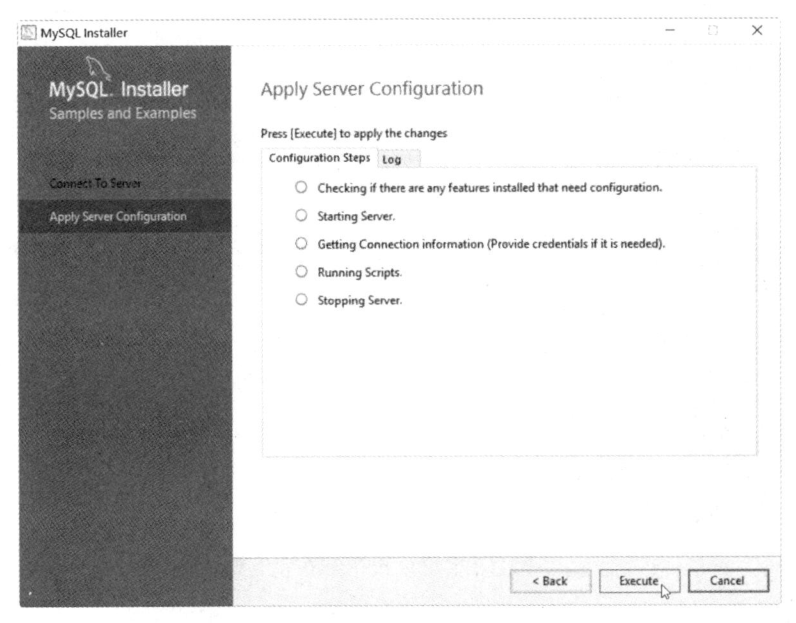


图 B-17　应用服务设置

（18）如图 B-18 所示，单击“Finish”按钮，应用服务设置成功。

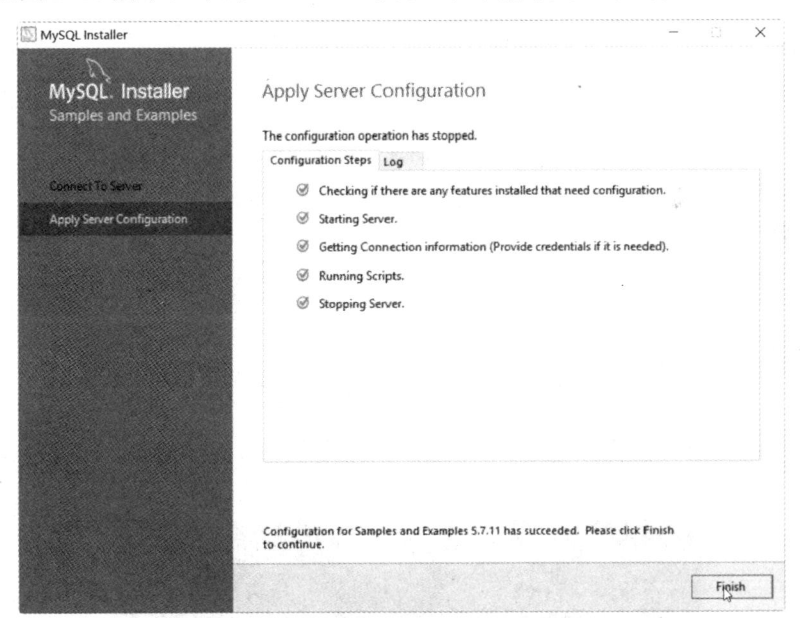


图 B-18　应用服务设置成功

（19）如图 B-19 所示，单击“Finish”按钮完成 MySQL 的安装并启动“WorkBench”。

（20）关闭“Workbench”，先学习一下使用命令的方式使用 MySQL。

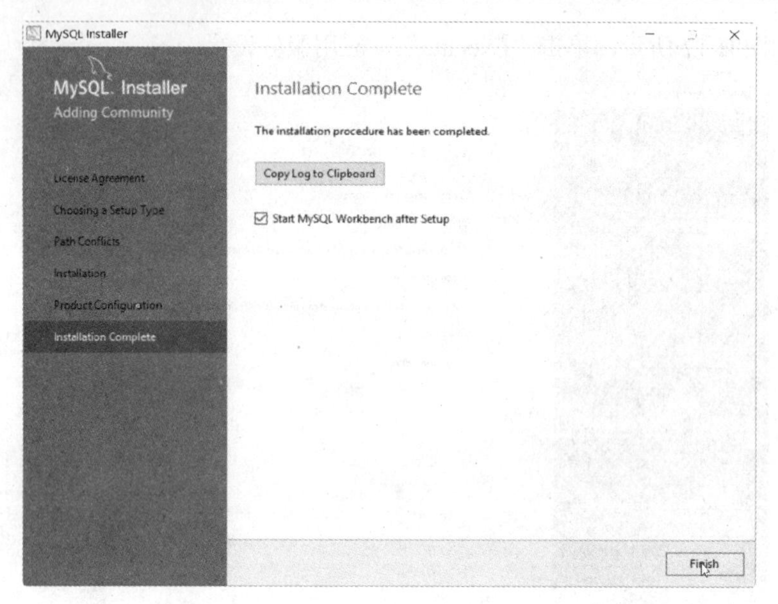


图 B-19 安装完成

## B.3 命令方式使用 MySQL

（1）如图 B-20 所示，运行“cmd”命令，进入命令方式。

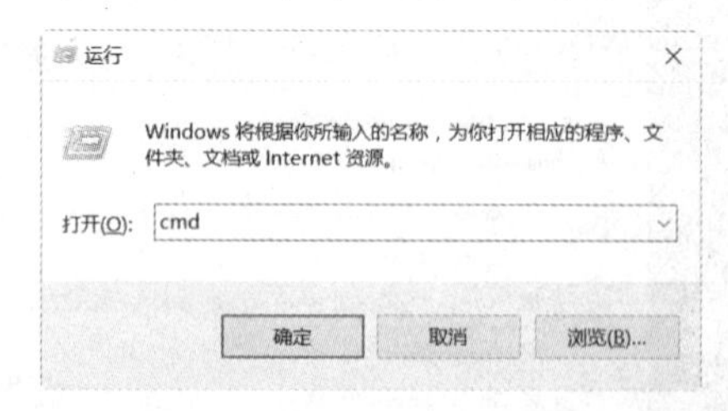


图 B-20 运行“cmd”命令

（2）如图 B-21 所示，执行如下命令，进入 MySQL 命令所在的目录。

```
d:
cd\Program Files\MySQL\MySQL Server 5.7\bin
```

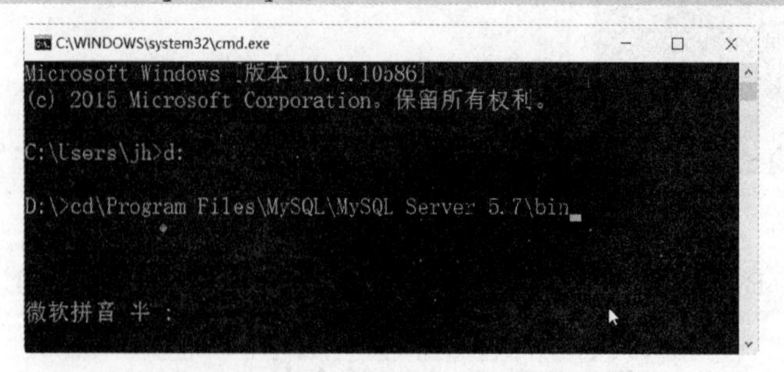


图 B-21 进入 MySQL 命令所在的目录

（3）如图 B-22 所示，执行如下命令，连接到 MySQL 服务器。

```
mysql -u root -p
```

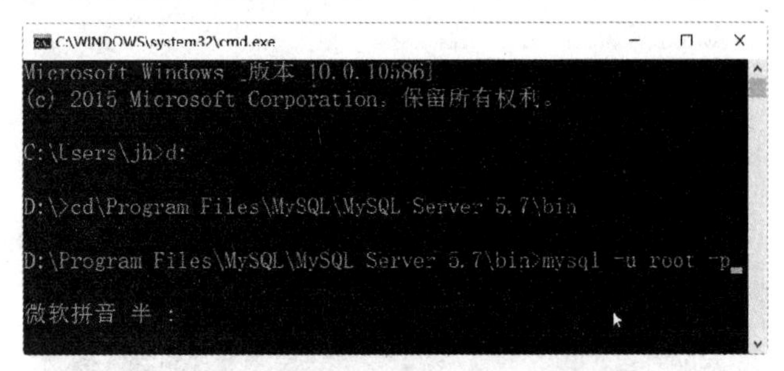


图 B-22　连接到 MySQL 服务器

（4）如图 B-23 所示，提示输入密码，输入你在安装 MySQL 时设置的密码。

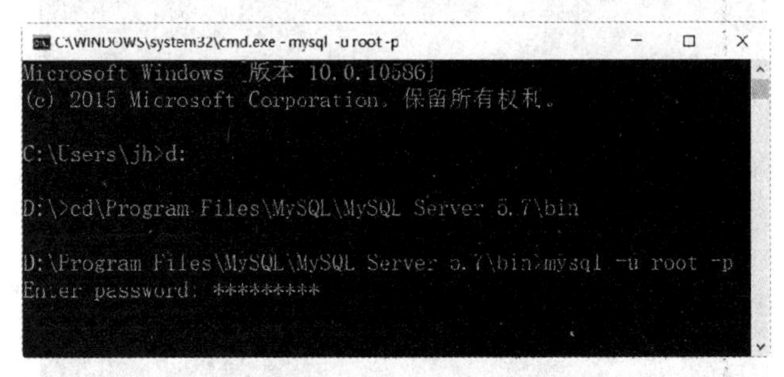


图 B-23　输入密码

（5）如图 B-24 所示，连接成功，进入 MySQL 命令模式。

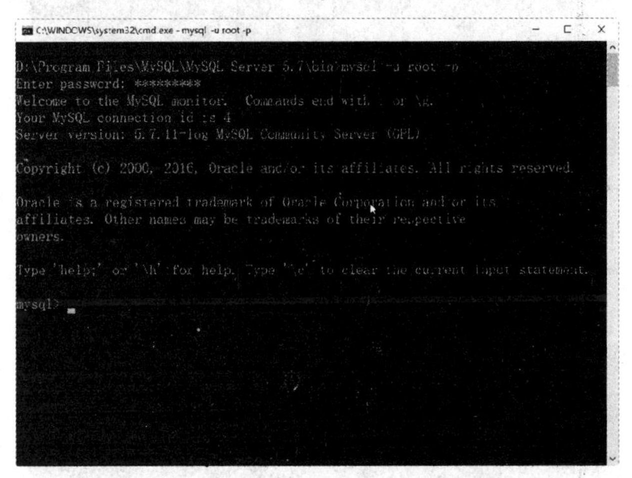


图 B-24　进入 MySQL 命令模式

（6）学习几条常用的命令，如图 B-25 所示，输入如下命令显示所有的数据库。

```
SHOW DATABASES;
```

【注意】MySQL 以“;”结束执行一条命令。

（7）如图 B-26 所示，输入如下命令创建数据库 eShop。

```
CREATE DATABASE eShop;
```

图 B-25　进入 mysql 命令模式

图 B-26　创建数据库

（8）如图 B-27 所示，输入如下命令将当前数据库切换到 eShop。

```
USE eShop;
```

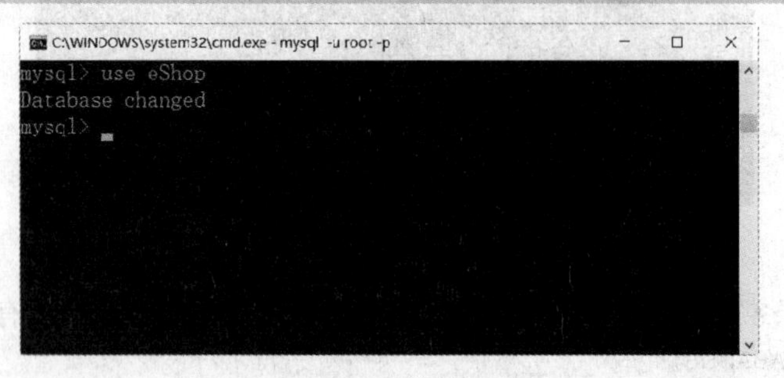


图 B-27　切换数据库

（9）如图 B-28 所示，输入如下命令创建表 Suppliers。

【说明】当不以“;”结束时，后续代码被认为是一组代码，前面提示符变为“->”。

```
CREATE TABLE Suppliers
(
  SupplierID nvarchar(2) NOT NULL,
  SupplierName nvarchar(20) NOT NULL
```

```
);
```

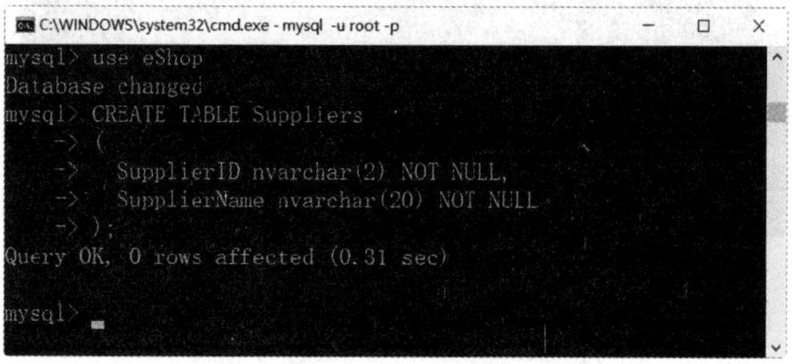

```
mysql> use eShop
Database changed
mysql> CREATE TABLE Suppliers
    -> (
    ->   SupplierID nvarchar(2) NOT NULL,
    ->   SupplierName nvarchar(20) NOT NULL
    -> );
Query OK, 0 rows affected (0.31 sec)

mysql>
```

图 B-28　创建表

（10）如图 B-29 所示，输入如下命令录入一条数据。

```
INSERT Suppliers(SupplierID,SupplierName) VALUES('01','苹果');
```

```
    -> (
    ->   SupplierID nvarchar(2) NOT NULL,
    ->   SupplierName nvarchar(20) NOT NULL
    -> );
Query OK, 0 rows affected (0.31 sec)

mysql> INSERT Suppliers(SupplierID,SupplierName) VALUES('01','苹果');
Query OK, 1 row affected (0.07 sec)

mysql>
```

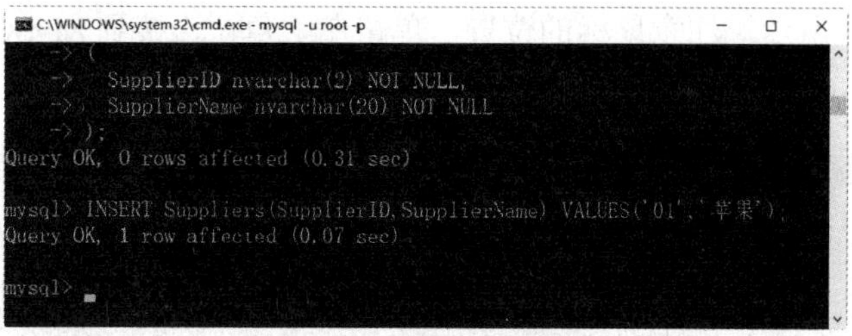

图 B-29　录入一条数据

（11）如图 B-30 所示，输入如下命令查询数据。

```
SELECT * FROM Suppliers;
```

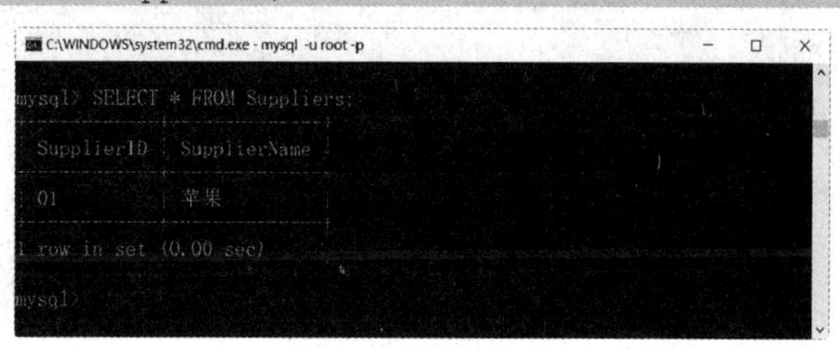


图 B-30　查询数据

（12）如图 B-31 所示，输入如下命令删除数据库。

```
DROP DATABASE eShop;
```

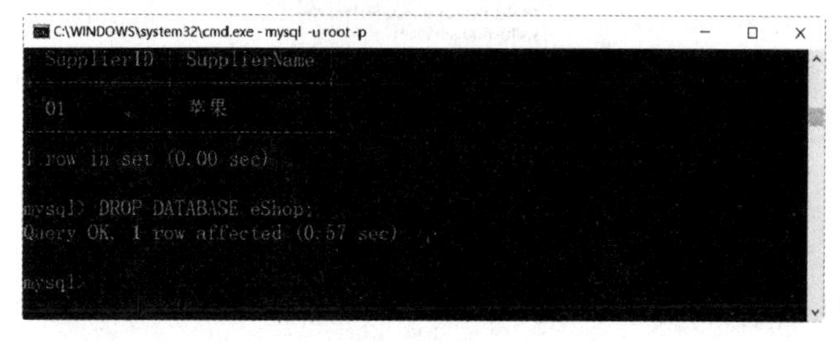


图 B-31　删除数据库

（13）如图 B-32 所示，输入如下命令退出 MySQL 命令模式。

```
quit
```

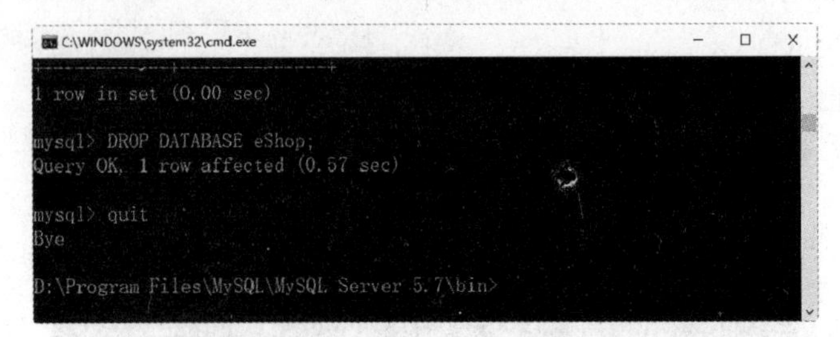


图 B-32　退出 MySQL 命令模式

## B.4　用 WorkBench 使用 MySQL

（1）启动 Workbench。

（2）如图 B-33 所示，注意鼠标的位置，单击左上角，连接到 MySQL 服务器。

图 B-33　连接到 MySQL 服务器

（3）如图 B-34 所示，提示输入密码，输入你在安装 MySQL 时设置的密码。

图 B-34　输入密码

（4）如图 B-35 所示，连接成功。

（5）如图 B-36 所示，输入如下命令后单击执行（注意鼠标处位置）创建数据库 eShop。

```
CREATE DATABASE eShop;
```

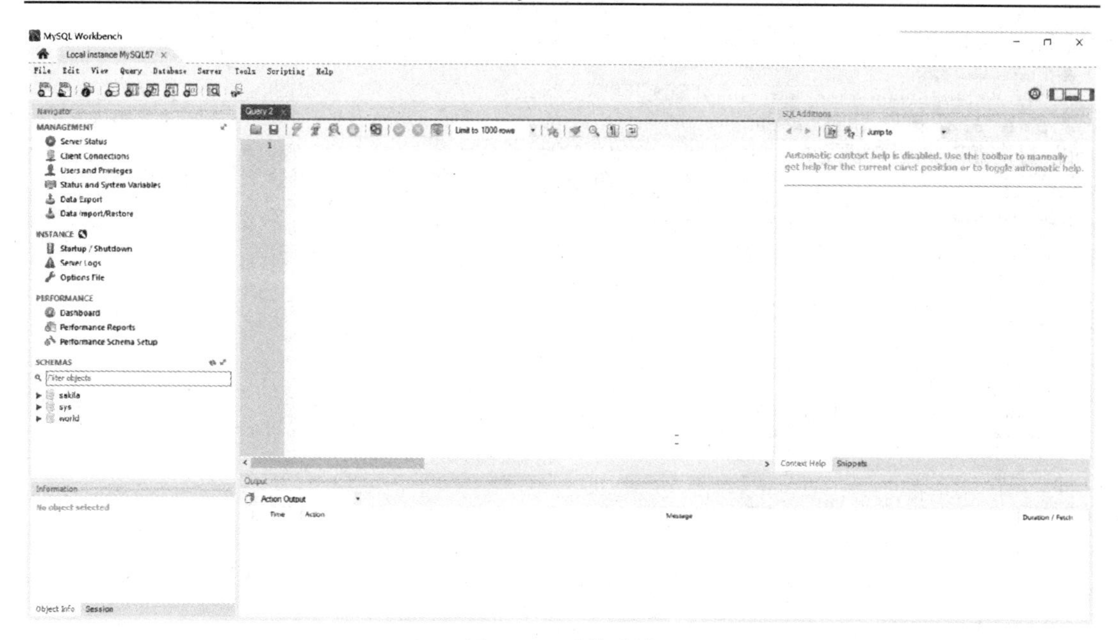


图 B-35　连接成功

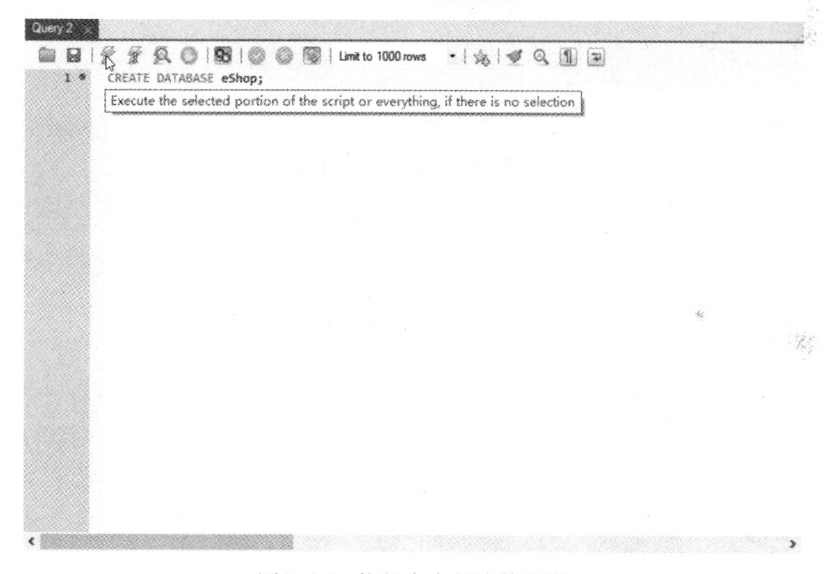


图 B-36　执行命令创建数据库

（6）如图 B-37 所示，单击“刷新”（图中鼠标所在位置）后可看到 eShop 数据库。单击“eShop”，表示当前数据库切换为 eShop，左下方显示当前数据库 Schema：eShop。

（7）如图 B-38 所示，输入如下命令创建表 Suppliers。

```
CREATE TABLE Suppliers
(
  SupplierID nvarchar(2) NOT NULL,
  SupplierName nvarchar(20) NOT NULL
);
```

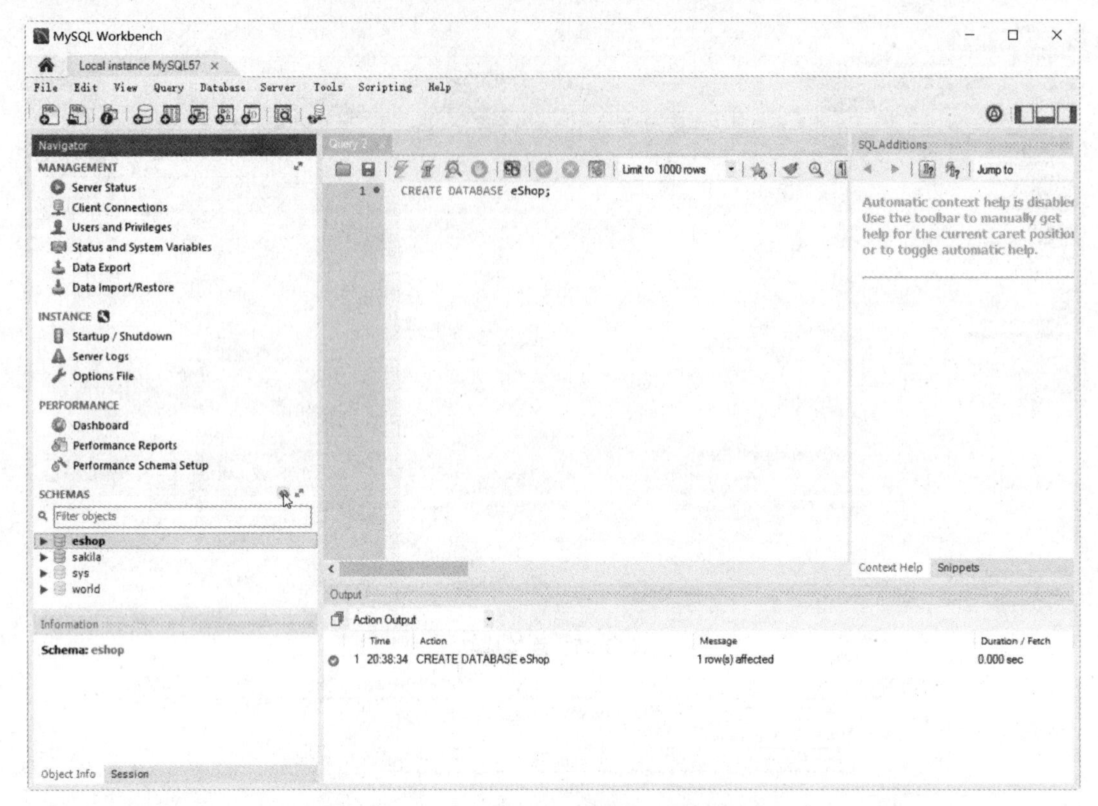


图 B-37　创建数据库、刷新并切换为当前数据库

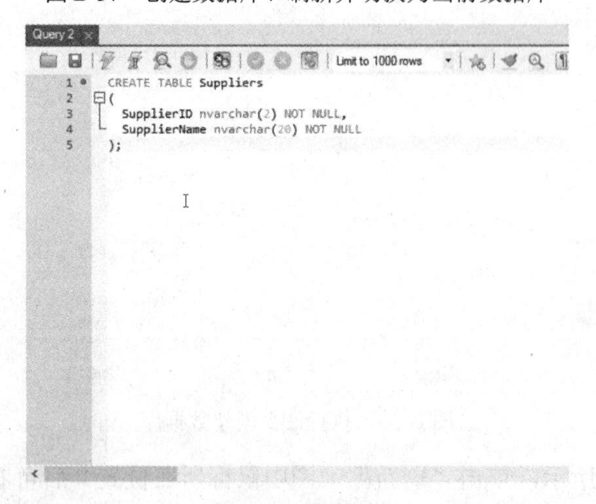


图 B-38　创建表

（8）如图 B-39 所示，注意图中鼠标位置，右击“Tables”，单击“Refresh All”刷新可查看刚创建的表“Suppliers”。

（9）输入如下命令录入一条数据。

```
INSERT Suppliers(SupplierID,SupplierName) VALUES('01','苹果');
```

（10）如图 B-40 所示，输入如下命令查询数据，将在中间部分看到查询结果。

```
SELECT * FROM Suppliers;
```

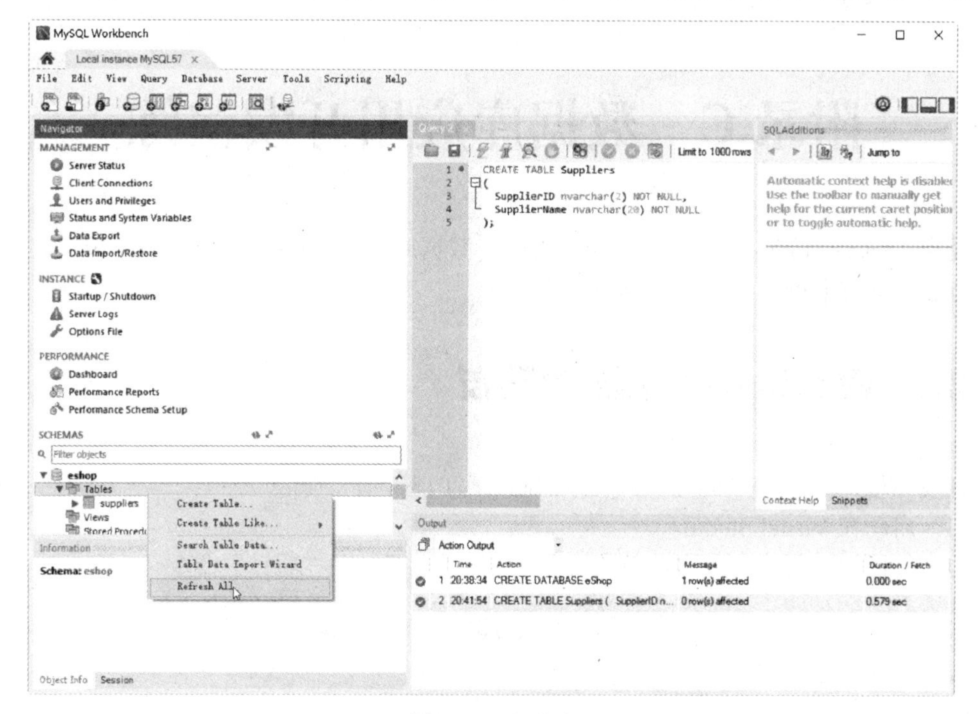


图 B-39　创建表

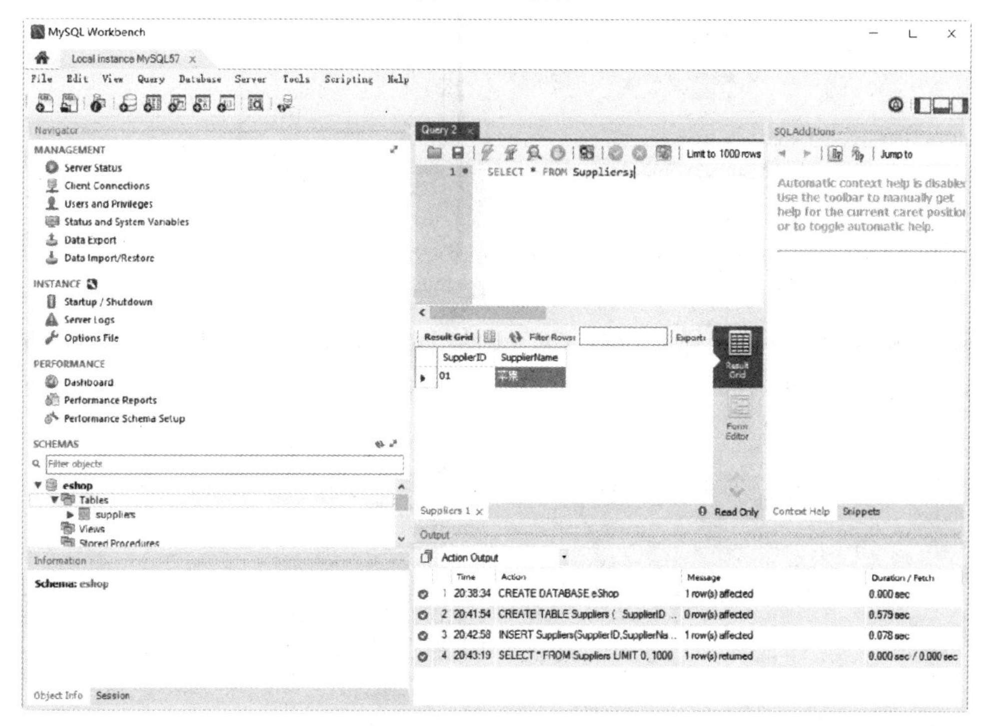


图 B-40　查询数据

（11）输入如下命令删除数据库。

```
DROP DATABASE eShop;
```

【总结】是不是和 SQL Server 差不多呢？其实学会一样东西后最重要的是融会贯通。

# 附录 C　数据库应用开发演练

使用 Visual Studio 开发基于 SQL Server 数据库的 Windows 应用程序、Web 应用程序，方便你理解数据库在软件开发中的作用。

## C.1　Windows 应用程序开发

开发环境：Visual Studio 2015、SQL Server 2014。

（1）启动在 Visual Studio。

（2）如图 C-1 所示，单击菜单“文件”→“新建”　→“项目”命令。

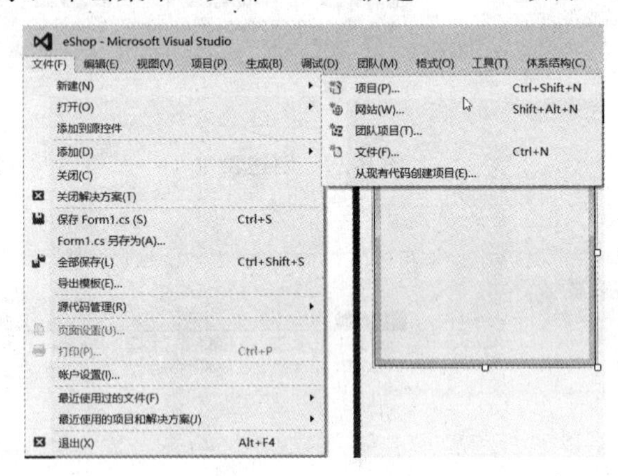


图 C-1　新建项目

（3）如图 C-2 所示，选择“Visual C#”下的“Windows 窗体应用程序”，解决方案名称为“eShop”，单击“确定”按钮。

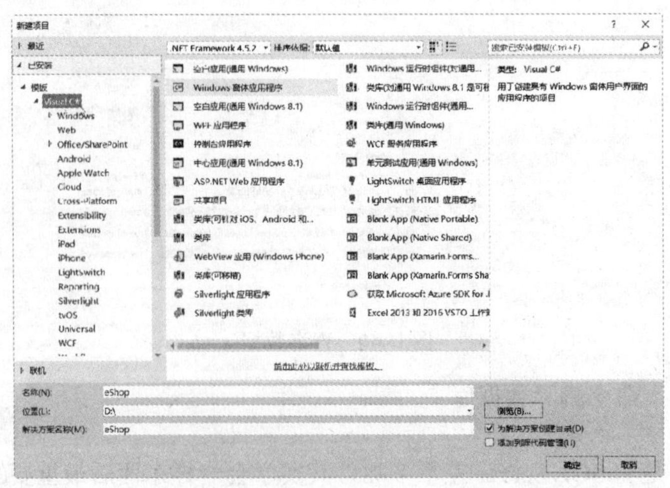


图 C-2　新建 Windows 应用程序

（4）如图 C-3 所示，从“工具箱”的“公共控件”选项卡中将 Label 控件拖到窗体上，设置其 Text 属性为“商品名称”。

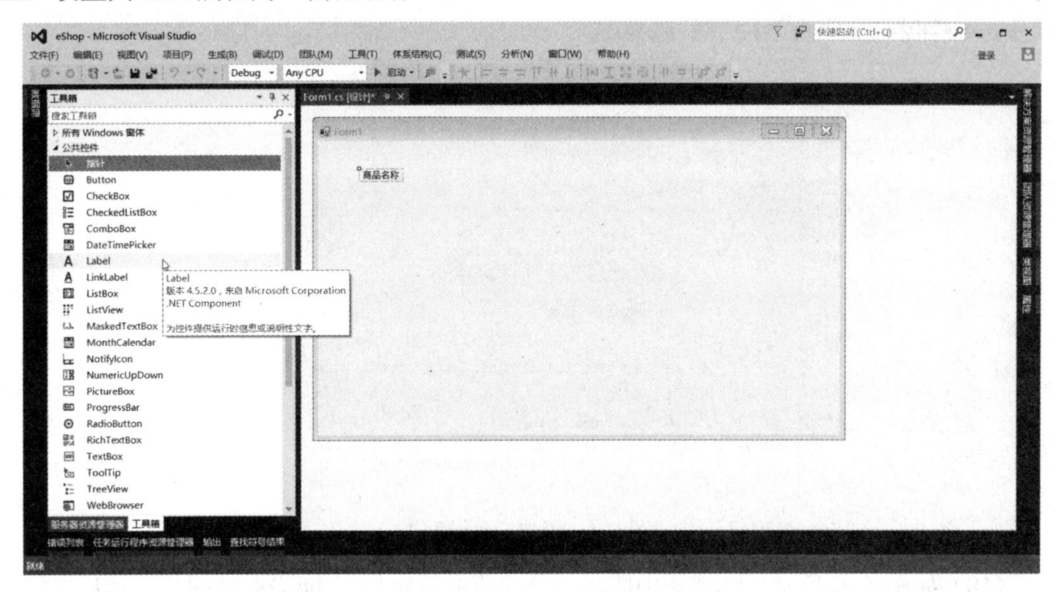


图 C-3　将 Label 控件拖到窗体

（5）类似的，从“工具箱”的“公共控件”选项卡中将 TextBox 控件拖到窗体上，设置 Name 属性为 txtProductName。

（6）从“工具箱”的“公共控件”选项卡中将 Button 控件拖到窗体上，设置 Name 属性为 btnOK，Text 属性为“查询”。

（7）从“工具箱”的“数据”选项卡中将 DataGridView 控件拖到窗体上，设置 Name 属性为 dgvProducts，界面如图 C-4 所示。

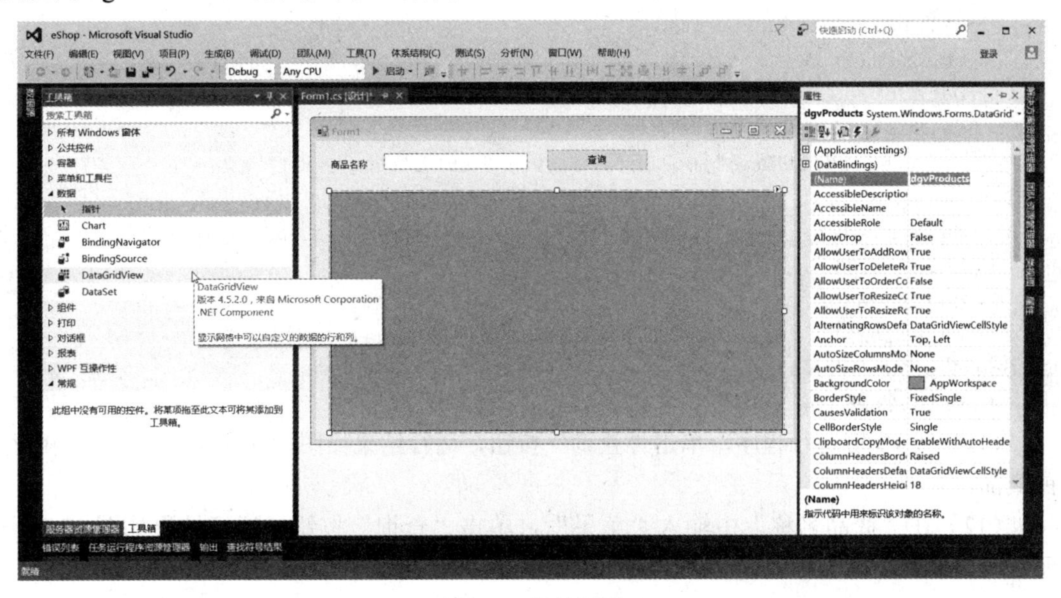


图 C-4　设计界面

（8）双击 btnOK 按钮创建 Click 事件，此时会自动切换到该窗体的代码视图。

（9）如图 C-5 所示，在编写 Click 事件代码前先在代码顶部的 using 语句后输入如下代码，注意图中鼠标所在的阴影部分为添加的代码。

```
using System.Data.SqlClient;
```

```
eShop                                   eShop.F
using System;
using System.Collections.Generic;
using System.ComponentModel;
using System.Data;
using System.Drawing;
using System.Linq;
using System.Text;
using System.Threading.Tasks;
using System.Windows.Forms;
using System.Data.SqlClient;

namespace eShop
{
    3 个引用
    public partial class Form1 : Form
    {
        1 个引用
        public Form1()
        {
            InitializeComponent();
        }
```

图 C-5　添加 using 语句

（10）如图 C-6 所示，注意图中阴影部分，将光标定位到 btnOK 按钮的 Click 事件代码框架内，输入如下代码：

```
SqlConnection cn = new SqlConnection
    (@"integrated security =true;data source=.;initial catalog=eShop");
string sql;
sql = "SELECT * FROM Products WHERE ProductName LIKE @ProductName
ORDER BY Price";
SqlCommand cmd = new SqlCommand(sql, cn);
SqlDataAdapter da = new SqlDataAdapter();
da.SelectCommand = cmd;
cn.Open();
DataSet ds = new DataSet();
da.SelectCommand.Parameters.Add
    ("@ProductName",SqlDbType.NVarChar).Value = "%" +
txtProductName.Text + "%";
da.Fill(ds);
cn.Close();
dgvProducts.DataSource = ds.Tables[0];
this.Text = "Windows数据库项目开发请参考《Visual Studio 2010 （C#）
Windows数据库项目开发》";
this.Text += "主编：曾建华 237021692@qq.com";
```

（11）按 F9 键运行程序，单击“查询”按钮，运行结果如图 C-7 所示。可以看到所有的商品。

（12）在“商品名称”中输入“苹果”，单击“查询”按钮，运行结果如图 C-8 所示。可以看到商品名称中包含“苹果”的商品。

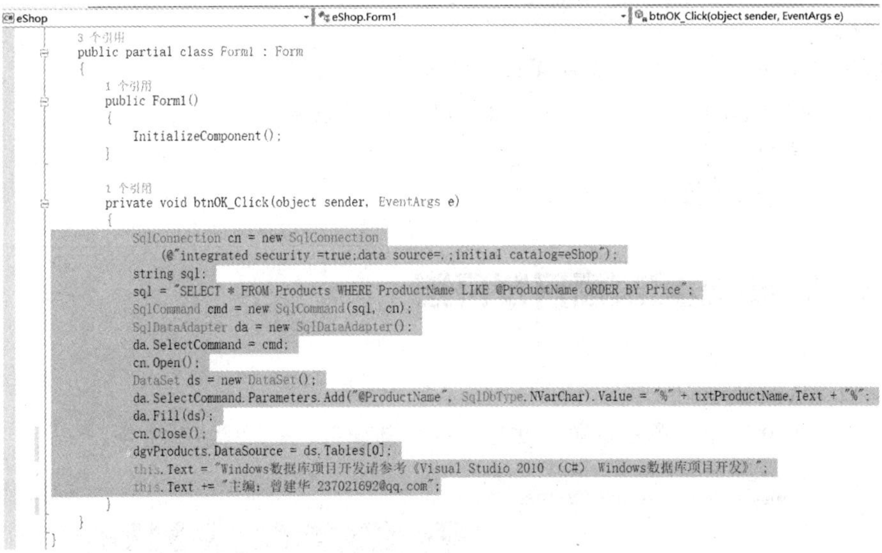

eShop　eShop.Form1　btnOK_Click(object sender, EventArgs e)

```
3 个引用
public partial class Form1 : Form
{
    1 个引用
    public Form1()
    {
        InitializeComponent();
    }

    1 个引用
    private void btnOK_Click(object sender, EventArgs e)
    {
        SqlConnection cn = new SqlConnection
            (@"integrated security =true;data source=.;initial catalog=eShop");
        string sql;
        sql = "SELECT * FROM Products WHERE ProductName LIKE @ProductName ORDER BY Price";
        SqlCommand cmd = new SqlCommand(sql, cn);
        SqlDataAdapter da = new SqlDataAdapter();
        da.SelectCommand = cmd;
        cn.Open();
        DataSet ds = new DataSet();
        da.SelectCommand.Parameters.Add("@ProductName", SqlDbType.NVarChar).Value = "%" + txtProductName.Text + "%";
        da.Fill(ds);
        cn.Close();
        dgvProducts.DataSource = ds.Tables[0];
        this.Text = "Windows数据库项目开发请参考《Visual Studio 2010 (C#) Windows数据库项目开发》";
        this.Text += "主编: 曾建华 237021692@qq.com";
    }
}
}
```

图 C-6　添加 Click 事件代码

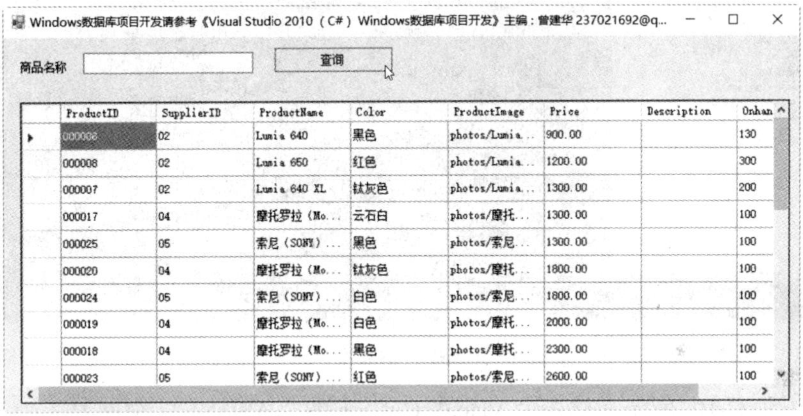

Windows数据库项目开发请参考《Visual Studio 2010（C#）Windows数据库项目开发》主编：曾建华 237021692@q...

商品名称　[　　　]　查询

| ProductID | SupplierID | ProductName | Color | ProductImage | Price | Description | Onhan |
|---|---|---|---|---|---|---|---|
| 000006 | 02 | Lumia 640 | 黑色 | photos/Lumia... | 900.00 | | 130 |
| 000008 | 02 | Lumia 650 | 红色 | photos/Lumia... | 1200.00 | | 300 |
| 000007 | 02 | Lumia 640 XL | 钛灰色 | photos/Lumia... | 1300.00 | | 200 |
| 000017 | 04 | 摩托罗拉 (Mo... | 云石白 | photos/摩托... | 1300.00 | | 100 |
| 000025 | 05 | 索尼 (SONY)... | 黑色 | photos/索尼... | 1300.00 | | 100 |
| 000020 | 04 | 摩托罗拉 (Mo... | 钛灰色 | photos/摩托... | 1800.00 | | 100 |
| 000024 | 05 | 索尼 (SONY)... | 白色 | photos/索尼... | 1800.00 | | 100 |
| 000019 | 04 | 摩托罗拉 (Mo... | 白色 | photos/摩托... | 2000.00 | | 100 |
| 000018 | 04 | 摩托罗拉 (Mo... | 黑色 | photos/摩托... | 2300.00 | | 100 |
| 000023 | 05 | 索尼 (SONY)... | 红色 | photos/索尼... | 2600.00 | | 100 |

图 C-7　执行结果

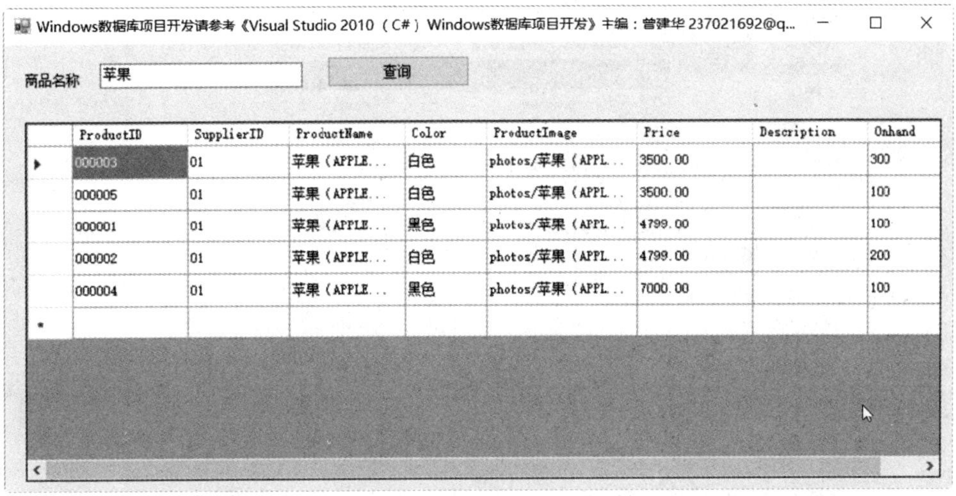

Windows数据库项目开发请参考《Visual Studio 2010（C#）Windows数据库项目开发》主编：曾建华 237021692@q...

商品名称　[苹果]　查询

| ProductID | SupplierID | ProductName | Color | ProductImage | Price | Description | Onhand |
|---|---|---|---|---|---|---|---|
| 000003 | 01 | 苹果 (APPLE... | 白色 | photos/苹果 (APPL... | 3500.00 | | 300 |
| 000005 | 01 | 苹果 (APPLE... | 白色 | photos/苹果 (APPL... | 3500.00 | | 100 |
| 000001 | 01 | 苹果 (APPLE... | 黑色 | photos/苹果 (APPL... | 4799.00 | | 100 |
| 000002 | 01 | 苹果 (APPLE... | 白色 | photos/苹果 (APPL... | 4799.00 | | 200 |
| 000004 | 01 | 苹果 (APPLE... | 黑色 | photos/苹果 (APPL... | 7000.00 | | 100 |

图 C-8　执行结果

【推荐】

若想学习 Windows 数据库项目详细开发流程，可参阅下面的教材。

《Visual Studio 2010（C#）Windows 数据库项目开发》

主编：曾建华

出版社：电子工业出版社

## C.2 Web 应用程序开发开发

（1）启动 Visual Studio。

（2）如图 C-9 所示，单击菜单“文件”→“新建” →“网站”命令。

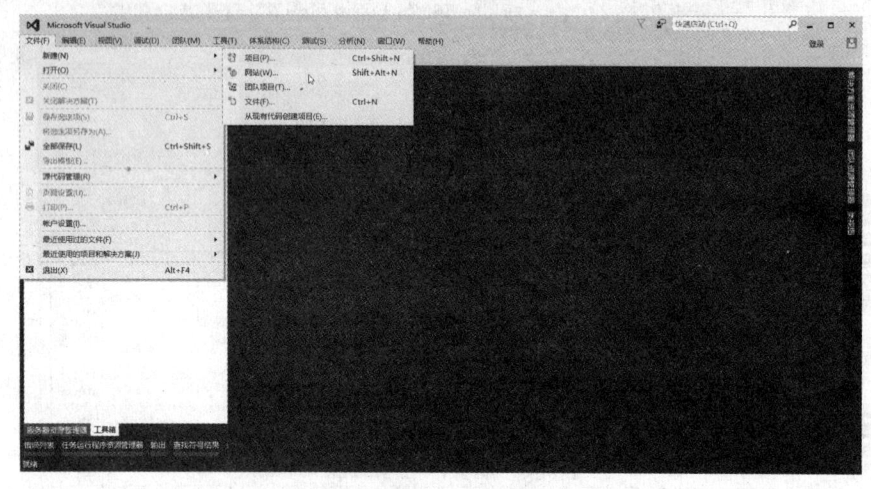


图 C-9 新建网站

（3）如图 C-10 所示，选择“Visual C#”下的“ASP.NET 空网站”，项目名称为“eShopWeb”，单击“确定”按钮。

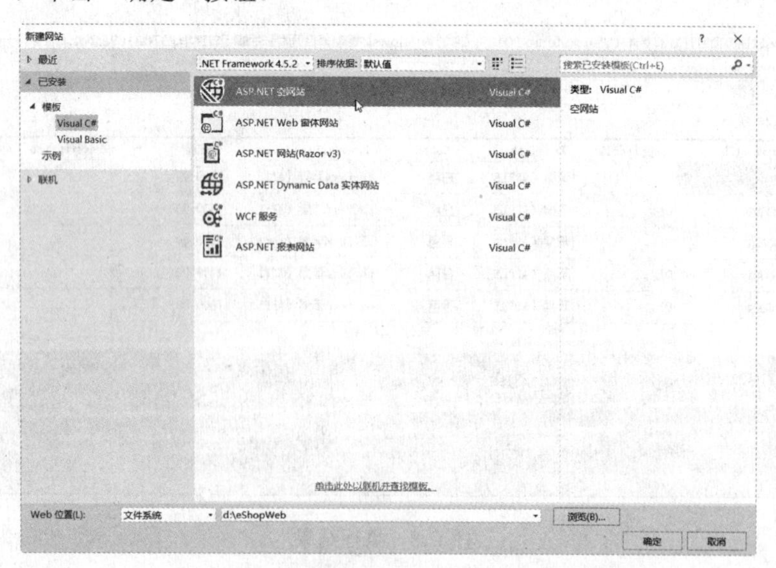


图 C-10 新建 ASP.NET 空网站

（4）如图 C-11 所示，在“解决方案资源管理器”中右击项目，单击“添加新项”。

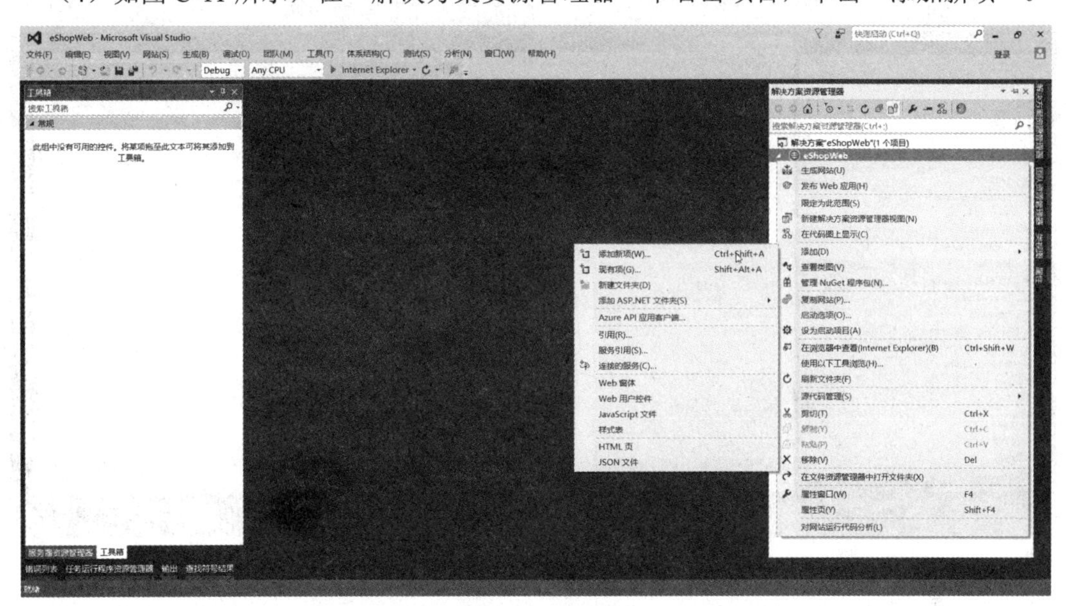


图 C-11 添加新项

（5）如图 C-12 所示，选择“Visual C#”下的“Web 窗体”，单击“添加”按钮。

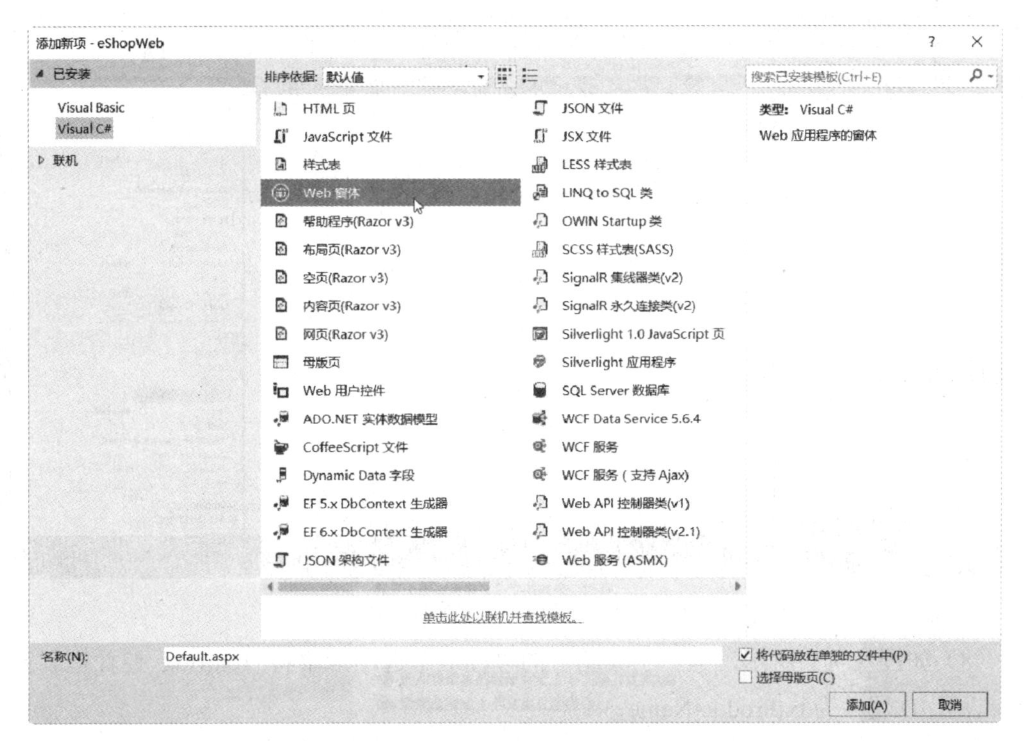


图 C-12 添加 Web 窗体

（6）如图 C-13 所示，注意图中鼠标的位置，单击“设计”切换到设计视图。

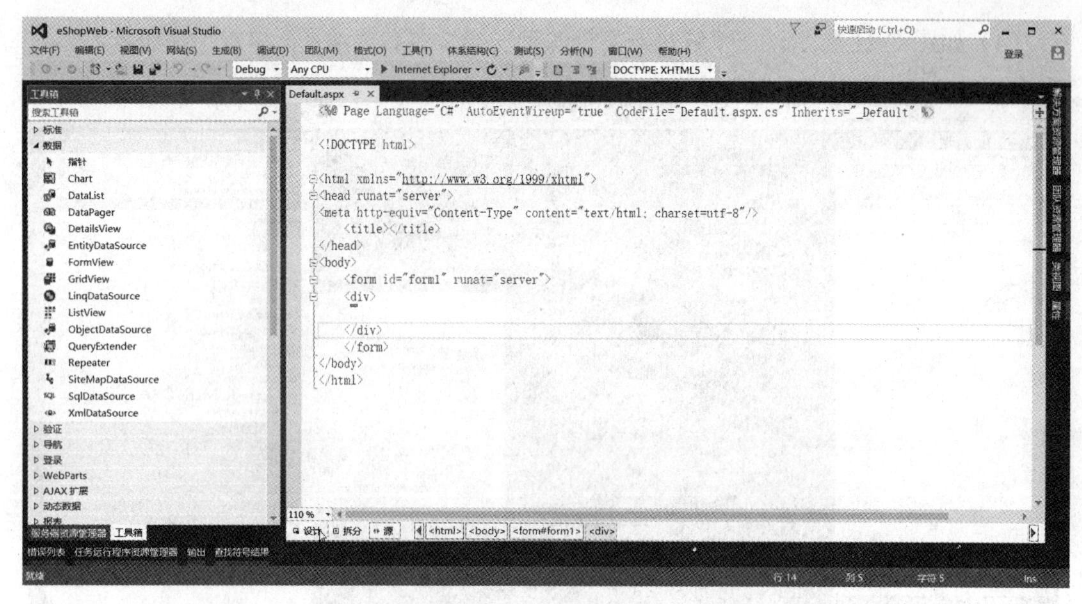


图 C-13　切换到设计视图

（7）如图 C-14 所示，从“工具箱”的“标准”选项卡中将 Label 控件拖到窗体上，设置其 Text 属性为“商品名称”。

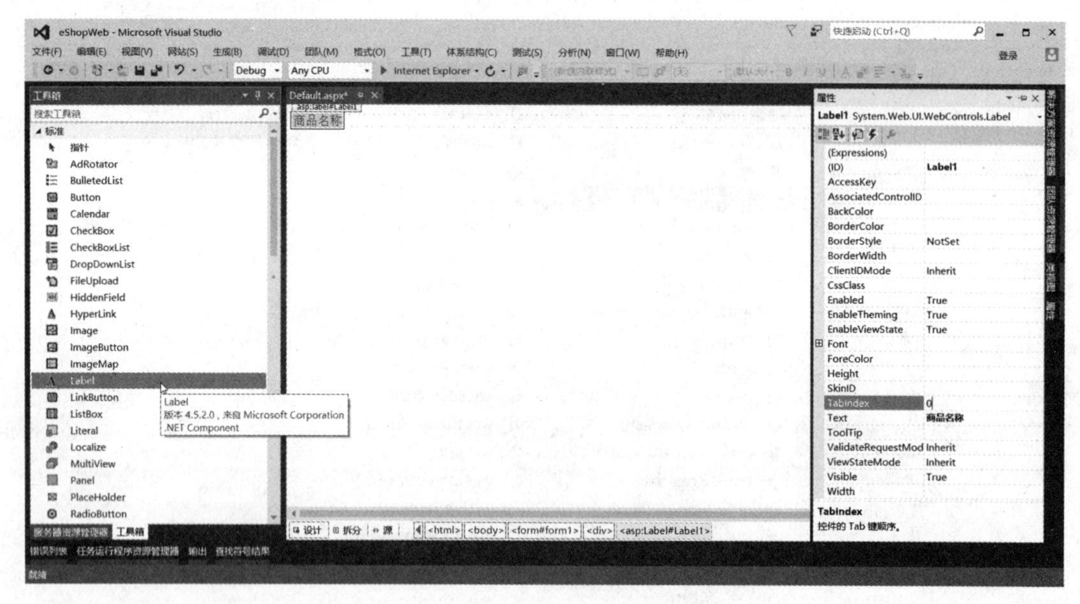


图 C-14　将 Label 控件拖到窗体上

（8）如图 C-15 所示，从“工具箱”的“标准”选项卡中将 TextBox 控件拖到窗体上，设置 ID 属性为 txtProductName。

（9）如图 C-16 所示，从“工具箱”的“公共控件”选项卡中将 Button 控件拖到窗体上，设置 ID 属性为 btnOK，Text 属性为“查询”。

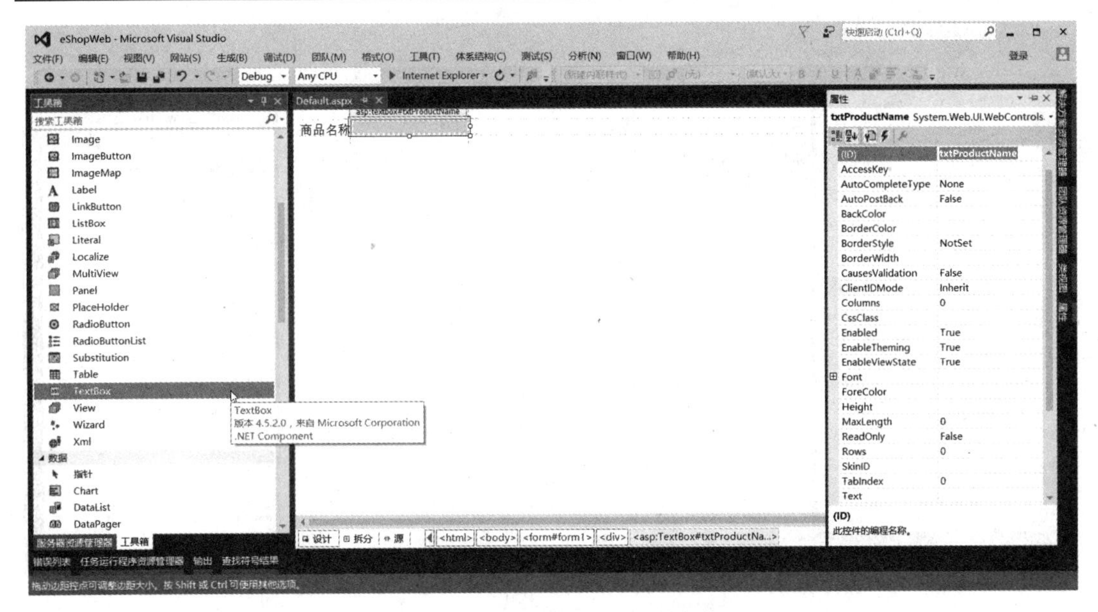


图 C-15　将 TextBox 控件拖到窗体上

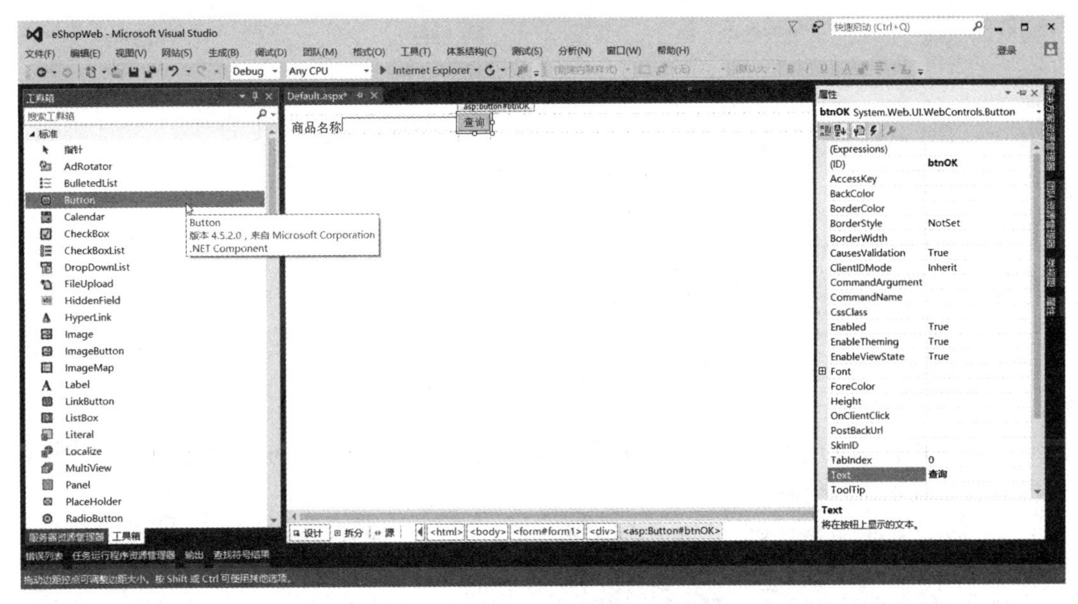


图 C-16　将 Button 控件拖到窗体上

（10）如图 C-17 所示，从“工具箱”的“数据”选项卡中将 GridView 控件拖到窗体上，设置 ID 属性为 gvProducts。

（11）双击 btnOK 按钮创建 Click 事件框架。

（12）如图 C-18 所示，在编写 Click 事件代码前先在代码顶部的 using 语句后输入如下代码，注意图中鼠标所在的阴影部分为添加的代码。

```
using System.Data;
using System.Data.SqlClient;
```

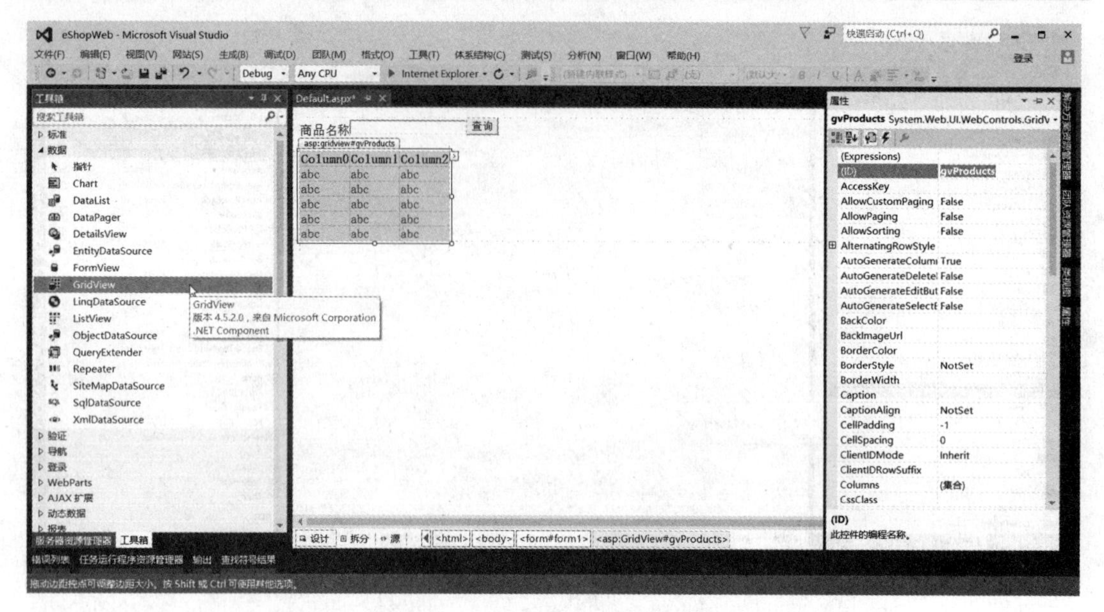


图 C-17 将 GridView 控件拖到窗体上

```
eShopWeb                                    _Default
using System;
using System.Collections.Generic;
using System.Linq;
using System.Web;
using System.Web.UI;
using System.Web.UI.WebControls;
using System.Data;
using System.Data.SqlClient;

2 个引用
public partial class _Default : System.Web.UI.Page
{
    0 个引用
    protected void Page_Load(object sender, EventArgs e)
    {
```

图 C-18 添加 using 语句

（13）如图 C-19 所示，注意图中阴影部分，将光标定位到 btnOK 按钮的 Click 事件代码框架内，输入如下代码：

```
        SqlConnection cn = new SqlConnection(@"integrated security=true;data
source=.;initial catalog=eShop");
       SqlCommand cmd = new SqlCommand
           ("SELECT * FROM Products WHERE ProductName LIKE @ProductName ORDER
BY Price", cn);
       SqlDataAdapter da = new SqlDataAdapter();
       da.SelectCommand = cmd;
       cn.Open();
       DataSet ds = new DataSet();
       da.SelectCommand.Parameters.Add
           ("@ProductName", SqlDbType.NVarChar).Value = "%" +
txtProductName.Text + "%";
       da.Fill(ds);
       cn.Close();
       gvProducts.DataSource = ds.Tables[0];
```

```
    gvProducts.DataBind();
    this.Title = "Web数据库项目开发请参考《Visual Studio 2010 （C#） Web数据库
项目开发》";
    this.Title += "主编: 曾建华 237021692@qq.com";
```

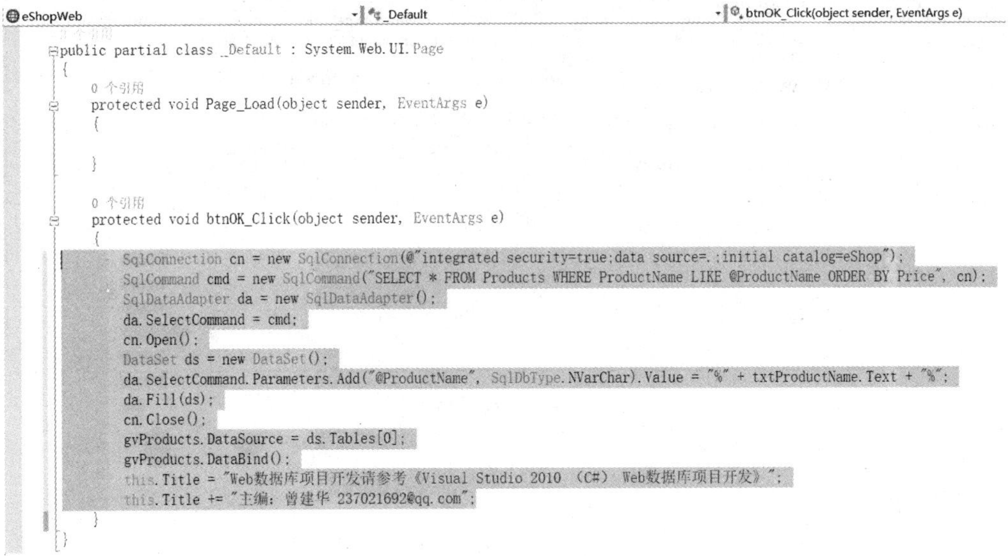

```
public partial class _Default : System.Web.UI.Page
{
    protected void Page_Load(object sender, EventArgs e)
    {

    }

    protected void btnOK_Click(object sender, EventArgs e)
    {
        SqlConnection cn = new SqlConnection(@"integrated security=true;data source=.;initial catalog=eShop");
        SqlCommand cmd = new SqlCommand("SELECT * FROM Products WHERE ProductName LIKE @ProductName ORDER BY Price", cn);
        SqlDataAdapter da = new SqlDataAdapter();
        da.SelectCommand = cmd;
        cn.Open();
        DataSet ds = new DataSet();
        da.SelectCommand.Parameters.Add("@ProductName", SqlDbType.NVarChar).Value = "%" + txtProductName.Text + "%";
        da.Fill(ds);
        cn.Close();
        gvProducts.DataSource = ds.Tables[0];
        gvProducts.DataBind();
        this.Title = "Web数据库项目开发请参考《Visual Studio 2010 （C#） Web数据库项目开发》";
        this.Title += "主编: 曾建华 237021692@qq.com";
    }
}
```

图 C-19　添加 Click 事件代码

（14）按 F9 键运行程序，单击“查询”，运行结果如图 C-20 所示。可以看到所有的商品。

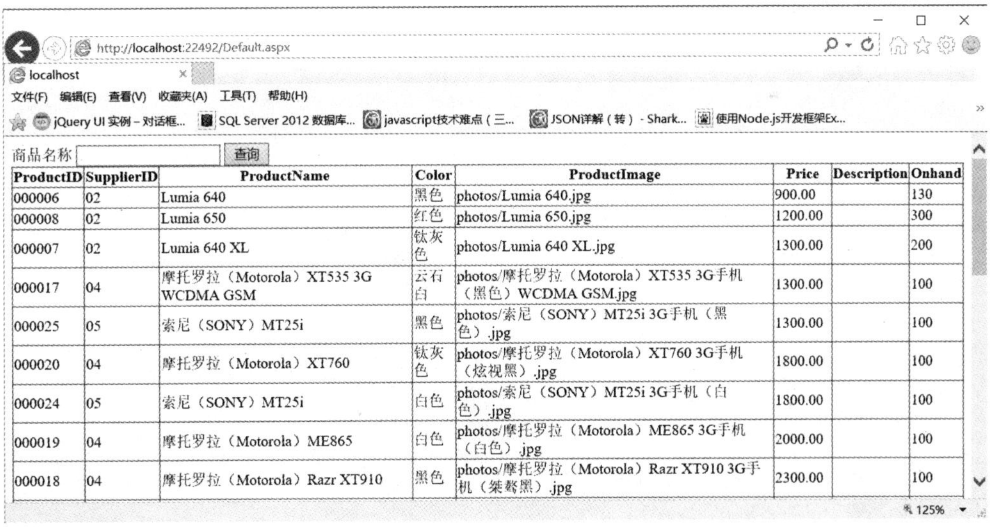

商品名称 ［　　］ 查询

| ProductID | SupplierID | ProductName | Color | ProductImage | Price | Description | Onhand |
|---|---|---|---|---|---|---|---|
| 000006 | 02 | Lumia 640 | 黑色 | photos/Lumia 640.jpg | 900.00 | | 130 |
| 000008 | 02 | Lumia 650 | 红色 | photos/Lumia 650.jpg | 1200.00 | | 300 |
| 000007 | 02 | Lumia 640 XL | 钛灰色 | photos/Lumia 640 XL.jpg | 1300.00 | | 200 |
| 000017 | 04 | 摩托罗拉（Motorola）XT535 3G WCDMA GSM | 云石白 | photos/摩托罗拉（Motorola）XT535 3G手机（黑色）WCDMA GSM.jpg | 1300.00 | | 100 |
| 000025 | 05 | 索尼（SONY）MT25i | 黑色 | photos/索尼（SONY）MT25i 3G手机（黑色）.jpg | 1300.00 | | 100 |
| 000020 | 04 | 摩托罗拉（Motorola）XT760 | 钛灰色 | photos/摩托罗拉（Motorola）XT760 3G手机（炫视黑）.jpg | 1800.00 | | 100 |
| 000024 | 05 | 索尼（SONY）MT25i | 白色 | photos/索尼（SONY）MT25i 3G手机（白色）.jpg | 1800.00 | | 100 |
| 000019 | 04 | 摩托罗拉（Motorola）ME865 | 白色 | photos/摩托罗拉（Motorola）ME865 3G手机（白色）.jpg | 2000.00 | | 100 |
| 000018 | 04 | 摩托罗拉（Motorola）Razr XT910 | 黑色 | photos/摩托罗拉（Motorola）Razr XT910 3G手机（莱茨黑）.jpg | 2300.00 | | 100 |

图 C-20　查询结果

（15）在“商品名称”中输入“苹果”，单击“查询”，运行结果如图 C-21 所示。可以看到商品名称中包含“苹果”的商品。

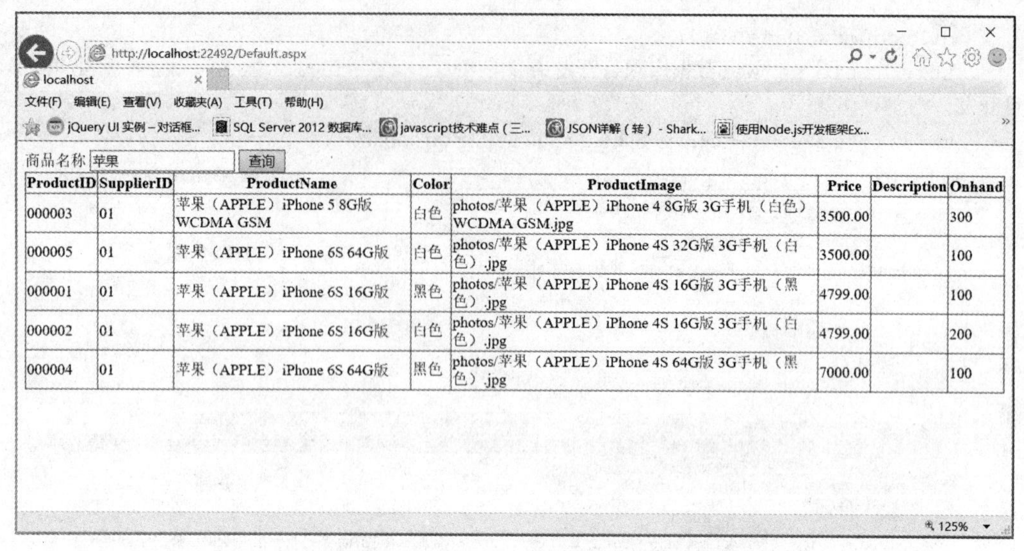


| ProductID | SupplierID | ProductName | Color | ProductImage | Price | Description | Onhand |
|---|---|---|---|---|---|---|---|
| 000003 | 01 | 苹果（APPLE）iPhone 5 8G版 WCDMA GSM | 白色 | photos/苹果（APPLE）iPhone 4 8G版 3G手机（白色）WCDMA GSM.jpg | 3500.00 | | 300 |
| 000005 | 01 | 苹果（APPLE）iPhone 6S 64G版 | 白色 | photos/苹果（APPLE）iPhone 4S 32G版 3G手机（白色）.jpg | 3500.00 | | 100 |
| 000001 | 01 | 苹果（APPLE）iPhone 6S 16G版 | 黑色 | photos/苹果（APPLE）iPhone 4S 16G版 3G手机（黑色）.jpg | 4799.00 | | 100 |
| 000002 | 01 | 苹果（APPLE）iPhone 6S 16G版 | 白色 | photos/苹果（APPLE）iPhone 4S 16G版 3G手机（白色）.jpg | 4799.00 | | 200 |
| 000004 | 01 | 苹果（APPLE）iPhone 6S 64G版 | 黑色 | photos/苹果（APPLE）iPhone 4S 64G版 3G手机（黑色）.jpg | 7000.00 | | 100 |

图 C-21　查询结果

# 附录 D　eShop 数据库脚本汇总

创建 eShop 数据库，包括表、主键、外键、默认值、CHECK 约束代码汇总，注意创建表的先后顺序。

```
--创建数据库
CREATE DATABASE eShop
GO

--切换当前数据库为eShop
USE eShop

--创建Users表
CREATE TABLE Users
(
 UserID nvarchar(8) NOT NULL,
 UserName nvarchar(10) NOT NULL,
 Sex nvarchar(1) NULL ,
 Pwd nvarchar(10) NOT NULL,
 EMail nvarchar(50) NULL,
 Tel nvarchar(20) NULL,
 UserImage nvarchar(255) NULL
)

--修改Users表添加主键
ALTER TABLE Users
ADD CONSTRAINT PK_Users PRIMARY KEY (UserID)

--修改Users表添加DEFAULT
ALTER TABLE Users
ADD CONSTRAINT DF_Users_Sex DEFAULT ('男') FOR Sex

--创建Suppliers表
CREATE TABLE Suppliers
(
 SupplierID nvarchar(2) NOT NULL,
 SupplierName nvarchar(20) NOT NULL
)

--修改Suppliers表添加主键
ALTER TABLE Suppliers
ADD CONSTRAINT PK_Suppliers PRIMARY KEY (SupplierID)

--修改Suppliers表添加CHECK
ALTER TABLE Suppliers
```

```
ADD CONSTRAINT CK_Suppliers CHECK (SupplierID LIKE '[0-9][0-9]')

--创建Products表
CREATE TABLE Products
(
  ProductID nvarchar(6) NOT NULL,
  SupplierID nvarchar(2) NOT NULL,
  ProductName nvarchar(100) NOT NULL,
  Color nvarchar(6) NULL,
  ProductImage nvarchar(100) NULL,
  Price decimal(10, 2) NOT NULL,
  Description nvarchar(100) NULL
)

--修改Products表添加主键
ALTER TABLE Products
ADD CONSTRAINT PK_Products PRIMARY KEY (ProductID)

ALTER TABLE Products
ADD CONSTRAINT CK_Products CHECK (ProductID LIKE '[0-9][0-9][0-9][0-
9][0-9][0-9]')

--在Products表创建索引
CREATE NONCLUSTERED INDEX[IX_Products] ON Products
(
 ProductName ASC
)

--创建Orders表
CREATE TABLE Orders
(
  OrderID nvarchar(50) NOT NULL,
  OrderDate DateTime NOT NULL,
  UserID nvarchar(8) NOT NULL,
  Consignee nvarchar(50) NOT NULL,
  Tel nvarchar(20) NOT NULL,
  Address nvarchar(100) NOT NULL
)

--修改Orders表添加主键
ALTER TABLE Orders
ADD CONSTRAINT PK_Orders PRIMARY KEY (OrderID)

--修改Orders表添加DEFAULT
ALTER TABLE Orders
ADD CONSTRAINT DF_Orders_OrderID DEFAULT (NEWID()) FOR OrderID
ALTER TABLE Orders
```

```
ADD CONSTRAINT DF_Orders_OrderDate DEFAULT (GETDATE()) FOR OrderDate

--创建OrderItems表
CREATE TABLE OrderItems
(
  OrderItemID nvarchar(50) NOT NULL,
  OrderID nvarchar(50) NOT NULL,
  ProductID nvarchar(6) NOT NULL,
  Amount decimal(10, 0) NOT NULL,
  Price decimal(10, 2) NOT NULL
)

--修改OrderItems表添加主键
ALTER TABLE OrderItems
ADD CONSTRAINT PK_OrderItems PRIMARY KEY (OrderItemID)

--修改OrderItems表添加DEFAULT
ALTER TABLE OrderItems
ADD CONSTRAINT DF_OrderItems_OrderItemID DEFAULT (NEWID()) FOR
OrderItemID

--Products和Suppliers 外键
ALTER TABLE Products
ADD CONSTRAINT FK_Products_Suppliers
FOREIGN KEY(SupplierID) REFERENCES Suppliers(SupplierID)

--Orders和Users 外键
ALTER TABLE Orders
ADD CONSTRAINT FK_Orders_Users
FOREIGN KEY(UserID) REFERENCES Users(UserID)

--OrderItems和Products 外键
ALTER TABLE OrderItems
ADD CONSTRAINT FK_OrderItems_Products
FOREIGN KEY(ProductID) REFERENCES Products(ProductID)

--OrderItems和Orders 外键
ALTER TABLE OrderItems
ADD CONSTRAINT FK_OrderItems_Orders
FOREIGN KEY(OrderID) REFERENCES Orders(OrderID)
```